Linux GNU C
程序观察

罗秋明　著

清华大学出版社
北京

内 容 简 介

本书所讨论的内容是"C 语言程序设计"类课程的后续知识，涉及 C 程序在 Linux 环境下经过 GCC 编译/链接生成可执行文件以及在系统中运行的问题。本书能使读者在面对 C 程序的工程实践问题时，做到心中有数、处处不存疑。

全书共 7 章，第 1 章介绍环境准备，第 2 章介绍 C 程序的预处理、编译、汇编和链接的全过程，并介绍了一点关于 GCC 编译命令及编译选项、GDB 调试初步概念，第 3 章专注于编译环节，即从 C 到汇编的转换，第 4 章专注于链接过程，第 5 章介绍可执行文件在系统中运行时，观察进程与系统的关系、进程对库的调用、程序异常行为等问题，第 6、7 章介绍一些性能剖析方法，包括 GCC 自带工具、库函数打桩方法、valgrind 及 perf 工具的简单使用等，第 8 章介绍一个综合性的实例，即如何将 HDFS 文件系统使用的 gzip 压缩，从利用 zlib 库在 CPU 上计算转换成利用 FPGA 加速卡的过程。该实例涉及库的使用和修改、makefile 以及相应的 C 程序实现等多方面知识，让读者从一个工程需求的角度考察其方案与实现。每章后面都有一些练习题，其中有一个与 zlib 库相关的任务贯穿了各章，读者通过这个连贯的练习将各章知识融会贯通。

本书可以作为计算机及相关专业高年级本科生或研究生学习 Linux 环境下的 C 程序设计教学用书，对希望深入了解 Linux 内核的读者和相关开发人员也非常有参考价值。

本书封面贴有清华大学出版社防伪标签，无标签者不得销售。
版权所有，侵权必究。举报：010-62782989，beiqinquan@tup.tsinghua.edu.cn。

图书在版编目(CIP)数据

Linux GNU C 程序观察/罗秋明著. —北京：清华大学出版社，2020.1(2023.3 重印)
ISBN 978-7-302-54549-1

Ⅰ. ①L… Ⅱ. ①罗… Ⅲ. ①Linux 操作系统－程序设计 ②C 语言－程序设计 Ⅳ. ①TP316.85 ②TP312.8

中国版本图书馆 CIP 数据核字(2019)第 290392 号

责任编辑：龙启铭
封面设计：何凤霞
责任校对：胡伟民
责任印制：沈　露

出版发行：清华大学出版社
　网　　址：http://www.tup.com.cn，http://www.wqbook.com
　地　　址：北京清华大学学研大厦 A 座　　**邮　　编**：100084
　社 总 机：010-83470000　　**邮　　购**：010-62786544
　投稿与读者服务：010-62776969，c-service@tup.tsinghua.edu.cn
　质量反馈：010-62772015，zhiliang@tup.tsinghua.edu.cn
　课件下载：http://www.tup.com.cn，010-83470236
印 装 者：涿州市般润文化传播有限公司
经　　销：全国新华书店
开　　本：185mm×230mm　　**印　　张**：27.75　　**字　　数**：575 千字
版　　次：2020 年 5 月第 1 版　　**印　　次**：2023 年 3 月第 4 次印刷
定　　价：59.00 元

产品编号：081919-01

PREFACE 序

我们在系统软件的教学和学生培养中，深感教材的缺乏。以往只能在项目实践中，让学生通过网络上的零散资料来完成相关知识的补充学习，然后才能参与到项目中。我们认为，计算机作为实践性很强的学科，如果课堂教学和实验不能紧密联系具体的系统，无法面对和解决工程问题，就不能算成功。Linux 系统作为一个开源的资源，为我们提供了良好的机会，可以将底层系统软件的相关技术细节完全呈现出来。为此，我们的第一步计划是提供最基本的一条学习通路，将应用程序和系统打通，形成系统软件技术学习丛书，其进阶学习流程如下。

学生在完成 C 语言程序设计、数据结构和算法课程的学习之后，可以通过本书补充 C 程序与系统的知识。C 语言程序设计作为“上半部”知识，而本书作为“下半部”知识，从而形成 C 程序自身完整的知识结构。

然后将视角从一个程序扩展到整个系统中，需要面对多个进程并发的操作系统环境。此时仅靠本科操作系统原理性课程的学习仍是不够充分的。一方面，可以通过《操作系统之编程观察》(清华大学出版社，书号 978-7-302-48973-3)介绍的用 proc 文件系统提供的内核运行数据，直观地观察 Linux 操作系统的进程调度与均衡、进程间通信、内存管理和文件系统等行为，加深理论概念的认识；另一方面从《操作系统原型：xv6 分析与实验》(即将出版)对操作系统实现中的关键机制进行探索，掌握其编码实现的关键细节，弄懂操作系统编码实现的最核心知识。

最后，在有需要的时候学习《Linux 技术内幕》(清华大学出版社，书号 978-7-302-45100-6)。通过对真实的、完善的(相对于 xv6 的原型代码而言)、稳定的 Linux 内核代码

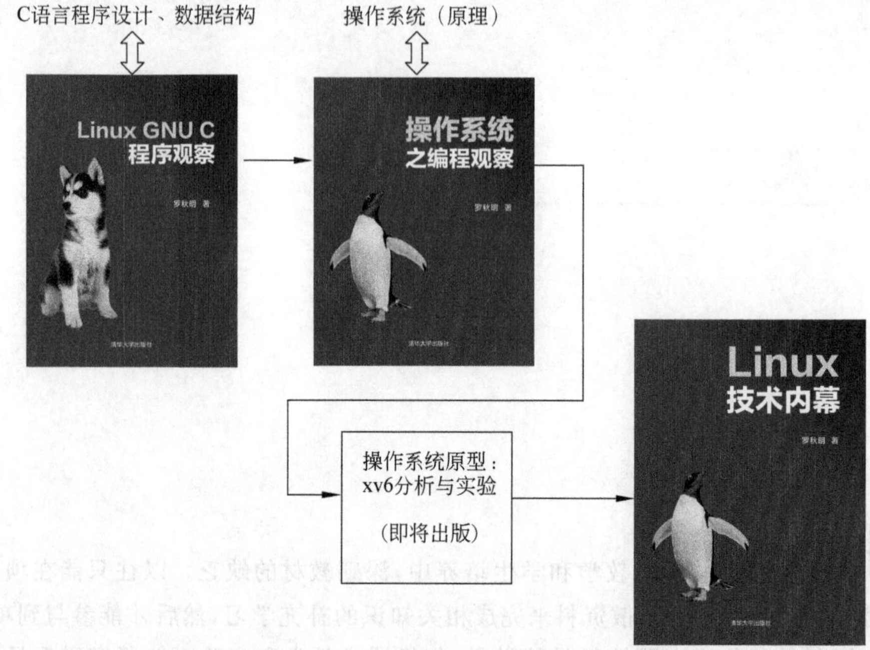

进行学习，掌握 Linux 内核实现细节并可以尝试根据工程需要对 Linux 系统进行修改增强。

上述 4 个相关联、递进的知识板块及学习安排，是我们在 PHPC(个人高性能计算机)系统研制的学生培养过程中积累下来的，希望能对有志于投身系统软件开发的读者有所帮助。

FOREWORD 前言

我们在当前的C语言程序设计教学工作中，对C语言的语法和编程技术虽然都已经讨论得非常充分，但是作为计算机的“系统观”的建立，只能说仅完成了一半的任务。从C语言如何转换到汇编语言进而生成机器码形式的可执行文件，以及可执行文件如何装入内存并在操作系统环境中运行的细节，对大多数完成本科课程学习的学生而言，仍未达到解惑的程度。学生也许可以通过在网络上找到的业界大牛们提供的零散材料，自行建立起相应的认识，但这毕竟是一个耗时和低效的学习过程。

本书希望将上述知识，组织成一个相对完整、便于学习与实践的材料，在计算机系统课程学习中(例如深圳大学的“计算机系统2”)作为实验补充材料，让学生全面接触从C语言转换到汇编、进而生成机器码形式的可执行文件直至运行的全过程。在这种学习安排下，即使学生未修学编译原理课程，也能大致理解编译过程所使用的代码转换模板、链接中的符号解析和重定位等知识。除此之外，本书也介绍了程序在系统中运行的各种行为、代码调试和性能剖析工具的使用，对程序生成过程和运行过程都进行细致的观察——类似于电路与系统课程使用的万用表、示波器和频谱仪。有了这些“测量工具”后，C语言的实验教学才能从当前的“犹抱琵琶半遮面”的境况，变得相对完整起来。

罗秋明

于深大荔园

2020.1

ACKNOWLEDGMENTS

致谢[1]

感谢深圳大学计算机与软件学院“计算机系统 2”课程组的老师，大家一起完成了广东省教育厅应用型人才培养课程建设项目“计算机系统系列核心课程”的实验内容和教学材料的准备工作，其中的部分工作正是本书的内容。特别感谢刘刚老师在相关实验的设计开发中给予的帮助。

还要感谢 2018 级的研究生杜海鑫、张靖、吴坤鑫和沙士豪三位同学，他们承担了部分书稿的整理、校对和实验代码的设计及检验等工作。其中，杜海鑫同学完成了第 8 章 zlib 库的代码开发和部分撰写工作，并对第 4 章、第 5 章和第 8 章内容进行整理和校对。冯远滔同学提供了 7.2 节、7.3 节和 7.4 节的材料。张靖同学负责第 1 章、第 2 章和第 3 章材料的校对，沙士豪同学负责第 6 章和第 7 章材料的校对。

在上述老师和同学的大力支持下，本书终于完稿并与读者见面。再次对他们表示衷心的感谢！

[1] 本书获得深圳市科创委基础研究项目 JCYJ20170302153920897 云环境中的异构存储资源分配与性能优化研究、JSGG20170822110100205 基于开放技术的可信多路高端计算系统研发的资助。

CONTENTS

目录

第1章　实验环境构建……1

1.1　安装 Linux ……1

1.1.1　下载 CentOS7 ……1

1.1.2　CentOS7 安装 ……2

1.2　虚拟机安装 Linux ……9

1.2.1　VirtualBox 安装……9

1.2.2　虚拟机配置 ……13

1.2.3　虚拟机安装 Linux ……20

1.3　ssh 远程终端访问……20

1.3.1　PuTTY 客户端 ……21

1.3.2　无密码登录 ……24

1.3.3　Xming 图形终端……26

1.4　初次接触 Linux ……28

1.4.1　简单操作 ……28

1.4.2　运行 HelloWorld 程序 ……33

1.5　小结……37

第2章　程序编译与运行 ……38

2.1　编译的各阶段……39

2.1.1　源代码 ……39

2.1.2 预处理 …… 40
2.1.3 编译 …… 44
2.1.4 汇编 …… 46
2.1.5 链接 …… 48
2.1.6 GCC 编译驱动 …… 49
2.2 GCC 基本用法 …… 51
2.2.1 C 语言标准 …… 53
2.2.2 库的使用 …… 54
2.2.3 搜索路径 …… 60
2.2.4 编译警告 …… 65
2.3 GDB 调试 …… 70
2.3.1 代码准备 …… 71
2.3.2 运行代码 …… 73
2.3.3 查看变量和内存 …… 77
2.3.4 图形前端 TUI …… 83
2.4 小结 …… 84
练习 …… 84

第 3 章 数据、运算与控制 …… 86
3.1 x86-64 ISA …… 86
3.1.1 寄存器 …… 86
3.1.2 内存空间与 I/O 空间 …… 91
3.2 数据 …… 92
3.2.1 数据大小、字节序 …… 92
3.2.2 数组、结构体和联合体 …… 95
3.2.3 数据布局 …… 98
3.3 运算 …… 102
3.3.1 数据传送 …… 102
3.3.2 算术/逻辑运算 …… 104
3.3.3 加载有效地址 …… 106
3.4 控制 …… 107
3.4.1 条件跳转 …… 107
3.4.2 函数调用 …… 127

3.5 小结 …… 159
练习 …… 159

第 4 章 链接与可执行文件 …… 161
4.1 生成可执行文件 …… 161
4.1.1 样例代码 …… 162
4.1.2 进程影像 …… 164
4.1.3 ELF 文件与装入 …… 168
4.2 可重定位目标文件 …… 182
4.2.1 目标文件的节(section) …… 183
4.2.2 符号及重定位 …… 187
4.2.3 符号表 …… 196
4.3 静态链接 …… 200
4.3.1 布局 …… 200
4.3.2 符号解析 …… 205
4.3.3 静态重定位 …… 207
4.4 动态链接 …… 214
4.4.1 样例代码 …… 215
4.4.2 动态链接库 …… 216
4.4.3 动态链接步骤 …… 230
4.5 小结 …… 250
练习 …… 251

第 5 章 链接脚本与 makefile …… 252
5.1 二进制工具和链接脚本 …… 252
5.1.1 binutils …… 252
5.1.2 链接器脚本 …… 254
5.2 makefile …… 267
5.2.1 makefile 基本格式 …… 267
5.2.2 makefile 规则 …… 270
5.2.3 makefile 变量 …… 274
5.2.4 文件指示 …… 277
5.2.5 函数 …… 279

5.2.6 make …… 281
5.3 小结 …… 282
练习 …… 283

第6章 程序运行 …… 284
6.1 装入与运行 …… 284
6.1.1 ELF 装载器 …… 284
6.1.2 内核代码 …… 285
6.1.3 进程与线程 …… 285
6.1.4 工作环境 …… 287
6.2 基本行为观察 …… 289
6.2.1 ptrace …… 289
6.2.2 strace …… 295
6.2.3 GDB 断点原理 …… 300
6.2.4 ltrace …… 301
6.3 异常行为 …… 304
6.3.1 非法操作 …… 304
6.3.2 响应信号 …… 309
6.3.3 core 文件 …… 315
6.4 小结 …… 325
练习 …… 326

第7章 性能剖析 …… 327
7.1 打桩方法 …… 327
7.1.1 源代码预处理时 …… 328
7.1.2 静态链接时 …… 330
7.1.3 运行加载时 …… 332
7.2 gprof …… 334
7.2.1 工作原理 …… 335
7.2.2 gprof 示例 …… 335
7.2.3 性能数据解读 …… 343
7.2.4 图形化显示(gprof2dot.py+graphviz) …… 348
7.3 gcov …… 349

7.3.1 基于函数分析的缺点 …… 349
7.3.2 gcov 逐行分析 …… 351
7.4 其他分析工具 …… 355
7.4.1 Valgrind …… 355
7.4.2 perf …… 368
7.5 小结 …… 375
练习 …… 376

第 8 章 综合实例：HDFS 中实现 zlib 库的旁路 …… 377
8.1 项目需求 …… 377
8.2 系统分析 …… 378
8.2.1 整体方案 …… 378
8.2.2 Haddop 的 gzip JNI …… 379
8.2.3 zlib 分析 …… 382
8.2.4 测定 z_stream 成员大小 …… 385
8.3 编码实现 …… 387
8.3.1 zlib 日志 …… 387
8.3.2 Log4c …… 388
8.3.3 使用 libcprss.so 库 …… 396
8.4 功能验证 …… 398
8.4.1 准备输入文件 …… 399
8.4.2 zlib 原生库的压缩 …… 399
8.4.3 libcprss.so 库的压缩 …… 401
8.5 小结 …… 401

附录 …… 402

第 1 章

实验环境构建

由于需要在 Linux 环境中观察 C 程序的行为细节，因此需要先获得一个可访问的 Linux 系统。读者可以自己安装和配置一个 Linux 系统（真实机器或虚拟机都可以），也可以通过请 Linux 系统管理员为你开设一个账号等方式。如果读者已经使用过或安装和配置过 Linux 系统，可以直接跳过本章内容，从第 2 章开始阅读。

1.1 安装 Linux

这里以安装 CentOS7 为例，为读者展示从镜像下载到安装配置的各个步骤。其他的 Linux 发行版安装细节将不同，读者可以通过 Google 或 Bing 等搜索引擎查找相应的安装方法。

1.1.1 下载 CentOS7

首先访问 CentOS 官方网站（https：//www.centos.org/），如图 1-1 所示。

然后单击“Get CentOS Now”按钮，进入下载 ISO 镜像文件的选择页面，可以下载 DVD ISO、Everything ISO 和 Minimal ISO，如图 1-2 所示。这三者对本书的编程实践而言差别不大。另外网页上也提供了 Torrent 等其他下载方式的选择。

接着单击“DVD ISO”按钮进入到下载链接的选择网页（如图 1-3），从中选择一个速度较快的下载即可。

单击其中一个链接将开始下载 CentOS7 的 ISO 文件（约 4.7GB）。在浏览器中将弹出一个保存对话框（不同浏览器界面会不一样），如图 1-4 所示。

直接单击“保存”按钮将文件保存到本机的某个目录下。然后将 CentOS-7-x86_64-

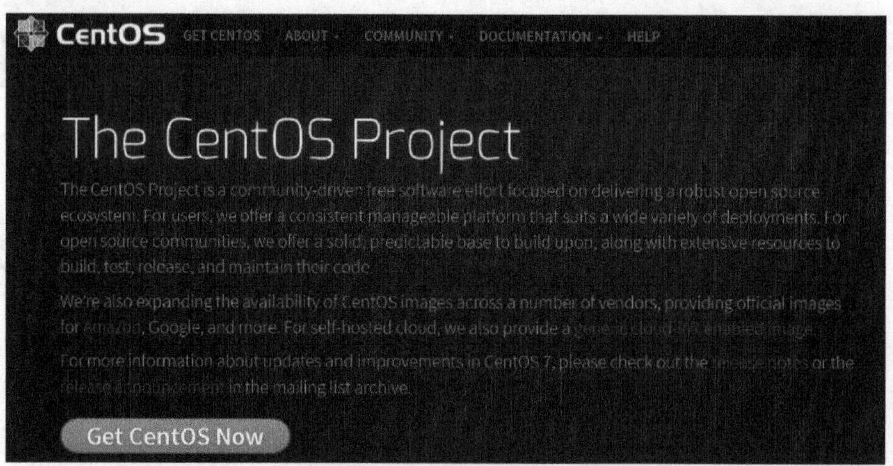

图 1-1 CentOS 官网

图 1-2 CentOS 的 ISO 镜像选择页面

DVD-1611. iso 镜像刻录成启动光盘、启动 U 盘或者通过 PXE 方式进行安装。

1.1.2 CentOS7 安装

下面介绍 CentOS7 的安装，这里先介绍字符登录界面的安装，后面介绍图形桌面的安装。读者请根据自己的喜好选择。

1. 简易安装

将刻录好的 CentOS7 安装启动盘插入光驱，重新启动计算机，将进入安装界面，如图 1-5 所示。

CentOS on the Web: CentOS.org | Mailing Lists | Mirror List | IRC | Forums |

In order to conserve the limited bandwidth available .iso images are not downloadable from mirror.centos.org

The following mirrors should have the ISO images available:

Actual Country -

http://mirror.bit.edu.cn/centos/7/isos/x86_64/CentOS-7-x86_64-DVD-1611.iso
http://mirrors.yun-idc.com/centos/7/isos/x86_64/CentOS-7-x86_64-DVD-1611.iso
http://mirrors.btte.net/centos/7/isos/x86_64/CentOS-7-x86_64-DVD-1611.iso
http://mirrors.cn99.com/centos/7/isos/x86_64/CentOS-7-x86_64-DVD-1611.iso
http://mirrors.aliyun.com/centos/7/isos/x86_64/CentOS-7-x86_64-DVD-1611.iso
http://mirrors.neusoft.edu.cn/centos/7/isos/x86_64/CentOS-7-x86_64-DVD-1611.iso
http://mirrors.zju.edu.cn/centos/7/isos/x86_64/CentOS-7-x86_64-DVD-1611.iso
http://mirrors.163.com/centos/7/isos/x86_64/CentOS-7-x86_64-DVD-1611.iso
http://mirrors.tuna.tsinghua.edu.cn/centos/7/isos/x86_64/CentOS-7-x86_64-DVD-1611.iso
http://mirror.lzu.edu.cn/centos/7/isos/x86_64/CentOS-7-x86_64-DVD-1611.iso
http://mirrors.nwsuaf.edu.cn/centos/7/isos/x86_64/CentOS-7-x86_64-DVD-1611.iso
http://ftp.sjtu.edu.cn/centos/7/isos/x86_64/CentOS-7-x86_64-DVD-1611.iso

Nearby Countries -

http://ftp.tc.edu.tw/Linux/CentOS/7/isos/x86_64/CentOS-7-x86_64-DVD-1611.iso
http://ftp.ksu.edu.tw/pub/CentOS/7/isos/x86_64/CentOS-7-x86_64-DVD-1611.iso

图 1-3　CentOS7 x86-64 ISO 下载链接

要打开或保存来自 **mirrors.aliyun.com** 的 **CentOS-7-x86_64-DVD-1611.iso** (4.07 GB)吗?　打开(O)　保存(S)　取消(C)　×

图 1-4　浏览器保存下载文件的对话框

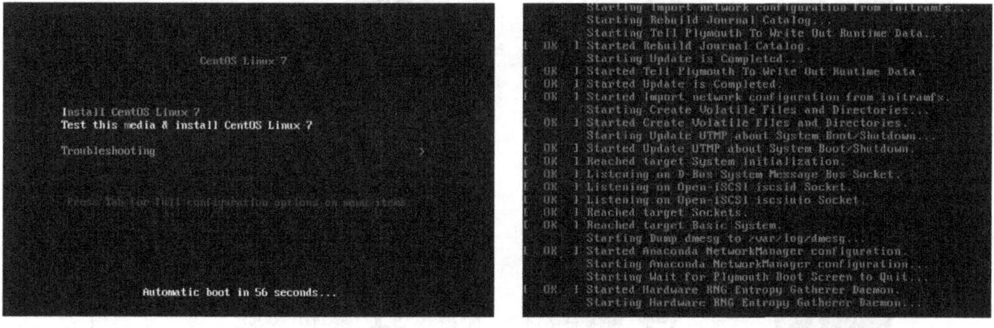

图 1-5　CentOS7 安装启动界面

选择第一项“Install CentOS Linux 7”并按回车键,等待片刻将出现图形的安装界面,如图 1-6 所示。在里面选择“中文”,然后再单击“继续”按钮进入下一窗口,如图 1-7 所示。

单击图 1-7 所示的“系统→安装位置”,进入后直接单击“完成”即可,此时图 1-7 的

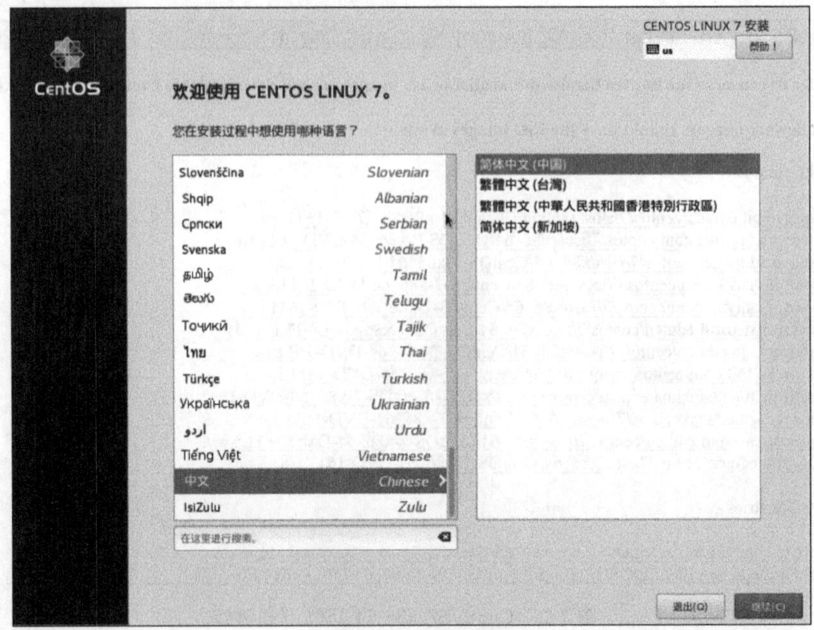

图 1-6 语言选择

图 1-7 安装信息摘要

“开始安装”按钮变成激活可用状态。如果希望使用图形桌面，则需要单击进入“软件选择”进行必要的选择(参见图1-12)。如果不需要图形桌面，则单击“开始安装”按钮进入下一步，如图1-8所示。

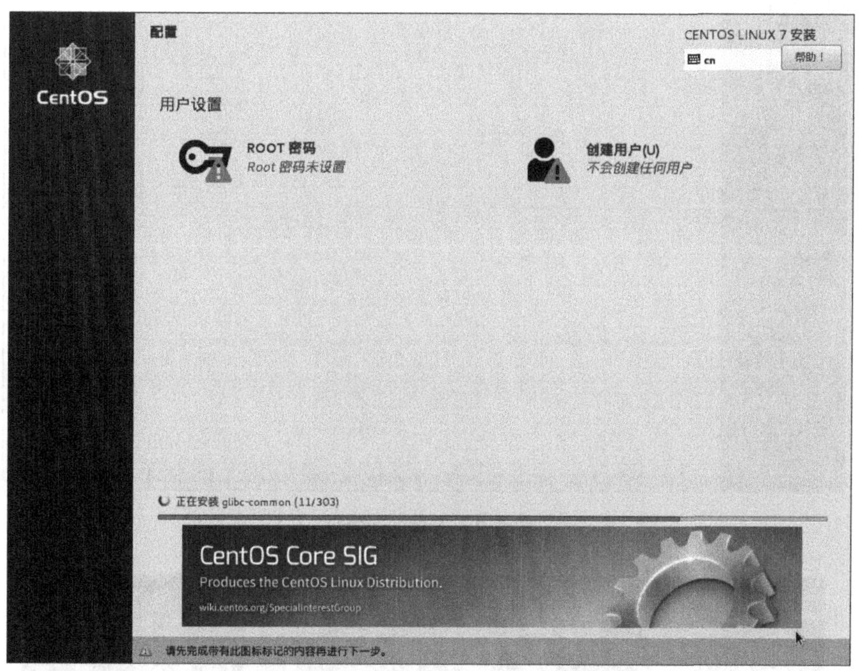

图1-8　设置ROOT用户密码并创建普通用户

然后分别单击图1-8所示的两个带感叹号的图标，在相应的对话框中进行ROOT根用户密码设置和创建用户的设置。这两项工作完成后，图标上的感叹号将消失。窗口的底端有安装进度条(如图1-9所示)，完成后在进度条下方出现“重启”按钮。

然后单击“重启”按钮重启系统，进入到Linux的字符登录界面，如图1-10所示。

输入前面设置的用户名及其密码登录到系统中，此时可以正式开始使用Linux系统。图1-11是登录后执行uname命令查看系统信息的输出，表明其Linux内核是3.10.0版本、x86_64位的。

如果读者在前面安装选项中没有选GCC开发工具，此时可以用yum -y install gcc命令完成安装，其他所需的软件在后续学习中用到的时候再安装。

2. 图形桌面安装

在安装过程的“安装信息摘要”环节(见图1-7)，如果单击“软件选择”按钮可以进入图1-12所示的窗口，此时可选择使用图形桌面或安装更多的其他软件包。

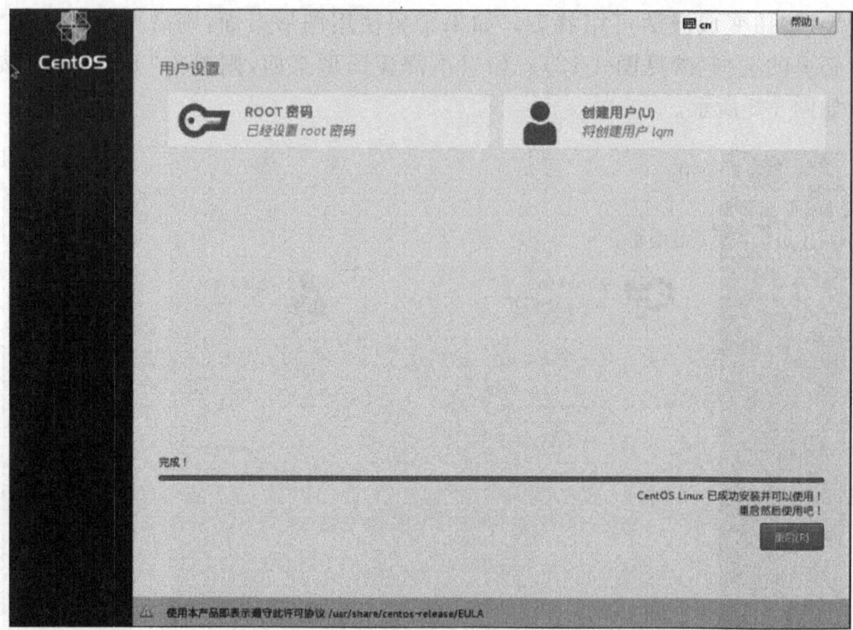

图 1-9 安装完成窗口

```
CentOS Linux 7 (Core)
Kernel 3.10.0-514.el7.x86_64 on an x86_64

localhost login: _
```

图 1-10 Linux 登录界面

```
CentOS Linux 7 (Core)
Kernel 3.10.0-514.el7.x86_64 on an x86_64

localhost login: lqm
Password:
[lqm@localhost ~]$ uname --all
Linux localhost.localdomain 3.10.0-514.el7.x86_64 #1 SMP Tue Nov 22 16:42:41 UTC
 2016 x86_64 x86_64 x86_64 GNU/Linux
[lqm@localhost ~]$ _
```

图 1-11 登录系统

此处选择“带 GUI 的服务器”并在右边的“已选环境的附加选项”中选择“开发工具”。然后单击“完成”按钮，返回到图 1-7 所示的“安装信息摘要”环节，继续完成后面的安装操作。与前面简易安装有点不同，在安装完成并重启之后，需要单击“LICENSING”按钮以完成许可，最后单击图 1-13 右下角的“完成配置”按钮。

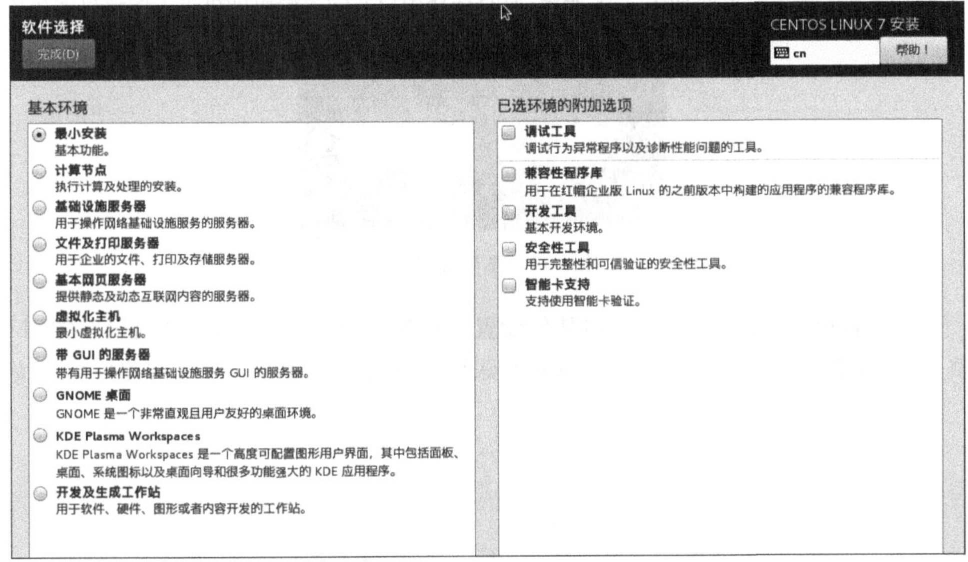

图 1-12　安装软件选择

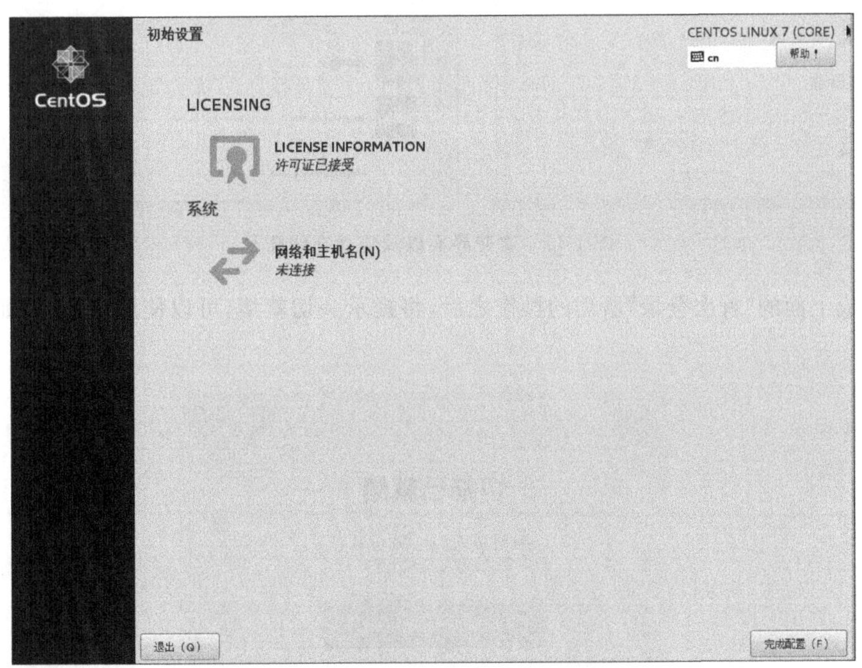

图 1-13　权限许可以及网络和主机名设置

最后出现图形登录界面如图 1-14 所示，此时选择用户并输入密码即可进入图形桌面环境。

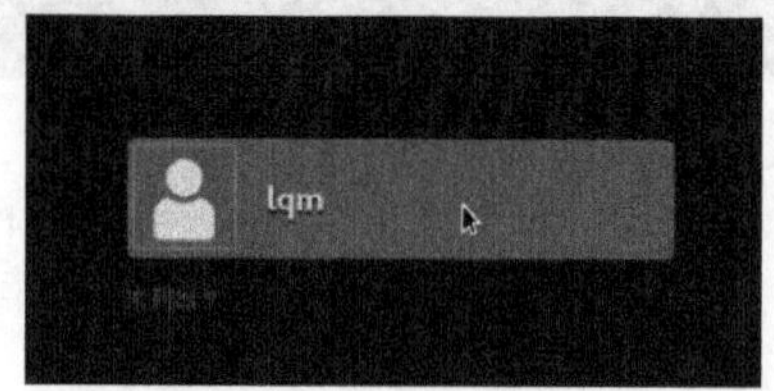

图 1-14　图形登录界面

如果是首次登录，还将进行一些其他设置。首先在“欢迎”窗口选择“汉语”(如图 1-15 左侧所示)并单击“继续”按钮，然后进入在线账号窗口进行设置，或者直接单击“跳过”按钮。

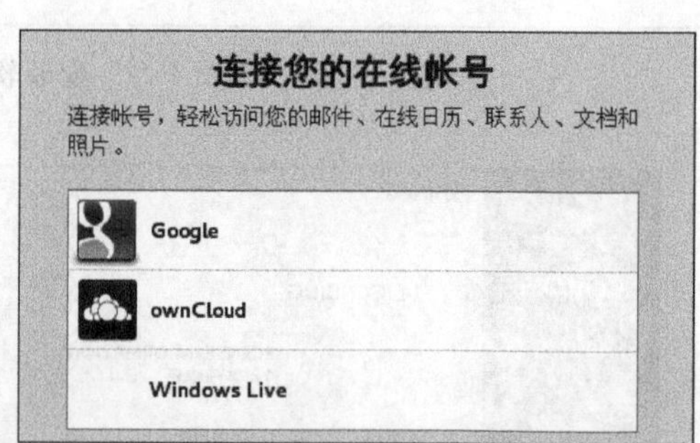

图 1-15　欢迎界面以及连接在线账号

完成上面的“首次登录”所需的操作之后，将提示一切就绪，可以使用系统了，如图 1-16 所示。

图 1-16　提示完成“首次登录”的设置操作

后面就可以使用鼠标方便地进行图形桌面上的操作，此时的 GNOME 桌面如图 1-17 所示。

图 1-17 CentOS7 的 GNOME 桌面

1.2 虚拟机安装 Linux

如果读者的计算机安装了 Windows 或其他操作系统，希望保留原来的系统而不要被覆盖，那么请选用虚拟机的方式来安装 Linux。

1.2.1 VirtualBox 安装

下面以 Oracle VM VirtualBox 为例，说明虚拟机的安装过程。首先是下载 VirtualBox 虚拟机安装文件，然后是一些配置操作。

请用浏览器访问 Oracle VM VirtualBox 官方网站(www.virtualbox.org)，如图 1-18 所示。

然后单击“Download VirtualBox 5.1”按钮，下载当前最新的版本，出现一个选择页面，如图 1-19 所示，根据宿主操作系统类型不同进行不同选择。这里使用的是 Windows 宿主机，因此将选择“Windows hosts”。

单击选择“Window hosts”之后，浏览器弹出对话框，如图 1-20 所示。

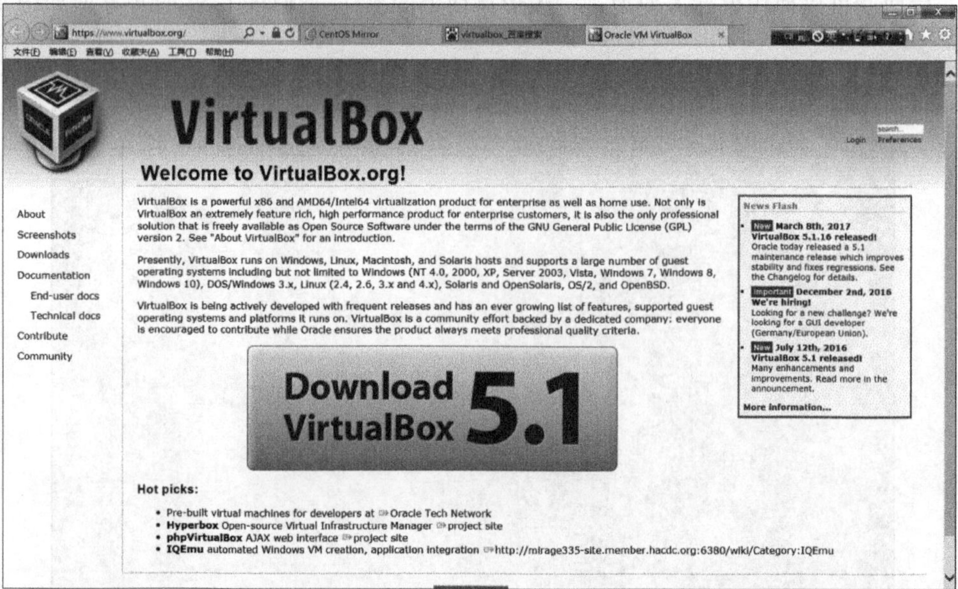

图 1-18　Oracle VM VirtualBox 官方网站

Download VirtualBox

Here, you will find links to VirtualBox binaries and its source code.

VirtualBox binaries

By downloading, you agree to the terms and conditions of the respective license.

- **VirtualBox 5.1.16 platform packages**. The binaries are released under the te
  - Windows hosts
  - OS X hosts
  - Linux distributions
  - Solaris hosts
- **VirtualBox 5.1.16 Oracle VM VirtualBox Extension Pack** All supported pl
  Support for USB 2.0 and USB 3.0 devices, VirtualBox RDP, disk encryption, NVM
  for an introduction to this Extension Pack.
  The Extension Pack binaries are released under the VirtualBox Personal Use and
  Please install the extension pack with the same version as your installed version
  *If you are using **VirtualBox 5.0.32**, please download the extension pack here*
- **VirtualBox 5.1.16 Software Developer Kit (SDK)** All platforms

图 1-19　宿主操作系统选择

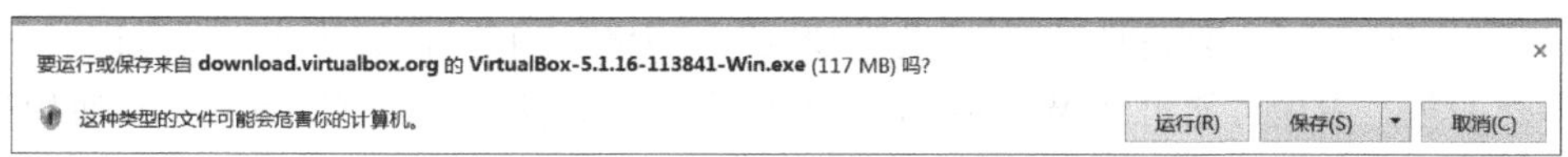

图 1-20　IE 浏览器的下载对话框

如果直接单击“运行”按钮则开始下载并自动运行安装程序，否则也可以先单击“保存”按钮然后手动运行安装程序。如果是直接单击“运行”按钮，那么进入安装过程，如图 1-21 所示。

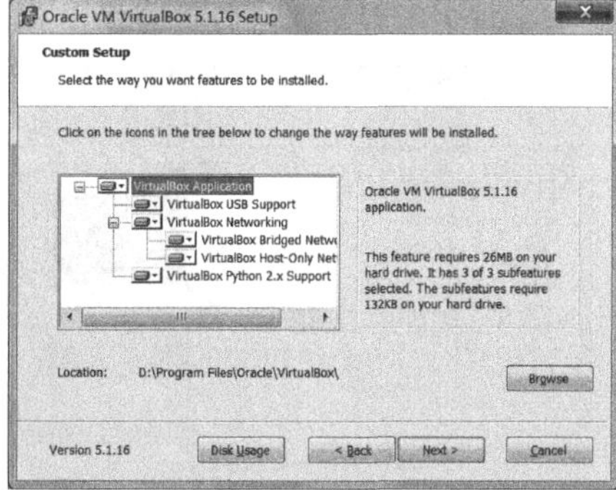

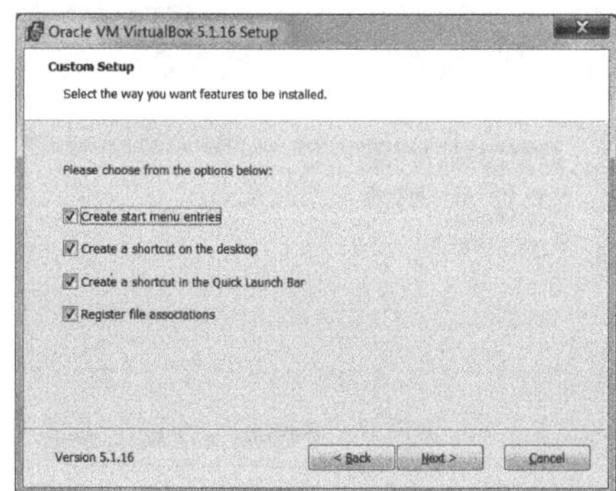

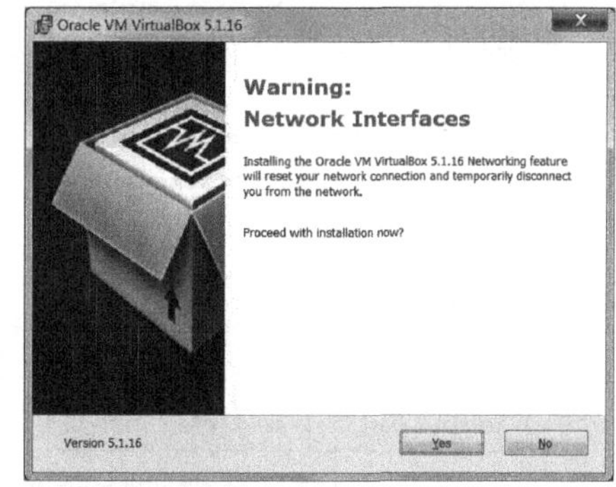

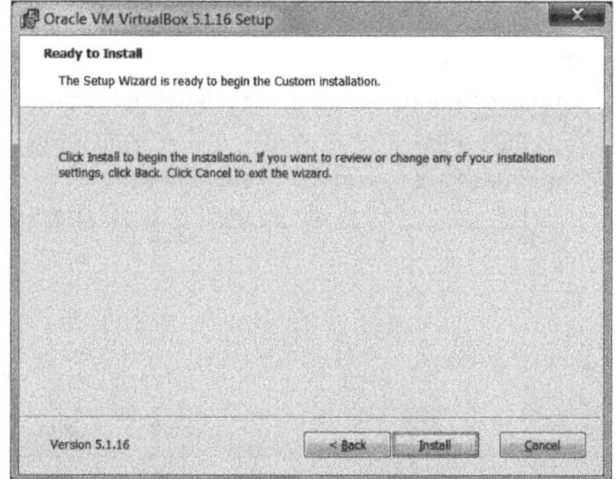

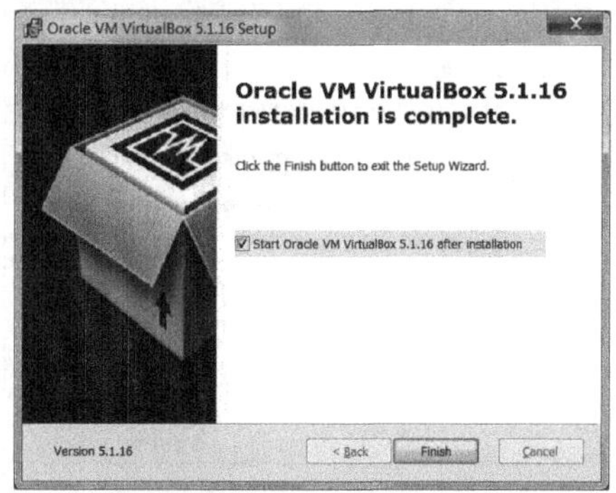

图 1-21　VirtualBox 5.1 的安装程序

依次进行选择安装路径、选择安装选项、提示网络影响等，按默认认方式推进即可，不需做特殊处理。中途可能出现 Windows 安全提示是否安装“Oracle Corporation 通用串行总线控制器”“Oracle Corporation 网络适配器”以及“Oracle Corporation Network Service”，需要逐个确认。或者也可以选择“始终信任来自‘Oracle Corporation’的软件”，后面操作将更加简便。

然后启动 VirtualBox，单击“创建”按钮创建一个新的虚拟机。输入虚拟机名称（例如 CentOS7-OS-exp），选择虚拟机类型为 Linux/Redhat64，如图 1-22 所示。中间将出现设

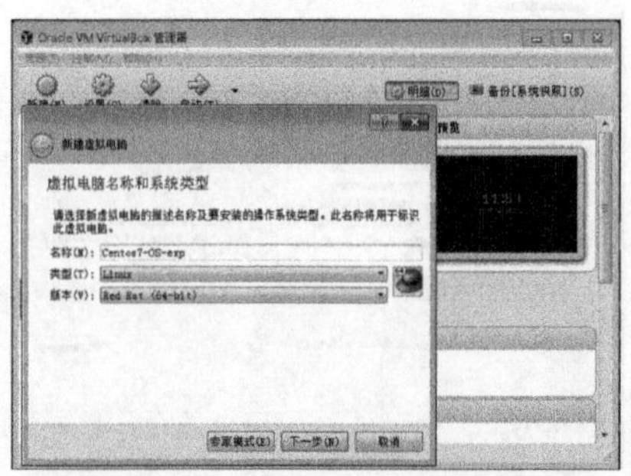

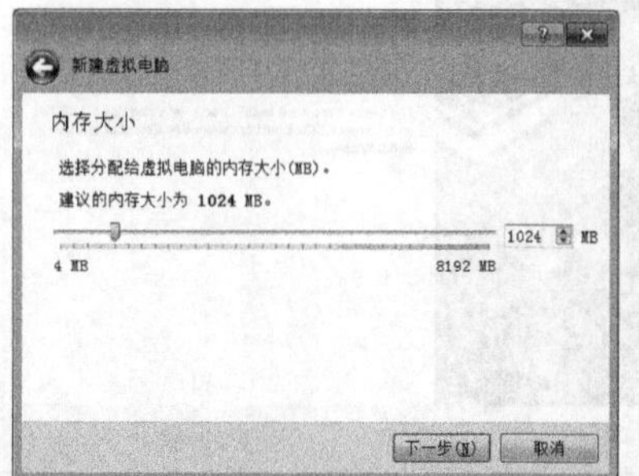

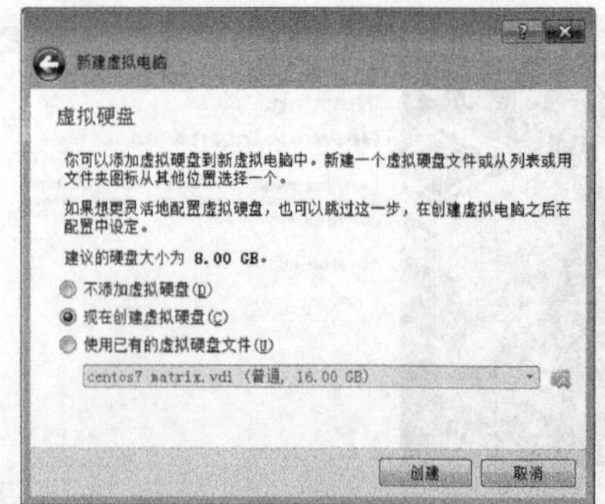

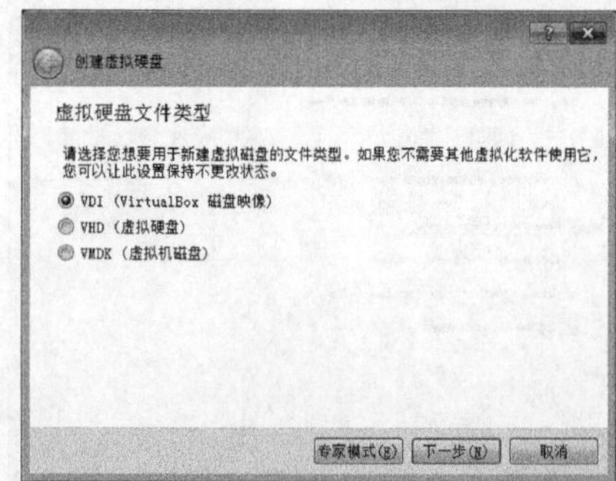

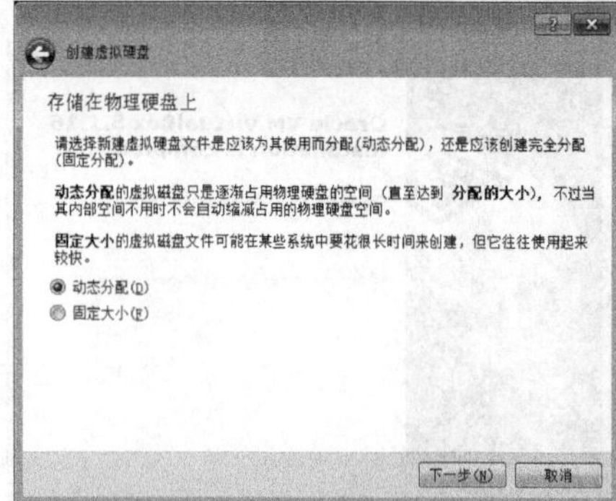

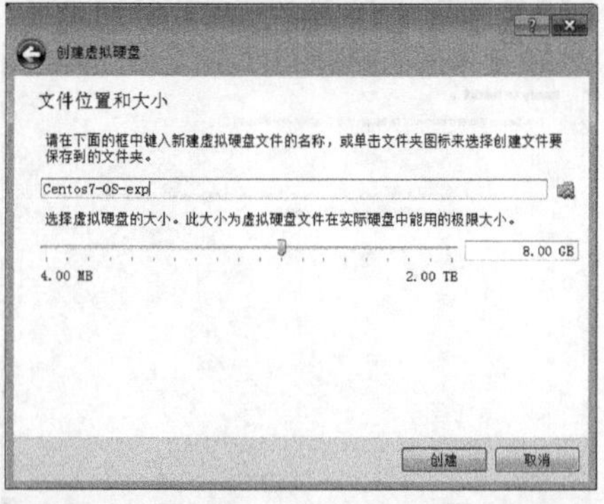

图 1-22 创建 CentOS7-OS-exp 虚拟机

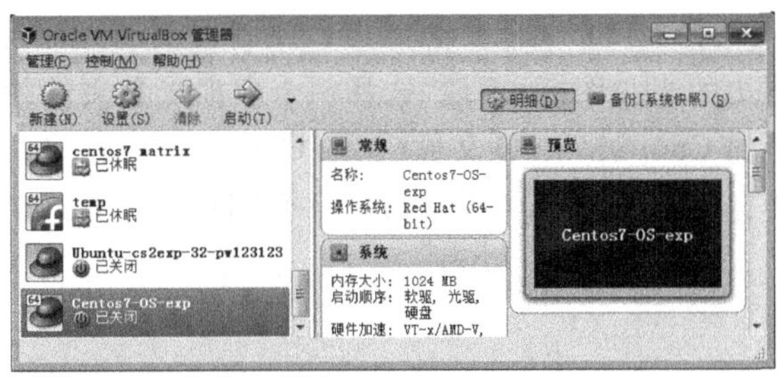

图 1-22 （续）

置虚拟机内存容量、是否创建虚拟硬盘、虚拟硬盘格式、虚拟硬盘是否动态扩展、虚拟硬盘总容量的选择对话框，按默认方式推进即可，不需做特殊处理。最终将生成一个新的虚拟机 CentOS7-OS-exp，此时还未安装有操作系统。

1.2.2 虚拟机配置

在虚拟机上安装操作系统之前，可以先进行必要的设置。首先要指定启动光盘以便安装 CentOS7 系统，然后需要设置宿主机和虚拟机之间的共享数据方式，最后为了方便从其他主机访问该虚拟机而进行网络卡设备的设置。

1. 启动光盘的配置

在 VirtualBox 主窗口上选中前面创建的虚拟机“CentOS7-OS-exp”（如图 1-22 底部所示，此时虚拟机处于“已关闭”状态），然后单击“设置”按钮，出现图 1-23 所示窗口。

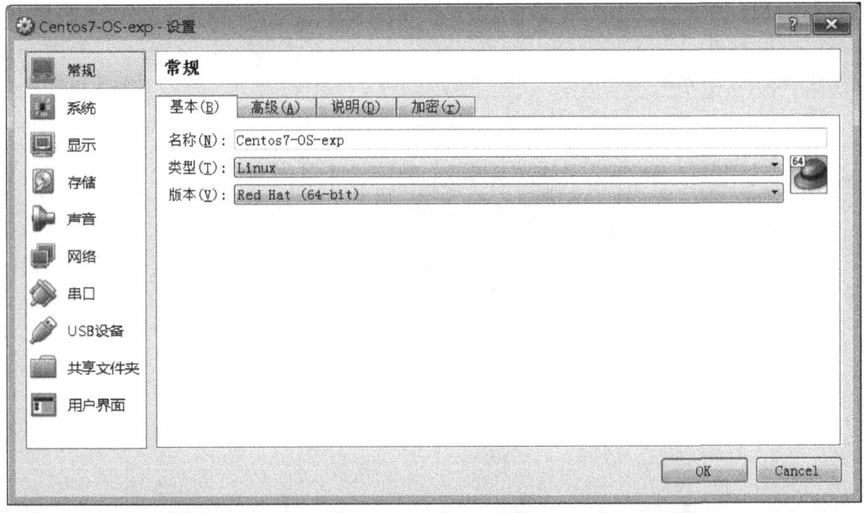

图 1-23 虚拟机设置

在图 1-23 的左边选择“存储”，此时显示 IDE 控制器上的光驱还没有盘片，如图 1-24 所示。用鼠标单击右边的光盘图标，出现“选择一个虚拟光盘文件”的菜单选项，此时选择前面 1.1 节里面保存的 CentOS7 ISO 文件(例如 CentOS-7-x86_64-DVD-1611.iso)即可。此时“没有盘片”字样会改变为“CentOS-7-x86_64-DVD-1611.iso”。

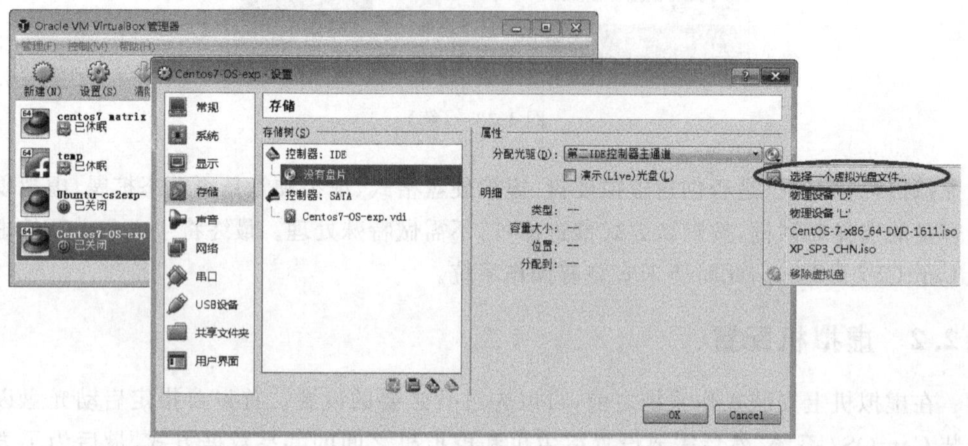

图 1-24　设置启动安装光盘

2. 网络配置

在图 1-23 的左边选中“网络”，将出现图 1-25 所示的窗口，里面有默认的 NAT 网络地址转换模式和 Bridge 桥接等几种模式，可根据自身需要进行选择。

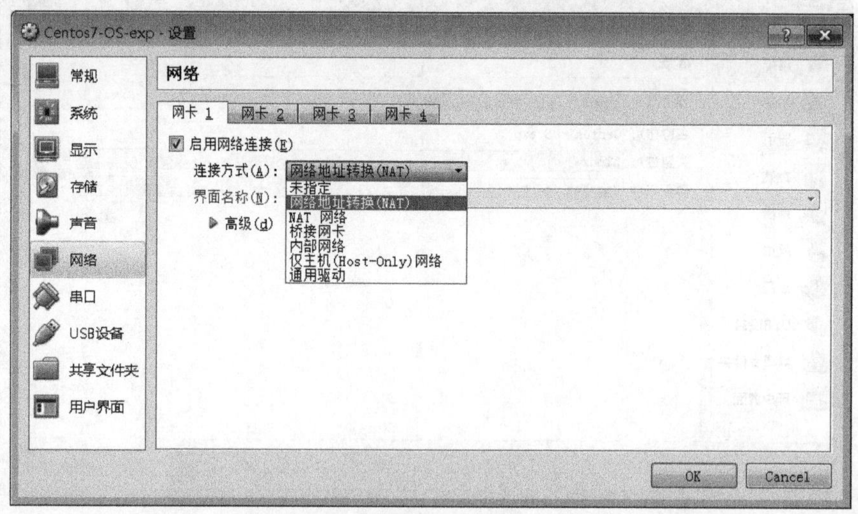

图 1-25　虚拟机的网络连接设置

如果希望其他计算机也能通过远程终端工具(如 ssh 客户端)访问虚拟机里面的 Linux 系统,例如希望在其他计算机上用 PuTTY 登录虚拟机,或者希望在其他计算机上用 FTP 或 SFTP 工具从虚拟机下载或往虚拟机上传文件等操作,都需要虚拟机有外部的 IP 地址。而虚拟机默认安装都是使用 NAT 方式的网络联接,需要改成"桥接网卡"模式才可以被其他计算机访问。

3. 共享文件夹

为了方便宿主机和虚拟机之间交换数据,通常还需要设置共享文件夹。当然,如果不设置共享文件夹,也可以通过 FTP 服务器等方式实现文件共享。在图 1-23 的左边选择"共享文件夹",然后单击窗口右边带"+"号的文件夹图标,将出现图 1-26 所示的窗口,可以选择希望共享的宿主机上的目录。如果不希望虚拟机修改共享文件夹内的文件,则可以选择"只读分配"。如果没有选择"自动挂载",那么需要在虚拟机内部手动挂载共享目录。

图 1-26　设置共享文件夹

设置成功后,将会在共享文件夹列表中新增一项,如图 1-27 所示。

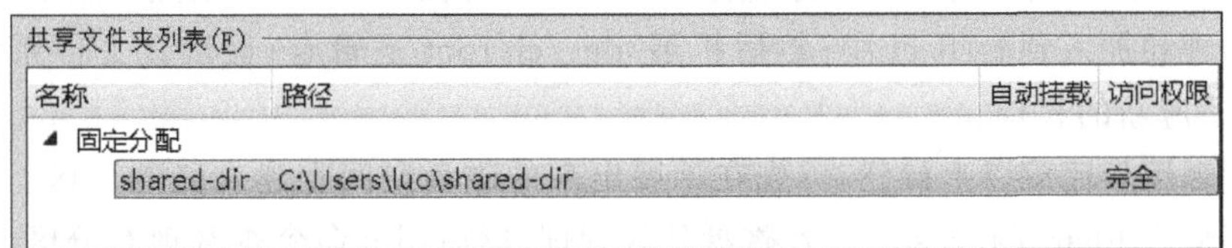

图 1-27　新增的共享文件夹

自动挂载的共享目录会在系统启动时生效，自动挂载到/media 目录下。

4. 扩充虚拟磁盘容量

运行过程中随着安装的软件和存储的数据增加，难免出现虚拟磁盘容量不够的情况，如果是创建虚拟机时选择使用增强虚拟磁盘(VDI)，则可以通过以下方法进行扩展。首先用 VBoxManage 的 showhdinfo 命令查看虚拟磁盘的基本信息，然后再用 modifymedium--resize 命令扩展容量到 10240MB，如图 1-28 所示。

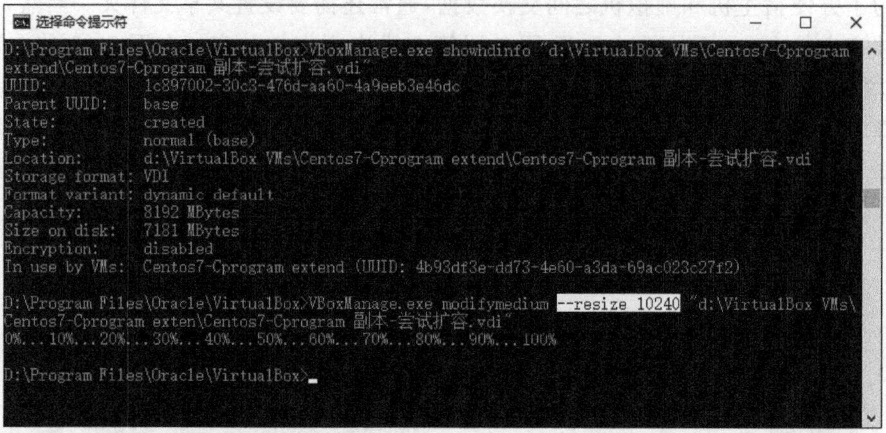

```
选择命令提示符
D:\Program Files\Oracle\VirtualBox>VBoxManage.exe showhdinfo "d:\VirtualBox VMs\Centos7-Cprogram
extend\Centos7-Cprogram 副本-尝试扩容.vdi"
UUID:           1c897002-30c3-476d-aa60-4a9eeb3e46dc
Parent UUID:    base
State:          created
Type:           normal (base)
Location:       d:\VirtualBox VMs\Centos7-Cprogram extend\Centos7-Cprogram 副本-尝试扩容.vdi
Storage format: VDI
Format variant: dynamic default
Capacity:       8192 MBytes
Size on disk:   7181 MBytes
Encryption:     disabled
In use by VMs:  Centos7-Cprogram extend (UUID: 4b93df3e-dd73-4e60-a3da-69ac023c27f2)

D:\Program Files\Oracle\VirtualBox>VBoxManage.exe modifymedium --resize 10240 "d:\VirtualBox VMs\
Centos7-Cprogram exten\Centos7-Cprogram 副本-尝试扩容.vdi"
0%...10%...20%...30%...40%...50%...60%...70%...80%...90%...100%

D:\Program Files\Oracle\VirtualBox>_
```

图 1-28　用 VBoxManage 的 showhdinfo 和 modifymedium 命令查看和修改虚拟磁盘容量

从中可以看出虚拟磁盘总容量(Capacity)为 8192MB，而当前已经使用了 7181MB，所剩空间并不多了。图 1-28 后半部分显示的是使用 modifymedium --resize 命令改变磁盘容量的操作，修改后容量扩展为 10240MB。进入到 CentOS7 系统，用 fdisk -l 查看到/dev/sda 的容量已经扩展到了 10.7GB 了，如图 1-29 所示。

用 df 命令看到/dev/mapper/cl-root 容量还是 6.2GB，已使用 96%的空间，如图 1-30 所示。

从上面可知虚拟磁盘容量扩展之后，还需要 Linux 卷管理和文件系统能识别，否则系统仍不能使用新加入的空间。下面的操作将涉及 Linux LVM 的一些知识，包括以下几个操作：在新扩展出来的分区中建立分区/dev/sda3；在/dev/sda3 上建立新的物理卷；将新建的物理卷加入到卷组 cl 中；然后扩展/dev/cl/root 逻辑卷；最后让文件系统(xfs 或 ext4 等)适应新的容量。

下面来逐步完成以上操作，首先在扩展出来的磁盘空间上建立新的分区。对于这里的系统则输入 fdisk /dev/sda 进入磁盘分区管理，然后用 p 命令查看现有分区，用 n 命令创建新分区(所有选项都按默认值，直接回车即可)，创建后用 t 命令将类型指定为 8e(即

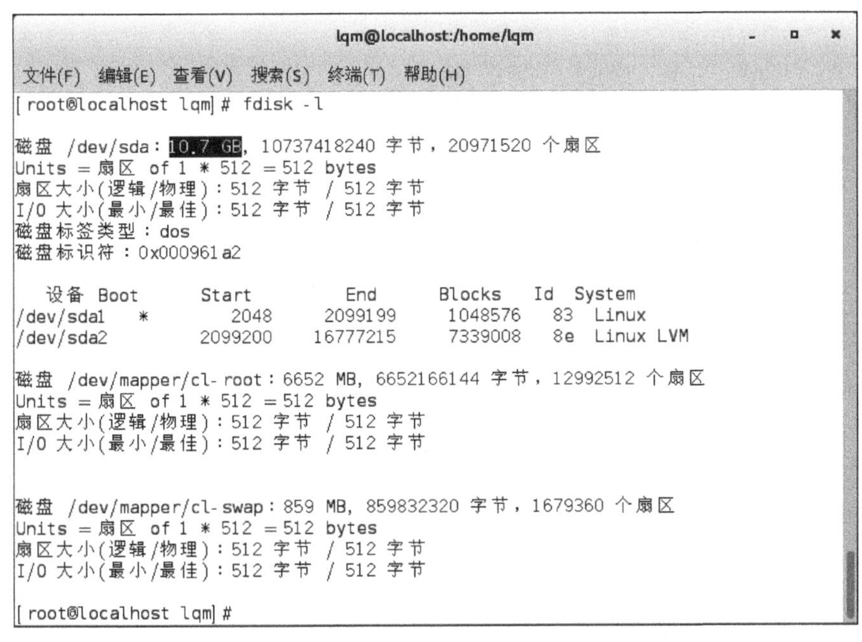

```
lqm@localhost:/home/lqm
文件(F) 编辑(E) 查看(V) 搜索(S) 终端(T) 帮助(H)
[root@localhost lqm]# fdisk -l

磁盘 /dev/sda：10.7 GB, 10737418240 字节，20971520 个扇区
Units = 扇区 of 1 * 512 = 512 bytes
扇区大小(逻辑/物理)：512 字节 / 512 字节
I/O 大小(最小/最佳)：512 字节 / 512 字节
磁盘标签类型：dos
磁盘标识符：0x000961a2

   设备 Boot      Start         End      Blocks   Id  System
/dev/sda1   *        2048     2099199     1048576   83  Linux
/dev/sda2         2099200    16777215     7339008   8e  Linux LVM

磁盘 /dev/mapper/cl-root：6652 MB, 6652166144 字节，12992512 个扇区
Units = 扇区 of 1 * 512 = 512 bytes
扇区大小(逻辑/物理)：512 字节 / 512 字节
I/O 大小(最小/最佳)：512 字节 / 512 字节


磁盘 /dev/mapper/cl-swap：859 MB, 859832320 字节，1679360 个扇区
Units = 扇区 of 1 * 512 = 512 bytes
扇区大小(逻辑/物理)：512 字节 / 512 字节
I/O 大小(最小/最佳)：512 字节 / 512 字节

[root@localhost lqm]#
```

图 1-29　fdisk -l 查看系统的虚拟硬盘容量

```
lqm@localhost:/home/lqm
文件(F) 编辑(E) 查看(V) 搜索(S) 终端(T) 帮助(H)
[root@localhost lqm]# df -hT
文件系统                类型       容量  已用  可用 已用% 挂载点
/dev/mapper/cl-root xfs        6.2G  5.9G  304M   96% /
devtmpfs            devtmpfs   482M     0  482M    0% /dev
tmpfs               tmpfs      497M  156K  497M    1% /dev/shm
tmpfs               tmpfs      497M   14M  484M    3% /run
tmpfs               tmpfs      497M     0  497M    0% /sys/fs/cgroup
/dev/sda1           xfs       1014M  172M  843M   17% /boot
NOIP                vboxsf     196G  192G  3.5G   99% /media/sf_NOIP
tmpfs               tmpfs      100M   20K  100M    1% /run/user/1000
/dev/sr0            iso9660     56M   56M     0  100% /run/media/lqm/VBox_GAs_5.2.6
[root@localhost lqm]#
```

图 1-30　df 命令查看磁盘使用情况

Linux LVM 逻辑卷)。上述全部命令及执行过程如图 1-31 所示。最后，不要忘记用 w 命令完成分区表的写入。

然后通过 partprobe 将分区表重新读入(生效)，并用 pvcreate 命令在新建分区/dve/sda3 上创建物理卷，如图 1-32 所示。

下面可以将物理卷加入到卷组，因此先要查看卷组名和逻辑卷名。这个可以通过 vgdisplay -v 查看到：卷组名 VG Name 为 cl，逻辑卷路径名 LV Path 有/dev/cl/swap 和

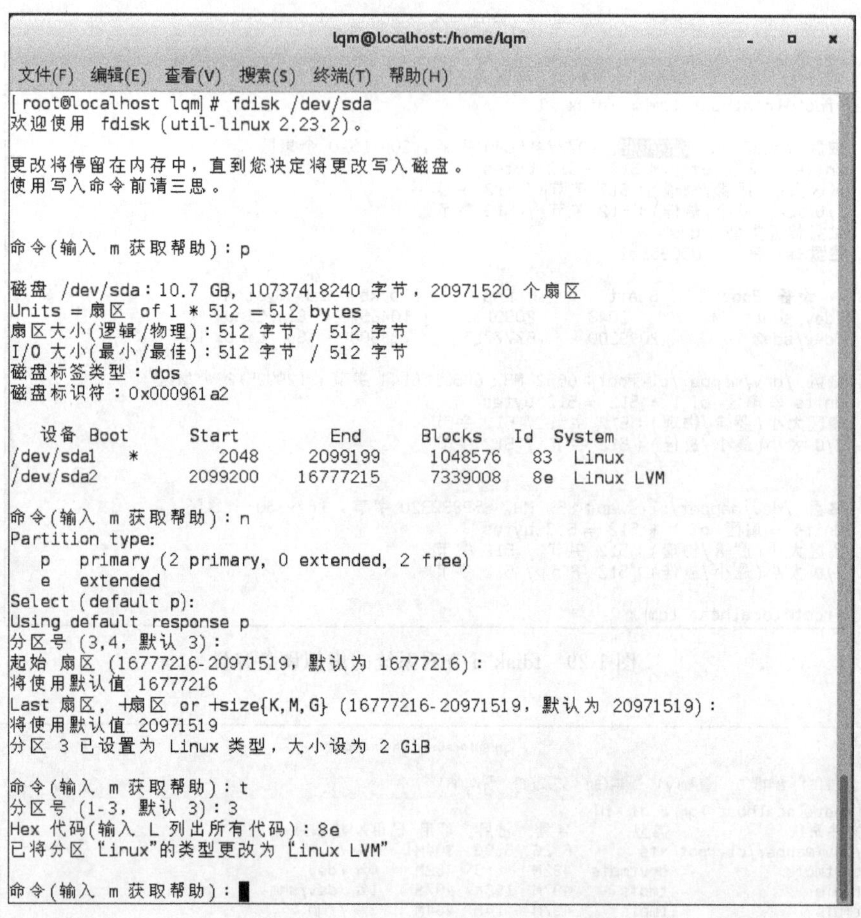

图 1-31 在扩增的空间建立新的分区

/dev/cl/root 两个。用命令 vgextend cl /dev/sda3 将新的物理卷加入到卷组。

卷组扩容后则可以利用 lvextend 命令对/dev/cl/root 逻辑卷进行扩展，如图 1-33 所示。发现直接扩展 2.0G 还缺一点空间，于是尝试小一点的 1.9GB，成功将容量扩展后，该卷从原来的 6.20GB 扩展到了 8.10GB。

完成逻辑卷的扩展后通知 Linux 文件系统，根据底层块设备容量的变化进行调整。由于根文件系统使用的是 xfs 格式，因此用 xfs_growfs 进行扩展（ext4 格式可以用 resize2fs），最后用 df 命令检查磁盘容量，发现成功从 6.20GB 扩展到 8.1GB，利用率从原来的 96%下降到当前的 73%，如图 1-34 所示。

```
lqm@localhost:/home/lqm
文件(F) 编辑(E) 查看(V) 搜索(S) 终端(T) 帮助(H)
[root@localhost lqm]# partprobe
Warning: 无法以读写方式打开 /dev/sr0 (只读文件系统)。/dev/sr0 已按照只读方式打开。
[root@localhost lqm]# pvcreate /dev/sda3
  Physical volume "/dev/sda3" successfully created.
[root@localhost lqm]# pvdisplay /dev/sda3
  "/dev/sda3" is a new physical volume of "2.00 GiB"
  --- NEW Physical volume ---
  PV Name               /dev/sda3
  VG Name
  PV Size               2.00 GiB
  Allocatable           NO
  PE Size               0
  Total PE              0
  Free PE               0
  Allocated PE          0
  PV UUID               3VjapC-YMR3-ZR2f-nODM-RQiq-iaQK-R86FRO

[root@localhost lqm]#
```

图 1-32　创建物理卷

```
lqm@localhost:/home/lqm
文件(F) 编辑(E) 查看(V) 搜索(S) 终端(T) 帮助(H)
[root@localhost lqm]# lvextend -L +2G /dev/cl/root
  Insufficient free space: 512 extents needed, but only 511 available
[root@localhost lqm]# lvextend -L +1.9G /dev/cl/root
  Rounding size to boundary between physical extents: 1.90 GiB.
  Size of logical volume cl/root changed from 6.20 GiB (1586 extents) to 8.10 GiB (2073 extents).
  Logical volume cl/root successfully resized.
[root@localhost lqm]#
```

图 1-33　扩展逻辑卷的容量

```
lqm@localhost:/home/lqm
文件(F) 编辑(E) 查看(V) 搜索(S) 终端(T) 帮助(H)
[root@localhost lqm]# xfs_growfs /dev/cl/root
meta-data=/dev/mapper/cl-root    isize=512    agcount=4, agsize=406016 blks
         =                       sectsz=512   attr=2, projid32bit=1
         =                       crc=1        finobt=0 spinodes=0
data     =                       bsize=4096   blocks=1624064, imaxpct=25
         =                       sunit=0      swidth=0 blks
naming   =version 2              bsize=4096   ascii-ci=0 ftype=1
log      =internal               bsize=4096   blocks=2560, version=2
         =                       sectsz=512   sunit=0 blks, lazy-count=1
realtime =none                   extsz=4096   blocks=0, rtextents=0
data blocks changed from 1624064 to 2122752
[root@localhost lqm]# df -hT
文件系统             类型      容量  已用  可用 已用% 挂载点
/dev/mapper/cl-root xfs       8.1G  5.9G  2.2G   73% /
devtmpfs            devtmpfs  482M     0  482M    0% /dev
tmpfs               tmpfs     497M  432K  496M    1% /dev/shm
tmpfs               tmpfs     497M  6.9M  490M    2% /run
tmpfs               tmpfs     497M     0  497M    0% /sys/fs/cgroup
/dev/sda1           xfs      1014M  172M  843M   17% /boot
tmpfs               tmpfs     100M   16K  100M    1% /run/user/1000
/dev/sr0            iso9660    56M   56M     0  100% /run/media/lqm/VBox_GAs_5.2.6
[root@localhost lqm]#
```

图 1-34　xfs_growfs 扩展容量

1.2.3 虚拟机安装 Linux

完成前面 1.2.1 节和 1.2.2 节的操作后，选中虚拟机“CentOS7-OS-exp”并单击“启动”则自动进入安装界面。前面设置虚拟机时已经给启动光驱设备中指定了 CentOS 7 的安装光盘 ISO 映像，因此其安装过程与 1.1 节几乎完全相同——只是所有操作都在虚拟机内部，如图 1-35 所示。

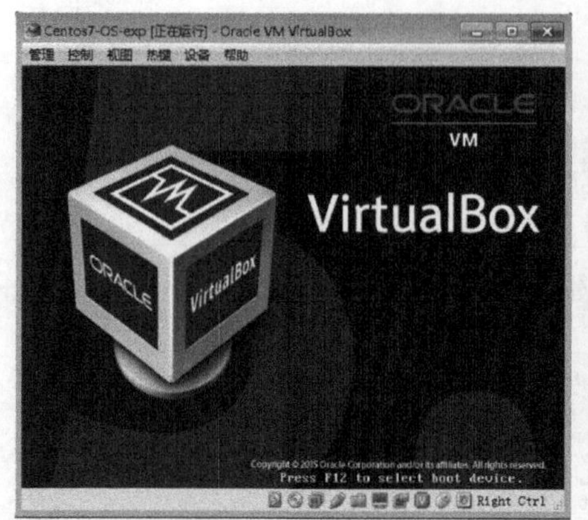

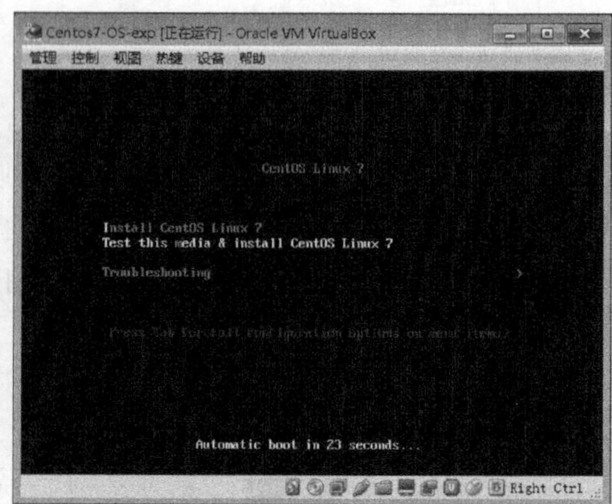

图 1-35 虚拟机启动和 Linux 安装启动界面

安装好 Linux 之后，还需要安装 VirtualBox 的增强工具。增强工具可以有一些方便的特性，例如，可以将鼠标在虚拟机和宿主机之间无缝切换等。具体操作请参考 1.4.1 节。

1.3 ssh 远程终端访问

除了给自己的计算机安装 Linux，或者在虚拟机上安装 Linux 外，还可以直接使用现有的 Linux 主机——读者所在的实验室很可能就有 Linux 服务器。或者某个同学自己安装 Linux 后，其他同学希望能共享访问该同学的 Linux 系统。这时只需要一个远程 telnet 或 ssh 客户端就够用了，没必要自己安装 Linux 系统。Linux 的远程访问有多种方式，常用的有 telnet 和 ssh 两种。由于 telnet 使用明文传输数据，因此并不安全。更常见的是使用 ssh 客户端。下面展示如何使用 PuTTY(一种 ssh 客户端)来访问 Linux 系统(前提是被访问的 Linux 系统开启了 sshd 服务)。

1.3.1　PuTTY 客户端

1. PuTTY 下载安装

用浏览器访问 PuTTY 官方网站——http：//www.putty.org/。该软件无须安装，直接下载或者复制到某个目录下就可以运行。

2. 使用方法

单击 PuTTY 可执行文件，出现如图 1-36 所示的窗口。

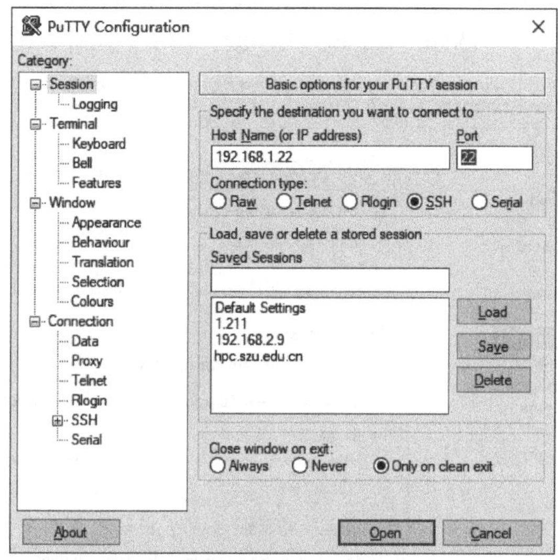

图 1-36　PuTTY 启动窗口

在"Host Name(or IP address)"窗口输入 Linux 主机名或 IP(端口默认是 22)，然后单击 Open 按钮向指定的 Linux 服务器发出远程终端连接请求。连接到 Linux 服务器后，按照提示输入用户名和密码，登录到系统，如图 1-37 所示。

```
nvidia@tegra-ubuntu: ~
login as: nvidia
nvidia@192.168.1.22's password:
Welcome to Ubuntu 16.04 LTS (GNU/Linux 4.4.38-tegra aarch64)

 * Documentation:  https://help.ubuntu.com/

550 packages can be updated.
268 updates are security updates.

Last login: Wed Feb  7 05:25:56 2018 from 192.168.1.19
nvidia@tegra-ubuntu:~$
```

图 1-37　用 PuTTY 登录系统后的界面

3. 常见设置

为了方便后面实验操作，将简单介绍 PuTTY 的一些常用功能。

首先是会话(session)的命名和保存，如果在连接时输入了主机名或 IP 之后，可以在“Saved Sessions”输入框(见图 1-36)内给本次会话输入名字，然后单击“Save”按钮将保存本次会话的主机/IP、端口以及其他所有配置信息，并将在下面的会话列表中增加一项。下次再发起会话时，可以直接从会话列表中选中一个，然后单击“Open”按钮，而无须再次输入主机名/IP 等信息。

其次在 Window→Appearance 菜单中有很多关于字体、颜色等选项，如图 1-38 所示。此时字体为大小为 10-point，单击右边的“Change”按钮可以加以修改。

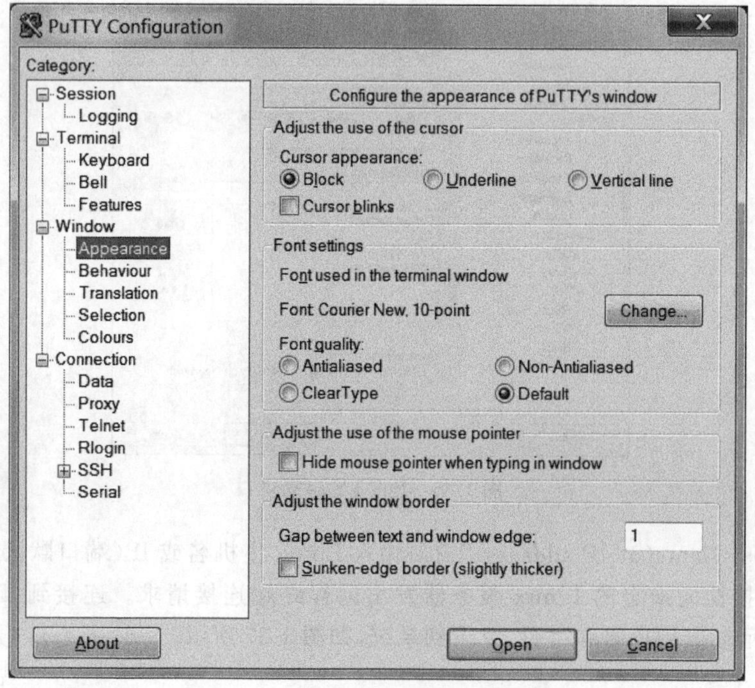

图 1-38 Window→Appearance 选项

另外由于经常需要显示中文字符，为了能正常显示这些字符，可以在 Window→Tranlation 窗口中选择 UTF-8 编码，如图 1-39 所示。

为了避免每次登录都需要输入用户名，可以在菜单 Connection→Data 的“Auto-login usename”中输入自动登录的用户名，如图 1-40 所示。

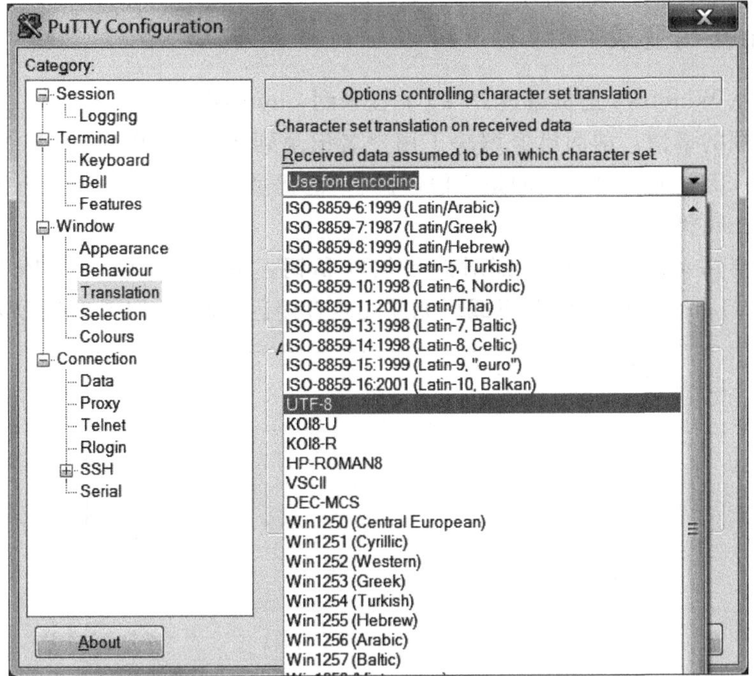

图 1-39　字符编码格式

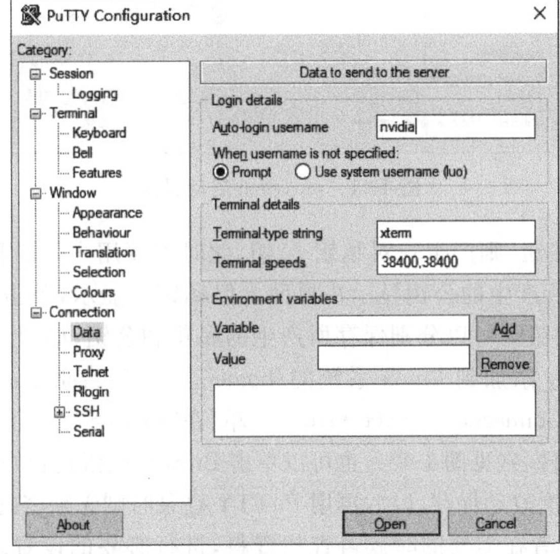

图 1-40　登录时自动输入用户账号名

1.3.2 无密码登录

如果要从 Windows 主机通过 PuTTY 登录到 Linux,则需要每次输入用户名和密码,将是比较麻烦的事情。前面已经解决了用户名记录到 Session 里面,下面展示如何进行无密码登录。无密码登录使用的是互信任机制,也就是说提供一个公开密钥就可以接受其无密码的 ssh 登录。

首先需要用 puttygen 产生配对的公钥和私钥。puttygen 可以在 PuTTY 的官网 http://www.putty.org/找到,下载后无须安装直接运行即可,如图 1-41 所示。

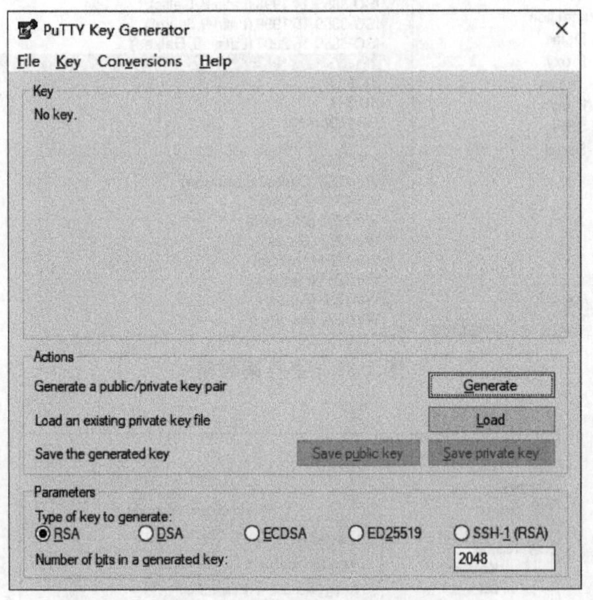

图 1-41 puttygen 启动界面

单击 Generate 按钮,则产生一对私钥-公钥,此时需要用户不断移动鼠标产生随机数值,直到满足要求。所产生的公钥显示在界面上但私钥不显示,单击"Save public key"和"Save private key"按钮则可以分别保存所产生的私钥和公钥,如图 1-42 所示。

将公钥 public-key 添加到 Linux 系统的/home/×××/.ssh/authorized_keys 文件中。然后单击 PuTTY 的 Connection→SSH→Auth 菜单,在"Private key file for authentication"的编辑框里输入私钥文件名(见图 1-43),也可以单击 Browse 按钮查看并选择私钥文件。返回到 Session 菜单,将这次改动保存,以后再用 PuTTY 登录时则无须密码了。

其他的设置请读者在需要的时候再查找资料,进行必要的设置。当对这些设置感到满意时,可以返回到 Session 界面进行保存,下次再连接本会话的 Linux 服务器时还将使

图 1-42　产生密钥-公钥对

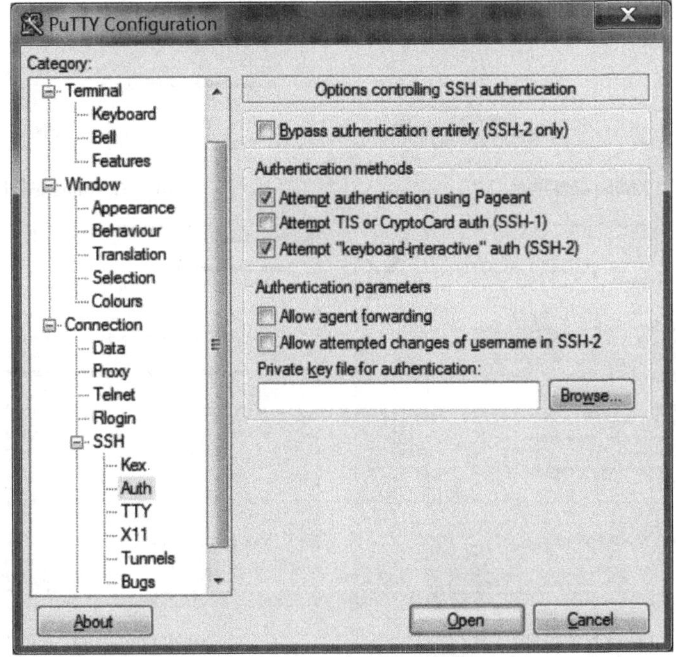

图 1-43　在 PuTTY 中使用私钥

用这些配置。

1.3.3 Xming 图形终端

如果在 Windows 主机上不满足于使用命令行模式 ssh 工具，则可以为 PuTTY 增加 X 图形终端的功能扩展——安装 X 终端程序（例如 Xming、Xmanager）。下面以 PuTTY+Xming 的方式展示如何实现图形终端访问 Linux 系统的过程。

访问 https：//sourceforge. net/projects/xming/网址，下载 Xming-6-9-0-31-setup. exe 或最新版本安装程序并执行，进入安装界面，具体步骤如图 1-44 所示。

成功安装 Xming 之后，在 PuTTY 菜单的 Connection→SSH→X11，勾选“Enable X11 forwarding”，在“X display location”中输入 Xming 中的显示编号（默认是 0），如图 1-45 所示。

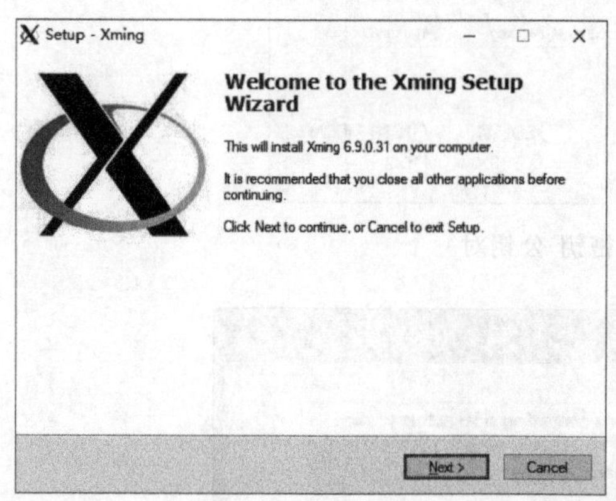

(a) Xming安装界面

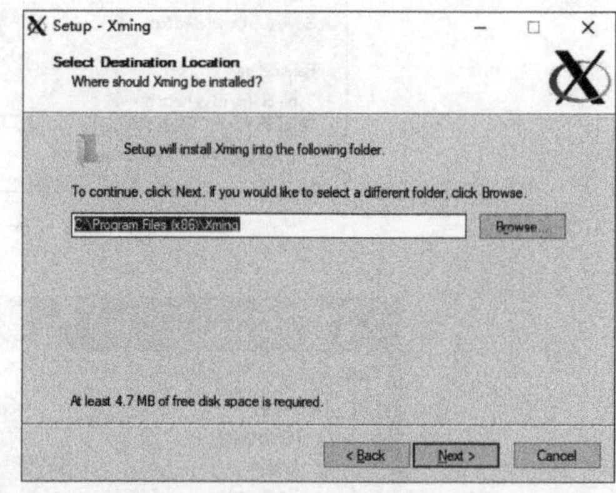

(b) 选择Xming安装目录

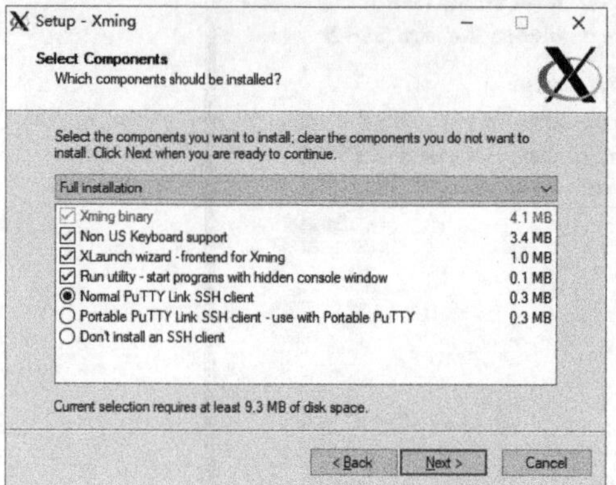

(c) 选择安装组件

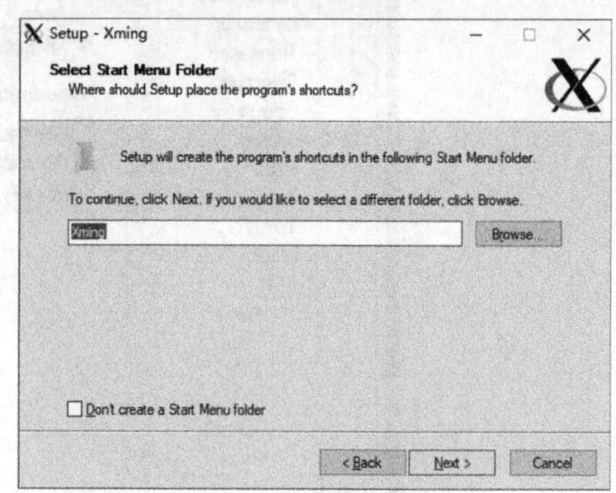

(d) Xming启动菜单文件夹

图 1-44　Xming 安装过程

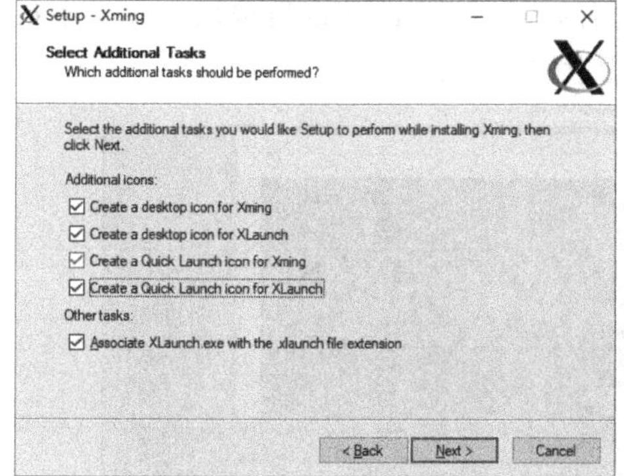

(e) Xming快捷方式

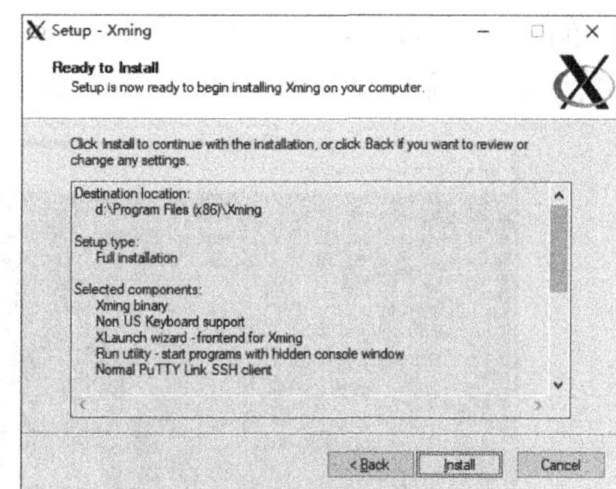

(f) 提示即将安装Xming

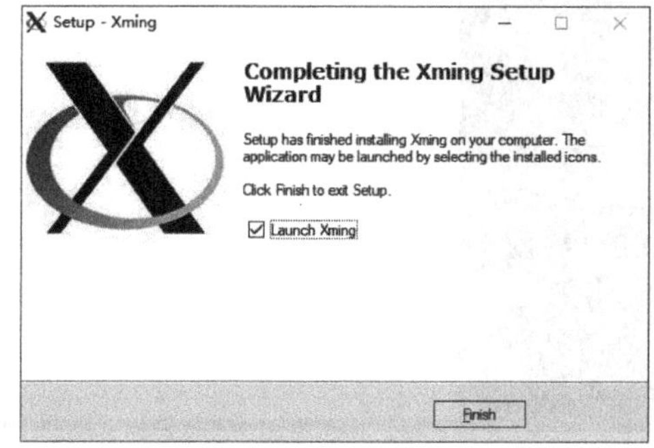

(g) Xming完成安装

图 1-44　(续)

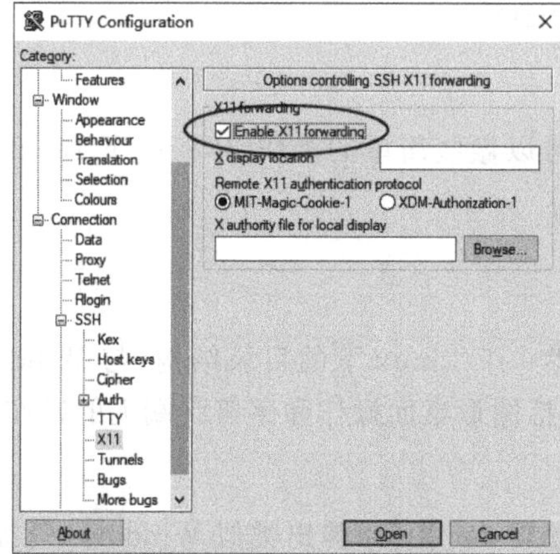

图 1-45　启用 X11 转发

单击 Open 按钮，PuTTY 和 Xming 将以图形终端的方式登录指定的 Linux 主机，此时，执行 gedit 命令将弹出 gedit 的图形窗口，如图 1-46 所示。

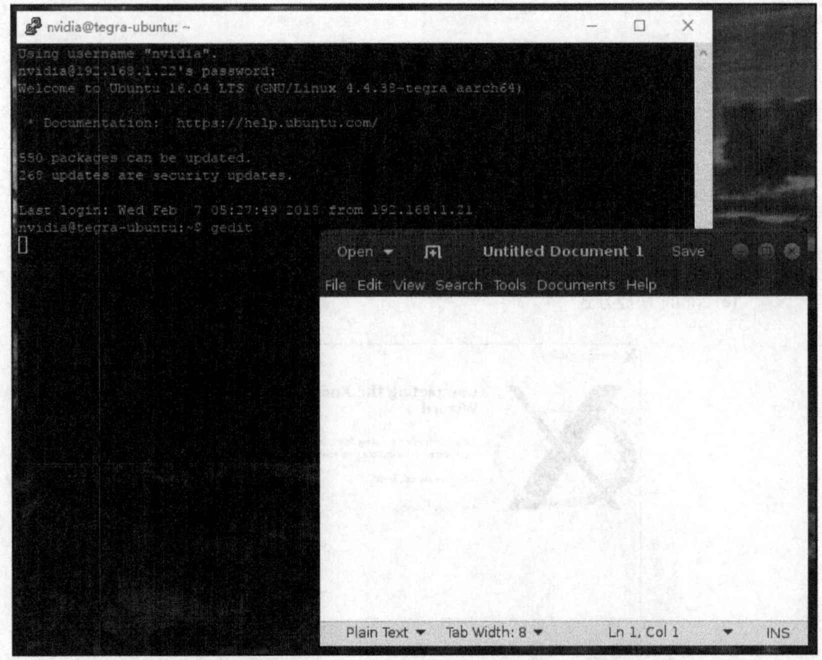

图 1-46 Windows 上的 Xming+PuTTY 图形终端

1.4 初次接触 Linux

完成 Linux 安装后，可以做些简单的操作，体验一下 Linux 和 Windows 表面上看起来有什么不同。

1.4.1 简单操作

登录系统后，先来熟悉一下 Linux 下的目录结构(与 Windows 差别主要在于没有盘符的概念)和简单命令，包括图形桌面操作和字符终端上的操作。

1. 图形桌面

单击 GNOME 桌面的 Home 图标，弹出类似 Windows 资源管理器的窗口，如图 1-47 所示。读者可以尝试一些操作，例如，在文档文件夹下再创建子文件夹，然后进行删除等操作。

图 1-47　用户的 Home 文件夹

也可以尝试在桌面墙纸上单击右键，弹出如图 1-48 所示的菜单，选择“更改桌面背景”，修改一下墙纸背景。

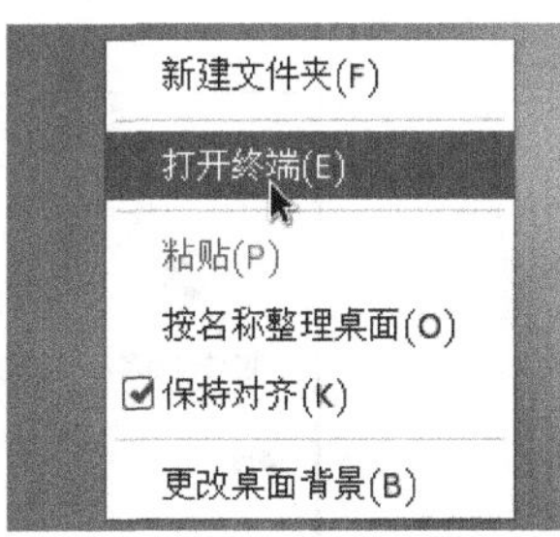

图 1-48　桌面墙纸的右键菜单

然后通过菜单“应用程序→互联网→火狐浏览器”，打开浏览器，尝试一下访问网站，如图 1-49 所示。看起来和 Windows 差不多，挺友好的。

如果发现网站不能正常访问，尝试使用菜单“应用程序→系统工具→设置”打开设置程序，检查网络等配置是否正确。设置程序的主窗口如图 1-50 所示，很直观友好，读者可以自行探索。

2. 字符终端

除了使用 GNOME 桌面与 Linux 交互外，还可以通过终端字符界面与 Linux 操作系统交互。在菜单“应用程序→工具→终端”或“应用程序→收藏→终端”都可以找到终端工具，如图 1-51 所示。

打开一个终端后，则可以利用终端中执行的 shell 程序与操作系统交互。CentOS7 系统使用的是 bash(Bourne-Again SHell)，如图 1-52 所示。

此时，可以查看一下所安装的 CentOS7 使用的内核版本是多少，执行 uname -a 命令，获得如屏显 1-1 所示的输出。可以知道 CentOS7 发行版使用的是 3.10.0 版本的 Linux 内核。

图 1-49 启动火狐浏览器

图 1-50 系统设置窗口

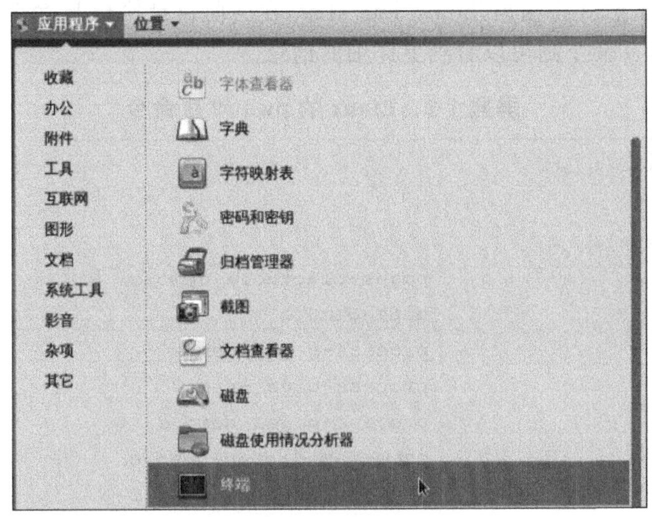

图 1-51　菜单中的“终端”

```
lqm@localhost:~
文件(F) 编辑(E) 查看(V) 搜索(S) 终端(T) 帮助(H)
[lqm@localhost ~]$ ls
公共  模板  视频  图片  文档  下载  音乐  桌面
[lqm@localhost ~]$ pwd
/home/lqm
[lqm@localhost ~]$ 
```

图 1-52　运行 bash 的终端

屏显 1-1　CentOS7 中 uname 命令的输出

```
[lqm@localhost ~]$uname -a
Linux localhost.localdomain 3.10.0-514.el7.x86_64 #1 SMP Tue Nov 22 16:42:41 UTC
2016 x86_64 x86_64 x86_64 GNU/Linux
```

后面将会逐步使用各种 Linux 命令。当前，先尝试使用几个常用命令作为开始。这里只是简单展示它们的基本功能，但实际上大多数 Linux 命令都可以带有参数，功能非常丰富，需要在实践中不断积累才能灵活使用。

用户登录后将进入到本用户的 home 主目录，因此刚登录的时候执行 pwd 将显示出当前工作目录，也就是该用户的 home 主目录。如屏显 1-2 所示，在虚拟机系统上打开一个终端然后，执行 pwd 将输出/home/lqm 目录，在当前目录执行 ls 命令可以查看该目录中的文件。用 ls -l 命令则可以看到更详细的信息。

屏显 1-2　Linux 的 pwd 和 ls 命令

```
[lqm@localhost ~]$pwd
/home/lqm
[lqm@localhost ~]$ls
Balance.sh                  pages-blackhole-demo.c
data-2G.dat                 pipe-demo.c
deamon                      process-pages-demo
exec-demo.c                 process-pages-demo2
EXT2                        process-pages-demo.c
ext2.tar.gz                 psem-named-open-demo.c
file1.txt                   psem-named-post-demo.c
…
```

Linux 和 Windows 都将文件组织成树状目录结构，因此可以用 cd 命令切换当前的工作目录到该树状结构的其他位置。如屏显 1-3 所示，通过 cd /tmp 切换到/tmp 目录下，此时执行 pwd 可以看到变化，而再执行 cd ～则直接回到用户的主目录（"～"代表用户的主目录）。Linux 用".."代表父目录，"."代表当前目录，因此 cd .. 代表进入父目录/home（假设当前目录为/home/lqm）。更多文件操作可以参见其他文献。

屏显 1-3　cd 命令

```
[lqm@localhost ~]$cd /tmp
[lqm@localhost tmp]$pwd
/tmp
[lqm@localhost tmp]$cd ~
[lqm@localhost ~]$pwd
/home/lqm
[lqm@localhost ~]$cd ..
[lqm@localhost home]$pwd
/home
[lqm@localhost home]$
```

如果需要从终端退出，则可以使用 exit 命令。

3. 安装虚拟机增强功能

前面安装虚拟机时提到了增强功能将会提高方便性，现在来安装这些增强功能。首先在虚拟机菜单选择“设备→安装增强功能”则进入安装操作，如图 1-53 所示，安装过程需要使用安装光盘（通过菜单“设备→分配光驱”进行选择安装光盘的 ISO 文件）。单击菜单启动安装后，安装过程将自动完成。

图 1-53 安装增强功能

安装了增强工具后，可以通过 mount 命令挂载共享目录（共享目录的设置请参见图 1-26）。挂载命令形式如“mount -t vboxsf HOST_FOLD VM_MOUNTPOINT”，其中 HOST_FOLD 就是前面设置的宿主机共享文件夹（例如图 1-26 的 shared-dir），而挂载点目录 VM_MOUNTPOINT 就是虚拟机上的一个目录（例如可以是/mnt/vboxshared 目录）。一旦 mount 命令成功执行，虚拟机通过/mnt/vboxshared 可以看到宿主机提供的共享目录内容。同时，其他高级特性，例如宿主机和虚拟机之间鼠标的无缝切换等也一同生效。

1.4.2 运行 HelloWorld 程序

除了前一节用 shell 命令来体验 Linux 环境外，下面通过编写 HelloWorld 小程序，从编程角度体验 Linux 环境。这里使用的 HelloWorld.c 如代码 1-1 所示。

代码 1-1 HelloWorld.c

```
#include <stdio.h>
int main()
{
    printf(“HelloWorld!\n”);
    return 0;
}
```

1. 使用 gedit 编辑 HelloWorld. c

由于安装了 GNOME 图形桌面，可以使用 gedit 等图形工具来编辑 HelloWorld. c，该工作很简单，与 Windows 中的操作无异。

如图 1-54 所示，单击菜单“应用程序→附件→gedit”，弹出 gedit 编辑器窗口，如图 1-55 所示。由于使用上和 Windows 中的编辑器没什么区别，不做更多讨论。编辑完成后，单击“保存”按钮将其保存为 HelloWorld. c。

图 1-54 启动 gedit 图形编辑工具

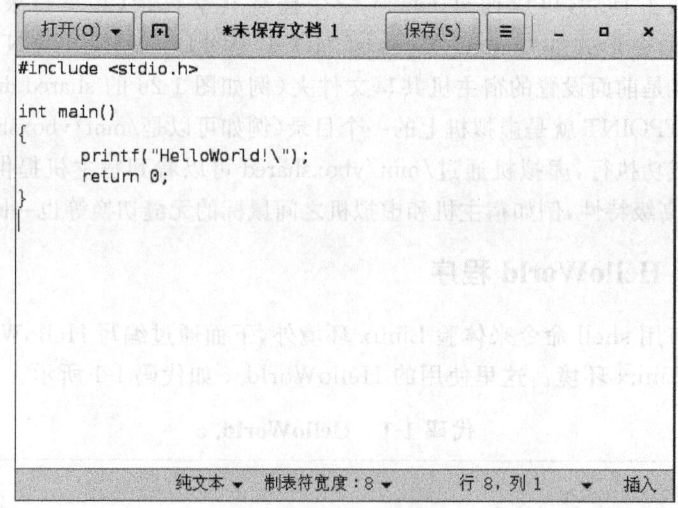

图 1-55 gedit 编辑器

2. 使用 vi 编辑 HelloWorld. c

如果没有安装图形化的 gedit 编辑器，那么可以使用 vi/vim 工具完成 HelloWorld. c

的编辑。vi(Visual Interpreter)是 UNIX/Linux 操作系统使用的文本编辑器,是程序员编写程序的得力工具。vi 运行时有 3 种操作模式：命令模式、插入模式和末行模式。

(1) 命令模式(command mode)：当在终端命令行输入并执行 vi 命令后,会首先进入命令模式,此时输入的任何字符都被视为命令。命令模式用于控制屏幕光标移动、文本字符/字/行删除、移动复制某区段,以及进入插入模式或进入末行模式。

(2) 插入模式(Insert mode)：在命令模式输入相应的插入命令(例如 i 命令)进入该模式。只有在插入模式下,才可以进行文字数据输入及添加内容,按 Esc 键可回到命令模式。

(3) 末行模式(last line mode)：在命令模式下输入某些特殊字符,如"/""?"和"："，才可进入末行模式。在该模式下可执行一些操作,例如搜索、存储文件或退出编辑器,也可设置环境变量。

这 3 种模式的切换可以用图 1-56 表示。刚启动时 vi 处于命令模式,其余两个模式都需要经过命令模式的中转。在命令模式下输入"i"和"a"将进入插入模式,前者 i(insert)在光标处插入输入的字符,后者 a(append)将在行末追加字符。在命令模式下输入"："(即 Shift+":")则进入末行模式。在插入模式和末行模式下,按 Esc 键都将返回到命令模式。

在命令模式下的光标移动可分为上下左右,用"k、j、h、l"4 个键来控制,如图 1-57 所示。新版本的 vim 可以用键盘的方向键来控制光标移动,而无须记忆上述按键方案。

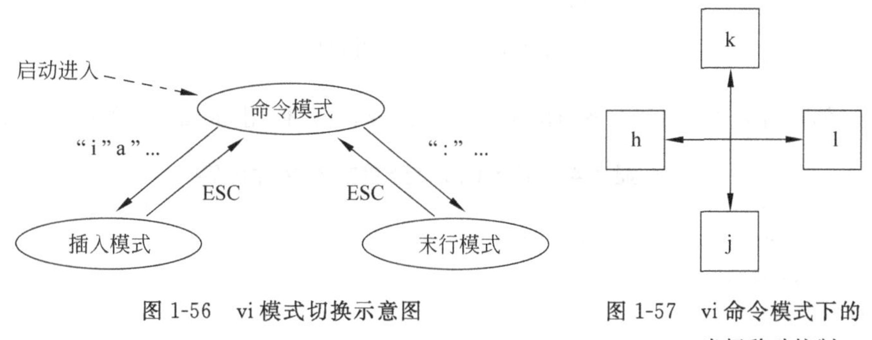

图 1-56　vi 模式切换示意图

图 1-57　vi 命令模式下的光标移动控制

利用上面的知识,来修改 HelloWorld.c。为了让 HelloWorld 不要立刻结束,这里在结尾处增加一个 getchar()函数,形成如代码 1-2 所示的代码。在 shell 中执行"cp HelloWorld.c HelloWorld-getchar.c"命令,将 HelloWorld.c 复制为 HelloWorld-getchar.c。然后在终端 shell 提示符下输入"vi HelloWorld-getchar.c"命令,进入 vi 编辑器的命令模式,移动光标到插入位置,然后按"i"键进入插入模式,编辑并输入一行 C 代码"getchar();"。如果输入有误需要删除,则先返回到命令模式用"x"键删除。

代码 1-2 HelloWorld-getchar. c

```
#include <stdio.h>
int main()
{
    printf("HelloWorld!\n");
    getchar();
    return 0;
}
```

编辑完成后，按 Esc 键进入命令模式然后再按"："进入末行模式(此时光标会跳到最底下一行，并以"："作为行首标志)，并且输入"wq"命令存盘并退出(w 代表 write，q 代表 quit)，如图 1-58 所示。其他更多 vi 命令，例如复制、查找、替换、文件操作等功能，请参见其他资料并进行操作实践。

```
#include <stdio.h>
int main()
{
        printf("HelloWorld!\n");
        getchar();
        return 0;
}
~
:wq
```

图 1-58 vi 中存盘并退出

此时如果希望查看 HelloWorld. c 文件的内容，可以使用 cat 命令，如屏显 1-4 所示。

屏显 1-4 用 cat 命令查看文本文件内容

```
[lqm@localhost ~]$cat HelloWorld.c
#include <stdio.h>
int main()
{
    printf("HelloWorld!\n");
    return 0;
}
[lqm@localhost ~]$
```

3. 编译和运行 HelloWorld

将 HelloWorld-getchar. c 保存后，可以执行 GCC 编译命令(参见屏显 1-5)，生成

HelloWorld-getchar 可执行文件，其中-o 选项用于指出编译输出文件名(可执行文件名)。在终端 shell 上输入可执行文件名 HelloWrold-getchar 并回车，运行结果正确显示出了“HelloWorld!”字符串，按回车后程序正常退出，具体如屏显 1-5 所示。

屏显 1-5　HelloWorld 的编译和运行

```
[lqm@localhost ~]$gcc HelloWorld-getchar.c -o HelloWorld-getchar
[lqm@localhost ~]$HelloWorld-getchar
HelloWorld!

[lqm@localhost ~]$
```

4. 中文输入

操作中如果需要用到中文输入，则在 CentOS7 的设置中“语言和区域”中选择“汉语(Intelligent Pinyin)”，然后就可以在系统桌面右上角选择输入法，通过“Ctrl＋空格”切换中英文输入。

图 1-59　设置中文输入法

1.5　小结

经过本章的实践操作，读者已经成功安装了 CentOS7 Linux 系统，或者尝试了在虚拟机中安装 CentOS7。同时读者也简单接触了 GNOME 桌面图形接口和终端命令行接口，对 Linux 操作系统进行了简单操作，最后还完成了 HelloWorld. c 的编辑和编译运行。现在已经准备好进入下一阶段的编译和链接等相关实践操作。

第2章

程序编译与运行

本章将经历C程序从源代码到可执行文件的全过程——分别是预处理、编译、汇编、链接等步骤,然后简单观察程序的装入执行过程。GCC(GNU Compiler Collection)编译系统将先后调用预处理器cpp、编译器cc、汇编器as和链接器ld逐步处理,最终生成可执行文件。假设有hello.c源程序,则相应的过程如图2-1所示。

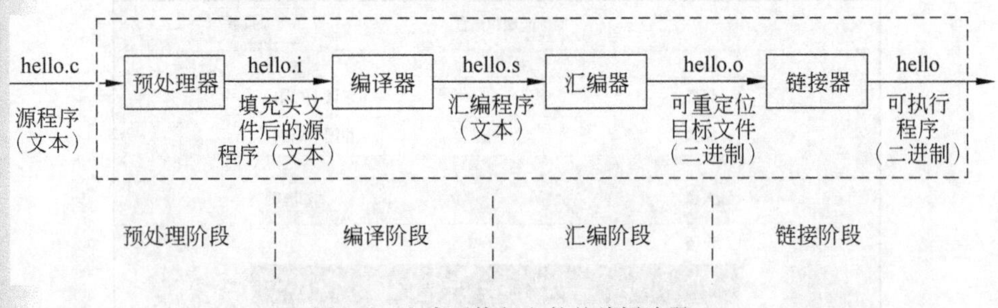

图2-1 生成可执行文件的编译步骤

注意,本章只是观察大致的过程,而不是分析各部编译和链接的细节。

下面对编译这个术语进行界定,它可以指从源代码到可执行文件的全部过程,也可以指代从预处理后的源代码到汇编的过程。因此一个广泛意义上的编译包括以下几个步骤:

(1) 预处理:展开头文件内容以及宏定义符号等。

(2) 编译:将预处理后的源代码转换成汇编代码。

(3) 汇编:将汇编代码转换为机器码。

(4) 链接:将一个或多个机器码(目标程序)生成可执行文件。

有些时候也将GCC称为编译驱动器,因为它根据命令行选项而调用其他工具来完成所指派的任务。例如,预处理实际上是通过cpp工具来完成的,汇编处理实际上是通过as工具来完成的,链接操作实际上是通过ld工具来完成的。详细的GCC使用说明可以参

见 *Using the GNU Compiler Collection*[①]，其内容多达上千页，这里仅进行简单介绍。

2.1　编译的各阶段

首先来看看 C 代码的编译过程，也就是说如何从源代码到汇编的过程。虽然平常大家说的编译实际上还包括链接环节，但是这里将它们分开，链接细节将在后面第 4 章讨论。

注意，下面的示例代码使用 4.8.5 版本的 GCC，使用其他版本的 GCC 可能会有一点不一样。

2.1.1　源代码

相信读者已经写过大量的 C 代码程序，它们是遵循 C 语言语法的文本文件。例如，编写了一个由两个文件构成的应用程序，如代码 2-1 和代码 2-2 所示。

代码 2-1　Hello_World0.c

```
#include <stdio.h>

int f_sum(int a, int b);

int main()
{
        int var_sum=0;
        printf("HelloWorld!\n");
        var_sum=f_sum(2,3);
        return var_sum;
}
```

代码 2-2　f_sum.c

```
int f_sum(int a, int b)
{
    return a+b;
}
```

① 作者：Richard M. Stallman and the GCC Developer Community。

用 vi 文本编辑器编辑上述两个文件并分别保存为 Hello_World0. c 和 f_sum. c。

使用 hexdump 查看文件内容

如果此时使用 hexdump 工具查看上述两个 C 代码文件的话，可以获得屏显 2-1 所示的输出。可以看到，文件内容是由对应程序的 ASCII 码组成的，其中 Hello_World0. c 长度为 0x8b 字节，而 f_sum. c 长度为 0x29 字节。

屏显 2-1 用 hexdump 工具查看 Hello_World0. c 和 f_sum. c

```
[root@localhost cs2]#hexdump -C Hello_World0.c
00000000  23 69 6e 63 6c 75 64 65  20 3c 73 74 64 69 6f 2e  |#include <stdio.|
00000010  68 3e 0a 0a 69 6e 74 20  66 5f 73 75 6d 28 69 6e  |h>..int f_sum(in|
00000020  74 20 61 2c 20 69 6e 74  20 62 29 3b 0a 0a 69 6e  |t a, int b);..in|
00000030  74 20 6d 61 69 6e 28 29  0a 7b 0a 09 69 6e 74 20  |t main().{..int |
00000040  76 61 72 5f 73 75 6d 3d  30 3b 0a 09 70 72 69 6e  |var_sum=0;..prin|
00000050  74 66 28 22 48 65 6c 6c  6f 57 6f 72 6c 64 21 5c  |tf("HelloWorld!\|
00000060  6e 22 29 3b 0a 09 76 61  72 5f 73 75 6d 3d 66 5f  |n");..var_sum=f_|
00000070  73 75 6d 28 32 2c 33 29  3b 0a 09 72 65 74 75 72  |sum(2,3);..retur|
00000080  6e 20 76 61 72 5f 73 75  6d 3b 0a 7d 0a 0a        |n var_sum;.}..|
0000008e
[root@localhost cs2]#hexdump -C f_sum.c
00000000  69 6e 74 20 66 5f 73 75  6d 28 69 6e 74 20 61 2c  |int f_sum(int a,|
00000010  20 69 6e 74 20 62 29 0a  7b 0a 09 72 65 74 75 72  | int b).{..retur|
00000020  6e 20 61 2b 62 3b 0a 7d  0a                       |n a+b;.}.|
00000029
[root@localhost cs2]#
```

2.1.2 预处理

接下来看一下预处理的过程，本质上讲，预处理主要是完成头文件的插入、宏定义的替代以及条件编译的处理等。由于这里的代码中只包含了一个头文件，因此 Hello_World0. c 经过预处理之后，会因插入 stdio. h 后而变长很多，而 f_sum. c 则没有任何变化。用 gcc -E 命令完成预处理的操作并查看输出，具体如屏显 2-2 所示。这里删除了所插入的 stdio. h 的大部分内容，但保留了 printf()和 sprintf()两个函数，主要是用于展示通过头文件给出函数原型的作用。

屏显 2-2　Hello_World0.c 预处理后的输出

```
[root@localhost cs2]#gcc -E Hello_World0.c
#1 "Hello_World0.c"
(      此处省略大量代码……        )
extern int printf (const char * __restrict __format, ...);

extern int sprintf (char * __restrict __s,
    const char * __restrict __format, ...) __attribute__ ((__nothrow__));



extern void funlockfile (FILE * __stream) __attribute__ ((__nothrow__, __leaf__));
#943 "/usr/include/stdio.h" 3 4

#2 "Hello_World0.c" 2

int f_sum(int a, int b);

int main()
{
 int var_sum=0;
 printf("HelloWorld!\n");
 var_sum=f_sum(2,3);
 return var_sum;
}
[root@localhost cs2]#
```

类似地，f_sum.c 的输出如屏显 2-3 所示。

屏显 2-3　f_sum.c 预处理后的输出

```
[root@localhost cs2]#gcc -E f_sum.c
#1 "f_sum.c"
#1 "<built-in>"
#1 "<命令行>"
#1 "/usr/include/stdc-predef.h" 1 3 4
#1 "<命令行>" 2
#1 "f_sum.c"
int f_sum(int a, int b)
```

```
{
 return a+b;
}
[root@localhost cs2]#
```

如果用-o 参数指出输出文件名，则可以将预处理的结果保存在磁盘上以供后续查看。

下面看看使用宏的代码及其预处理过程。

代码 2-3 macro.c

```
#include <stdio.h>
#define NUM 5
int main (void)
{
    printf("Value of NUM is %d\n", NUM);
    return 0;
}
```

这次不是使用 gcc -E 命令，而是直接使用 cpp 预处理器，可以看到，NUM 被预处理工具 cpp 替换成了 5，如屏显 2-4 所示。

屏显 2-4 宏的预处理示例

```
[root@localhost cs2]#cpp macro.c
#1 "macro.c"
#1 "<built-in>"

……

#2 "macro.c" 2

int
main (void)
{
printf("Value of NUM is %d\n", 5);
return 0;
}
[root@localhost cs2]#
```

再看看代码 2-4 带有条件编译的程序，通过 GCC 命令行来选择编译时使用了哪部分代码。

代码 2-4　ifdef-else. c

```
1  #include <stdio.h>
2  int main (void)
3  {
4  #ifdef TEST
5     printf ("Test mode\n");
6  #endif
7     printf ("Running...\n");
8     return 0;
9  }
```

如果使用 gcc -E -UTEST ifdef-else. c 命令进行编译，则参数-UTEST 向 gcc 传递未定义 TEST，此时编译的结果是让代码第 7 行生效而第 5 行被忽略掉，如屏显 2-5 所示。反之，如果使用-DTEST 则定义 TEST 宏，第 5 行生效。

屏显 2-5　GCC 中定义 TEST 宏的结果

```
[root@localhost cs2]#gcc -E -VTEST  ifdef-else.c
#1 "ifdef-else.c"
#1 "<built-in>"
   …
#2 "ifdef-else.c" 2
int
main (void)
{


printf ("Running...\n");
return 0;
}
[root@localhost cs2]#
```

2.1.3 编译

下一步则可以观察 C 程序如何通过编译变成汇编程序[①]的。这里使用 gcc -S 命令来查看该过程。假定读者已经掌握了一点 x86 AT&T 汇编指令的知识。如果一点概念都没有，则需要先学习一些最基本的指令及格式等知识。

屏显 2-6 是 Hello_World0. s 经过 gcc -S 命令所生成的汇编程序，这里关注一下. LFB0 和. LFE0 之间的代码(LFBx 和 LFEx 是局部符号，表示函数开始和结束，其中 x 数字用于区分各个函数)。cfi_def_cfa、cfi_endproc 和 cfi_startproc 前面都有关键字 cfi，这是 Call Frame Infromation 的意思，第 3 章讨论函数调用时，将会讨论与之相关的栈帧概念。. file、. section、. string、. global 和. text 等是汇编制导符，分别用于指出文件名、节名、字符串、全局符号、代码节等。

. LFB0 和. LFE0 之间的代码有两个 call 指令，call puts 对应 printf()函数调用，call f_sum 对应 f_sum()函数调用。另外，还可以推测出传入到 f_sum()的两个参数(即数值 2 和 3)使用了 esi 和 edi 寄存器。在编译 Hello_World0. c 而生成 Hello_World0. s 的汇编代码时，只需要依靠自己的代码即可，其中关于 f_sum()的调用过程可以通过源代码中的 f_sum()函数的原型即可。同理，为了调用 printf()函数，只需要 printf()函数的原型即可。后面会分析函数调用的细节，从而对函数原型在生成调用端代码时的作用有更详细的认识。

屏显 2-6 Hello_World0. s

```
[root@localhost cs2]#gcc -S Hello_World0.c
[root@localhost cs2]#cat Hello_World0.s
    .file "Hello_World0.c"
    .section  .rodata
.LC0:
    .string  "HelloWorld!"
    .text
    .globl   main
    .type main, @function
main:
.LFB0:
    .cfi_startproc
    pushq %rbp
```

① 更多关于 GCC 汇编的内容请参考 http：//sourceware. org/binutils/docs-2. 30/as/index. html。

```
    .cfi_def_cfa_offset 16
    .cfi_offset 6, -16
    movq  %rsp, %rbp
    .cfi_def_cfa_register 6
    subq  $16, %rsp
    movl  $0, -4(%rbp)
    movl  $.LC0, %edi
    call  puts
    movl  $3, %esi
    movl  $2, %edi
    call  f_sum
    movl  %eax, -4(%rbp)
    movl  -4(%rbp), %eax
    leave
    .cfi_def_cfa 7, 8
    ret
    .cfi_endproc
.LFE0:
    .size main, .-main
    .ident    "GCC: (GNU) 4.8.5 20150623 (Red Hat 4.8.5-11)"
    .section  .note.GNU-stack,"",@progbits
[root@localhost cs2]#
```

GCC 采用的是 AT&T 的汇编格式，与 Intel 的汇编格式略有不同，例如，操作数的顺序就不一样，AT&T 汇编的目的操作数在最后，而 Intel 汇编的目的操作数在最前。

同理，可以查看到 f_sum. c 编译后生成的汇编程序，如屏显 2-7 所示，其中的加法由 addl %edx,%eax 指令完成。

屏显 2-7　f_sum. s

```
[root@localhost cs2]#gcc -S f_sum.c
[root@localhost cs2]#cat f_sum.s
    .file "f_sum.c"
    .text
    .globl    f_sum
    .type f_sum, @function
f_sum:
```

```
.LFB0:
    .cfi_startproc
    pushq %rbp
    .cfi_def_cfa_offset 16
    .cfi_offset 6, -16
    movq %rsp, %rbp
    .cfi_def_cfa_register 6
    movl %edi, -4(%rbp)
    movl %esi, -8(%rbp)
    movl -8(%rbp), %eax
    movl -4(%rbp), %edx
    addl  %edx,  %eax
    popq  %rbp
    .cfi_def_cfa 7, 8
    ret
    .cfi_endproc
.LFE0:
    .size f_sum, .-f_sum
    .ident   "GCC: (GNU) 4.8.5 20150623 (Red Hat 4.8.5-11)"
    .section  .note.GNU-stack,"",@progbits
[root@localhost cs2]#
```

此时，Hello_World0. s 和 f_sum. s 都是文本格式的文件。但是从下一节开始则进入二进制文件格式，从而无法直接阅读——即无法简单地通过编辑器查看和修改。

关于 C 代码如何转换成汇编代码的基本方法，第 3 章将会继续详细地讨论。

2.1.4 汇编

上面的 Hello_World0. s 和 f_sum. s，再通过 gcc-c Hello_World0. s 和 gcc-c Hello_World0. s 命令即可生成目标代码 Hello_World0. o 和 f_sum. o，也就是将汇编代码变为机器码。此时用 objdump -d 命令查看经反汇编得到的代码，获得如屏显 2-8 所示的输出。该输出的第一行有效信息指出 Hello_World0. o 目标文件是 elf64-x86-64 平台上的，第二行有效信息“Disassembly of section . text”指出这是对代码节(机器码)的反汇编，第三行有效信息指出后面是 main 函数的反汇编代码，后面则是代码的机器码和反汇编。机器码部分中又通过“：”划分成左右两部分，左边是地址，右边是机器码。汇编部分则是人可读的 x86-64 汇编程序。

屏显 2-8　objdump -d Hello_World0.o

```
[root@localhost cs2]#objdump -d Hello_World0.o

Hello_World0.o:     文件格式 elf64-x86-64


Disassembly of section .text:

0000000000000000 <main>:
   0:55                      push  %rbp
   1:48 89 e5                mov   %rsp,%rbp
   4:48 83 ec 10             sub   $0x10,%rsp
   8:c7 45 fc 00 00 00 00    movl  $0x0,-0x4(%rbp)
   f:bf 00 00 00 00          mov   $0x0,%edi
  14:e8 00 00 00 00          callq 19 <main+0x19>
  19:be 03 00 00 00          mov   $0x3,%esi
  1e:bf 02 00 00 00          mov   $0x2,%edi
  23:e8 00 00 00 00          callq 28 <main+0x28>
  28:89 45 fc                mov   %eax,-0x4(%rbp)
  2b:8b 45 fc                mov   -0x4(%rbp),%eax
  2e:c9                      leaveq
  2f:c3                      retq
[root@localhost cs2]#
```

同样，用 objdump -d 查看 f_sum.o 文件的代码部分，如屏显 2-9 所示。其中，前面是通过多条 mov 指令获得的两个操作数，之后使用 add 指令完成加法，将结果保存在 eax 寄存器并返回给调用者。

屏显 2-9　objdump -d f_sum.o

```
[root@localhost cs2]#objdump -d f_sum.o

f_sum.o:     文件格式 elf64-x86-64


Disassembly of section .text:

```

```
0000000000000000 <f_sum>:
   0:55                         push   %rbp
   1:48 89 e5                   mov    %rsp,%rbp
   4:89 7d fc                   mov    %edi,-0x4(%rbp)
   7:89 75 f8                   mov    %esi,-0x8(%rbp)
   a:8b 45 f8                   mov    -0x8(%rbp),%eax
   d:8b 55 fc                   mov    -0x4(%rbp),%edx
  10:01 d0                      add    %edx,%eax
  12:5d                         pop    %rbp
  13:c3                         retq
[root@localhost cs2]#
```

其中，屏显 2-8 的两次函数调用 callq 指令的地址部分是 00 00 00 00，也就是说本应该填写上 printf()和 fu_sum()函数的地址，但并没有填写有效的地址。这里还注意到屏显 2-8 和屏显 2-9 的起始地址都是 0，也就是说，如果 0 就是这些代码的位置，那么它们将重叠在一起。这里称此时的目标文件为可重定位目标文件，即各节代码都是以 0 地址作为开始，但是将它们链接到一起时，会放置到不重叠的地址空间（从而具有不为 0 的起始地址）。当 f_sum()的代码有了具体的非 0 值的地址，那么 Hello_World0.o 中对应调用 f_sum()的 callq 指令后面的 00 00 00 00 就应该替换为 f_sum()的起始地址。

汇编的问题相对简单，主要就是将汇编指令中的数据和操作"组装"转换成机器码表示的过程。总体上说，本书并没有讨论将汇编指令转换为机器码的内容，下面仅给出一个汇编指令及其机器码的简单示意图，以展示按照机器码的格式进行"组装"的概念，如图 2-2 所示。可以看到 eax 编码为 000，edx 编码为 010，lea 操作码编码为 10001101。机器指令中的其他位域没有解释其编码，有需要的读者可以参考 x86 汇编的资料。

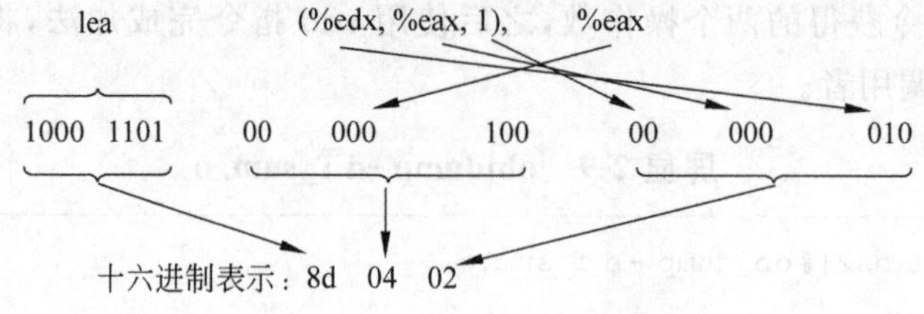

图 2-2 汇编指令到机器码的"组装过程"示意图

2.1.5 链接

在前面步骤中，多个 C 程序各自独立地生成了目标代码（机器码形式），但可重定位目标代码都是按地址 0 作为起始地址的，而且涉及调用其他模块（以及库）函数的 callq 指令中，并没有填写所调用函数的地址。那么在生成可执行文件的最后一个步骤中就要完成两件事情：

(1) 为各个模块目标代码在程序空间(运行时的进程空间、虚拟地址)中指定它们各自的、不重叠的位置和区间，称这个操作为“布局”。

(2) 对未确定的地址(如前面提到的 callq 指令的目标地址)，此时用布局后对应的函数地址替换原来的全 0 地址，这里称该操作为重定位。不仅在调用其他模块上的函数时需要这样的地址重定位，引用其他模块上的变量、甚至引用本模块的全局变量，也会有类似的重定位需求。

执行 gcc Hello_World0. o f_sum. o -o Helloworld 完成两个目标文件的链接，并生成可执行文件 Helloworld(如果不用-o 参数指出输出的文件为 Helloworld，则默认使用 a. out 作为可执行文件的文件名)。此时再用 objdump -d Helloworld 查看代码及反汇编程序，由于内容太长，这里将它放到附录中。对比屏显 2-8 和屏显 2-9，发现 Hello_World0. o 和 f_sum. o 只显示了一个节(setcion . text)。其他章节后面进行分析，现在只关注代码节(section . text)。

先找到代码节里面的 main()和 f_sum()两个函数代码所在位置“000000000040052d <main>：”和“000000000040055d <f_sum>：”。由于链接程序将代码进行了布局，因此 main()的代码放在了以 0x40052d 地址开始的区间，而 f_sum()的代码放到了以 0x40055d 起始的地址空间。不仅如此，在 main()中调用 f_sum()的 callq 指令的跳转地址，现在是 0x40055d(就是 f_sum()经过布局后的起始地址)，而 printf()的 callq 指令跳转地址，现在是 0x400410。继续查看 0x400410 地址内容，发现该地址位于“section . plt”并且对应一条跳转指令。这里涉及静态链接和动态链接的概念：

(1) 对 f_sum()的调用使用了静态链接，在程序创建后就已经确定地址；

(2) 对 printf()的调用，则在创建可执行文件时仍未知 printf()所在位置，需要到运行时才能确定该地址，因此暂时指向一个辅助代码的位置(即. plt 节的代码处)。

关于链接和重定位的更详细的讨论会在第 4 章展开。

2.1.6　GCC 编译驱动

执行 GCC 命令时，并不是一个简单的命令，它可能根据命令行参数，调用一系列预处理、编译、汇编和链接等其他工具，因此被称为编译驱动器。用-v 参数来执行 HelloWorld. c 的编译过程，将看到详细的操作过程，如屏显 2-10 所示。前面用 cc1 对 HellowWorld. c 编译生成/tmp/ccBPe7Lq. s 汇编编程，然后用 as 将/tmp/ccBPe&Lq. s 汇编生成/tmp/cc1Imww4. o 目标文件(该临时文件名随机产生)，最后用 collect2 完成链接。其中后面执行的 collect2 程序是 ld 链接器的一个封装，最终是调用 ld 来完成链接工作的，除了/tmp/cc1Imww4. o 外，还加入了初始化代码等目标文件(crt1. o、crti. o、crtbegin. o、crtend. o 和 crtn. o)。

屏显 2-10　GCC 编译驱动执行过程

```
[lqm@localhost CS2]$gcc -v HelloWorld.c
使用内建 specs。
COLLECT_GCC=gcc
COLLECT_LTO_WRAPPER=/usr/libexec/gcc/x86_64-redhat-linux/4.8.5/lto-wrapper
目标:x86_64-redhat-linux
配置为:../configure --prefix=/usr --mandir=/usr/share/man --infodir=/usr/
share/info --with-bugurl=http://bugzilla.redhat.com/bugzilla --enable-
bootstrap --enable-shared --enable-threads=posix --enable-checking=release
--with-system-zlib --enable-__cxa_atexit --disable-libunwind-exceptions --
enable-gnu-unique-object --enable-linker-build-id --with-linker-hash-style
=gnu --enable-languages=c,c++,objc,obj-c++,java,fortran,ada,go,lto --
enable-plugin --enable-initfini-array --disable-libgcj --with-isl=/
builddir/build/BUILD/gcc-4.8.5-20150702/obj-x86_64-redhat-linux/isl-install
--with-cloog=/builddir/build/BUILD/gcc-4.8.5-20150702/obj-x86_64-redhat-
linux/cloog-install --enable-gnu-indirect-function --with-tune=generic --
with-arch_32=x86-64 --build=x86_64-redhat-linux
线程模型:posix
gcc 版本 4.8.5 20150623 (Red Hat 4.8.5-11) (GCC)
COLLECT_GCC_OPTIONS='-v' '-mtune=generic' '-march=x86-64'
/usr/libexec/gcc/x86_64-redhat-linux/4.8.5/cc1 -quiet -v HelloWorld.c -quiet
-dumpbase HelloWorld.c -mtune=generic -march=x86-64 -auxbase HelloWorld -
version -o /tmp/ccBPe7Lq.s
GNU C (GCC) 版本 4.8.5 20150623 (Red Hat 4.8.5-11) (x86_64-redhat-linux)
    由 GNU C 版本 4.8.5 20150623 (Red Hat 4.8.5-11) 编译,GMP 版本 6.0.0,MPFR 版本 3.1.
1,MPC 版本 1.0.1
GGC 准则:--param ggc-min-expand=97 --param ggc-min-heapsize=127059
忽略不存在的目录"/usr/lib/gcc/x86_64-redhat-linux/4.8.5/include-fixed"
忽略不存在的目录"/usr/lib/gcc/x86_64-redhat-linux/4.8.5/../../../../x86_64-
redhat-linux/include"
#include "..." 搜索从这里开始:
#include <...>搜索从这里开始:
/usr/lib/gcc/x86_64-redhat-linux/4.8.5/include
/usr/local/include
/usr/include
搜索列表结束。
GNU C (GCC) 版本 4.8.5 20150623 (Red Hat 4.8.5-11) (x86_64-redhat-linux)
```

```
    由 GNU C 版本 4.8.5 20150623 (Red Hat 4.8.5-11) 编译,GMP 版本 6.0.0,MPFR 版本 3.1.
1,MPC 版本 1.0.1
GGC 准则:--param ggc-min-expand=97 --param ggc-min-heapsize=127059
Compiler executable checksum: 356f86e67978d665416e07d560c8ba0d
COLLECT_GCC_OPTIONS='-v' '-mtune=generic' '-march=x86-64'
as -v --64 -o /tmp/cc1Imww4.o /tmp/ccBPe7Lq.s
GNU assembler version 2.25.1 (x86_64-redhat-linux) using BFD version version 2.
25.1-22.base.el7
COMPILER_PATH=/usr/libexec/gcc/x86_64-redhat-linux/4.8.5/:/usr/libexec/gcc/
x86_64-redhat-linux/4.8.5/:/usr/libexec/gcc/x86_64-redhat-linux/:/usr/lib/
gcc/x86_64-redhat-linux/4.8.5/:/usr/lib/gcc/x86_64-redhat-linux/
LIBRARY_PATH=/usr/lib/gcc/x86_64-redhat-linux/4.8.5/:/usr/lib/gcc/x86_64-
redhat-linux/4.8.5/../../../../lib64/:/lib/../lib64/:/usr/lib/../lib64/:/usr/
lib/gcc/x86_64-redhat-linux/4.8.5/../../../:/lib/:/usr/lib/
COLLECT_GCC_OPTIONS='-v' '-mtune=generic' '-march=x86-64'
/usr/libexec/gcc/x86_64-redhat-linux/4.8.5/collect2 --build-id --no-add-
needed --eh-frame-hdr --hash-style=gnu -m elf_x86_64 -dynamic-linker /lib64/
ld-linux-x86-64.so.2 /usr/lib/gcc/x86_64-redhat-linux/4.8.5/../../../../
lib64/crt1.o /usr/lib/gcc/x86_64-redhat-linux/4.8.5/../../../../lib64/crti.o
/usr/lib/gcc/x86_64-redhat-linux/4.8.5/crtbegin.o -L/usr/lib/gcc/x86_64-
redhat-linux/4.8.5 -L/usr/lib/gcc/x86_64-redhat-linux/4.8.5/../../../../lib64
-L/lib/../lib64 -L/usr/lib/../lib64 -L/usr/lib/gcc/x86_64-redhat-linux/4.8.
5/../../.. /tmp/cc1Imww4.o -lgcc --as-needed -lgcc_s --no-as-needed -lc -lgcc
--as-needed -lgcc_s --no-as-needed /usr/lib/gcc/x86_64-redhat-linux/4.8.5/
crtend.o /usr/lib/gcc/x86_64-redhat-linux/4.8.5/../../../../lib64/crtn.o
[lqm@localhost CS2]$ls
a.out  HelloWorld.c
[lqm@localhost CS2]$
```

2.2 GCC 基本用法

前面已经尝试用 GCC 编译工具以及-E、-S、-c 选项进行预处理、编译生成汇编程序以及编译生成目标代码的操作,并用-o 参数指定输出文件名。如果不使用上述 3 个参数,则 GCC 将尝试生成可执行文件。

下面来学习 GCC 的基本用法。首先,GCC 提供了 help 选项,可以显示顶级选项的简单介绍(比如前面用过的-E、-S 和-c 等),如屏显 2-11 所示。

屏显 2-11 gcc -help 的输出

```
[root@localhost cs2]#gcc --help
用法:gcc [选项] 文件...
选项:
  -pass-exit-codes              在某一阶段退出时返回最高的错误码
  --help                        显示此帮助说明
  --target-help                 显示目标机器特定的命令行选项
  --help={common|optimizers|params|target|warnings|[^]{joined|separate|
undocumented}}[,...]
                                显示特定类型的命令行选项
 (使用'-v --help'显示子进程的命令行参数)
  --version                     显示编译器版本信息
  -dumpspecs                    显示所有内建 spec 字符串
  -dumpversion                  显示编译器的版本号
  -dumpmachine                  显示编译器的目标处理器
  -print-search-dirs            显示编译器的搜索路径
  -print-libgcc-file-name       显示编译器伴随库的名称
  -print-file-name=<库>         显示 <库>的完整路径
  -print-prog-name=<程序>       显示编译器组件 <程序>的完整路径
  -print-multiarch              Display the target's normalized GNU triplet, used
                                as a component in the library path
  -print-multi-directory        显示不同版本 libgcc 的根目录
  -print-multi-lib              显示命令行选项和多个版本库搜索路径间的映射
  -print-multi-os-directory     显示操作系统库的相对路径
  -print-sysroot                显示目标库目录
  -print-sysroot-headers-suffix显示用于寻找头文件的 sysroot 后缀
  -Wa,<选项>                    将逗号分隔的 <选项>传递给汇编器
  -Wp,<选项>                    将逗号分隔的 <选项>传递给预处理器
  -Wl,<选项>                    将逗号分隔的 <选项>传递给链接器
  -Xassembler <参数>            将 <参数>传递给汇编器
  -Xpreprocessor <参数>         将 <参数>传递给预处理器
  -Xlinker <参数>               将 <参数>传递给链接器
  -save-temps                   不删除中间文件
  -save-temps=<arg>             不删除中间文件
  -no-canonical-prefixes        生成其他 gcc 组件的相对路径时不生成规范化的
                                前缀
  -pipe                         使用管道代替临时文件
```

```
  -time                         为每个子进程计时
  -specs=<文件>                 用 <文件>的内容覆盖内建的 specs 文件
  -std=<标准>                   指定输入源文件遵循的标准
  --sysroot=<目录>              将 <目录>作为头文件和库文件的根目录
  -B <目录>                     将 <目录>添加到编译器的搜索路径中
  -v                            显示编译器调用的程序
  -###                          与 -v 类似,但选项被引号括住,并且不执行命令
  -E                            仅作预处理,不进行编译、汇编和链接
  -S                            编译到汇编语言,不进行汇编和链接
  -c                            编译、汇编到目标代码,不进行链接
  -o <文件>                     输出到 <文件>
  -pie                          Create a position independent executable
  -shared                       Create a shared library
  -x <语言>                     指定其后输入文件的语言
                                允许的语言包括:c c++assembler none
                                'none'意味着恢复默认行为,即根据文件的扩展名猜测
                                源文件的语言

以 -g、-f、-m、-O、-W 或 --param 开头的选项将由 gcc 自动传递给其调用的
不同子进程。若要向这些进程传递其他选项,必须使用 -W<字母>选项

报告程序缺陷的步骤请参见:
<http://bugzilla.redhat.com/bugzilla>.
[root@localhost cs2]#
```

下面来学习更多的命令选项和用法。

2.2.1　C语言标准

默认情况下,GCC编译程序用的是C语言的GNU“方言”——GNU实现的C语言的超集,称为GNU C。GNU C集成了C语言官方ANSI/ISO标准和GNU对C语言的一些扩展,比如内嵌函数和变长数组。绝大部分符合ANSI/ISO的程序无须修改就能在GNU C下编译。

1. -std

如果需要控制使用标准C语言还是GNU C,可以使用-std选项:

(1) -ansi、-std=c90或std=iso9899：1990：使用ANSI/ISO语言标准(ANSI X3.159-1989,ISO/IEC 9899：1990),即所谓的C89或C90。

(2) -std=iso9899：199409：1994 年发布的 ISO C 语言标准的第一次修正版，也称为 C94 或 C95。

(3) -std= c99 或-std = iso9899：1999：1999 年发布的修正过的 ISO C 语言标准(ISO/IEC 9899：1999)，即所谓的 C99。

(4) -std= c11 或-std = iso9899：2011：2011 年发布的 ISO C 语言第四版，也称为 C11。

(5) -std=gnu90、-std=gnu99 或-std=gnu11：附带 GNU 扩展的 C 语言标准可以用选项"-std=gnu90""-std=gnu99"和"-std=gnu11"来选择。如果不指定 C 语言版本，则默认使用 GNU C11。

2. -ansi /-pedantic

有时候，一个合法的 ANSI/ISO 程序可能并不兼容于 GNU C 中的扩展特性。例如，如果 ANSI/ISO 程序使用 asm 作为变量名，在 GNU C 下就不能编译。为了让 ANSI/ISO 程序能在 GCC 中编译，可以使用 gcc -ansi 命令，这里，选项"-ansi"禁止那些与 ANSI/ISO 标准冲突的 GNU 扩展特性。在使用 GNU C 库(glibc)的系统上，该选项也禁止了对 C 标准库的扩展。这样就允许那些基于 ANSI/ISO C 编写的程序在没有任何来自 GNU 扩展的情况下编译。

如果同时使用命令行选项"-pedantic"和"-ansi"会导致 GCC 拒绝所有的 GNU C 扩展，而不单单是那些不兼容于 ANSI/ISO 标准的。这有助于编写出遵循 ANSI/ISO 标准的可移植的程序。

2.2.2 库的使用

前人已经积累了大量的代码，这些代码以库的形式提供，使得我们不必从头造轮子。因此，编写程序时必须与各种库打交道，最低限度也要使用 C 语言库的基本功能。Linux C 程序开发中经常会在编译链接时遇到有关库的问题，包括找不到库、找不到库中的符号等，因此有必要学习一下库的使用知识。

1. 库的头文件

在代码中使用库函数时，为了得到函数参数和返回值的正确类型声明，必须包含相应的头文件。如果没有函数声明，可能传递错误类型的函数参数，从而导致不正确的结果。头文件的搜索路径细节将在 2.2.3 节介绍。

2. 静态库

下面学习使用 GCC 工具创建并使用静态库的过程。这里需要 3 个代码，一个是主程序 main-lib.c，另有两个辅助函数——用于计算向量加法的 addvec.c 和向量的点乘

multvec. c，分别如代码 2-5、代码 2-6 和代码 2-7 所示。其中 addvec. c 和 multvec. c 的代码将形成静态库，以供其他程序调用，所以还需要一个库函数的头文件，如代码 2-8 所示。这里所要完成的示例工作如图 2-3 所示。

代码 2-5　main-lib. c

```
#include <stdio.h>
#include "vector.h"

int x[2] ={1, 2};
int y[2] ={3, 4};
int z[2];

int main()
{
    addvec(x, y, z, 2);
    printf("z =[%d %d]\n", z[0], z[1]);
    return 0;
}
```

代码 2-6　addvec. c

```
void addvec(int *x, int *y,int *z, int n)
{
    int i;

    for (i =0; i <n; i++)
    z[i] =x[i] +y[i];
}
```

代码 2-7　multvec. c

```
void multvec(int *x, int *y,int *z, int n)
{
    int i;

    for (i =0; i <n; i++)
    z[i] =x[i] * y[i];
}
```

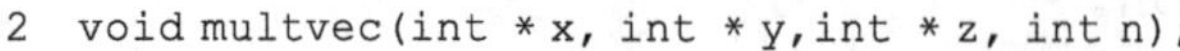

代码 2-8　vector. h

```
void addvec(int *x, int *y,int *z, int n);
void multvec(int *x, int *y,int *z, int n);
```

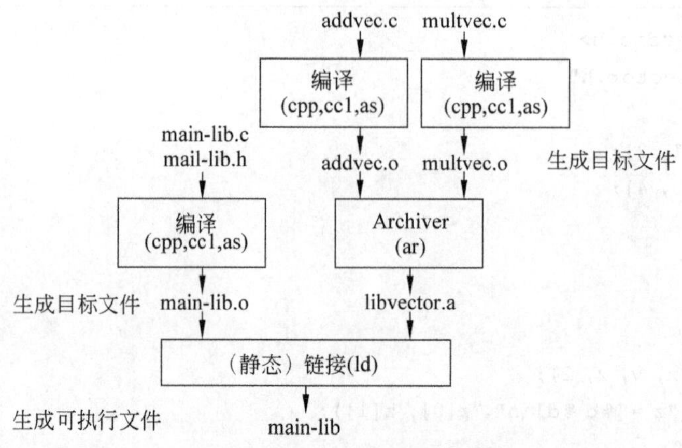

图 2-3　libvector. a 静态库示例

为了将向量加法和点乘的代码变成库，首先要编译成目标文件，这里使用 gcc -Og -c addvec. c multvec. c 命令产生 addvec. o 和 multvec. o 两个目标文件，如屏显 2-12 所示。用 file 命令查看，可知它们是可重定位的目标文件。

屏显 2-12　生成 addvec. o 和 multvec. o

```
[root@localhost static-lib]#gcc -Og -c addvec.c multvec.c
[root@localhost static-lib]#ls *.o
addvec.o  multvec.o
[root@localhost static-lib]#file addvec.o multvec.o
addvec.o:  ELF 64-bit LSB relocatable, x86-64, version 1 (SYSV), not stripped
multvec.o: ELF 64-bit LSB relocatable, x86-64, version 1 (SYSV), not stripped
[root@localhost static-lib]#
```

然后，通过 ar rcs libvector. a addvec. o multvec. o 将 addvec. o 和 multvec. o 两个目标文件存档到一个文件中形成静态库（参数中的 c 表示 create，r 表示 replace），如屏显 2-13 所示。用 file 命令可以看出 libvector. a 是一个归档文件，再用 ls -l 命令查看发现 libvector. a 文件略大于 addvec. o 和 multvec. o 文件之和。最后用 ar -t 命令查看 libvector. a，可以确认其中有两个目标文件。

屏显 2-13　用 ar 工具生成 libvector. a 静态库

```
[root@localhost static-lib]#ar rcs libvector.a addvec.o multvec.o
[root@localhost static-lib]#file libvector.a
l ibvector.a: current ar archive
[root@localhost static-lib]#ls -l
总用量 28
-rw-r--r--. 1 root root   111 3月  22 17:03 addvec.c
-rw-r--r--. 1 root root  1248 3月  22 17:15 addvec.o
-rw-r--r--. 1 root root  2712 3月  22 17:19 libvector.a
-rw-r--r--. 1 root root   184 3月  22 17:09 main-lib.c
-rw-r--r--. 1 root root   112 3月  22 17:04 multvec.c
-rw-r--r--. 1 root root  1248 3月  22 17:15 multvec.o
-rw-r--r--. 1 root root    88 3月  22 17:09 vector.h
[root@localhost static-lib]#ar -t libvector.a
addvec.o
multvec.o
[root@localhost static-lib]#
```

在创建了静态库之后，就可以尝试在程序中使用它们了。执行 gcc -Og -c mail-lib. c 生成 main-lib. o 目标文件，然后使用 gcc main-lib. o libvector. a -o main-lib 生成可执行文件 main-lib 并运行，如屏显 2-14 所示。用 file 命令查看，此时 main-lib 是一个可执行文件，执行之后输出结果向量“z = [4 6]”。

屏显 2-14　生成 main-lib 可执行文件并运行

```
[root@localhost static-lib]#gcc -Og -c main-lib.c
[root@localhost static-lib]#gcc main-lib.o libvector.a-o main-lib
[root@localhost static-lib]#file main-lib
main- lib: ELF 64 - bit LSB executable, x86 - 64, version 1 (SYSV), dynamically
linked (uses shared libs), for GNU/Linux 2. 6. 32, BuildID [ sha1 ] =
6f9f176e7b855d62215a729cc0f0196cb57d3e6f, not stripped
[root@localhost static-lib]#main-lib
z =[4 6]
[root@localhost static-lib]#
```

再用 objdump -d 命令查看 main-lib 的代码，可以发现 addvec. c 的代码已经进入到 40056f 开始的地址空间，如屏显 2-15 所示。读者可以用 objdump -d addvec. o 查看

addvec()函数的代码，将会发现两者几乎一样（除了一些重定位地址不同外）。而 multvec.o 文件中的 multvec()函数的代码则没有进入到可执行文件 main-lib 中。

屏显 2-15　main-lib 部分汇编代码

```
……
000000000040052d <main>:
  40052d:  48 83 ec 08           sub    $0x8,%rsp
  400531:  b9 02 00 00 00        mov    $0x2,%ecx
  400536:  ba 48 10 60 00        mov    $0x601048,%edx
  40053b:  be 34 10 60 00        mov    $0x601034,%esi
  400540:  bf 3c 10 60 00        mov    $0x60103c,%edi
  400545:  e8 25 00 00 00        callq  40056f <addvec>
  40054a:  8b 15 fc 0a 20 00     mov    0x200afc(%rip),%edx
                                              #60104c <__TMC_END__+0x4>
  400550:  8b 35 f2 0a 20 00     mov    0x200af2(%rip),%esi
                                              #601048 <__TMC_END__>
  400556:  bf 20 06 40 00        mov    $0x400620,%edi
  40055b:  b8 00 00 00 00        mov    $0x0,%eax
  400560:  e8 ab fe ff ff        callq  400410 <printf@plt>
  400565:  b8 00 00 00 00        mov    $0x0,%eax
  40056a:  48 83 c4 08           add    $0x8,%rsp
  40056e:  c3                    retq

000000000040056f <addvec>:
  40056f:  b8 00 00 00 00        mov    $0x0,%eax
  400574:  eb 12                 jmp    400588 <addvec+0x19>
  400576:  4c 63 c0              movslq %eax,%r8
  400579:  46 8b 0c 86           mov    (%rsi,%r8,4),%r9d
  40057d:  46 03 0c 87           add    (%rdi,%r8,4),%r9d
  400581:  46 89 0c 82           mov    %r9d,(%rdx,%r8,4)
  400585:  83 c0 01              add    $0x1,%eax
  400588:  39 c8                 cmp    %ecx,%eax
  40058a:  7c ea                 jl     400576 <addvec+0x7>
  40058c:  f3 c3                 repz retq
  40058e:  66 90                 xchg   %ax,%ax
……
```

如果不指出所使用的静态库，直接编译 main-lib. c，则会提示 addvec()函数无定义，如屏显 2-16 所示。

屏显 2-16　静态库缺失时的错误提示

```
[root@localhost static-lib]#gcc main-lib.c
/tmp/cc9hHpW4.o:在函数'main'中:
main-lib.c:(.text+0x19):对'addvec'未定义的引用
collect2: 错误:ld 返回 1
[root@localhost static-lib]#
```

3. 动态库

使用静态库时，所有被用到的目标文件中的全部函数代码都进入到可执行文件中，这种方式具有优化的可能。例如，很多个程序都共享的库函数，例如常用的 printf()，将代码拷贝到各个进程将造成大量的重复代码——如果大家共用一份代码，无疑会节约很多存储空间。又比如在一些执行分支中调用的函数，有可能在整个进程的执行期间都得不到执行，让这些库函数的代码进入到可执行文件中浪费存储空间。这就引出动态链接库(又称动态库、共享库)的概念，在启动或运行时用到的动态库才实时映射到进程空间，而且和其他进程共享动态链接库的代码。

下面还是利用静态库示例中的 main-lib. c、addvec. c 和 multvec. c 三个代码来展示动态库的创建和使用过程。由于动态库中的代码将可能被不同进程所引用，因此里面的库函数代码在不同进程内所占据的存储空间(地址)是不同的，这就要求动态库的代码不能有任何依赖于特定布局的因素——这被称为位置无关代码(Position Independent Code，PIC)。由于动态链接比较复杂，将在后面专门讨论，其可执行文件生成过程和执行中的动态链接过程请参见后面的图 4-16。

下面使用 gcc -shared -fPIC -o libvector. so addvec. c multvec. c 命令将两个源代码编译成动态库 libvector. so，此时用 file 命令查看，可以确定它是共享库(动态链接库)，如屏显 2-17 所示。其中参数-fPIC 就是指明生成位置无关代码，这是动态链接库的必要属性。参数-shared 指出要生成动态库。

屏显 2-17　gcc -shared -fPIC 命令创建动态库

```
[root@localhost dyn-lib]#gcc -shared -fPIC-o libvector.so addvec.c multvec.c
[root@localhost dyn-lib]#file libvector.so
libvector.so: ELF 64-bit LSB shared object, x86-64, version 1 (SYSV),
dynamically
```

```
linked, BuildID[sha1]=b7418d2b4cc59d376b95fc111fd671186c64a452, not stripped
[root@localhost dyn-lib]#
```

接着，可以与静态库一样，在 main-lib. c 程序中引用动态库，但是编译的时候使用 gcc -o main-lib-shared main-lib. c libvector. so 命令，生成 main-lib-shared 可执行文件，用 file 命令确认其生成了可执行文件。但运行时，结果却显示无法找到对应的 libvector. so 动态库，如屏显 2-18 所示。

屏显 2-18　生成引用动态库的 main-lib-shared

```
[root@localhost dyn-lib]#gcc -o main-lib-shared main-lib.c libvector.so
[root@localhost dyn-lib]#file main-lib-shared
main-lib-shared: ELF 64 - bit LSB executable, x86 - 64, version 1 (SYSV),
dynamically linked (uses shared libs), for GNU/Linux 2.6.32, BuildID[sha1]=
f22103b363b19e7bc4769c614d476355a70b4316, not stripped
[root@localhost dyn-lib]#main-lib-shared
main - lib - shared: error while loading shared libraries: l ibvector.so:
cannot open shared object file: No such file or directory
[root@localhost dyn-lib]#
```

关于前面运行时找不到动态库的问题，就涉及 Linux 运行环境中关于库的搜索路径的问题，这在 2.2.3 节讨论。

最后用 ldd 工具可以查看可执行文件引用了哪些动态库，如屏显 2-19 所示，其中使用了这里创建的 libvector. so、标准 C 语言库 libc. so. 6，以及关于动态链接的辅助库 ld-linux-x86-64. so. 2 和系统调用相关的 linux-vdso. so. 1。

屏显 2-19　用 ldd 查看动态库引用情况

```
[root@localhost dyn-lib]#ldd main-lib-shared
    linux-vdso.so.1 =>  (0x00007fff987e1000)
    libvector.so=>./libvector.so (0x00007f2e8f52f000)
    libc.so.6=>/lib64/libc.so.6 (0x00007f2e8f158000)
    /lib64/ld-linux-x86-64.so.2 (0x00007f2e8f732000)
[root@localhost dyn-lib]#
```

2.2.3　搜索路径

在 Linux GCC 的编译环境中，程序编译和运行涉及的头文件、静态库、动态库的搜索路径有一套确定的规则，如果未能提供足够信息，可能无法完成相应的操作。下面就头文件、静态库和动态库的搜索路径做一个简单的介绍。头文件搜索路径通常称为 include 路径，而库的搜索路径直接称为搜索路径或链接路径。

1. 头文件搜索路径

默认情况下 GCC 对 #include <XXX. h>的头文件将按先后顺序在以下两个目录中搜索头文件。

```
/usr/local/include
/usr/include
```

而对 #include "XXX. h"的头文件会先在当前目录查找，找不到则继续在上述默认目录查找。前面的示例中的 vector. h 头文件就是放在 main-lib. c 的当前目录中并以 #include "vector. h"的方式引用。如果将它移到其他目录(比如一些软件包会将自己的头文件拷贝到特定位置)，例如将 vector. h 拷贝到/tmp/my-lib 目录下，则会报告无法找到头文件。此时可以使用完整的路径 #include "/tmp/my-lib/vector. h"，或者使用-I/tmp/my-lib 添加一个 inlucde 搜索路径即可，如屏显 2-20 所示。

屏显 2-20　头文件搜索路径的指定

```
[root@localhost static-lib]#gcc -c main-lib.c
main-lib.c:2:20: 致命错误:vector.h:没有那个文件或目录
#include "vector.h"
                   ^
编译中断。
[root@localhost static-lib]#gcc -c -I/tmp/my-lib main-lib.c
[root@localhost static-lib]#
```

头文件的搜索路径也可以添加到环境变量中，从而避免在命令行中出现头文件路径的长字符串，显得简洁很多。例如 C 程序使用 C_INCLUDE_PATH 环境变量来指定头文件路径，C++ 程序使用 CPLUS_INCLUDE_PATH 环境变量来指定搜索路径。出于方便的考虑，可以将它们写入到/ect/profile 等文件中。

2. 编译时的库搜索路径

前面的示例中，直接将静态库或动态库作为链接文件名输入给 gcc 命令行。如果按照标准的库文件使用方式，将使用-lvector 参数来指定，即引用 vector 库(不再需要写出文件的全名 libvector. a)，同时用-L. 参数指出库所在的目录是"."。但是，在屏显 2-21 中执行 gcc -static -I/tmp/my-lib -L. -lvector main-lib. c 时给出了错误提示，说找不到-lc，也就是说 C 语言的静态库没有找到(这是因为前面安装系统时未安装 C 语言的静态库)。于是，用 yum install glibc-static 命令安装，然后就可以指定静态方式(-static 参数)编译可执行文件。

屏显 2-21 用-lvector 引用 libvector. a 静态库

```
[root@localhost static-lib]#gcc -static -I/tmp/my-lib main-lib.c  -L. -lvector
/usr/bin/ld: cannot find -lc
collect2: 错误:ld 返回 1
[root@localhost static-lib]#yum install glibc-static
[root@localhost static-lib]#gcc -static-I/tmp/my-lib main-lib.c  -L. -lvector
[root@localhost static-lib]#
```

这里使用的是 64 位系统，默认情况下链接时将在以下目录中查找库。

```
/usr/local/lib64
/usr/lib64
```

如果需要添加其他搜索路径，可以像前面命令那样用-L 命令。如果将 libvector. a 拷贝到/tmp/my-lib 中，则需要使用命令 gcc -static -I/tmp/my-lib main-lib. c -L/tmp/my-lib -lvector 指出增加一个库的搜索路径/tmp/my-lib。

同理，将 libvector. so 移动到/tmp/my-lib 后，就需要使用以下命令来编译。

```
[root@localhost dyn-lib]#gcc -o main-lib-shared -I/tmp/my-lib main-lib.c
-L/tmp/my-lib -lvector
```

除了直接在命令行加入库的搜索路径，也可以像头文件那样用环境变量来设置搜索路径。使用环境变量 LIBRARY_PATH 可以将目录添加到库文件的搜索路径，这样就无须再命令行写入冗长的路径字符串。

使用 gcc -printf-search-dirs 可以看到 gcc 使用的搜索路径，其中标题为“库：”的部分时库的搜索路径，如屏显 2-22 所示。

屏显 2-22 gcc 搜索路径

```
[root@localhost cs2]#gcc -print-search-dirs
安装:/usr/lib/gcc/x86_64-redhat-linux/4.8.5/
```

```
程序:=/usr/libexec/gcc/x86_64-redhat-linux/4.8.5/:/usr/libexec/gcc/x86_64-redhat-linux/4.8.5/:/usr/libexec/gcc/x86_64-redhat-linux/:/usr/lib/gcc/x86_64-redhat-linux/4.8.5/:/usr/lib/gcc/x86_64-redhat-linux/:/usr/lib/gcc/x86_64-redhat-linux/4.8.5/../../../../x86_64-redhat-linux/bin/x86_64-redhat-linux/4.8.5/:/usr/lib/gcc/x86_64-redhat-linux/4.8.5/../../../../x86_64-redhat-linux/bin/
库:=/usr/lib/gcc/x86_64-redhat-linux/4.8.5/:/usr/lib/gcc/x86_64-redhat-linux/4.8.5/../../../../x86_64-redhat-linux/lib/x86_64-redhat-linux/4.8.5/:/usr/lib/gcc/x86_64-redhat-linux/4.8.5/../../../../x86_64-redhat-linux/lib/../lib64/:/usr/lib/gcc/x86_64-redhat-linux/4.8.5/../../../x86_64-redhat-linux/4.8.5/:/usr/lib/gcc/x86_64-redhat-linux/4.8.5/../../../../lib64/:/lib/x86_64-redhat-linux/4.8.5/:/lib/../lib64/:/usr/lib/x86_64-redhat-linux/4.8.5/:/usr/lib/../lib64/:/usr/lib/gcc/x86_64-redhat-linux/4.8.5/../../../../x86_64-redhat-linux/lib/:/usr/lib/gcc/x86_64-redhat-linux/4.8.5/../../../:/lib/:/usr/lib/
[root@localhost cs2]#
```

3. 动态库的载入路径

虽然指出动态库的位置后，可正确生成 main-lib-shared 可执行文件，但真去运行该程序时，会提示找不到共享库，如屏显 2-23 所示。也就是说，编译机制和运行机制中路径搜索并不使用相同的信息。

屏显 2-23 运行时的动态库缺失示例

```
[root@localhost dyn-lib]#main-lib-shared
main-lib-shared: error while loading shared libraries: libvector.so: cannot open shared object file: No such file or directory
[root@localhost dyn-lib]#
```

■ LD_LIBRARY_PATH 环境变量

即使 libvector.so 文件就在 main-lib-shared 可执行文件同一个目录下，也需要告知运行环境从哪里载入动态库的文件。最简单的方法是使用 LD_LIBRARY_PATH 环境变量。可以写入/etc/profile 或其他启动脚本，也可以直接在命令行输出该变量，本例为该环境变量添加/tmp/my-lib 目录，如屏显 2-24 所示。

屏显 2-24　用 LD_LIBRARY_PATH 环境变量设置动态库载入目录

```
[root@localhost dyn-lib]#LD_LIBRARY_PATH=$LD_LIBRARY_PATH:/tmp/my-lib
[root@localhost dyn-lib]#export LD_LIBRARY_PATH
[root@localhost dyn-lib]#main-lib-shared
z =[4 6]
[root@localhost dyn-lib]
```

■ **ldconfig 管理工具**

ldconfig 工具的主要用途是建立动态库的搜索路径的缓存——在默认搜寻目录/lib和/usr/lib 以及动态库配置文件/etc/ld. so. conf 内所列的目录下，搜索出可共享的动态链接库(格式如 lib＊. so＊)，进而创建出动态装入程序(ld. so)所需的链接缓存文件。缓存文件默认存在于/etc/ld. so. cache，此文件保存已排好序的动态链接库名字列表，为了让动态链接库为系统所共享，可运行动态链接库的管理命令/usr/sbin/ldconfig。

查看一下/etc/ld. so. conf 文件的内容，发现它只是简单地将/etc/ld. so. conf. d/目录下的所有＊. conf 文件包含进来，而＊. conf 文件中只有相应的目录字符串。

屏显 2-25　/etc/ld. so. conf 以及/etc/ld. so. conf. d 目录

```
[root@localhost dyn-lib]#cat /etc/ld.so.conf
include ld.so.conf.d/*.conf
[root@localhost dyn-lib]#ls /etc/ld.so.conf.d/
dyninst-x86_64.conf  kernel-3.10.0-514.el7.x86_64.conf  libiscsi-x86_64.conf
  mariadb-x86_64.conf
[root@localhost dyn-lib]#cat /etc/ld.so.conf.d/mariadb-x86_64.conf
/usr/lib64/mysql
```

由于 libvector. so 并没有拷贝到系统默认目录，也没有在/etc/ld. so. conf 中添加信息，因此直接用 ldconfig -p 显示已建立缓存的库，是找不到 libvector. so 库的信息的，如屏显 2-26 所示。使用 echo /tmp/my-lib ＞ /etc/ld. so. conf. d/my-lib. conf 命令在/etc/ld. so. conf. d 目录下创建一个 my-lib. conf 文件，并往文件中写入路径名/tmp/my-lib，接着运行 ldconfig，使得该路径进入到库文件的路径缓存中，再次执行 ldconfig -p，就发现libvector. so 库及其路径/tmp/my-lib 已经在缓存中了。这种方式就不需要设置 LD_LIBRARY_PATH 环境变量了。

屏显 2-26　ldconfig 使用示例

```
[root@localhost dyn-lib]#ldconfig -p |grep vector
```

```
[root@localhost dyn-lib]#
[root@localhost dyn-lib]#echo /tmp/my-lib >/etc/ld.so.conf.d/my-lib.conf
[root@localhost dyn-lib]#ldconfig
[root@localhost dyn-lib]#ldconfig -p |grep vector
    libvector.so (libc6,x86-64) =>/tmp/my-lib/libvector.so
[root@localhost dyn-lib]#
```

简单归结一下运行时动态库文件加载的几个认识：

(1) 往/usr/lib64 或/usr/local/lib64 里面添加的动态库，由于在默认目录中，因此不需要修改/etc/ld.so.conf。但是需要执行 ldconfig 更新缓存才能找到库并正确加载。

(2) 往上述两个目录以外加东西的时候，则需要修改/etc/ld.so.conf 或/etc/ld.so.conf.d 的某个文件，然后再调用 ldconfig 更新缓存才能找到库并正确加载，比如这里刚修改的/etc/ld.so.conf.d/my-lib.conf 以及运行 ldconfig 进行更新的操作。

(3) 如果想在这两个目录以外放 lib，但是又不想在/etc/ld.so.conf 中加东西(或者是没有权限加东西)，就使用前面用到的 LD_LIBRARY_PATH 环境变量，一般来讲，这只是一种临时的解决方案，在没有权限或临时需要的时候使用。

2.2.4　编译警告

GCC 可以使用-Wall 参数提示所有发现的警告，也可以用指定具体哪些警告信息要显示出来。查看每一个警告，有利于生成安全、干净的代码。下面给出不同的警告选项及简要说明。

1. -Wall

如果将最后一行的 return 语句注释掉，再次用 gcc Hello_World0.c f_sum.c -o Helloworld 命令生成可执行文件，此时将不会提示任何警告。但如果使用-Wall 选项，则表示提示任何警告信息，因此使用 gcc -Wall Hello_World0.c f_sum.c -o Helloworld 命令生成可执行文件时，将提示两个警告，如屏显 2-27 所示。-Wall 选项打开所有最常用的编译警告，因此建议读者在编译生产环境使用的程序时都使用该选项。如果将刚才所做的注释去掉，恢复成原来的代码，则不会有任何警告出现，表明此时代码是完全“干净”的。

屏显 2-27　使用-Wall 编译选项

```
[root@localhost cs2]#gcc  Hello_World0.c f_sum.c
[root@localhost cs2]#gcc -Wall Hello_World0.c f_sum.c
Hello_World0.c: 在函数‘main’中:
```

```
Hello_World0.c:7:6: 警告:变量'var_sum'被设定但未被使用 [-Wunused-but-set-variable]
  int var_sum=0;
      ^
Hello_World0.c:11:1: 警告:在有返回值的函数中,控制流程到达函数尾 [-Wreturn-type]
}
^
[root@localhost cs2]#
```

一些C语言语法正确的代码,也可能包含编程错误,例如代码2-9所示的微小错误,如果不用-Wall编译将没有警告地获得一个可执行文件。

代码 2-9　GCC-Wall.c

```
1 #include <stdio.h>
2 int main (void)
3 {
4     printf ("Two plus two is %f\n", 4);
5     return 0;
6 }
```

但是打开-Wall之后,将提示有警告信息,如屏显2-28所示。警告信息提示,在gcc-Wall.c的第4行所用的类型不匹配,这往往是一个潜在的错误。GCC的警告信息都有类似file: line_num: col_num: message这样的格式。

屏显 2-28　用-Wall 参数编译 GCC-Wall.c

```
[root@localhost cs2]#gcc -Wall gcc-Wall.c -o gcc-Wall
gcc-Wall.c: 在函数'main'中:
gcc-Wall.c:4:5:警告:格式'%f' expects argument of type 'double', but argument 2 has type 'int' [-Wformat=]
   printf ("Two plus two is %f\n", 4);
   ^
[root@localhost cs2]#
```

如果不希望全部警告都打开,那么可以指定所需要的警告信息。-Wcomment将对嵌套的注释产生警告,因为嵌套的注释可能引发混乱,如代码2-10所示。

代码 2-10　嵌套的注释

```
/* commented out
double x =1.23 ; /* x-position */
 */
```

对于上面这种问题，当注释掉一个本身就包含注释的代码时，可以使用条件编译的预处理制导符，如代码 2-11 所示。

代码 2-11　由编译制导符完成注释功能

```
/* commented out */
#if 0
double x =1.23 ; /* x-position */
#endif
```

当使用-Wformat 选项时，将会提示 printf()或 scanf()函数中的格式化字符串的误用，指出格式化字符串提出的类型和函数参数的类型不一致。使用-Wunused 选项时，如果有未被使用的变量，则会提出警告。参数-Wimplicit 将会警告未声明类型的函数调用，常见于未包含头文件就使用函数的情况。参数-Wreturn-type 将在函数没有返回值且函数类型不是 void 时，或返回值不是 void 但使用空的 return 语句返回时，将给出警告信息。

2. -Wall 范围外的警告

GCC 还提供了许多其他警告选项，它们并没有包括在-Wall 之内，但也很有用。通常，这些选项对那些从技术上讲合法但可能导致问题的代码产生警告。GCC 提供这些选项是基于程序员所犯常见错误的经验——它们没有被包括在-Wall 中，是因为它们仅意味着可能有错误或是代码比较可疑。

由于对合法代码也可能报警，所以在编译时并不是总用到这些选项。有选择性地使用这些选项并查看输出的结果，或仅在某些程序和文件中打开它们，从而发现这些可能引发意外的代码。

■ -W

这是一个类似-Wall 的通用选项，它对一些常见编程错误产生警告，比如需要返回值但又没有返回值的函数(也称为“falling off the end of the function body”)，以及将有符号数与无符号数进行比较。例如，代码 2-12 的函数测试一个无符号数是否是负数(显然这是不可能的)。

代码 2-12 无符号数是否<0 的 w. c

```
int
foo (unsigned int x)
{
    if (x <0)
        return 0; /* cannot occur */
    else
        return 1;
}
```

用-Wall 来编译该函数不会输出警告信息，但用-W 编译时，则给出警告提示，如屏显 2-29 所示。实际上，-W 和-Wall 选项通常同时使用。

屏显 2-29 -W 选项示例

```
[root@localhost cs2]#gcc -Wall -c  w.c
[root@localhost cs2]#gcc -Wall -W  -c  w.c
w.c: 在函数'foo'中:
w.c:4:6: 警告:无符号表达式永远不小于 0 [-Wtype-limits]
  if (x <0)
      ^
[root@localhost cs2]#
```

■ **-Wconversion**

该选项对可能引起意外结果的隐式类型转换给出警告信息。例如，“unsigned int x=－1;”把一个负数赋值给一个无符号变量。在技术上，ANSI/ISO C 标准是允许这样做的(负整数被转换成一个正整数，因机器而不同)，但这也可能是一个简单的编程错误。如果你需要实施这样一种转换，最好可以用显式转换，比如使用“((unsigned int)-1)”来避免来自该选项的警告。在 2 的补码的机器上，上面转换的结果是赋给一个无符号整数所能表示的最大值。

■ **-Wshadow**

该选项涉及变量作用域的问题，用来警告以下情况：在定义过某个变量的代码范围内再次定义一个同名的变量。这种情况称为变量遮蔽，导致在变量出现的地方容易搞不清其对应哪个值(搞不清的是程序员，编译器对这些变量的理解是确定且唯一的)。代码 2-13 的函数声明了一个局部变量 y，它遮蔽了该函数体内的另一个变量 y 的声明。

代码 2-13　var-shadown.c 不同作用域中声明同名变量

```
double
test (double x)
{
    double y =1.0;
    {
        double y;
        y =2 * x;
    }
    return y;
}
```

这是合法的 ANSI/ISO C 程序，它的返回值是 1.0。当看到 y=2 * x 这一行时(尤其在大的复杂的函数中)，对变量 y 的遮蔽可能使得程序员以为返回值是 2 * x(不正确)。屏显 2-30 看到-Wshadow 选项可以检测出这个警告。

屏显 2-30　-Wshadow 的警告信息

```
[root@localhost cs2]#gcc -c  -Wshadow var-shadow.c
var-shadow.c: 在函数‘test’中:
var-shadow.c:6:17: 警告:‘y’的声明隐藏了先前的一个局部变量 [-Wshadow]
        double y;
               ^
var-shadow.c:4:13: 警告:被隐藏的声明在这里 [-Wshadow]
    double y =1.0;
             ^
[root@localhost cs2]#
```

■ **-Wcast-qual**

该选项警告对指针的转换操作移除了某种类型修饰符，比如像 const。例如，代码 2-14 的函数丢弃了来自输入参数的 const 修饰符，从而允许覆盖指针所指向的空间。

代码 2-14　cast-qual.c

```
void
f (const char * str)
{
    char * s =(char * )str;
```

```
    s[0] ='\0';
}
```

对 str 指向的原始内容的改写是违反它的 const 性质的——因此使用-Wcast-qual 选项将提示警告。

■ -Wwrite-strings

该选项相当于把定义在程序中的所有字符串常量都带有 const 修饰符，因此当有代码试图覆写这些字符串，就会在编译时报警。ANSI/ISO 标准并没有说明修改一个字符串常量会导致什么结果。

■ -Wtraditional

该选项对那些在 ANSI/ISO 编译器下和在 ANSI 之前的"传统"编译器下编译方式不同的代码进行警告。当维护老的原有软件时，对于该选项产生的警告，可能需要搞清楚源始代码是接受传统编译还是接受 ANSI/ISO 标准编译。

3. -Werror

上面的选项会生成诊断性的警告信息，但允许编译过程继续并生成对象文件或可执行文件。对于大型程序，可能只要有警告信息产生，就需要停止编译以便捕捉所有警告。-Werror 选项通过把警告转变成错误，改变了编译器的默认行为，即只要有警告产生就停止编译。这样就只有在完全没有警告的情况下才能生成可执行文件，保证生产环境中软件的可靠。

2.3 GDB 调试

程序设计过程往往不能一次成功，通常需要经过调试后才能实现正确的设计功能。虽然 GDB[1] 本意用于发现编程错误，但是这里主要用来观察程序的执行细节，帮助理解程序行为。

在创建了可执行文件并尝试运行程序后，转入用 GDB 调试工具来观察其运行细节的内容。在了解程序的运行细节上，必须要有调试工具能控制其执行进度并查看内部情况，才能有正确和深入的认识。因此，在分析后面的编译、链接、性能优化的专题之前，读者先要熟悉 GDB 的基本使用方法。

---

[1] http://sourceware.org/gdb/。

注意，GDB 内部命令由简写命令和完整命令两种格式，下面会混合使用这两种格式。另外，这里不讨论多进程、多线程和远程调试的内容。

2.3.1 代码准备

为了能让 GDB 调试，可执行文件需要附加额外的调试信息，因此在编译的时候需要给 GCC 传递-g 参数。使用 gcc -g demo-gdb. c -o demo-gdb 编译代码 2-15 生成带有调试信息的可执行文件 demo-gdb。

代码 2-15　demo-gdb. c

```
#include <stdio.h>

int func(int n)
{
    int sum=0,i;
    for(i=0;i<n;i++)
    {
        sum+=i;
    }
    return sum;
}

int main()
{
    int i;
    long result =0;
    for (i=1;i<=100;i++)
    {
        result +=i;
    }
    printf("result[1-100]=%d \n",result);
    printf("result[1-200]=%d \n",func(200) );
    return 0;
}
```

执行 gdb demo-gdb 启动 gdb 来调试 demo-gdb 程序，如屏显 2-31 所示，如果使用-silent 选项则不会有前面几行版权说明等信息的干扰。

屏显 2-31　用 gdb 启动被调试对象

```
[root@localhost cs2]#gdb demo-gdb
GNU gdb (GDB) Red Hat Enterprise Linux 7.6.1-94.el7
Copyright (C) 2013 Free Software Foundation, Inc.
License GPLv3+: GNU GPL version 3 or later <http://gnu.org/licenses/gpl.html>
This is free software: you are free to change and redistribute it.
There is NO WARRANTY, to the extent permitted by law.  Type "show copying"
and "show warranty" for details.
This GDB was configured as "x86_64-redhat-linux-gnu".
For bug reporting instructions, please see:
<http://www.gnu.org/software/gdb/bugs/>...
Reading symbols from /root/cs2/demo-gdb...done.
(gdb)
```

此时 gdb 已经将 demo-gdb 程序装入系统并形成受控制的子进程。因为是带有-g 参数生成的可执行文件，所以可以使用 l 命令（或者用完整命令 list）查看其源代码，如屏显 2-32 所示。如果 l 命令后面带上行号，则从指定行开始显示。需要注意，-g 参数将会把源文件名的信息保存到可执行文件中，但是并不将源文件文本保存到可执行文件中。因此，如果修改了源代码但没有重新生成可执行文件，调试旧的可执行文件将无法匹配到新的源代码上，从而让调试过程出现异常。

屏显 2-32　用 l 命令查看源代码

```
(gdb) l
7       {
8           sum+=i;
9       }
10      return sum;
11 }
12
13 int main()
14 {
15      int i;
16      long result =0;
(gdb) l 1
1   #include <stdio.h>
2
```

```
3  int func(int n)
4  {
5      int sum=0,i;
6      for(i=0;i<n;i++)
7      {
8          sum+=i;
9      }
10     return sum;
(gdb)
```

GDB 不仅可以启动程序来调试，还可以调试正在运行的进程以及内核转储(吐核)的进程。因此 GDB 有 3 种启动方式：

(1) gdb <program> ：参数 program 也就是被调试的可执行文件，一般在当前目录下。

(2) gdb <program> <PID>：可以指定正在运行的进程的 ID，GDB 会自动连接(attach)上去，并调试该进程。参数 program 指出的可执行文件。

(3) gdb <program> core：用 GDB 同时调试一个程序和 core 文件，core 是程序非法执行后吐核(core dump)产生的文件。

这里也可以看调试所需的几个元素：可执行文件、源代码、动态的进程。第(1)种方式的进程是根据可执行文件新创建的，第(2)种方式是已经在运行的进程，第(3)种情况是根据可执行文件和吐核文件而创建新进程。

读者需要注意，本章只讨论第(1)种启动方式。

2.3.2　运行代码

在 GDB 将可执行文件装入内存后就能以调试方式执行程序了。直接执行 r 命令(对应完整命令是 run)，程序开始执行并得到结果，如屏显 2-33 所示。

屏显 2-33　gdb 的 run 命令

```
(gdb) run
Starting program: /root/cs2/demo-gdb
result[1-100]=5050
result[1-200]=19900
[Inferior 1 (process 29248) exited normally]
Missing separate debuginfos, use: debuginfo-install glibc-2.17-196.el7_4.2.x86_64
(gdb)
```

可以看到，当前系统有一个小问题，提示需要执行 debuginfo-install glibc-2.17-196.el7_4.2.x86_64。这需要先将/etc/yum.repos.d/CentOS-Debuginfo.repo 中的 enabled 参数修改为 1，然后再执行 debuginfo-install glibc-2.17-196.el7_4.2.x86_64 完成相关软件包的安装——具体请按照你自己系统的提示所给出的版本号（我们系统上提示的是屏显 2-33 所示的 glibc-2.17-196.el7_4.2.x86_64）。然后再次执行 run 命令就没有这个提示了。

但是这样执行完毕，中间过程并没有可观察的点，对于调试和观察都没有任何用处，因此需要控制程序代码的运行，甚至是逐条指令执行。这里需要控制程序的运行，在所希望的位置使得程序停下来，检查对应的寄存器或内存单元的数值以及对应的代码，以确认程序是否如我们设想的那样在运行。

本节先讨论如何控制程序的运行使它在必要的时候停下来，下一节讨论如何在这些停顿的位置查看寄存器和内存变量。

1. 单步执行

在装入 demo-gdb 后，首先用 start 命令启动运行，然后用 s 命令（或者用完整的 step 命令）逐条指令执行，如屏显 2-34 所示。

屏显 2-34　gdb 中单步执行代码

```
(gdb) start
Temporary breakpoint 1 at 0x400563: file demo-gdb.c, line 16.
Starting program: /root/cs2/demo-gdb

Temporary breakpoint 1, main () at demo-gdb.c:16
16        long result =0;
(gdb) s
17        for (i=1;i<=100;i++)
(gdb) s
19            result +=i;
(gdb)
```

n 命令（对应完整命令是 next）也可以进行单步执行。命令 n 和 s 都是 C 语言级的断点定位，区别是 s 会进入 C 函数内部，但是不会进入没有定位信息的函数（比如没有加-g 编译的代码，因为其没有 C 代码的行编号，没办法定位），n 不会进入函数内部。

另外还有 ni 和 si 命令是汇编级别的断点定位。si 会进入汇编和 C 函数内部，ni 不会进入函数内部。当要进入没有调试信息（没有源代码甚至没有符号表）的库函数进行调试的时候，用 si 是唯一的方法。当进入有调试信息的函数，用 si 和 s 都可以，但是它们不同——si 是定位到汇编级别的下一个语句，但是 s 是进入到 C 级别的下一个语句。

2. 断点

单步执行虽然给了很精确的控制，但对于调试过程来说，我们并不想重复观察那些已经验证过的代码，只希望在感兴趣的位置观察代码。这就需要使用断点(breakpoint)来控制程序的运行。下面用 b 21 和 b func 命令分别在代码的 21 行和函数 func()入口处设置断点，然后用 r 开始执行程序到达第一个断点(21 行)，然后用 c 命令让程序继续运行到 func()断点处，最后一个 c 命令(对应的完整命令是 continue)将程序执行完毕，如屏显 2-35 所示。b 命令的对应的完整命令是 break。

屏显 2-35　gdb 中设置断点

```
(gdb) b 21
Breakpoint 1 at 0x400587: file demo-gdb.c, line 21.
(gdb) b func
Breakpoint 2 at 0x400534: file demo-gdb.c, line 5.
(gdb) r
Starting program: /root/cs2/demo-gdb

Breakpoint 1, main () at demo-gdb.c:21
21         printf("result[1-100]=%d \n",result);
(gdb) c
Continuing.
result[1-100]=5050

Breakpoint 2, func(n=200) at demo-gdb.c:5
5        int sum=0,i;
(gdb) c
Continuing.
result[1-200]=19900
[Inferior 1 (process 29627) exited normally]
(gdb)
```

如果需要，可以继续用 b 命令增加断点，如果想删除断点可以用 d 命令(对应的完整命令是 delete)，d 命令需要使用断点的编号作为参数。如果不知道断点的编号，可以用“i b”命令(对应的完整命令是 info break)列出所有断点。屏显 2-36 展示了用“i b”命令查看当前断点情况，并用“d 2”命令删除了 2 号断点。所列出的断点信息包括断点编号、地址、所在代码文件及行号、已经经过的次数。

屏显 2-36 断点的查看和删除

```
(gdb) i b
Num     Type           Disp Enb Address            What
1       breakpoint     keep y   0x0000000000400587 in main at demo-gdb.c:21
        breakpoint already hit 1 time
2       breakpoint     keep y   0x0000000000400534 in func at demo-gdb.c:5
        breakpoint already hit 1 time
(gdb) d 2
(gdb) i b
Num     Type           Disp Enb Address            What
1       breakpoint     keep y   0x0000000000400587 in main at demo-gdb.c:21
        breakpoint already hit 1 time
(gdb)
```

如果是希望清除某一代码行对应的断点，则可以使用 clean number 命令，其中 number 是代码行号而不是断点编号。

3. 条件断点

如果需要在特定条件下才将程序停下来检查，则需要使用条件断点(catchpoint)。例如，如果想在代码 2-15 的循环 i=20 时才检查程序状态，而不是每次循环都检查，则可以使用 b 19 if i ==20 来创建条件断点，如屏显 2-37 所示。停止运行后，用 p i 显示循环变量 i 的值，显示为所期望的 20。条件表达式可以用更复杂的表达，例如 if (i ==20 && k<var1)这样的表达式。

屏显 2-37 条件断点的设置

```
(gdb) b 19 if i ==20
Breakpoint 1 at 0x400574: file demo-gdb.c, line 19.
(gdb) i b
Num     Type           Disp Enb Address            What
1       breakpoint     keep y   0x0000000000400574 in main at demo-gdb.c:19
        stop only if i ==20
(gdb) r
Starting program: /root/cs2/demo-gdb
```

```
Breakpoint 1, main () at demo-gdb.c:19
19            result +=i;
(gdb) p i
$1 =20
(gdb) p result
$2 =190
(gdb)
```

可以用 condition 命令设置断点的条件，为普通无条件的断点增加条件，例如，condition 3 a>5 为 3 号断点设置条件 a>5。如果将条件设置为空，如 condition 3 可以删除 3 号条件断点的条件而变成普通断点。

ignore 指令将会忽略若干次断点，例如，ignore 3 10 命令指出前 10 次执行 3 号断点的指令并不会引起该程序中断，只有第 11 次执行到 3 号断点处的代码程序才会被打断。实际上 ignore 命令不仅对断点 breakpoint 有效，对条件断点 catchpoint 和后面提到的监控点 watchpoint 都有效。

注意，如果在条件变量 i 的作用域外设置断点，会导致 i == 20 无法成立从而让断点设置无效。

2.3.3　查看变量和内存

在前一节学习了如何控制程序的运行并在特定的位置停住，但中断执行并不是目的，中断执行的目的是为了检查当时的进程状态——主要是寄存器值和内存变量的值，从而判定程序是否如预想的那样在运行。所以，这里还需要学习如何查看寄存器和内存单元的数值。

1. 寄存器

查看寄存器使用 i r 命令(对应 info registers)即可，如屏显 2-38 所示。

屏显 2-38　显示寄存器值

```
(gdb) info r
rax            0x7    7
rbx            0x0    0
rcx            0x4005c0    4195776
rdx            0x7fffffffe1a8    140737488347560
rsi            0x7fffffffe198    140737488347544
rdi            0x1    1
```

```
rbp            0x7fffffffe0b0     0x7fffffffe0b0
rsp            0x7fffffffe0a0     0x7fffffffe0a0
r8             0x7ffff7dd5e80     140737351868032
r9             0x0    0
r10            0x7fffffffdbe0     140737488346080
r11            0x7ffff7a39b10     140737348082448
r12            0x400440     4195392
r13            0x7fffffffe190     140737488347536
r14            0x0    0
r15            0x0    0
rip            0x400574     0x400574 <main+25>
eflags         0x283     [ CF SF IF ]
cs             0x33   51
ss             0x2b   43
ds             0x0    0
es             0x0    0
fs             0x0    0
gs             0x0    0
(gdb)
```

而使用 info all-registers 则可以显示更多寄存器的内容,包含浮点寄存器,如屏显 2-39 所示。

屏显 2-39 显示寄存器(含浮点寄存器)

```
(gdb) i all-registers
rax            0x7     7
rbx            0x0     0

......

cs             0x33    51
ss             0x2b    43
ds             0x0     0
es             0x0     0
fs             0x0     0
gs             0x0     0
```

```
st0            0       (raw 0x00000000000000000000)
st1            0       (raw 0x00000000000000000000)
st2            0       (raw 0x00000000000000000000)
st3            0       (raw 0x00000000000000000000)
st4            0       (raw 0x00000000000000000000)
st5            0       (raw 0x00000000000000000000)
st6            0       (raw 0x00000000000000000000)
---Type <return>to continue, or q <return>to quit---
st7            0       (raw 0x00000000000000000000)
fctrl          0x37f   895
fstat          0x0     0
ftag           0xffff  65535
fiseg          0x0     0
fioff          0x0     0
foseg          0x0     0
fooff          0x0     0
fop            0x0     0
mxcsr          0x1f80  [ IM DM ZM OM UM PM ]
ymm0           {v8_float = {0x0, 0x0, 0x0, 0x0, 0x0, 0x0, 0x0, 0x0}, v4_double =
{0x0, 0x0, 0x0, 0x0}, v32_int8 = {0x0 <repeats 32 times>},
  v16_int16 = {0x0 <repeats 16 times>}, v8_int32 = {0x0, 0x0, 0x0, 0x0, 0x0, 0x0,
0x0, 0x0}, v4_int64 = {0x0, 0x0, 0x0, 0x0}, v2_int128 = {
    0x00000000000000000000000000000000, 0x00000000000000000000000000000000}}
ymm1           {v8_float = {0x0, 0x0, 0x0, 0x0, 0x0, 0x0, 0x0, 0x0}, v4_double =
{0x0, 0x0, 0x0, 0x0}, v32_int8 = {0x2f <repeats 16 times>,
    0x0 <repeats 16 times>}, v16_int16 = {0x2f2f, 0x2f2f, 0x2f2f, 0x2f2f, 0x2f2f,
0x2f2f, 0x2f2f, 0x2f2f, 0x0, 0x0, 0x0, 0x0, 0x0, 0x0, 0x0,
    0x0}, v8_int32 = {0x2f2f2f2f, 0x2f2f2f2f, 0x2f2f2f2f, 0x2f2f2f2f, 0x0, 0x0,
0x0, 0x0}, v4_int64 = {0x2f2f2f2f2f2f2f2f,
0x2f2f2f2f2f2f2f2f, 0x0, 0x0}, v2_int128 = {0x2f2f2f2f2f2f2f2f2f2f2f2f2f2f2f2f,
0x00000000000000000000000000000000}}

……

ymm15          {v8_float = {0x0, 0x0, 0x0, 0x0, 0x0, 0x0, 0x0, 0x0}, v4_double =
{0x0, 0x0, 0x0, 0x0}, v32_int8 = {0x0 <repeats 32 times>},
  v16_int16 = {0x0 <repeats 16 times>}, v8_int32 = {0x0, 0x0, 0x0, 0x0, 0x0, 0x0,
```

```
0x0, 0x0}, v4_int64 ={0x0, 0x0, 0x0, 0x0}, v2_int128 ={
    0x00000000000000000000000000000000, 0x00000000000000000000000000000000}}
(gdb)
```

如果只想查看某一个寄存器，那就使用 p $REG 命令（对应 printf $REG），其中 REG 为具体寄存器名（比如 rip），如屏显 2-40 所示。此时程序断点在 main() 函数某处，因此 rip 寄存器的值 0x400574 指向 main() 函数开始地址偏移 25 字节的指令。

屏显 2-40　显示指定寄存器的值

```
(gdb) p $rip
$5 = (void (*)()) 0x400574 <main+25>
(gdb)
```

2. 变量与内存单元

当程序停下来后，就可以查看变量或内存单元是否按预计方式获得了正确的数值。内存变量或内存单元使用 p 命令（对应 printf）来观察。前面已经在屏显 2-37 中断点出现后，用 p i 显示了变量 i 的数值。p 命令还可以按照指定格式输出数值，例如 p/c 将后面的数值按照字符格式显示，所有可选的格式如表 2-1 所示。

表 2-1　gdb 数据格式选项

x 按十六进制格式显示变量	t 按二进制格式显示变量
d 按十进制格式显示变量	a 按十六进制格式显示变量
u 按十六进制格式显示无符号整型	c 按字符格式显示变量
o 按八进制格式显示变量	f 按浮点数格式显示变量

屏显 2-41 使用几种不同的格式显示了同一个变量 i 的数值，其中 p &i 显示了变量 i 的地址，p *(int *) 0x7fffffffe0ac 将地址 0x7fffffffe0ac 上的数值按照整数 int 形式显示出来，最后 p i@6 将 i 作为数组第一个元素并显示前 6 个元素。对于通常定义的数组，例如 a[10]，则可以使用 p *a@10 来查看前 10 个元素，或者直接使用 p a 显示全部元素。

屏显 2-41　p 命令的数据格式示例

```
(gdb) p/c i
$13 = 88 'X'
(gdb) p i
```

```
$14 =88
(gdb) p/a i
$15 =0x58
(gdb) p &i
$22 =(int *) 0x7fffffffe0ac
(gdb) p * (int *) 0x7fffffffe0ac
$23 =88
(gdb) p i@6
$25 ={88, 0, 0, -140272635, 32767, 0}
(gdb)
```

由于不同作用域可能有相同的变量名的情况，例如局部变量和全局变量发生冲突(也就是重名)，一般情况下是局部变量会遮蔽全局变量。如果此时希望查看全局变量的值时，可以使用“：：”操作符指出该变量 variable 所在文件或所在函数。例如，分别查看 main()和 func()中的变量 i，可以看到并不相同，其中 func()中的 i 是堆栈变量，而此时并没有执行 func()，不存在它的堆栈，因此提示该栈帧还未建立，如屏显 2-42 所示。

屏显 2-42　查看不同作用域的同名变量

```
(gdb) p i
$17 =88
(gdb) p func::i
No frame is currently executing in block func.
(gdb)
```

除了可以指定查看不同函数中的变量外，还可以指定不同文件中的变量。例如，要查看文件 f2.c 中的全局变量 x 的值，可以使用命令(gdb) p 'f2.c'：：x。

如果需要查看内存单元，可以按屏显 2-41 中 p 命令指定地址的方法，另外还可以使用 x 命令(对应 examine)，具体格式为 x/nfu address。其中 address 是内存地址，而参数 nfu 是三个可选的参数：

- n 是一个正整数，表示显示数据的个数，也就是说从当前地址向后显示几个数据。
- f 表示显示的格式，参见表 2-1。如果地址所指的是字符串，那么格式可以是 s，如果是指令地址，那么格式可以是 i。
- u 表示从当前地址往后请求的字节数，如果不指定 u 的话，GDB 默认是 4 字节。u 参数可以用下面的字符来代替：b 表示单字节，h 表示双字节(半字)，w 表示 4 字节(字),g 表示 8 字节。当指定了字节长度后,GDB 会从指内存定的内存地址开始,读写指定字节,并把其当作一个值取出来。

例如,命令 x/4xh 0x400574 将从 0x400574 地址开始按照十六进制格式(x 表示按十六进制格式)连续显示 4 个双字节数据(h 表示两个字节),如屏显 2-43 所示。

屏显 2-43　显示内存单元数据

```
(gdb) x/4xh 0x400574
0x400574 <main+25>:  0x458b    0x48fc    0x4898    0x4501
(gdb)
```

p 命令还可以计算算术表达式,在调试时不用脱离 GDB 环境就可以完成某些计算,如屏显 2-44 所示。

屏显 2-44　p 命令中完成算术运算

```
(gdb) p b+a[0]
$5 =21
(gdb)
```

3. 监控点(watchpoint)

监控点是将断点和变量的监视相结合的概念,它仅在某个变量、地址单元或它们的表达式发生数值变化时,才将程序运行中断以便检查。在屏显 2-45 的示例中,设置了对 i 变量的监视。可以看出在 GDB 中,当时除了一个监控点之外并没有其他断点存在,在执行 c 命令之后程序停在了第 17 行代码处(该处修改了变量 i),并显示出 i 变量原值为 0,现在被修改为 1,这个改变是由于 demo-gdb.c 中的 main()函数的第 17 行语句所引起的。

屏显 2-45　watch 监测变量 i 的示例

```
(gdb) watch i
Hardware watchpoint 2: i
(gdb) i b
Num     Type           Disp Enb Address            What
2       hw watchpoint  keep y                      i
(gdb) c
Continuing.
Hardware watchpoint 2: i
```

```
Old value=0
New value=1
0x0000000000400572 in main () at demo-gdb.c:17
17          for (i=1;i<=100;i++)
(gdb)
```

从上面示例可以看出，监控点并不与某条具体的代码相关联——这相当于是对变量的断点，而不是固定在代码某处的断点。因此这里并没有把它放到前面的断点及条件断点的章节，而是放到了变量于内存的章节中讨论。

2.3.4 图形前端 TUI

GDB 有很多种图形扩展工具，其中 TUI 是 GDB 原生的图形模式，支持 GDB 所有的特性。运行 gdbtui，或者在运行 GDB 之后在用 ctrl＋x a 命令，或者用-tui 参数来启动 GDB(gdb -tui)命令也可以进入图形界面。例如，用 gdb -tui demo-gdb 命令启动后，相应的图形化界面如图 2-4 所示。

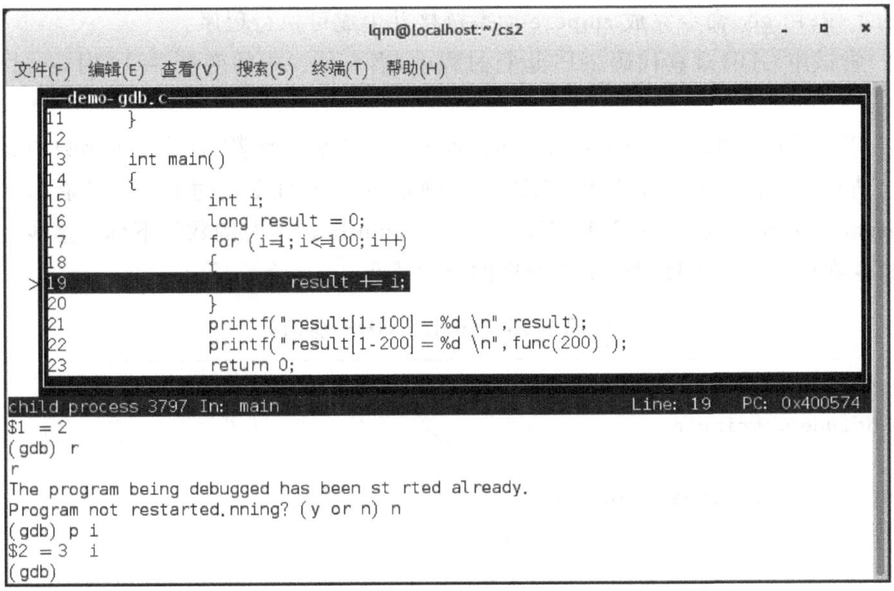

```
lqm@localhost:~/cs2
文件(F)  编辑(E)  查看(V)  搜索(S)  终端(T)  帮助(H)
 ┌─demo-gdb.c─
 │11       }
 │12
 │13       int main()
 │14       {
 │15               int i;
 │16               long result = 0;
 │17               for (i=1; i<=100; i++)
 │18               {
>│19                       result += i;
 │20               }
 │21               printf("result[1-100] = %d \n", result);
 │22               printf("result[1-200] = %d \n", func(200) );
 │23               return 0;
child process 3797 In: main                          Line: 19    PC: 0x400574
$1 = 2
(gdb) r
r
The program being debugged has been st rted already.
Program not restarted.nning? (y or n) n
(gdb) p i
$2 = 3  i
(gdb)
```

图 2-4　TUI 界面

2.4 小结

本章先是介绍了编译的 4 个环节，即预处理、编译、汇编和链接，读者应该对上述 4 个环节的操作有直观认识。然后通过 GCC 编译驱动器，将上述 4 个环节观察了一遍，读者还应该初步掌握 GCC 的常用命令及选项，静态库和动态库的基本使用方法，以及对头文件和库的路径设置有一定认识。最后学习了 GDB 的基本用法，读者应该能初步掌握控制程序代码执行、观察所感兴趣的变量或内存地址的能力。

练习

1. 下载 zlib 库的源代码（http：//www.zlib.net/），请直接使用 cpp、as、ld 工具（替代 gcc -E、gcc -c 等操作命令）对其中的 zpipe.c 程序进行以下操作：完成预处理、汇编和链接的工作；用 gcc 命令完成 zpipe.c 动态链接并生成可执行程序。

2. 尝试用 GDB 观察代码 2-15 运行过程中，当 func()中的变量 i=10 时，sum 的值为多少？

3. 以下代码中的 sum()是对数组 a[]各个元素求和的函数，注意：主函数中 a[]数组为空。请猜测其执行情况，并用 GDB 跟踪确定变量 i 的变化过程，并记录 GDB 提示“Program received signal SIGSEGV, Segmentation fault.”时的数组下标是多少，并告知什么指令在访问什么地址时会引发程序的异常终止。

代码 2-16 sum.c（GDB 练习）

```
#include <stdio.h>
#include <string.h>

int sum(int a[],unsigned len)
{
    int i,sum=0;
    for(i=0; i<=len -1;i++)
        sum+=a[i];
    return sum;
}
```

```

int main()
{
    int a[]={};
    int len;

    len=sizeof(a)/sizeof(a[0]);
    printf("len=%d  ; sum=%d\n",len,sum(a,len));
    return 0;
}
```

第 3 章

数据、运算与控制

在经过第 2 章的学习，读者对 C 程序的生成过程有了初步的认识。但是对于代码本身的细节，还未构建出清楚的认识。下面先来学习 C 语言程序经过 GCC 生成的可执行文件中的数据、运算和控制的具体汇编代码实现，来掌握阅读汇编代码的能力。

注意，本章仅介绍 C 程序中数据、运算和控制如何映射到汇编代码，而对于可执行文件的完整格式将在第 4 章讨论。

3.1 x86-64 ISA

汇编代码是与处理器架构紧密联系的，不同的处理器架构会有不同的汇编语言。在讨论处理器架构的话题中，经常会涉及 ISA 架构和微架构两个术语，前者是指对处理器硬件的抽象，用于支撑上层软件开发，而后者则是对该抽象的内部实现，用于硬件体系结构设计和分析。分析 C 程序在 x86 处理器上运行，实际上只需要知道 x86 处理器的 ISA 架构即可。ISA 架构全称是 Instruction Set Architecture，涵盖了该处理器的寄存器组织、汇编指令格式和功能、存储器及 I/O 地址组织、异常/中断机制等概念。这里先给出寄存器和内存组织的信息，其余的信息在后续讨论中根据需要再做必要的补充。

3.1.1 寄存器

x86 平台上的“操作数”可以是内存单元、寄存器或者是 I/O 端口，其中寄存器位于处理器内部，访问速度最快。首先来学习 x86 ISA 寄存器组织——寄存器命名及其用途。x86 中应用程序可见的主要寄存器如表 3-1 所示。

表 3-1　x86-64 数据寄存器

63-0	31-0	15-0	8-15	7-0	使用惯例
RAX	EAX	AX	AH	AL	保存返回值
RBX	EBX	BX	BH	BL	被调用者保存
RCX	ECX	CX	CH	CL	第 4 个参数
RDX	EDX	DX	DH	DL	第 3 个参数
RSI	ESI	SI	无	SIL	第 2 个参数
RDI	EDI	DI	无	DIL	第 1 个参数
RBP	EBP	BP	无	BPL	被调用者保存
RSP	ESP	SP	无	SPL	栈指针
R8	R8D	R8W	无	R8B	第 5 个参数
R9	R9D	R9W	无	R9B	第 6 个参数
R10	R10D	R10W	无	R10B	调用者保存
R11	R11D	R11W	无	R11B	调用者保存
R12	R12D	R12W	无	R12B	被调用者保存
R13	R13D	R13W	无	R13B	被调用者保存
R14	R14D	R14W	无	R14B	被调用者保存
R15	R15D	R15W	无	R15B	被调用者保存

简单归纳如下：

4 个数据寄存器(RAX、RBX、RCX 和 RDX)。

- 2 个栈指针寄存器(RSP 和 RBP)。
- 2 个变址寄存器(RSI 和 RDI)。
- 1 个指令指针寄存器(RIP)。
- 6 个段寄存器(ES、CS、SS、DS、FS 和 GS)。
- 1 个标志寄存器(RFLAGS)。
- 8 个通用寄存器(R8～R15)。

1. 通用寄存器

把表 3-1 的前 8 个 64 位寄存器称为通用寄存器，分别被命名为 RAX、RBX、RCX、RDX、RSP、RBP、RSI、RDI，它们和原来 32 位系统中的寄存器相对应。另有 R8～R15 是 32 位系统中没有对应寄存器的，R8～R15 也是通用寄存器。

为了兼容原来 32 位和 16 位架构，前 8 个寄存器的低 32 位仍可以按原来的命名方式来使用，去掉前缀 R 换成 E 即可，例如 RAX 的低 32 位可以用 EAX 来表示。同样为了向更老的架构兼容，它们的低 16 位仍按照原来的命名方式——去掉前缀 R，并且对应于 x86 16 位架构中的相应寄存器 AX/BX/CX/DX/SP/BP/SI/DI。同样出于兼容性的目的，前 4 个通用寄存器 RAX/RBX/RCX/RDX 的低 16 位还可以继续划分为高低各 8 位，例如，AX 可以划分成各自可以独立访问的 AH 和 AL。R8～R15 的低 32 位可以用 R8d～R15d 来访问，低 16 位使用 R8w～R15w 来访问，低 8 位使用 R8b～R15b 来访问。

虽然称前 8 个寄存器是通用寄存器，这只是表明它们可以作为通用目的，可以保存任意数据，而实际上软硬件在使用这 8 个寄存器时，还是有一些特殊的约定。具体而言，这些“特定”的功用说明如下：

- RAX 寄存器也称为累加器，用于协助执行一些常见的运算操作以及用于传递函数调用的返回值。在 x86 指令集中很多经过优化的指令会优先将数据写入或读出 RAX 寄存器，再对数据进行进一步运算操作。大多数运算，如加法、减法和比较运算都会借助使用 RAX 寄存器来达到指令优化的效果。还有一些特殊的指令，如乘法和除法，则必须在 RAX 寄存器中进行。
- RDX 是一个数据寄存器。这个寄存器可以被认为是 RAX 寄存器的延伸部分，用于协助一些更为复杂的运算指令，如乘法和除法，RDX 被用于存储这些指令操作的额外数据结果。
- RCX 被称为计数器，用于支持循环操作。需要特别注意的是，RCX 寄存器通常是反向计数的(递减 1)，而非是正向计数。
- RSI 被称为源变址寄存器，这个寄存器存储着输入数据流的位置信息，称为源变址寄存器。RDI 寄存器则指向输出数据流的位置，称为目的变址寄存器。RSI 和 RDI 寄存器主要涉及数据处理的循环操作(例如字符串拷贝)。可以简记为 RSI 用于“读”，RDI 用于“写”。在数据操作中使用源变址寄存器和目的变址寄存器可以极大地提高程序运行效率。
- RSP 和 RBP 寄存器分别被称为栈指针和基址指针。这些寄存器用于控制函数调用和栈相关的操作。当一个函数被调用时，调用参数连同函数的返地址将先后被压入栈中。RSP 寄存器始终指向函数栈的最顶端，由此不难推出在调用函数过程中的某一时刻，RSP 指向了函数的返回地址。RBP 寄存器被用于指向函数栈帧的最底端(高地址)，关于栈帧的概念会在函数调用章节讨论。在某些情况下，编译器为了指令优化的目的可能会避免将 RBP 寄存器用作栈帧指针。在这种情况下，被“释放”出来的 RBP 寄存器可以另作他用。
- RBX 是唯一一个没有被指定特殊用途的寄存器，真正意义上的“通用”寄存器。

2. 专用寄存器

除了16个通用寄存器外，剩下的都是专用寄存器。指令指针寄存器RIP(IP代表Instruction Pointer)记录了下一条指令的地址；标志寄存器RFLAGS用于记录运算结果的某些特征、处理器状态等信息；6个段寄存器(ES、CS、SS、DS、FS和GS)则在内存访问时确定地址起点，由操作系统和处理器硬件一同负责管理地址分段，注意Linux上的应用程序不读取和修改这些寄存器。

RFLAGS的高32位是保留位，低32位和原来32位系统兼容。下面仅对EFLAGS的标志位进行说明，各标志位所在位置如图3-1所示。

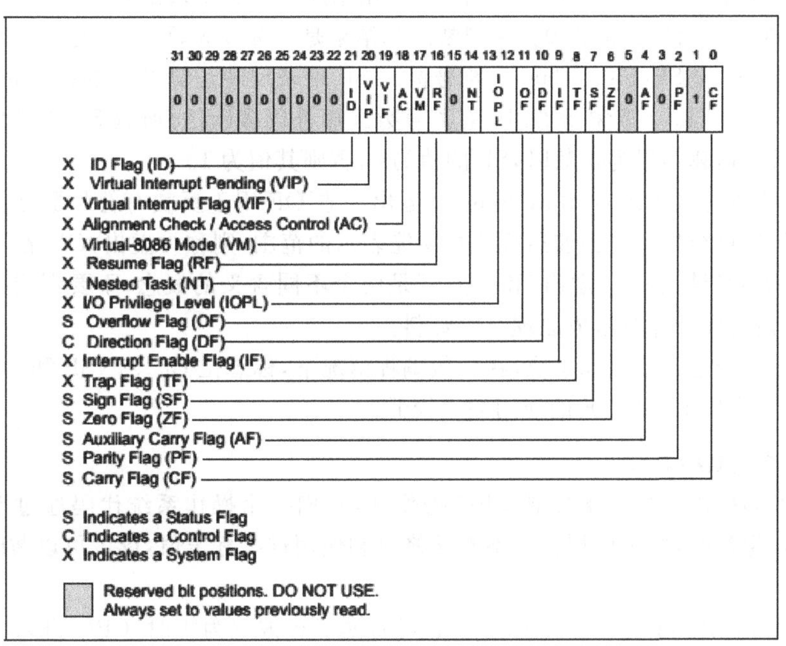

图3-1 RFLAGS/EFLAGS寄存器

只是阅读以下标志位的文字说明，也许并不能很好地理解其功能作用。但读者不用担心，这些概念在后续相应的讨论中才能更好地理解。

■ 运算结果标志位

(1) 进位标志CF(Carry Flag)。进位标志CF主要用来反映运算是否产生进位或借位。如果运算结果的最高位产生了一个进位或借位，那么其值为1，否则其值为0。使用该标志位的情况有：多字(字节)数的加减运算、无符号数的大小比较运算、移位操作、字(字节)之间移位、专门改变CF值的指令等。

(2) 奇偶标志 PF(Parity Flag)。奇偶标志 PF 用于反映运算结果中"1"的个数的奇偶性。如果"1"的个数为偶数,则 PF 的值为 1,否则其值为 0。利用 PF 可进行奇偶校验检查,或产生奇偶校验位。在数据传送过程中,为了提供传送的可靠性,如果采用奇偶校验的方法,就可使用该标志位。

(3) 辅助进位标志 AF(Auxiliary Carry Flag)。在发生下列情况时,辅助进位标志 AF 的值被置为 1,否则其值为 0:

- 在字操作时,发生低字节向高字节进位或借位时。
- 在字节操作时,发生低 4 位向高 4 位进位或借位时。

(4) 零标志 ZF(Zero Flag)。零标志 ZF 用来反映运算结果是否为 0。如果运算结果为 0,则其值为 1,否则其值为 0。在判断运算结果是否为 0 时,可使用此标志位。

(5) 符号标志 SF(Sign Flag)。符号标志 SF 用来反映运算结果的符号位,它与运算结果的最高位相同。在微机系统中,有符号数采用补码表示法,所以 SF 也就反映运算结果的正负号。运算结果为正数时,SF 的值为 0,否则其值为 1。

(6) 溢出标志 OF(Overflow Flag)。溢出标志 OF 用于反映有符号数运算结果是否溢出。如果运算结果超过当前运算位数所能表示的范围,则称为溢出,OF 的值被置为 1,否则,OF 的值被清为 0。"溢出"和"进位"是两个不同含义的概念,不要混淆。如果不太清楚的话,请查阅计算机组成原理有关资料。

对以上 6 个运算结果标志位,在一般编程情况下,标志位 CF、ZF、SF 和 OF 的使用频率较高,而标志位 PF 和 AF 的使用频率较低。

■ **状态控制标志位**

状态控制标志位是用来控制 CPU 操作的,它们要由操作系统代码通过专门的指令才能使之发生改变,由于应用程序不直接修改和使用这些标志值,读者可以暂时先跳过这些内容。

(1) 追踪标志 TF(Trap Flag)。当追踪标志 TF 被置为 1 时,CPU 进入单步执行方式,即每执行一条指令,产生一个单步中断请求。这种方式主要用于程序的调试。指令系统中没有专门的指令来改变标志位 TF 的值,但程序员可用其他办法来改变其值。

(2) 中断允许标志 IF(Interrupt-enable Flag)。中断允许标志 IF 是用来决定 CPU 是否响应 CPU 外部的可屏蔽中断发出的中断请求。但不管该标志为何值,CPU 都必须响应 CPU 外部的不可屏蔽中断所发出的中断请求,以及 CPU 内部产生的中断请求。具体规定如下:

- 当 IF=1 时,CPU 可以响应 CPU 外部的可屏蔽中断发出的中断请求。
- 当 IF=0 时,CPU 不响应 CPU 外部的可屏蔽中断发出的中断请求。

CPU 的指令系统中设有专门的指令来改变标志位 IF 的值。

(3) 方向标志(Direction Flag,DF)。方向标志(DF)用来决定在串操作指令执行时有关指针寄存器发生调整的方向。在 x86 指令系统中,还提供了专门的指令来改变标志位(DF)的值。

■ 32 位标志寄存器增加的标志位

由于应用程序不直接修改和使用下面几个标志位,读者可以暂时先跳过这些内容。

(1) I/O 特权标志(I/O Privilege Level)。I/O 特权标志用两位二进制位来表示,也称为 I/O 特权级字段。该字段指定了要求执行 I/O 指令的特权级。如果当前的特权级别在数值上小于等于 I/O 特权标志的值,那么,该 I/O 指令可执行,否则将发生一个保护异常。

(2) 嵌套任务标志 NT(Nested Task)。嵌套任务标志 NT 用来控制中断返回指令 IRET 的执行。具体规定如下:

- 当 NT=0,用堆栈中保存的值恢复 EFLAGS、CS 和 EIP,执行常规的中断返回操作。
- 当 NT=1,通过任务转换实现中断返回。

(3) 重启动标志 RF(Restart Flag)。重启动标志 RF 用来控制是否接受调试故障。这里规定:RF=0 时,表示“接受”调试故障,否则拒绝之。在成功执行完一条指令后,处理器把 RF 置为 0,当接受到一个非调试故障时,处理器就把它置为 1。

(4) 虚拟 8086 方式标志 VM(Virtual 8086 Mode)。如果该标志的值为 1,则表示处理器处于虚拟的 8086 方式下的工作状态,否则,处理器处于一般保护方式下的工作状态。

3. 系统寄存器

除了上述应用程序可以访问到的寄存器外,还有一些操作系统可以访问的寄存器,比如页表寄存器等。它们需要特权级较高,应用程序访问这些寄存器将会引发异常并导致进程被撤销。这里讨论的是应用程序,不对系统寄存器展开讨论。

3.1.2 内存空间与 I/O 空间

除了在处理器内的寄存器中的“数据”,其他数据只能存在于内存之中或外设外设端口,这就涉及内存空间和 I/O 空间——这需要知道统一编址和独立编址的差异。

统一编址是指外设接口中的 I/O 寄存器(即 I/O 端口)与主存单元一样看待,每个端口占用一个存储单元的地址,将地址空间的一部分用于内存访问,另一部分划出来用作 I/O 地址空间。这种体系结构处理器包括 ARM、MIPS 等,它们都是使用统一编址,内存空间和 I/O 空间形成单一的地址空间。例如,Samsung 的 S3C2440,是 32 位 ARM 处理器,它的 4GB 地址空间被外设、RAM 等瓜分:

```
0x8000 1000                  LED 8 * 8 点阵的地址
0x4800 0000 ~0x6000 0000     SFR(特殊暂存器)地址空间
```

0x3800 1002	键盘地址
0x3000 0000 ~ 0x3400 0000	SDRAM 空间
0x2000 0020 ~ 0x2000 002e	IDE
0x1900 0300	CS8900

在统一编址的体系结构中，CPU 访问端口和访问存储器的指令在形式上完全相同，只能从地址范围来区分两种操作。

x86 体系结构中 I/O 空间和内存空间是独立编址的，各自从 0 地址开始编址。这种独立编址的方式使得访问两种空间使用不同的指令形式，大多数 x86 汇编指令中使用的地址都是内存地址，只有 IN 和 OUT 汇编指令使用 I/O 空间地址并能访问 I/O 空间。这里并不讨论 I/O 空间，因此也不再继续讨论这个话题。

3.2 数据

计算机处理任何问题都归结为数据的处理，无论是数值、图像或者机电设备的运动都在计算机内部都抽象为数据。这里并不对整数、浮点数等数据类型进行讨论，而是着重于数据所占空间大小、所在内存区间位置、边界对齐、字节顺序等问题，本章主要在汇编级进行观察和分析，对 C 语言数据对象的讨论也是在汇编级展开。

3.2.1 数据大小、字节序

由于在汇编级讨论数据，因此首先可以观察数据所占据的空间大小、数据的字节顺序。首先来回顾一下 C 语言数据类型的存储空间大小，然后在代码中查看变量所占据的空间。对于整数的数据类型，其数据表示范围和所占字节空间大小，如表 3-2 所示。浮点数则有两种，32 位的单精度浮点数和 64 位的双精度浮点数。

表 3-2 64 位系统 C 语言整数

C 数据类型	空间	最小值	最大值
char	8b	−128	127
		0x80	0x7F
usigned char	8b	0	255
		0x00	0xFF

续表

C 数据类型	空间	最小值	最大值
short [int]	16b	−32768	32767
		0x80 00	0x7F FF
unsigned short [int]	16b	0	65535
		0x00 00	0xFF FF
int32t，int	32b	−2 147 483 648	2 147 483 647
		0x80 00 00 00	0xFF FF FF FF
uint32t，unsigned [int]	32b	0	4 294 967 295
		0x00 00 00 00	0xFF FF FF FF
long [int]	64b	−9 223 372 036 854 775 808	9 223 372 036 854 775 807
		0x80 00 00 00 00 00 00	0x7F FF FF FF FF FF FF FF
unsigned long [int]	64b	0	18 446 744 073 709 551 615
		0x00 00 00 00 00 00 00 00	0x8F FF FF FF FF FF FF FF
int64t，long long [int]	64b	−9 223 372 036 854 775 808	9 223 372 036 854 775 807
		0x80 00 00 00 00 00 00	0x7F FF FF FF FF FF FF FF
uint64t，unsigned long long [int]	64b	0	18 446 744 073 709 551 615
		0x00 00 00 00 00 00 00 00	0x8F FF FF FF FF FF FF FF

下面用一小段 C 程序来展示数据大小和字节顺序，如代码 3-1 所示。

代码 3-1　data_size. c

```
char var_char1=0x11;
int  var_int1=0x12345678;
short var_short1=0x2323;
long long  var_64int1=0xF1AAAAAAAAAAAAF2;

long long  main()
{
    long long  var_64int2;
    var_64int2=var_64int1+var_short1+var_int1+var_char1;
```

```
    return var_64int2;
}
```

编辑上述代码，然后用 gcc -O0 -g data-size.c -o data-size 命令编译成 data-size 可执行文件，并用 gdb data-size 启动调试。启动后用 p 命令逐个显示代码中的 4 个全局变量的数值和地址，最后用 x 命令查看数据所在的地址空间，其中 x/32x 命令中的 32 表示显示 32 个数值，而最后的 x 表示用十六进制方式显示，如屏显 3-1 所示。

屏显 3-1 gdb 查看 data-size 的数据变量

```
(gdb) p/x var_char1
$1 =0x11
(gdb) p/x &var_char1
$2 =0x601030
(gdb) p/x var_int1
$3 =0x12345678
(gdb) p/x &var_int1
$4 =0x601034
(gdb) p/x var_short1
$5 =0x2323
(gdb) p/x &var_short1
$6 =0x601038
(gdb) p/x var64int1
No symbol "var64int1" in current context.
(gdb) p/x var_64int1
$7 =0xf1aaaaaaaaaaaaf2
(gdb) p/x &var_64int1
$8 =0x601040
(gdb) x/32x 0x601030
0x601030 <var_char1>:        0x11 0x00 0x00 0x00 0x78 0x56 0x34 0x12
0x601038 <var_short1>:       0x23 0x23 0x00 0x00 0x00 0x00 0x00 0x00
0x601040 <var_64int1>:       0xf2 0xaa 0xaa 0xaa 0xaa 0xaa 0xaa 0xf1
0x601048 <completed.6344>: 0x00 0x00 0x00 0x00 0x00 0x00 0x00 0x00
(gdb)
```

对上面的 GDB 输出进行分析，可以得到数据变量的大小和相应的布局（以及对齐关系）：

- 变量 var_char1 位于 0x601030 地址的 1 字节(后面 3 个字节都为 0x00),其值为 0x11。
- 变量 var_int1 位于 0x601034 地址开始的 4 字节,数值是 0x12345678,按字节地址从低到高分别为 0x78、0x56、0x34 和 0x12,因此是小端字节序。变量 var_int1 并不是紧接着前面的变量 var_char1 存储的,而是对齐在 4 字节边界上,因此前面有 3 个值为 0x00 的填充字节。
- 变量 var_short1 位于 0x601038 地址开始的 2 字节,数字为 0x2323。
- 变量 var_64int1 位于 0x601040 地址开始的 8 字节,前面有 6 个出于对齐目的的填充字节,数值为 0xf1aaaaaaaaaaaaf2,其中高位在地址高端,因此是小端字节序。

如果使用-Os 选项(优化代码的存储空间)重新编译,则 GCC 会尽量节约存储空间,而将变量存储地址做调整。此时变量数据排列如屏显 3-2 所示,实际占用空间与原来的空间相比减小了一些。

屏显 3-2　用-Os 选项编译后的数据

```
(gdb) x/24x 0x601030
0x601030 <var_64int1>:  0xf2 0xaa 0xaa 0xaa 0xaa 0xaa 0xaa 0xf1
0x601038 <var_short1>:  0x23 0x23 0x00 0x00 0x78 0x56 0x34 0x12
0x601040 <var_char1>:   0x11 0x00 0x00 0x00 0x00 0x00 0x00 0x00
(gdb)
```

x86-64 的数据除了在内存中还会出现在寄存器中,这些寄存器可以按照数据大小的不同来使用,如前面表 3-1 所示。注意表 3-1 中寄存器 RAX 的低 32 位命名为 EAX,EAX 的低 16 位命名为 AX,而 AX 的高 8 位和低 8 位各自命名为 AH 和 AL。其他 RBX、RCX 寄存器等也有这样的命名约定。

3.2.2　数组、结构体和联合体

除了基本数据结构外,数组、结构体和联合体都是有多个基本数据元素构成的,这里以代码 3-2 来简单看看 C 语言是如何呈现它们的。

代码 3-2　array-struct-union.c

```
#include <stdio.h>
int a[8]={0,1,2,3,4,5,6,7};
struct mystr {
    char c1;
```

```
    double d1;
    short s1;
    int  i1;
}mystr1;

union myuni{
    char c1;
    double d1;
    short s1;
    int i1;
}myuni1;

int main()
{
    printf("Array/struct/union demo1\n");
    return 0;
}
```

通过 gcc -g -o array-struct-union array-struct-union.c 生成可执行文件，并通过 GDB 调试，如屏显 3-3 所示。首先查看数组 a 的地址为 0x601060，然后可以看到 8 个元素按顺序在内存中排列。

屏显 3-3　GDB 检查 array-struct-union 中的数组、结构体和联合体

```
[root@localhost cs2]#gdb -silent array-struct-union
Reading symbols from /home/lqm/cs2/array-struct-union...done.
(gdb)  p &a
$1 = (int (*)[8]) 0x601060 <a>
(gdb) x/8x 0x601060
0x601060 <a>:  0x00000000 0x00000001 0x00000002 0x00000003
0x601070 <a+16>:  0x00000004 0x00000005 0x00000006 0x00000007
(gdb) p &mystr1
$2 = (struct mystr *) 0x6010a0 <mystr1>
(gdb) p &mystr1.c1
$3 = 0x6010a0 <mystr1> ""
(gdb) p &mystr1.d1
$4 = (double *) 0x6010a8 <mystr1+8>
```

```
(gdb) p &mystr1.s1
$5 = (short *) 0x6010b0 <mystr1+16>
(gdb) p &mystr1.i1
$6 = (int *) 0x6010b4 <mystr1+20>
(gdb) p &myuni1
$7 = (union myuni *) 0x601090 <myuni1>
(gdb) p &myuni1.c1
$8 = 0x601090 <myuni1> ""
(gdb) p &myuni1.d1
$9 = (double *) 0x601090 <myuni1>
(gdb) p &myuni1.s1
$10 = (short *) 0x601090 <myuni1>
(gdb) p &myuni1.i1
$11 = (int *) 0x601090 <myuni1>
(gdb)
```

接着查看结构体变量 mystr1，其起始地址为 0x6010a0，然后是其成员 c1 位于 0x6010a0，d1 位于 0x6010a8，s1 位于 0x6010b0，i1 位于 0x6010b4。绘制其内存布局如图 3-2 所示，可以看到因数据对齐而造成的空洞。

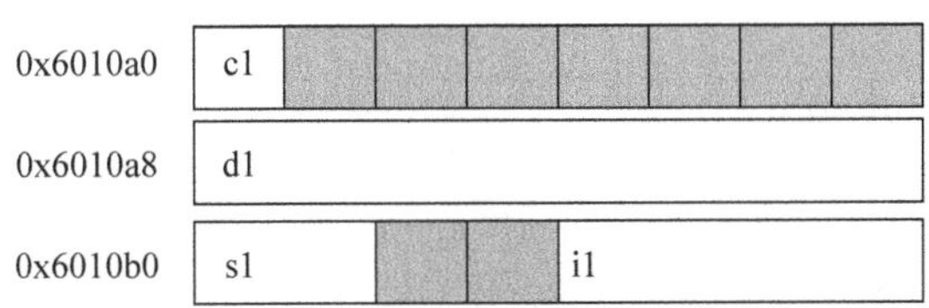

图 3-2 mystr1 结构体成员的内存地址

如图 3-3 所示，这里看到了联合体变量 myuni1 的起始地址为 0x601090，所有成员起始地址也是 0x601090。这正是联合体的本意，各成员地址重叠，一次只能使用其中一个成员。

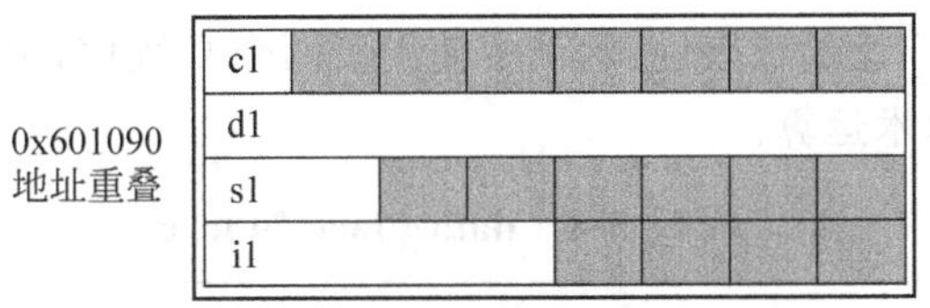

图 3-3 myuni1 联合体成员的内存地址

3.2.3 数据布局

在前面章节中查看过数据变量的大小、排列和字节序之后，现在来看看它们在进程影像中的布局。由于还没有学习可执行文件的格式和进程影像，因此先简单地看一下进程的虚存空间使用情况，然后就可以大致知道各种不同类型(指全局变量、局部变量等)变量是如何布局在进程虚存空间的。

1. 进程空间的使用

进程的影像将在4.1节详细分析，这里只是通过proc文件系统简单地看一下进程各种属性不同段的地址区间即可。下面通过/proc/PID/maps和GDB显示的变量地址来展示相关现象，其中PID要替换位具体的进程号。

首先编写代码3-3和代码3-4，用gcc -O0 data-place.c data-place-func.c -o data-place命令编译成data-place可执行文件。这两个代码很简单，读者可以自行阅读。这里主要是展示全局变量、局部变量(堆栈变量、自动变量)和动态分配的内存空间在进程空间中的位置。

代码3-3 data-place.c

```
#include <stdlib.h>
int a;
int b=100;

int func(int c, int d);

int main()
{
   int *buf;
   a=func(b,5);
   buf=(int *)malloc(1024);
   return a;
}
```

为了使代码有更广泛的代表性，示例中使用了两个C程序，第二个程序如代码3-4所示，完成一些简单的算术运算。

代码3-4 data-place-func.c

```
int c;
int d=200;
```

```

int func(int x,int y)
{
        int k;
        c=x+d;
        k=c * y;
        return k;
}
```

这里用 gdb -silent data-place 启动 data-place 程序，在其他终端上用 ps -a |grep data 查找到其进程号 6873，然后用 cat /proc/6873/maps 查看该进程的进程空间布局信息，如屏显 3-4 所示。这里暂时不需要对进程空间有太细致的认识，当前大致知道：

- 地址区间 0x00400000～0x00401000 是代码段(其标志 r-xp 表示可读、可执行以及私有)。
- 地址区间 0x00600000～0x00601000 是只读数据段(其标志 r--p 表示可读以及私有)。
- 地址区间 0x00601000～0x00602000 是可读可写的数据段(其标志 rw-p 表示可读可行以及私有)。

以上三个段的内容都来源于磁盘上的可执行文件/home/lqm/cs2/data-place。

- 地址区间 0x00602000～0x00623000 是堆区。
- 地址区间 0x7ffffffde000-0x7ffffffff000 是用户态堆栈。
- 中间还有几个动态库所映射的区间，暂时不做解释。

屏显 3-4 data-place 进程布局信息

```
[root@localhost cs2]#ps -a |grep data-place
6873 pts/0    00:00:00 data-place
[root@localhost cs2]#cat /proc/6873/maps
00400000-00401000 r-xp 00000000 fd:00 2462491          /home/lqm/cs2/data-place
00600000-00601000 r--p 00000000 fd:00 2462491          /home/lqm/cs2/data-place
00601000-00602000 rw-p 00001000 fd:00 2462491          /home/lqm/cs2/data-place
00602000-00623000 rw-p 00000000 00:00 0                [heap]
7ffff7a1c000-7ffff7bd2000 r-xp 00000000 fd:00 105236  /usr/lib64/libc-2.17.so
7ffff7bd2000-7ffff7dd2000 ---p 001b6000 fd:00 105236  /usr/lib64/libc-2.17.so
7ffff7dd2000-7ffff7dd6000 r--p 001b6000 fd:00 105236  /usr/lib64/libc-2.17.so
7ffff7dd6000-7ffff7dd8000 rw-p 001ba000 fd:00 105236  /usr/lib64/libc-2.17.so
7ffff7dd8000-7ffff7ddd000 rw-p 00000000 00:00 0
```

```
7ffff7ddd000-7ffff7dfd000 r-xp 00000000 fd:00 105229  /usr/lib64/ld-2.17.so
7ffff7fe3000-7ffff7fe6000 rw-p 00000000 00:00 0
7ffff7ff9000-7ffff7ffa000 rw-p 00000000 00:00 0
7ffff7ffa000-7ffff7ffc000 r-xp 00000000 00:00 0          [vdso]
7ffff7ffc000-7ffff7ffd000 r--p 0001f000 fd:00 105229  /usr/lib64/ld-2.17.so
7ffff7ffd000-7ffff7ffe000 rw-p 00020000 fd:00 105229  /usr/lib64/ld-2.17.so
7ffff7ffe000-7ffff7fff000 rw-p 00000000 00:00 0
7ffffffde000-7ffffffff000 rw-p 00000000 00:00 0          [stack]
ffffffffff600000-ffffffffff601000 r-xp 00000000 00:00 0
                                                          [vsyscall]
[root@localhost cs2]#
```

2. 数据的布局

用 GDB 启动 data-place 之后，可以用 p 命令查看 data-place. c 中的全局变量 a、b 以及 data-place-func. c 中的全局变量 c、d，如屏显 3-5 开头几行所示。它们的地址 a：0x601040、b：0x601034、c：0x 601044 和 d：0x 601038，都位于 0x00601000～0x00602000 区间——即普通数据区（可读可写不可执行）。而 p buf 命令提示 No symbol "buf" in current context)，这是因为 buf 是 main()函数内部的局部变量，而程序还没有开始执行到 main()函数。

在执行 start 命令之后，程序进入 main()函数，此时再检查 buf 变量及其地址，可以发现 buf 初始值为 0（即空指针），buf 变量的地址 0x7fffffffe0b8 位于堆栈区。这正好验证了我们说的局部变量是堆栈变量的说法，后面 3. 4. 3 节会讨论函数内部的局部变量是如何在函数栈帧中分配空间的。同理，此时还未进入到 func()函数，因此查看 func()内部的变量 x、y 和 k 时提示变量不可见。

在 func()入口处和 data-place. c 的 11 行设置断点，再用 c 命令继续运行到 func()入口处。此时检查发现参数已经传入：x＝100、y＝5，而且 x 的地址 0x7fffffffe08c、y 的地址 0x7fffffffe088 以及 k 的地址 0x7fffffffe09c，都位于堆栈区间内，而且在 main()函数的局部变量下方（地址更低端的位置）。

继续执行 c 命令，程序返回到 main()函数并且在断点处（data-place. c 的 11 行）暂停。执行 n 命令，程序将执行完 11 行的代码完成内存分配，此时在检查所分配的地址空间 buf＝0x602010 位于堆区（heap，请回顾屏显 3-4）。如果所分配的空间继续增长，则堆区会扩展，如果一次分配空间超过一定大小，则会以文件映射的内存区来分配。

屏显 3-5　用 GDB 查看 data-place 的数据布局情况

```
[root@localhost cs2]#gdb -silent data-place
Reading symbols from /home/lqm/cs2/data-place...done.
(gdb) p &a
$1 = (int * ) 0x601040<a>
(gdb) p &b
$2 = (int * ) 0x601034<b>
(gdb) p &c
$3 = (int * ) 0x601044<c>
(gdb) p &d
$4 = (int * ) 0x601038<d>
(gdb) p buf
No symbol "buf" in current context.
(gdb) start
Temporary breakpoint 1 at 0x400535: file data-place.c, line 10.
Starting program: /home/lqm/cs2/data-place

Temporary breakpoint 1, main () at data-place.c:10
10          a=func(b,5);
(gdb) p buf
$5 = (int * ) 0x0
(gdb) p &buf
$6 = (int * * ) 0x7fffffffe0b8
(gdb) p x
No symbol "x" in current context.
(gdb) p y
No symbol "y" in current context.
(gdb) p k
No symbol "k" in current context.
(gdb) b func
Breakpoint 2 at 0x40056d: file data-place-func.c, line 7.
(gdb) b 11
Breakpoint 3 at 0x40054d: file data-place.c, line 11.
(gdb) c
Continuing.

Breakpoint 2, func (x=100, y=5) at data-place-func.c:7
```

```
7        c=x+d;
(gdb) p x
$7 =100
(gdb) p y
$8 =5
(gdb) p &x
$9 = (int *) 0x7fffffffe08c
(gdb) p &y
$10 = (int *) 0x7fffffffe088
(gdb) p &k
$11 = (int *) 0x7fffffffe09c
(gdb) c
Continuing.

Breakpoint 3, main () at data-place.c:11
11        buf=(int *)malloc(1024);
(gdb) n
12        return a;
(gdb) p buf
$12 = (int *) 0x602010
(gdb) p &buf
$13 = (int * *) 0x7fffffffe0b8
(gdb)
```

3.3 运算

在了解了数据的布局后，接着简单地查看一下 GCC 中如何实现各种运算。由于这里只考察 C 语言中的基本运算，因此转换成汇编也是比较简单和直接的。由于这里并不打算完整的讲授 x86-64 汇编语言，因此只会用样例代码展示一部分的汇编指令。

3.3.1 数据传送

虽然数据传送算不上真正的运算，但它也是运算中必不可少的操作，因此首先来观察数据传送。读者如果已经了解过 x86-64 汇编，即可知道数据传送指令有三类。

首先是常见的 mov 指令，将源操作数赋值给目的操作数。根据数据尺寸的不同可以在 mov 后面跟上后缀 b、w、l、q——分别对应 1 字节的 Byte、2 字节的字 Word、4 字节的双字 Double Word 和 8 字节的四字 Quad Word。如果目的操作数比源操作数的字长更长，则需要分别指明各自的尺寸和扩展方式(比如高位按 0 扩展还是按符号扩展)——例如 movsbw 指令表明将一个字节的源操作数按照符号扩展(即 s：sign)方式扩展到字的目的操作数上，类似地 movzwq 指令表明将一个字的源操作数按照 0 扩展(即 z：zero)方式扩展到四字的目的操作数上。对于上述的扩展传送指令，目的操作数必须是寄存器。

第二类指令是堆栈操作，分别是 pushq 和 popq 用于入栈和出栈操作。

第三类指令是 ctlq 用于将 32 位的%eax 按符号扩展到 64 位的%rax 中，以及 clto 用于将 64 位的%rax 扩展到 128 位的%rdx：%rax。

下面以代码 3-5 的 swap.c 为例，简单地了解一下 C 语言中的简单赋值语句如何与汇编进行映射，帮助读者建立直观认识。swap.c 的两个输入参数是变量 x、y 的指针(地址)，在函数内先通过指针获得两个变量的值并保存到临时变量 t0、t1 中，然后通过写入对方的地址单元从而完成值的交换。

代码 3-5　swap.c

```
void swap  (long *xp, long *yp)
{
    long t0 = *xp;
    long t1 = *yp;
    *xp =t1;
    *yp =t0;
}
```

用 gcc -Og -S swap.c 命令产生出 swap.s 汇编程序，如代码 3-6 所示。GCC 在生成 x86-64 代码时，函数的前 6 个参数将按顺序使用 rdi、rsi、rdx、rcx、r8、r9(关于函数参数传递方法在后面 3.4.3 节分析)。去除掉所有的伪代码后，仅剩下其中 4 条用灰色标注的指令。其中前两个是从内存单元将变量 x、y 的数值(分别对应“(%rdi)”和“(%rsi)”)读入到%rax(对应 t0)和%rdx(对应 t1)中，紧接的两条指令分别将变量 x、y 的数值存储到对方的地址单元即可。

代码 3-6　swap.s

```
    .file  "swap.c"
    .text
    .globl swap
```

```
    .type swap, @function
swap:
.LFB0:
    .cfi_startproc
    movq(%rdi), %rax
    movq(%rsi), %rdx
    movq%rdx, (%rdi)
    movq%rax, (%rsi)
    ret
    .cfi_endproc
.LFE0:
    .size swap, .-swap
    .ident "GCC: (GNU) 4.8.5 20150623 (Red Hat 4.8.5-11)"
    .section    .note.GNU-stack,"",@progbits
```

其他类型的数据传送指令，请读者自行编写 C 代码进行验证和观察。

3.3.2 算术/逻辑运算

算术逻辑运算可分为单操作数指令和双操作数指令，读者可以根据表 3-3 回顾一下以前所学的 x86-64 常用算术逻辑运算汇编指令。需要注意的是表中没有给出指令的后缀，实际上所有指令都需要指明操作数大小，例如 inc 实际上包括 incb、incw、incl 和 incq 等 4 种指令。

表 3-3 常用算术/逻辑指令(可带后缀 b/w/l/q)

单操作数指令	作用	双操作数指令	作 用
inc	+1	add	加法
dec	−1	sub	减法
neg	取负	imul	乘法
not	取非	sal	算术左移
		shl	逻辑左移
		sar	算术右移
		shr	逻辑右移
		xor	异或

续表

单操作数指令	作用	双操作数指令	作　　用
		and	与
		or	或

下面用一段代码，将 C 程序与汇编代码的直观联系起来。代码 3-7 在 C 语言函数 arith()种进行了加法、乘法、按位与、整数乘的运算。

代码 3-7　arith. c

```
long arith(long x,long y,long z)
{
    long t1=x+y;
    long t2=z * 48;
    long t3=t1&0xFFFF;
    long t4=t2 * t3;
    return t4;
}
```

用 gcc -Og -S arith. c -o arith. s 后生成汇编程序如代码 3-8 所示。根据约定，参数 x 保存在 rdi 中，y 在 rsi 中，z 在 rdx 中。这里看到 t1=x+y 是通过第 8 行的 addq 指令完成的，t1 使用 rsi 寄存器。z * 48 并未直接用乘法指令实现，而是利用第 9 行的 leaq 指令完成 z+2z 的计算，然后在第 10 行完成(3 * z)<< 4=(3 * z) * 16=48 * z 的计算，变量 t2 使用 rax 寄存器。t1&0xFFFF 经过编译器优化后，变成 t1 的低 16 位 si 通过 0 扩展到 esi 上，即 movzwl %si,%esi，变量 t3 使用 esi 寄存器。最后的 t2 * t3 通过 imulq %rsi, %rax 完成，且结果保存在 rax 中并当作函数的返回值。

代码 3-8　arith. s

```
1       .file   "arithm.c"
2       .text
3       .globlarith
4       .type arith, @function
5   arith:
6   .LFB0:
7       .cfi_startproc
8       addq %rdi, %rsi
```

```
    leaq (%rdx,%rdx,2), %rax
    salq $4, %rax
    movzwl  %si, %esi
    imulq   %rsi, %rax
    ret
    .cfi_endproc
.LFE0:
    .size arith, .-arith
    .ident "GCC: (GNU) 4.8.5 20150623 (Red Hat 4.8.5-11)"
    .section    .note.GNU-stack,"",@progbits
```

3.3.3 加载有效地址

加载有效地址(Load Effective Address)指令 leaq 是将源操作数的地址传送/加载到寄存器中。例如 leaq 7(%rdx,%rcx,4),%rax 就是将源操作数地址 7+%rdx+%rcx*4 保存到%rax 中。

GCC 也常将该指令用于算术运算,例如代码 3-9 中的算术表达式 t=x+4*y+12*z 转换成汇编后如代码 3-10 所示。

代码 3-9 leaq. c

```
long scale(long x,long y, long z)
{
    long t=x+4*y+12*z;
    return t;
}
```

其中 t 的运算被分解为两部分,先求 x+4*y,然后求 12*z,最后将上述两个部分和加起来。第一个部分和 x+4y 是通过代码 3-10 第 8 行的 leaq(%rdi,%rsi,4), %rcx 汇编指令来计算的,而 12*z 则是转换成 4*(3*z)并通过 leaq (%rdx,%rdx,2), %rax 和 salq $2, %rax 两条指令来完成计算的。

代码 3-10 leaq. s

```
1    .file  "leaq.c"
2    .text
3    .globlscale
```

```
    .type scale, @function
scale:
.LFB0:
    .cfi_startproc
    leaq (%rdi,%rsi,4), %rcx
    leaq (%rdx,%rdx,2), %rax
    salq $2, %rax
    addq %rcx, %rax
    ret
    .cfi_endproc
.LFE0:
    .size scale, .-scale
    .ident "GCC: (GNU) 4.8.5 20150623 (Red Hat 4.8.5-11)"
    .section    .note.GNU-stack,"",@progbits
```

3.4 控制

流程控制对计算机来说是关键属性，如果只能顺序执行指令那么是不能称为计算机的，哪怕可以进行复杂开方计算也只能称为计算器。

关于 C 语言的控制部分，这里讨论循环、分支和 switch 结构，以及函数的调用和返回过程，特别是函数调用和返回过程中的堆栈结构和相应的变化。由于控制结构和函数调用映射到汇编时要比数据表示和运算表示要略复杂一点，因此读者需要有点耐心来完成阅读。如果说数据和运算还比较简单，那么控制就有一点精彩了。

由于控制流是依据特定条件的，读者有时可能要回顾前面 RFLAGS 寄存器标志位的内容。

3.4.1 条件跳转

代码中除了串行顺序执行的指令序列外，还需要根据不同条件选择不同的执行流。对控制流的支持是通过条件跳转指令来实现的。条件跳转指令依据标志寄存器 RFLAGS 中的标志来决定是顺序执行还是跳转到指定代码处执行。

1. 标志的产生

标志寄存器会随着运算的进行而发生改变，也就是说，表 3-3 中的所有操作都有可能会影响 RFLAGS 中的某一个或某几个标志。对于其中的逻辑运算，CF 和 OF 都是置为 0；移位操作的 CF 标志是刚被移出的那个位，溢出标志 OF 置为 0；INC 和 DEC 指令设置 OF 和 ZF 标志，但不影响 CF 标志。操作数据传送类指令不会影响标志寄存器，leaq 也不影响标志寄存器。

除了上面已经观察过的指令外，还有两类比较指令 cmpb、cmpw、cmpl、cmpq 以及 testb、testw、testl、testq 会影响标志寄存器。它们都是双操作数指令，仅完成比较或测试而不修改这两个操作数。其中 cmpX 指令类似于 subX 指令，但是完成减法操作并设置标志寄存器后，并不将结果保存到目的操作数。同样，testX 指令类似于 andX 指令，也是只影响标志寄存器而不会将结果保存到目的操作数中。

由于 cmpX 指令会在 3.4.2 节反复用到，这里仅观察一下 testX 指令。这里参照前面的汇编代码并进行改写形成代码 3-11 testq.s，主要关注第 8 行的 testq 指令。main 函数在 16 行开始，它将调用 testq 函数，并且通过 rsi 和 edi 传入两个参数值 281474976710503(0xffff-ffff-ff67)和 174(0xae)。

代码 3-11 testq.s

```
1      .file  "testq.s"
2      .text
3      .globltestq
4      .type testq, @function
5   testq:
6   .LFB0:
7      .cfi_startproc
8      testq %rdi, %rsi
9      movq      %rsi,%rax
10     ret
11     .cfi_endproc
12  .LFE0:
13     .size testq, .-testq
14     .globlmain
15     .type main, @function
16  main:
17  .LFB1:
18     .cfi_startproc
19     movabsq  $281474976710503, %rsi
20     movl $174, %edi
```

```
    call  testq
    rep ret
    .cfi_endproc
.LFE1:
    .size main, .-main
    .ident "GCC: (GNU) 4.8.5 20150623 (Red Hat 4.8.5-11)"
    .section    .note.GNU-stack,"",@progbits
```

用 gcc -Og -g testq. s -o test 生成 testq 可执行文件，然后用 gdb -silent testq 跟踪执行，如屏显 3-6 所示。先用 l 1 命令显示了汇编代码第 1～10 行，确定第 8 行是 testq 命令，然后用 b 8 将断点设置在该指令处。执行 run 命令后，程序执行停止在 testq 指令处(该指令还未执行)，此时可以用 p 命令检查两个操作数的数值，正如汇编中的数值。检查标志位寄存器可知当前 PF、ZF 和 IF 置位。用 n 执行 testq 指令后，再检查发现两个源操作数并未有任何改变，但是标志位却因为 test 操作而将 CF 和 ZF 清零了，因为没有进位，CF=0，$ 0xffffffffff67&0xae=0x26=0x0010 0110 有奇数个 1 而且不为 0，使得 ZF=0。

屏显 3-6 用 GDB 观察 testq. s 中的 test 指令影响 RFLAGS

```
[root@localhost cs2]#gdb -silent testq
Reading symbols from /home/lqm/cs2/testq...done.
(gdb) l 1
1         .file "testq.s"
2         .text
3         .globl    testq
4         .type testq, @function
5     testq:
6     .LFB0:
7         .cfi_startproc
8         testq %rdi, %rsi
9         movq    %rsi,%rax
10        ret
(gdb) b 8
Breakpoint 1 at 0x4004ed: file testq.s, line 8.
(gdb) run
Starting program: /home/lqm/cs2/testq


Breakpoint 1, testq () at testq.s:8
```

```
8       testq %rdi, %rsi
(gdb) p/x $rdi
$1 = 0xae
(gdb) p/x $rsi
$2 = 0xffffffffff67
(gdb) p $eflags
$4 = [ PF ZF IF ]
(gdb) p/x $eflags
$5 = 0x246
(gdb) n
9       movq    %rsi,%rax
(gdb) p/x $rsi
$6 = 0xffffffffff67
(gdb) p/x $rdi
$7 = 0xae
(gdb) p $eflags
$8 = [ IF ]
(gdb)
```

2. 使用标志寄存器

当前面的操作或运算完成后，后面的代码可能会需要检查标志寄存器从而判定后续执行什么操作。这里讨论的访问条件码并不是直接修改标志寄存器，而是读取和使用标志寄存器中的标志位。至于C语言，主要是在分支语句中使用条件跳转指令的时候用到标志寄存器。下一节还会继续讨论，现在仅将条件跳转汇编指令列出如表3-4所示。

表 3-4 条件跳转指令列表

无符号数 条件跳转指令		
指令	描 述	条 件
ja	如果超过(>)则跳转	进位标志=0,0标志=0
jnbe	如果不低于或等于(不 <=)则跳转	进位标志=0,0标志=0
jae	如果超过或等于(>=)则跳转	进位标志=0
jnb	如果不低于则跳转(不 <)	进位标志=0
jb	如果低于(<)则跳转	进位标志=1
jnae	如果不超过或等于(不>=)则跳转	进位标志=1

续表

无符号数　条件跳转指令		
指令	描　　述	条　　件
jbe	如果低于或等于(＜＝)则跳转	进位标志＝1 或 0 标志＝1
jna	如果不超过(不＞)则跳转	进位标志＝1 或 0 标志＝1
je	如果相等(＝)则跳转	0 标志＝1
jne	如果不相等(＜＞)则跳转	0 标志＝0
有符号数 条件跳转指令		
jg	如果大于(＞)则跳转	符号标志＝溢出标志或 0 标志＝0
jnle	如果小于或等于(＜＝)则跳转	符号标志＝溢出标志或 0 标志＝0
jge	如果大于或等于(＞＝)则跳转	符号标志＝溢出标志
jnl	如果不小于(不＜)则跳转	符号标志＝溢出标志
jl	如果小于(＜)则跳转	符号标志＜＞溢出标志
jnge	如果大于或等于(＞＝)跳转	符号标志＜＞溢出标志
jle	如果小于或等于(＜＝)跳转	符号标志＜＞溢出标志或 0 标志＝1
jng	如果不大于(不＞)则跳转	符号标志＜＞溢出标志或 0 标志＝1
je	如果等于(＝)则跳转	0 标志＝1
jne	如果不等于(＜＞)则跳转	0 标志＝0

3. C 语言控制语句

GCC 对各种 C 语言的控制结构采用模板的方式将它们翻译汇编代码，因此相应的汇编代码有固定的“框架”部分和可变的部分。依靠其中的固定的“框架”，这里有可能从汇编代码尝试反向恢复成 C 语言代码(即所谓的逆向工程)。

需要注意，编译器优化工作可能会将一些没有实质作用的代码直接忽略掉。因此读者按照后面示例自行编写验证性代码时，注意不要太过简略，例如在函数中循环体内的语句所产生的变量和函数返回值，如果没有任何关系，那么整个循环体可能被直接忽略掉，从而看不到你所希望的代码。

■ if-else

对于 C 语言中的 if-else 条件分支语句，GCC 使用模板来完成编译的变换。C 语言中的条件分支语句在经过语法分析后在 GCC 内部表示为代码 3-12 形式的中间表示，其中有固定的语法结构部分 if 和 else，以及可变语句序列的 3 个部分：分支条件 test-expr、成功分支 then-statement 和不成功分支 else-statement。需要注意的是，上述 3 个可变部分都可以是多条语句的组合。

代码 3-12 if-else 的语法结构

```
if (test-expr)
    then-statement
else
    else-statement
```

由于代码 3-12 的语义无法直接对接 x86-64 汇编，因此必须做一个目标模板，使得目标模板等价于原来的 if-else 语句，但是模板里面每一个操作都可以由汇编指令的语义所支持。GCC 采用如代码 3-13 所示的模板。其中 if(! t) goto false 语句可以用 cmp 比较指令和 je、jne、js、jns、jg、jge、jl、jle、ja、jae、jb、jbe 条件跳转指令的组合来实现。

代码 3-13 if-else 编译时采用的模板

```
    t =test-expr;
    if (!t)
        goto false;
    then-statement
    goto done;
false:
    else-statement
done:
```

下面用代码 3-14 所示的一个简单程序来观察 if-else 语言的编译过程。代码中就只有一个条件分支语句，使用 gcc -Og -S if-else. c 进行编译，产生出的汇编如代码 3-15 所示。

代码 3-14 if-else. c

```
long ifelse(long x, long y)
{
    if (x<y)
        x=y+3;
    else
```

```
        y=10 * x;
    return x+y;
}
```

从代码 3-15 可以还原出模板中的各个组成部分，例如 L2 相当于模板中的“false”标号。因此第 8 行的 cmpq %rsi, %rdi 指令结合第 9 行的 jge . L2 指令，一起完成了 if (! t) goto false 的 C 语句功能。第 15 行的 jmp . L3 而 L3 相当于模板中的“done”标号，因此在成功分支结束处有 jmp . L3(第 11 行)。

需要注意的是，C 代码中的 y=10 * x，被转换成了一条 leaq 指令和一个 addq 指令：前一条指令完成 x+4 * x=5x 的计算，后一条指令完成 5x+5x 的计算。

如果成功分支有更复杂的代码，则用它们取代第 10 行的代码；同理，如果有更复杂的不成功分支，则用这些指令需要列取代现有的第 13、14 行。

代码 3-15　if-else. s

```
1       .file   "if-else.c"
2       .text
3       .globlifelse
4       .type ifelse, @function
5   ifelse:
6   .LFB0:
7       .cfi_startproc
8       cmpq %rsi, %rdi
9       jge  .L2
10      leaq 3(%rsi), %rdi
11      jmp  .L3
12  .L2:
13      leaq (%rdi,%rdi,4), %rsi
14      addq %rsi, %rsi
15  .L3:
16      leaq (%rdi,%rsi), %rax
17      ret
18      .cfi_endproc
19  .LFE0:
20      .size ifelse, .-ifelse
21      .ident "GCC: (GNU) 4.8.5 20150623 (Red Hat 4.8.5-11)"
22      .section    .note.GNU-stack,"",@progbits
```

因此,如果读者在汇编中发现类似的结构,可以反向猜测原来的 C 程序是一个 if-else 分支结构,然后再进一步验证并逆向推导出具体的 C 语句。另外也必须认识到,模板并非是唯一的,不同编译器可能会采用不同的模板,即便是 GCC 也会因为版本不同或优化级别不同而采用不同的模板。

这里给增加一个 main()函数,使得它可以编译生成可执行文件,然后尝试用 GDB 观察其运行。

代码 3-16 if-else-main.c

```

long ifelse(long x, long y)
  {
    if (x<y)
        x=y+3;
    else
        y=10 * x;
    return x+y;
}

long main()
{
    long k;
    k=ifelse(3,5);
    return k;
}
```

用 gcc -Og -S if-else-main 命令产生代码 3-17 所示的汇编程序代码,其中 main()位于第 23 行,ifelse()函数位于第 5 行。

代码 3-17 if-else-main.s

```
1       .file"if-else.c"
2       .text
3       .globlifelse
4       .typeifelse, @function
5   ifelse:
6   .LFB0:
7       .cfi_startproc
```

```
    cmpq%rsi, %rdi
    jge  .L2
    leaq  3(%rsi), %rdi
    jmp  .L3
.L2:
    leaq(%rdi,%rdi,4), %rsi
    addq%rsi, %rsi
.L3:
    leaq(%rdi,%rsi), %rax
    ret
    .cfi_endproc
.LFE0:
    .sizeifelse, .-ifelse
    .globlmain
    .typemain, @function
main:
.LFB1:
    .cfi_startproc
    movl$5, %esi
    movl$3, %edi
    callifelse
    rep ret
    .cfi_endproc
.LFE1:
    .sizemain, .-main
    .ident"GCC: (GNU) 4.8.5 20150623 (Red Hat 4.8.5-11)"
    .section    .note.GNU-stack,"",@progbits
```

为了跟踪查看该程序的执行，我们通过 gcc -Og if-else. c -o if-else 生成可执行文件，然后用 gdb -silent if-else 启动调试，如屏显 3-7 所示。我们将断点设置在 C 语句第 4 行的 if(x<y)上并启动运行，在断点位置执行 disas(对应完整命令是 disassemble)，显示出当前函数的反汇编代码，以及用"=>"标记出下一条要执行的指令(此时是 cmp %rsi,%rdi,对应断点 if(x<y) 位置)。然后用 p 命令检查参数 x(%rdi)为 3、y(%rsi)为 5、标志寄存器含有[PF ZF IF]置位。用 si 执行 cmp 指令之后，再查看标志寄存器为[CF AF SF IF]，比原来多个一个 CF 标志，说明 x-y 产生了借位，因此 jge 的跳转并不发生。因此，执行成功分支，执行 si 命令后就提示下一条指令是 x=y+3。

屏显 3-7 GDB 调试 if-else-main

```
[root@localhost cs2]#gdb if-else-main -silent
Reading symbols from /home/lqm/cs2/if-else...done.
(gdb) b 4
Breakpoint 1 at 0x4004ed: file if-else.c, line 4.
(gdb) run
Starting program: /home/lqm/cs2/if-else

Breakpoint 1, ifelse (x=x@entry=3, y=y@entry=5) at if-else.c:4
4        if (x<y)
(gdb) disas
Dump of assembler code for function ifelse:
=>0x00000000004004ed <+0>:    cmp    %rsi,%rdi
  0x00000000004004f0 <+3>:    jge    0x4004f8 <ifelse+11>
  0x00000000004004f2 <+5>:    lea    0x3(%rsi),%rdi
  0x00000000004004f6 <+9>:    jmp    0x4004ff <ifelse+18>
  0x00000000004004f8 <+11>:   lea    (%rdi,%rdi,4),%rsi
  0x00000000004004fc <+15>:   add    %rsi,%rsi
  0x00000000004004ff <+18>:   lea    (%rdi,%rsi,1),%rax
  0x0000000000400503 <+22>:   retq
End of assembler dump.
(gdb) p $rsi
$1 =5
(gdb) p $rdi
$2 =3
(gdb) p $eflags
$3 =[ PF ZF IF ]
(gdb) si
0x00000000004004f0    4       if (x<y)
(gdb) p $eflags
$4 =[ CF AF SF IF ]
(gdb) si
5          x=y+3;
(gdb) si
0x00000000004004f6    5          x=y+3;
(gdb)
```

■ do-while

C 语言提供了多种循环结构，包括 do-while、while 和 for，并没有汇编指令可以直接支持上述语义。因此与前面类似，GCC 分析这些循环结构的语法，将它们用模板映射到汇编代码序列。C 语言中的 do-while 语句在经过语法分析后在 GCC 内部表示为代码 3-18 形式的中间表示，其中有固定的语法结构部分 do 和 while，以及可变语句序列的两个部分：循环体 body-statement 和循环条件 test-expr。需要注意的是，上述两个可变部分都可以是多条语句的组合。

代码 3-18　do-while 的语法结构

```
do
    body-statement
while (test-expr);
```

GCC 采用如代码 3-19 所示的模板，只有条件 t=test-expr 为真，才会通过 goto 跳转到 loop 循环开始处。这些语句的语义很容易通过汇编指令来支持。

代码 3-19　do-while 编译时采用的模板

```
loop:
    body-statement
    t =test-expr;
    if (t)
        goto loop;
```

编辑代码 3-20 的循环代码，用于观察 do-while 所对应的汇编语句序列。

代码 3-20　do-while.c

```
long do_while(long n,long k)
{
    do{
        k=3 * k;
        n--;
    }while (n>1);

    return n+k;
}
```

用 gcc -Og -S do-while. c 命令产生代码 3-21 所示的汇编程序代码。标号. L2 相当于模板中的 loop，条件的产生由第 10、11 行负责，跳转由第 12 行负责。

代码 3-21　do-while. s

```
1      .file  "do-while.c"
2      .text
3      .globl do_while
4      .type do_while, @function
5  do_while:
6  .LFB0:
7      .cfi_startproc
8  .L2:
9      leaq (%rsi,%rsi,2), %rsi
10     subq $1, %rdi
11     cmpq $1, %rdi
12     jg     .L2
13     leaq (%rdi,%rsi), %rax
14     ret
15     .cfi_endproc
16 .LFE0:
17     .size do_while, .-do_while
18     .ident "GCC: (GNU) 4.8.5 20150623 (Red Hat 4.8.5-11)"
19     .section    .note.GNU-stack,"",@progbits
```

关于 do-while 的执行观察，请读者仿照 if-else 的 GDB 调试过程，编写 main()函数部分代码，然后自行跟踪其运行状态，并在关键的分支跳转点查看其标志位和分支执行走向。

■ while

while 语句本质上与 do-while 相似，只是 while 可能会不执行循环体，而 do-while 至少执行循环体一次。对于代码 3-22 的 while 语法结构，可以首先用代码 3-23 所示的等效语法结构，然后使用代码 3-24 所示的转换模板。

代码 3-22　while 语法结构

```
while (test-expr)
    body-statement
```

为了用 do-while 来支持 while 语句——因为 while 有不执行循环体的可能性，因此首先要进行一次条件判定，这种结构称为 guard-do 模板，如果不成立则不进入循环体，后面再用一个 do-while 结构完成需要的循环迭代过程，如代码 3-23 所示。

代码 3-23　while 等效的语法结构

```
if (!test-expr)
        goto done;
    do
        body-statement
    while (test-expr);
done:
```

然后再套用 do-while 的模板，可以得到 while 语句的编译模板如代码 3-24 所示。

代码 3-24　while 编译时可使用的模板

```
t =test-expr;
    if (!t)
        goto done;
loop:
    body-statement
    t =test-expr;
    if (t)
        goto loop;
done:
```

还有另外一种转换模板，称为跳转到中间(Jump to middle)的方式，如代码 3-25 所示。这是在 do-while 模板的基础上，入口处增加一条跳转语句，直接进入到条件判断部分从而避免一开始就先执行循环体。

代码 3-25　while 编译时可使用的模板(跳转到中间)

```
goto test;
loop:
    body-statement
test:
    t=test-expr
    if(t)
        goto loop;
```

这里用代码 3-26 来检验一下 GCC 使用的是哪种模板，该代码非常简单，就是 1～n 的求和。

代码 3-26　while. c

```
long my_while(long n)
{
    long a=1;
    while (n>1){
        a+=n;
        n=n-1;
    }
    return a;
}
```

用 gcc -Og -S while. c 产生出 while. s 如代码 3-27 所示。从中可以很容易找出 while 结构位于第 9 行开始，而且 L2 对应于循环条件判定的代码入口，而 L3 则是循环体的入口，第 15 行是循环所需要的前向跳转，以上特征符合代码 3-25 的模板，也就是说，此时 GCC 使用了“跳到中间”的 while 模板进行编译。

代码 3-27　while. s

```
1      .file  "while.c"
2      .text
3      .globl my_while
4      .type my_while, @function
5  my_while:
6  .LFB0:
7      .cfi_startproc
8      movl $1, %eax
9      jmp   .L2
10 .L3:
11     addq %rdi, %rax
12     subq $1, %rdi
13 .L2:
14     cmpq $1, %rdi
15     jg    .L3
16     rep ret
```

```
    .cfi_endproc
.LFE0:
    .size my_while, .-my_while
    .ident "GCC: (GNU) 4.8.5 20150623 (Red Hat 4.8.5-11)"
    .section    .note.GNU-stack,"",@progbits
```

关于 while 结构的执行观察，请读者仿照前面的 GDB 调试过程，编写 main() 函数部分代码，然后自行跟踪其运行状态，并在关键的分支跳转点查看其标志位和分支执行走向。

■ **for**

与前面的 do-while 或 while 循环虽然也是类似的，但 for 循环的初始条件、结束条件和循环变量修改有自己的特定结构，也就是代码 3-28 的 init-expr、test-expr 和 update-expr，因此也需要在 do-while 基础上做一些扩展。由于 for 的语义和 do-while 差别略大一些，因此模板也略复杂一点。

代码 3-28　for 语法结构

```
for (init-expr; test-expr; update-expr)
    body-statement
```

首先将 for 的初始化代码抽取出来，将 for 的循环体语句和循环变量更新语句合并到 while 循环体中，形成代码 3-29 所示的 while 语法结构表述。

代码 3-29　for 语法结构用 while 表述

```
init-expr;
while (test-expr) {
    body-statement
    update-expr;
}
```

然后再使用代码 3-25 的 while 模板，将上述表述转换为代码 3-30，此时就可以映射到汇编指令了。

代码 3-30　for 编译所用的模板

```
    init-expr;
    goto test;
```

```
loop:
    body-statement
    update-expr;
test:
    t=test-expr
    if(t)
        goto loop;
```

下面以代码 3-31 为例，观察一下 for 循环具体变换后的汇编指令如何实现。

代码 3-31　for.c

```
long my_for(long n)
{
    long i=10;
    long result=1;
    for(i=2;i<=n;i++)
        result *=i;
    return result;
}
```

通过 gcc -Og -S for.c 命令，产生出相应的汇编程序如代码 3-32 所示。从中可以看出，此示例中 GCC 使用了跳转到中间的模板来实现循环的。其中 for 的循环初始化语句 i=2 映射为 movl ＄2, %edx 汇编指令；循环变量的调整 i++ 映射为 addq ＄1, %rdx。

代码 3-32　for.s

```
    .file  "for.c"
    .text
    .globl my_for
    .type my_for, @function
my_for:
.LFB0:
    .cfi_startproc
    movl $1, %eax
    movl $2, %edx
    jmp  .L2
.L3:
```

```
    imulq    %rdx, %rax
    addq $1, %rdx
.L2:
    cmpq %rdi, %rdx
    jle  .L3
    rep ret
    .cfi_endproc
.LFE0:
    .size my_for, .-my_for
    .ident "GCC: (GNU) 4.8.5 20150623 (Red Hat 4.8.5-11)"
    .section    .note.GNU-stack,"",@progbits
```

关于 for 结构的执行观察，请读者仿照前面的 GDB 调试过程，编写 main()函数部分代码，然后自行跟踪其运行状态，并在关键的分支跳转点查看其标志位和分支执行走向。

■ switch-case

多重分支 swith-case 语句本质上是 if-else 语句，可以看成是 if-else 的组合扩展，但是在实现方式在效率上会有所考虑，对于不同的 case 编号(整数索引值)情况对应了不同的转换模板。当 case 数量较多，而且所用的索引值比较密集时，GCC 采用跳转表来实现多重分支，否则用多个 if-else 的组合来实现多重分支。

下面用代码 3-33 所示的代码来展示多种分支的编译模板，其中使用了最普通的编号为 10 的 case＋break、编号为 12 的 Fall through 的 case、编号为 14 和 15 的相同分支以及 default 等类型的分支。

代码 3-33　switch. c

```
long my_switch(long x,long n)
{
    long val=x;
    switch(n){
        case 10:
            val+=12;
            break;
        case 12:
            val*=3;

        case 13:
```

```
            val+=1;
            break;
        case 14:
        case 15:
            val=8;
            break;
        default:
            val=100;
        }
    val=val+x*20;
    return val;
}
```

将代码 3-33 用 gcc -Og -S switch. c 编译成 switch. s，如代码 3-34 所示。这里将逐个检查各种类型的分支是如何映射为汇编结构的。首先编号 10～15 被转换成 0～5，使用 subq ＄10，＄rsi 指令完成。然后用 cmpq ＄5，%rsi 指令检查编号是否大于 5，如果大于 5 则对应于 default 分支——ja . L8 指令跳转到 default 分支。然后就是利用一个跳转表——起点在. L4，偏移量为编号 * 指针大小＝%rsi * 8，使用指令 jmp *. L4(，%rsi，8)指令实现查表和跳转功能。第 15～21 行是跳转表，其中第 17 行对应于编号为 11 的 case——跳转到 default 分支。第 23～39 行对应各种分支指令，每个分支又根据是否 fall through 略有不同，如果带有 break 则直接用 jmp . L2 跳出到 switch-case 的出口处，否则继续往下运行到另一个分支的指令序列中。第 40～42 行是计算 x * 20，第 43 行计算 val＝val＋x * 20。

代码 3-34　switch. s

```
1       .file  "switch.c"
2       .text
3       .globl my_switch
4       .type my_switch, @function
5   my_switch:
6   .LFB0:
7       .cfi_startproc
8       subq $10, %rsi
9       cmpq $5, %rsi
10      ja  .L8
```

```
    jmp * .L4(,%rsi,8)
    .section    .rodata
    .align 8
    .align 4
.L4:
    .quad .L3
    .quad .L8
    .quad .L5
    .quad .L9
    .quad .L7
    .quad .L7
    .text
.L7:
    movl $8, %edx
    jmp  .L2
.L3:
    leaq  12(%rdi), %rdx
    .p2align 4,,2
    jmp  .L2
.L5:
    leaq (%rdi,%rdi,2), %rdx
    jmp  .L6
.L9:
    movq %rdi, %rdx
.L6:
    addq $1, %rdx
    jmp  .L2
.L8:
    movl $100, %edx
.L2:
    leaq (%rdi,%rdi,4), %rax
    salq $2, %rax
    addq %rdx, %rax
    ret
    .cfi_endproc
.LFE0:
    .size my_switch, .-my_switch
```

```
    .ident "GCC: (GNU) 4.8.5 20150623 (Red Hat 4.8.5-11)"
    .section    .note.GNU-stack,"",@progbits
```

当 switch-case 语句中的数字索引编号较少或者比较分散，则 GCC 可能不使用跳转表，而是直接利用跳转指令来实现。代码 3-35 中只有 10 和 19 两个有效的编号，其他编号则对应于 default 分支，编号较少而且分散(不适用跳转表)。

代码 3-35　switch-simp. c

```
long my_switch(long x,long n)
{
    long val=x;
    switch(n){
        case 10:
            val+=12;
            break;
        case 19:
            val*=3;
            break;
        default:
            val=100;
        }
    val=val+x*20;
    return val;
}
```

用命令 gcc -Og -S switch-simp. c 编译生成 switch-simp. c，如代码 3-36 所示。此时已经没有跳转表了，而是直接与数值 10 和 19 进行比较(第 8 行和第 10 行)，进而跳转到. L3 和. L4 对应的分支代码，如果不是上述两个数值则直接跳转到. L6 的 default 分支。. L2 标号是这个 switch-case 语句的出口位置。

代码 3-36　switch-simp. s

```
1       .file   "switch-simp.c"
2       .text
3       .globl my_switch
4       .type my_switch, @function
5   my_switch:
```

```
.LFB0:
    .cfi_startproc
    cmpq $10, %rsi
    je  .L3
    cmpq $19, %rsi
    je  .L4
    jmp .L6
.L3:
    leaq 12(%rdi), %rdx
    .p2align 4,,3
    jmp .L2
.L4:
    leaq (%rdi,%rdi,2), %rdx
    .p2align 4,,3
    jmp  .L2
.L6:
    movl $100, %edx
.L2:
    leaq (%rdi,%rdi,4), %rax
    salq $2, %rax
    addq %rdx, %rax
    ret
    .cfi_endproc
.LFE0:
    .size my_switch, .-my_switch
    .ident "GCC: (GNU) 4.8.5 20150623 (Red Hat 4.8.5-11)"
    .section    .note.GNU-stack,"",@progbits
```

从上面可以看出 switch-case 语句比循环语句略微复杂一些，而且有两类比较明显不同的实现方式。关于 switch-case 语句的跟踪观察，读者请自行用 GDB 进行尝试，这里不再展开。

3.4.2 函数调用

原理上只要有了条件跳转就可以编写任何程序了，但是其模块化程度太低，因此编程语言需要有函数或过程。关于 C 语言函数调用方面，首先来观察函数跳转和返回；然后是参数的传递过程，这分成两种情况，即参数个数少于 6 个和参数个数多于 6 个的情况；

再往后讨论局部变量的存储空间；最后讨论和分析缓冲区溢出现象。

也就是说，需要关注函数调用的 3 个问题：

(1) 函数跳转和返回的控制传递。

(2) 传递参数。

(3) 分配局部变量。

1. 跳转和返回

首先来看函数调用的最基本操作，即跳转到目标函数和返回到调用处的下一条语句指令。前面已经看过很多函数跳转的示例，如 if-else 程序的汇编代码 3-17 的第 28 行就是 call 指令跳转到 ifelse 地址(ifelse 函数入口)。前面讨论的 if-else. s 是汇编程序，这里用 objdump 工具查看一下可执行文件中的机器码(及反汇编)，如屏显 3-8 所示。注意这里的反汇编 callq　4004ed ＜ifelse＞和代码 3-17 的 call ifelse 形式上并不完全相同，这里有了被调用函数的入口地址 4004ed。但该指令对应的机器码是 e8 da ff ff ff，可以看出目标地址是补码表示的 PC 相对跳转地址 0xff ff ff da 实际上对应-0x26，也就是说跳转地址是 PC-26＝0x400513-0x26＝4004ed，即＜ifelse＞函数入口地址。

屏显 3-8　if-else 可执行文件的机器码(部分)

```
[root@localhost cs2]#objdump -d if-else

...

00000000004004ed <ifelse>:
  4004ed:  48 39 f7                cmp    %rsi,%rdi
  4004f0:  7d 06                   jge    4004f8 <ifelse+0xb>
  4004f2:  48 8d 7e 03             lea    0x3(%rsi),%rdi
  4004f6:  eb 07                   jmp    4004ff <ifelse+0x12>
  4004f8:  48 8d 34 bf             lea    (%rdi,%rdi,4),%rsi
  4004fc:  48 01 f6                add    %rsi,%rsi
  4004ff:  48 8d 04 37             lea    (%rdi,%rsi,1),%rax
  400503:  c3                      retq

0000000000400504 <main>:
  400504:  be 05 00 00 00          mov    $0x5,%esi
  400509:  bf 03 00 00 00          mov    $0x3,%edi
  40050e:  e8 da ff ff ff          callq  4004ed <ifelse>
  400513:  f3 c3                   repz retq
```

```
  400515:   66 2e 0f 1f 84 00 00        nopw    %cs:0x0(%rax,%rax,1)
  40051c:   00 00 00
  40051f:   90                          nop
...
```

call 指令除了跳转到指定的地址外，还将返回地址压入到堆栈中。这里用 GDB 跟踪 if-else 可执行文件的运行，如屏显 3-9 所示。先用 disassemble main 和 disassemble ifelse 将 main 函数和 ifelse() 函数的机器码显示出来，以便后面设置用于观察的断点。再用 GDB 的 start 命令程序启动后第一条指令就是函数调用 k=ifelse(3,5)。此时显示出程序计数器 PC 寄存器的值为 0x400504，即对应于屏显 3-8 的 mov $0x5,%esi 指令(为 ifelse(3,5)函数调用准备参数)。

用 b *main+10 将断点设置在 callq 指令，然后用 c 命令继续运行到断点，p $rsp 发现此时的堆栈指针 RSP 寄存器指向 0x7fffffffe0a8，即调用 ifelse 函数前的状态。

接着用 b ifelse 将断点设置 ifelse()入口，再执行 step 命令将进入到 ifelse()函数中，此时再看 PC 值 0x4004ed 对应 ifelse()函数入口处的第一条指令。此时堆栈指针为 0x7fffffffe0a8-8=0x7fffffffe0a0，用 x 0x7fffffffe0a0 命令查看到堆栈指针指向的内存空间保存了返回地址 0x00400513——对照屏显 3-9 的 main()函数反汇编代码可知该地址是 call 指令的下一条指令(即堆栈中压入了返回地址)。

再用 b *ifelse+22 将断点设置在 ifelse 最后一条指令 ret 处，此时观察到堆栈指针还未变化(0x7fffffffe0a0)。再将断点设置到 callq 指令后的下一条指令，即执行 ifelse 的 retq 返回指令，则此时的堆栈恢复为 0x7fffffffe0a8，程序指针推进到 0x00400513。

屏显 3-9　if-else 中函数调用的跳转和返回地址的压栈

```
[root@localhost cs2]#gdb -silent if-else
Reading symbols from /home/lqm/cs2/if-else...done.
(gdb) disassemble main
Dump of assembler code for function main:
=>0x0000000000400504 <+0>:    mov     $0x5,%esi
  0x0000000000400509 <+5>:    mov     $0x3,%edi
  0x000000000040050e <+10>:   callq  0x4004ed <ifelse>
  0x0000000000400513<+15>:    repz retq
End of assembler dump.
(gdb) disassemble ifelse
Dump of assembler code for function ifelse:
```

```
  0x00000000004004ed <+0>:    cmp    %rsi,%rdi
  0x00000000004004f0 <+3>:    jge    0x4004f8 <ifelse+11>
  0x00000000004004f2 <+5>:    lea    0x3(%rsi),%rdi
  0x00000000004004f6 <+9>:    jmp    0x4004ff <ifelse+18>
  0x00000000004004f8 <+11>:   lea    (%rdi,%rdi,4),%rsi
  0x00000000004004fc <+15>:   add    %rsi,%rsi
  0x00000000004004ff <+18>:   lea    (%rdi,%rsi,1),%rax
  0x0000000000400503<+22>:    retq
End of assembler dump.
(gdb) start
Temporary breakpoint 1 at 0x400504: file if-else.c, line 14.
Starting program: /home/lqm/cs2/if-else

Temporary breakpoint 1, main () at if-else.c:14
14        k=ifelse(3,5);
(gdb) p $pc
$1 = (void (*)()) 0x400504 <main>
(gdb) b *main+10
Breakpoint 2 at 0x40050e: file if-else.c, line 14.
(gdb) c
Continuing.

Breakpoint 2, 0x000000000040050e in main () at if-else.c:14
14        k=ifelse(3,5);
(gdb) p $pc
$1 = (void (*)()) 0x40050e <main+10>
(gdb) p $rsp
$2 = (void *) 0x7fffffffe0a8
(gdb) b ifelse
Breakpoint 3 at 0x4004ed: file if-else.c, line 4.
(gdb) c
Continuing.

Breakpoint 3, ifelse (x=x@entry=3, y=y@entry=5) at if-else.c:4
4         if (x<y)
(gdb) p $pc
$3 = (void (*)()) 0x4004ed <ifelse>
```

```
(gdb) p $rsp
$4 = (void * ) 0x7fffffffe0a0
(gdb) x  0x7fffffffe0a0
0x7fffffffe0a0: 0x00400513
(gdb) b * ifelse+22
Breakpoint 4 at 0x400503: file if-else.c, line 9.
(gdb) c
Continuing.

Breakpoint 4, ifelse (x=8, x@entry=3, y=y@entry=5) at if-else.c:9
9     }
(gdb) p $pc
$5 = (void ( * ) ()) 0x400503 <ifelse+22>
(gdb) p $rsp
$6 = (void * ) 0x7fffffffe0a0
(gdb) b * main+15
Breakpoint 5 at 0x400513: file if-else.c, line 16.
(gdb) c
Continuing.

Breakpoint 5, main () at if-else.c:16
16     }
(gdb) p $pc
$7 = (void ( * ) ()) 0x400513 <main+15>
(gdb) p $rsp
$8 = (void * ) 0x7fffffffe0a8
(gdb) x 0x7fffffffe0a0
0x7fffffffe0a0: 0x00400513
(gdb)
```

上述调试过程完整地展示调用时如何进入到函数入口，如何在堆栈中保存了返回地址，以及函数返回时如何通过堆栈中保存的返回地址实现返回的过程。下面来分析函数调用中的参数传递。

2. 参数传递

在 x86-32 位系统上，函数的参数传递是通过堆栈来完成，而 x86-64 位系统(以及龙芯 MIPS64 系统)采用寄存器结合堆栈的方法来传递参数，在参数数量较少时由特定寄存器完成参数传递，参数数量超过一定数量后剩余的参数则通过堆栈来传递。当参数不超过 6 个时，x86-64 位系统上的 C 程序函数将顺序使用 RDI、RSI、RDX、RCX、R8 和 R9 来传递参数（参见表 3-1 最右边一列的寄存器使用惯例），若参数继续增加则在堆栈中保存所传递的参数。

对于参数较少的情况，前面已经遇到过，例如代码 3-16 的 if-else-main. c（以及相应的汇编代码 3-17）。当 main()执行代码 3-16 的第 13 行 k=ifelse(3,5)语句的时候就需要传递参数 3 和 5，对应于汇编代码 3-17 的第 26～28 行，先后使用了 RDI 和 RSI 两个寄存器。同样在 ifelse()函数的汇编代码 3-17 的第 10 行和第 13 行正是使用的这两个寄存器作为操作数的。

那么对参数多于 6 个的情况，用代码 3-37 的示例来观察相应的细节。除了前 6 个参数用寄存器传递外，后面的参数都按照 8 字节对齐方式在堆栈中顺序存放（第 7 个参数位于栈顶，即最后才压入到栈中）。

代码 3-37　call-params. c

```
int func(int a,int b, char c, long d,long k,char * j,long p_s_1,short p_s_2)
{
    int local_A;
    long  local_B;

    local_A=a+b;
    if(k<0)
        local_A=local_A+c+d+ * j;
    local_B=p_s_1-p_s_2;
    return local_A+local_B;
}

long main()
{
    long mainA;
    char  mainB;
    mainA=func(1,2,3,4,5,&mainB,0xaa,0xcc);
    return mainA;
}
```

gcc -Og -S call-params. c 生成相应的汇编程序，如代码 3-38 所示。从 main()函数的第 36～41 行，可以看到前 6 个参数传递情况：a=1 在%edi，b=2 在%esi，c=3 在%edx， d=4 在%ecx，k=5 在%r8d，&mainB 变量地址(31+%rsp)保存在%r9，这个顺序与表 3-1 中的寄存器使用约定相一致。另外两个参数通过堆栈传递，例如 p_s_1=0xaa=170 通过第 35 行的指令保存到了(%rsp)栈顶的位置，而 p_s_2 则通过第 34 行指令保存到了堆栈的 8(%rsp)的空间中。此时还未执行 call func 指令，对应堆栈中的数据布局如图 3-4 左边所示。执行 call func 之后，将会把返回地址压入堆栈，此时堆栈数据如图 3-4 的中部所示。

代码 3-38 call-params. s

```
1       .file  "call-params.c"
2       .text
3       .globl func
4       .type func, @function
5   func:
6   .LFB0:
7       .cfi_startproc
8       movzwl    16(%rsp), %eax        //short p_s_2=204,参见图 34 的中部
9       addl %edi, %esi                 //a+b, local_A 映射到 esi
10      testq %r8, %r8                  //判定 k<0
11      jns   .L2
12      movsbl    %dl, %edx             //c->edx
13      addl %edx, %esi                 //local_A+=c
14      addl %ecx, %esi                 //local_A+=d
15      movsbl   (%r9), %edi            //取 * j
16      addl   %edi, %esi               //local_A+= * j
17  .L2:
18      movswq  %ax, %rax               //p_s_2,前面已经转入 eax
19      movq 8(%rsp), %rcx              //p_s_1,参见图 34 的中部
20      subq %rax, %rcx                 //p_s_1-p_s_2,local_B 映射到%rcx
21      movq %rcx, %rax                 //local_B 保存到%rax
22      addl %esi, %eax                 //local_A+local_B 保存到%eax
23      ret
24      .cfi_endproc
25  .LFE0:
26      .size func, .-func
27      .globl main
28      .type main, @function
29  main:
```

```
.LFB1:
    .cfi_startproc
    subq $32, %rsp
    .cfi_def_cfa_offset 40
    movl $204, 8(%rsp)
    movq $170, (%rsp)
    leaq 31(%rsp), %r9
    movl $5, %r8d
    movl $4, %ecx
    movl $3, %edx
    movl $2, %esi
    movl $1, %edi
    call  func
    cltq
    addq $32, %rsp
    .cfi_def_cfa_offset 8
    ret
    .cfi_endproc
.LFE1:
    .size main, .-main
    .ident "GCC: (GNU) 4.8.5 20150623 (Red Hat 4.8.5-11)"
    .section    .note.GNU-stack,"",@progbits
```

图 3-4 给出了 main()函数调用 func()函数时堆栈的变化以及相应的数据布局情况，其中的 rsp 数值以及返回地址将会在后面说明。

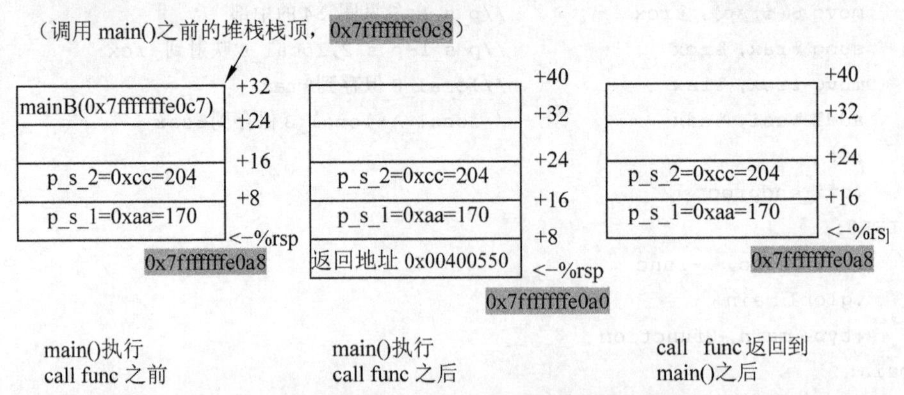

图 3-4 main()执行 call func 指令前后堆栈变化

在阅读 func 的汇编代码时，注意 main()保存 p_s_1 和 p_s_2 用的是(%rsp)和 8(%rsp)，而到了 func()中使用这两个参数的时候，由于堆栈压入了返回地址而下移了 8 字节，因此其引用表达式为 8(%rsp)和 16(%rsp)。另外，还要注意其中有数据类型的转变所使用的 movzwl 和 movswq 指令。

gcc -Og -g call-params. c -o call-params 生成带调试信息的可执行文件，并用 gdb -silent call-params 跟踪，查看堆栈传递参数的情况(由于寄存器传递的参数比较简单，不再单独观察)。启动 start 命令后程序在 main()入口处暂停，此时堆栈仍是初始化代码所设定的堆栈位置，从屏显 3-10 的第一个 p $rsp 可以看出当前的栈顶位于 0x7fffffffe0c8(这就是图 3-4 左图顶部指出的栈顶位置)。接着用 p &mainA 和 p &mainB 命令检查两个局部变量，发现 mainA 是映射到寄存器%rax，而 mainB 由于需要地址作为参数，因此必须分配空间——在堆栈中且地址为 0x7fffffffe0c7(参见图 3-4 的左图中 mainB 的相应位置)。然后将断点设在 * main+51=40054b 的 call 指令处，继续执行到断点并检查堆栈，此时堆栈指针还未发生变化%rsp=0x7fffffffe0a8。在经过 s 命令执行 call 指令跳转到 func 代码中，此时堆栈向下调整 8 字节变为 0x7fffffffe0a0，用 x 命令查看当前栈顶内容，发现刚才压入堆栈的是 0x00400550，即 call func 指令的后一条指令(返回地址)。最后用 p 命令查看 p_s_1 和 p_s_2 的地址分别为 0x7fffffffe0a8(rsp+8)和 0x7fffffffe0b0(rsp+16)，并用 x 命令查看相应地址上的数值分别是 0xaa 和 0xcc，可以验证出它们的位置与图 3-4 相一致。

但是要注意到 Local_A 和 Local_B 并没有如想象中那样使用堆栈空间，而是直接使用了 esi 和 rax 寄存器。后面会有示例来观察一个数组局部变量在堆栈中的分配情况。

屏显 3-10 call-params 函数调用中的堆栈变化及变量位置

```
[root@localhost cs2]#gdb -silent call-params
Reading symbols from /root/cs2/call-params...done.
(gdb) start
Temporary breakpoint 1 at 0x400518: file call-params.c, line 14.
Starting program: /root/cs2/call-params


Temporary breakpoint 1, main () at call-params.c:14
14      {
(gdb) p $rsp
$1 = (void * ) 0x7fffffffe0c8
(gdb) p &mainA
Address requested for identifier "mainA" which is in register $rax
```

```
(gdb) p &mainB
$2 = 0x7fffffffe0c7 ""
(gdb) disassemble
Dump of assembler code for function main:
=> 0x0000000000400518 <+0>:    sub    $0x20,%rsp
   0x000000000040051c <+4>:    movl   $0xcc,0x8(%rsp)
   0x0000000000400524 <+12>:   movq   $0xaa,(%rsp)
   0x000000000040052c <+20>:   lea    0x1f(%rsp),%r9
   0x0000000000400531 <+25>:   mov    $0x5,%r8d
   0x0000000000400537 <+31>:   mov    $0x4,%ecx
   0x000000000040053c <+36>:   mov    $0x3,%edx
   0x0000000000400541 <+41>:   mov    $0x2,%esi
   0x0000000000400546 <+46>:   mov    $0x1,%edi
   0x000000000040054b <+51>:   callq  0x4004ed <func>
   0x0000000000400550 <+56>:   cltq
   0x0000000000400552 <+58>:   add    $0x20,%rsp
   0x0000000000400556 <+62>:   retq
End of assembler dump.
(gdb) b *main+51
Breakpoint 2 at 0x40054b: file call-params.c, line 17.
(gdb) c
Continuing.

Breakpoint 2, 0x000000000040054b in main () at call-params.c:17
17        mainA=func(1,2,3,4,5,&mainB,0xaa,0xcc);
(gdb) p $rsp
$3 = (void *) 0x7fffffffe0a8
(gdb) s
func (a=a@entry=1, b=b@entry=2, c=c@entry=3 '\003', d=d@entry=4, k=k@entry=5,
    j=j@entry=0x7fffffffe0c7 "", p_s_1=p_s_1@entry=170, p_s_2=p_s_2@entry=204)
    at call-params.c:2
2     {
(gdb) p $rsp
$4 = (void *) 0x7fffffffe0a0
(gdb) x 0x7fffffffe0a0
0x7fffffffe0a0: 0x00400550
(gdb) p &p_s_1
```

```
$1 =(long * ) 0x7fffffffe0a8
(gdb) p &p_s_2
$2 =(short * ) 0x7fffffffe0b0
(gdb) x 0x7fffffffe0a8
0x7fffffffe0a8: 0x000000aa
(gdb) x 0x7fffffffe0b0
0x7fffffffe0b0: 0x000000cc
(gdb)
```

当 func 函数返回后，堆栈指针会上调 8 字节，如图 3-4 右部所示，请读者自行观察。

3. 寄存器现场

当一个函数 P 调用另一个函数 Q 后，Q 可能会改变一些寄存器的值，那么 P 和 Q 之间就必须做一些约定，从而可以确保从 Q 返回到 P 函数后，P 不会使用错误的寄存器值。

这里以 P->Q 两层函数调用为例，来说明什么是“调用者保存”寄存器和“被调用者保存”寄存器。下面以 R10 作为“调用者保存”的示例，而 RBX 作为“被调用者保存”的示例。

当 P 调用 Q 并且 Q 函数返回后，P 函数认为“被调用者保存”的寄存器 RBX 内容是原封不动的，即与调用 Q 函数前一刻时完全相同。也就是说如果 Q 函数使用和修改了“被调用者保存”寄存器 RBX，那么它应当在代码开始处先保存 RBX 到堆栈，然后才能使用，并且在函数返回前从堆栈恢复 RBX 寄存器，从而使得 P 函数感觉不到 RBX 被修改过。

但 Q 函数返回到 P 函数后，“调用者保存”的寄存器值可能就发生了变化，也就是说 Q 函数不做保护地直接使用和修改 R10 寄存器。因此如果 P 函数希望在调用 Q 函数之后，还需要继续使用“调用者保存”的寄存器 R10 的旧值，就需要在 P 调用 Q 函数之前将该 R10 寄存器值压入到堆栈，并且在 Q 返回之后从堆栈中回复该寄存器 R10 的值。

4. 栈帧结构

从前面示例看到，函数跳转后，系统会在堆栈中存放返回地址、参数和局部变量。其实系统会为每一次函数调用准备一个堆栈中的数据结构，称之为栈帧。在 x86-32 系统上，栈帧由 EBP 寄存器指出，而在 x86-64 位系统上则无须独立的栈帧指针（RBP 寄存器可以用于其他用途），而是由 RSP 统一管理栈帧中的数据。

下面先讨论一个函数的栈帧结构，然后再讨论函数嵌套调用，最后简单了解一下缓冲区溢出现象。

■ **栈帧**

图 3-5 给出了函数调用中栈帧的结构示意图,描绘了函数 P 如何在自己的栈帧中准备好调用参数和返回地址,以及被调用函数 Q 如何构建自己的栈帧(甚至继续调用下一级函数)。

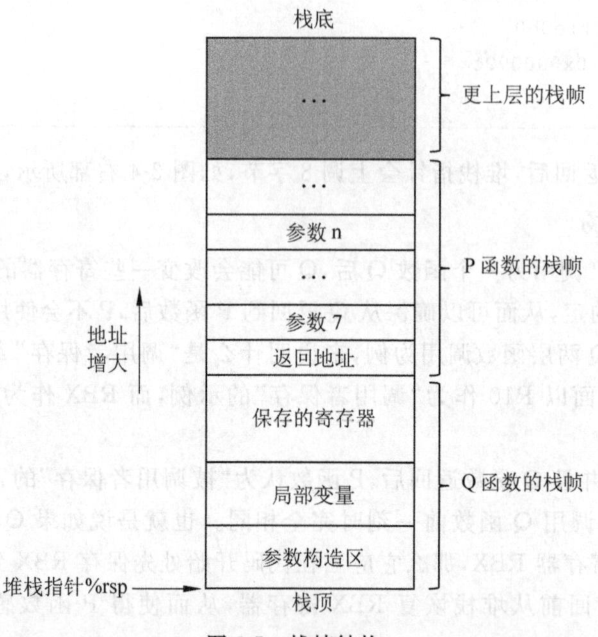

图 3-5 栈帧结构

首先来看上级函数的栈帧处理。函数 P 将前 6 个参数用寄存器传递,而第 7 个参数及以后的参数则在保存到堆栈进行传递,在执行 call 指令调用 Q 函数前将返回地址压入堆栈,从而完成了 P 函数在调用 Q 函数时的完整栈帧。此时栈顶由堆栈指针 RSP 指出,该位置也是 P 函数和 Q 函数栈帧分界点。

接着来看被调用函数如何建立自己的栈帧。Q 函数首先将堆栈指针下移若干字节(8 字节对齐)形成自己的栈帧空间,其内部空间布局自上而下分别是被保存的寄存器内容、局部变量、调用下一级函数(例如 R 函数)所需要的参数。如果函数不再调用下一级函数,则称这种函数为叶子节点——位于函数调用图的最末端,否则称为非叶子节点函数。

关于被调用者保存的寄存器、局部变量和下一级函数的参数都不是必需的,如果不需要则可以不分配相应的空间。对于非叶子节点函数的栈帧,返回地址是必须的——每一个非叶子节点函数的栈帧里都以返回地址作为边界。从 Q 函数返回到 P 函数的地址,是

P、Q 栈帧的分界点，因此出现有些文献将返回地址归属到 P 的栈帧，另一些则将它归属到 Q 栈帧。

叶子节点的栈帧不仅没有返回地址，甚至可以完全为空。

在前面 call-params. c 的示例中，已经看过 P 函数(main 函数)准备参数的——包括 6 个寄存器参数和两个堆栈传递的参数 p_s_1 和 p_s_2，以及返回地址的压栈过程。示例中展示了 Q 函数(func)的两个局部变量(local_A、local_B)映射到寄存器(%esi、%rcx)的实现，还没有观察到 Q 函数局部变量在堆栈中分配。虽然示例中也展示了 main 的局部变量(mainB)在 main 函数的栈帧中出现，但下面还是用一个新的示例来展示局部变量在栈帧中的使用情况。

这里以代码 3-39 为例，将 main 函数作为 P 函数，而将 func 作为 Q 函数，现在观察 Q 函数中的局部变量 i 和 a1[20]。

代码 3-39 call-localvar1. c

```
int leaf_fun(long lf1,long lf2)
{   int k;
    k=lf1+lf2;
    return k;
}
int func(long f1,long f2)
{
    int i;
    int a1[20];
    for(i=0;i<19;i++)
        a1[i]=leaf_fun(i,i);
    return a1[2];
}

long main()
{
    int mf1=20;
    int mf2=11;
    mf2=func(mf1,mf2);
    return mf2;
}
```

用 gcc -Og -S call-localvar1. c 产生相应的汇编代码如代码 3-40 所示。可以看到 func

函数入口处将 rbp 和 rbx 压入堆栈进行保存，并在返回前的第 41 和 43 行从堆栈中弹出恢复原值，这对应于图 3-5 所示的 Q 函数栈帧中的“被调用者保存”的寄存器。也就是说 Q 函数(func)会使用和修改这两个寄存器。

在 func 保存 rbp 和 rbx 之后的第 24 行 subq ＄80，%rsp 指令将堆栈指针下拉 80 字节建立栈帧，以及函数返回前第 39 行的 addq ＄80，%rsp 指令将堆栈指针上移 80 字节撤销栈帧。

func 函数的局部变量 i 用作循环变量，被映射到 ebx 寄存器(因此未在栈帧中占用空间)。func 函数的局部数组 a1[20]则使用栈帧中所分配 80 字节。在 func 调用 leaf_fun 的时候，由于只需要 2 个参数，因此 func 的栈帧中并未出现图 3-5 所示的 Q 函数的“参数构造区”(这个已经在前面代码 3-17 中分析过)。

代码 3-40　call-localvar1.s

```
1     .file  "call-localvar1.c"
2     .text
3     .globl leaf_fun
4     .type leaf_fun, @function
5  leaf_fun:
6  .LFB0:
7     .cfi_startproc
8     leal (%rdi,%rsi), %eax              //lf1+lf2
9     ret
10    .cfi_endproc
11 .LFE0:
12    .size leaf_fun, .-leaf_fun
13    .globl func
14    .type func, @function
15 func:
16 .LFB1:
17    .cfi_startproc
18    pushq    %rbp                       //保存 rbp
19    .cfi_def_cfa_offset 16
20    .cfi_offset 6, -16
21    pushq    %rbx                       //保存 rbx
22    .cfi_def_cfa_offset 24
23    .cfi_offset 3, -24
24    subq $80, %rsp                      //建立栈帧
```

```
    .cfi_def_cfa_offset 104
    movl $0, %ebx
    jmp  .L3
.L4:
    movslq    %ebx, %rbp
    movq %rbp, %rsi
    movq %rbp, %rdi
    call  leaf_fun
    movl %eax, (%rsp,%rbp,4)                    //%rsp+%rbp*4 指向 a1[i]
    addl $1, %ebx
.L3:
    cmpl $18, %ebx
    jle  .L4
    movl 8(%rsp), %eax
    addq $80, %rsp                              //撤销栈帧
    .cfi_def_cfa_offset 24
    popq %rbx                                   //恢复 rbx
    .cfi_def_cfa_offset 16
    popq %rbp                                   //恢复 rbp
    .cfi_def_cfa_offset 8
    ret
    .cfi_endproc
.LFE1:
    .size func, .-func
    .globl main
    .type main, @function
main:
.LFB2:
    .cfi_startproc
    movl $11, %esi
    movl $20, %edi
    call  func
    cltq
    ret
    .cfi_endproc
.LFE2:
    .size main, .-main
```

```
62      .ident "GCC: (GNU) 4.8.5 20150623 (Red Hat 4.8.5-11)"
63      .section    .note.GNU-stack,"",@progbits
```

下面对代码 3-39 做一点小修改，使得 func 就是最底层的叶子节点函数（不再调用其他函数），形成代码 3-41。这时候 GCC 为了避免不必要的操作，并未将堆栈指针下移——但是并不影响局部变量使用堆栈下面的空间（地址低于堆栈指针 RSP 指向的位置），这种差别如图 3-6 所示，下面将分析汇编并展示这种差异。

代码 3-41　call-localvar2.c

```
int func(long f1,long f2)
{
    int i;
    int a1[20];
    for(i=0;i<19;i++)
        a1[i]=f1*i+f2;
    return a1[2];
}

long main()
{
    int mf1=20;
    int mf2=11;
    mf2=func(mf1,mf2);
    return mf2;
}
```

用 gcc -Og -S call-localvar2.c 生成汇编代码如代码 3-42 所示。这时看到 func 函数入口处并不存在将 rsp 下移的操作（请对比代码 3-40 中的第 24 行用 subq ＄80，%rsp 指令将 rsp 下移），同样在函数返回前也未看到调整堆栈指针的操作。但是在第 15 行对 a1[i]赋值的指令中，可以推测出 a1[0]位于%rsp-80 的位置，类推得出 a1[1]位于%rsp-76 等等。这里的局部变量 a1[]和前面一样都是占用的 80 字节并且占用了相同的空间，区别在于这里的 rsp 并未随之调整——相应地利用 rsp 访问该数组时起点地址表达方式略有不同。

代码 3-42　call-localvar2.s

```
1       .file "call-localvar2.c"
2       .text
```

```
    .globl func
    .type func, @function
func:
.LFB0:
    .cfi_startproc
    movl $0, %eax
    jmp  .L2
.L3:
    movslq   %eax, %rdx
    movl %eax, %ecx
    imull %edi, %ecx
    addl %esi, %ecx
    movl %ecx, -80(%rsp,%rdx,4)                    //%rsp-80+rdx*4 指向 a1[i]
    addl $1, %eax
.L2:
    cmpl $18, %eax
    jle  .L3
    movl -72(%rsp), %eax
    ret
    .cfi_endproc
.LFE0:
    .size func, .-func
    .globl main
    .type main, @function
main:
.LFB1:
    .cfi_startproc
    movl $11, %esi
    movl $20, %edi
    call  func
    cltq
    ret
    .cfi_endproc
.LFE1:
    .size main, .-main
    .ident "GCC: (GNU) 4.8.5 20150623 (Red Hat 4.8.5-11)"
    .section    .note.GNU-stack,"",@progbits
```

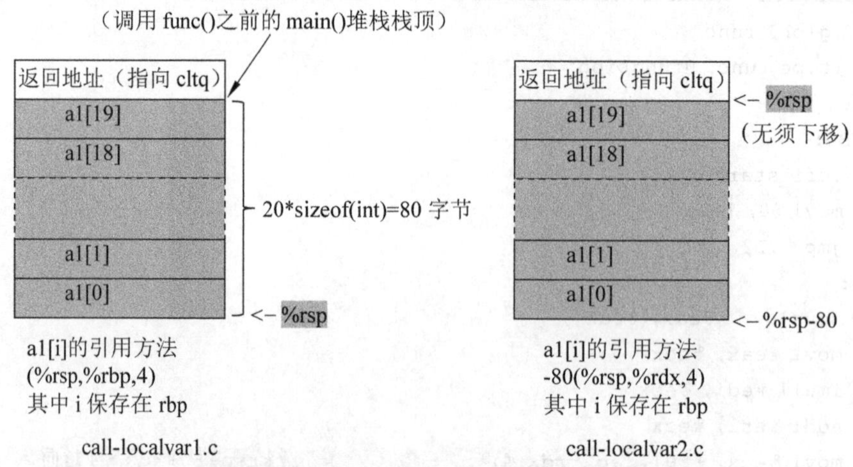

图 3-6　函数调用中最底层函数的栈帧差异

也就是说，对于 P 角色的函数，其内部局部变量的分配和使用并不一定要移动 rsp 指针，但如果 P 函数要调用下一级函数则有必要将 rsp 下移，以便下一级的 Q 函数可以建立自己的栈帧。

■ **调用栈**

由于函数会呈现多层次的调用关系，因此随着各级函数建立自己的栈帧的过程，在堆栈里面会形成一个所谓的“调用栈”——就是从地址高端往地址低端逐级层叠的栈帧。利用这些层叠的栈帧，可以分析出当前所执行的指令所属函数以及如何从 main()函数经过多级调用而到达当前指令，也包括各级调用时所使用的参数等信息。

需要注意，这里的函数是指函数的一次执行。同一个函数被多次重复进入则各自建立一个栈帧，典型的是函数的递归调用，虽然只有一套函数代码，但递归调用 n 次将形成 n 个独立的栈帧，每个都代表一次调用执行。

下面是一个经典的递归调用示例，即产生费波纳奇数列的程序，如代码 3-43 所示。

代码 3-43　fibonacci. c

```
#include<stdio.h>
#define N 8

int Fibonacci(int n)
{
    int f;
```

```

    if(n<=2)
        f=1;
    else
        f =Fibonacci(n-1) +Fibonacci(n-2);
    return f;
}

int main()
{
    int c=0;
    c =Fibonacci(N);
    return c;
}
```

用 gcc -Og -S fibonacci. c 生成相应的汇编代码，如代码 3-44 所示。

代码 3-44 fibonacci. s

```
    .file "fibonacci.c"
    .text
    .globl Fibonacci
    .type Fibonacci, @function
Fibonacci:
.LFB11:
    .cfi_startproc
    pushq    %rbp                    //保存 rbp
    .cfi_def_cfa_offset 16
    .cfi_offset 6, -16
    pushq    %rbx                    //保存 rbx
    .cfi_def_cfa_offset 24
    .cfi_offset 3, -24
    subq $8, %rsp                    //堆栈指针下移 8 字节
    .cfi_def_cfa_offset 32
    movl %edi, %ebx                  //将参数 n 拷贝一份到 ebx
    cmpl $2, %edi                    //检查 n<=2
    jle  .L3                         //n<=2 则跳转(返回数值 1)
    leal -1(%rdi), %edi              //n-1 作为 Fibonacci()参数
```

```
    call  Fibonacci                    //eax=Fibonacci(n-1)
    movl %eax, %ebp                    //Fibonacci(n-1)保存到 ebp
    leal  -2(%rbx), %edi               //n-2 作为 Fibonacci()参数
    call  Fibonacci                    //eax=Fibonacci(n-2)
    addl %ebp, %eax                    //eax=Fibonacci(n-2)+Fibonacci(n-1)
    jmp  .L2
.L3:
    movl $1, %eax
.L2:
    addq $8, %rsp                      //堆栈指针上移 8 字节
    .cfi_def_cfa_offset 24
    popq %rbx                          //恢复 rbx
    .cfi_def_cfa_offset 16
    popq %rbp                          //恢复 rbp
    .cfi_def_cfa_offset 8
    ret
    .cfi_endproc
.LFE11:
    .size Fibonacci, .-Fibonacci
    .globl main
    .type main, @function
main:
.LFB12:
    .cfi_startproc
    subq $8, %rsp
    .cfi_def_cfa_offset 16
    movl $8, %edi                      //Fibonacci()参数为 8
    call  Fibonacci
    addq $8, %rsp
    .cfi_def_cfa_offset 8
    ret
    .cfi_endproc
.LFE12:
    .size main, .-main
    .ident "GCC: (GNU) 4.8.5 20150623 (Red Hat 4.8.5-11)"
    .section    .note.GNU-stack,"",@progbits
```

用 gcc -Og -g -o fibonacci　fibonacci.c 命令产生可执行文件，然后用 GDB 调试，如屏显 3-11 所示。这里用 b 11 if n==5 将断点设置在代码 3-43 的第 11 行，并且将条件设置为 n==5，用 c 命令继续运行直到暂停执行。程序暂停后，用 p n 确定当前 n 值为 5，因此应该完成了 n=8、7、6、5 的调用，即①main()发出的 Fibonacci(8)；②Fibonacci(8)发出的 Fibonacci(7)；③Fibonacci(7)发出的 Fibonacci(6)；④Fibonacci(6)发出的 Fibonacci(5)。

此时用 bt(对应 backtrace)命令和 bt full 命令查看调用栈，可以看到 4 个完整的栈帧(含返回地址)和 1 个不完整的栈帧(Fibonacci(5)没有进一步调用下一级函数，因此也还没有返回地址)。bt 和 bt full 两个命令输出的堆栈编号 4～0 分别对应 main()、Fibonacci(8)、Fibonacci(7)、Fibonacci(6)、Fibonacci(5)的栈帧。注意，除了 main()中的 c 变量的有显示数值外，Fibonacci()函数中的 f 变量被编译器优化掉了(显示为<optimized out>)。

用 info frame X 可以查看编号 X 的栈帧详细信息，这里用 info frame X 查看了 0 号、1 号和 4 号栈帧的内容。除了编号为 0 的 Fibonacci(5)正在运行，且没有调用下一级函数，因此没有返回地址外，每个栈帧中都保存一个返回地址。查看屏显 3-11 后面的 disassemble 反汇编出来的代码，可以知道 4 号栈帧的返回地址为 0x40052a，即 main()调用 Fibonacci()之后的下一条指令。编号为 3～1 的三个栈帧上的返回地址都是 0x400502，对应于 Fibonacci(n)调用的 Fibonacci(n-1)之后的指令。而编号为 0 的栈帧因为还没有调用下一级函数，因此没有返回地址。info frame 0 所显示的 rip=0x4004fa 是断点处的位置，而不是像其他上层栈帧那样保存了函数调用的返回地址。

屏显 3-11　GDB 查看 fibonacci 中的调用栈

```
[root@localhost cs2]#gdb -silent fibonacci
Reading symbols from /home/lqm/cs2/fibonacci...done.
(gdb) start
Temporary breakpoint 1 at 0x40051c: file fibonacci.c, line 16.
Starting program: /home/lqm/cs2/fibonacci

Temporary breakpoint 1, main () at fibonacci.c:16
16      {
(gdb) b 11 if n==5
Breakpoint 2 at 0x4004fa: file fibonacci.c, line 11.
(gdb) c
Continuing.
```

```
Breakpoint 2, Fibonacci (n=n@entry=5) at fibonacci.c:11
11          f =Fibonacci(n-1) +Fibonacci(n-2);
(gdb) p n
$1 =5
(gdb) bt
#0  Fibonacci (n=n@entry=5) at fibonacci.c:11
#1  0x0000000000400502 in Fibonacci (n=n@entry=6) at fibonacci.c:11
#2  0x0000000000400502 in Fibonacci (n=n@entry=7) at fibonacci.c:11
#3  0x0000000000400502 in Fibonacci (n=n@entry=8) at fibonacci.c:11
#4  0x000000000040052a in main () at fibonacci.c:18
(gdb) bt full
#0  Fibonacci (n=n@entry=5) at fibonacci.c:11
        f =<optimized out>
#1  0x0000000000 400502 in Fibonacci (n=n@entry=6) at fibonacci.c:11
        f =<optimized out>
#2  0x0000000000 400502 in Fibonacci (n=n@entry=7) at fibonacci.c:11
        f =<optimized out>
#3  0x0000000000 400502 in Fibonacci (n=n@entry=8) at fibonacci.c:11
        f =<optimized out>
#4  0x0000000000 40052a in main () at fibonacci.c:18
        c =0
(gdb) info frame 0
Stack frame at 0x7fffffffe040:
rip =0x4004fa in Fibonacci (fibonacci.c:11); saved rip 0x400502
called by frame at 0x7fffffffe060
source language c.
Arglist at 0x7fffffffe020, args: n=n@entry=5
Locals at 0x7fffffffe020, Previous frame's sp is 0x7fffffffe040
Saved registers:
  rbx at 0x7fffffffe028, rbp at 0x7fffffffe030, rip at 0x7fffffffe038
(gdb) info frame 1
Stack frame at 0x7fffffffe060:
rip =0x400502 in Fibonacci (fibonacci.c:11); saved rip 0x400502
called by frame at 0x7fffffffe080, caller of frame at 0x7fffffffe040
source language c.
Arglist at 0x7fffffffe040, args: n=n@entry=6
Locals at 0x7fffffffe040, Previous frame's sp is 0x7fffffffe060
```

```
Saved registers:
  rbx at 0x7fffffffe048, rbp at 0x7fffffffe050, rip at 0x7fffffffe058
(gdb) info frame 4
Stack frame at 0x7fffffffe0b0:
rip =0x40052a in main (fibonacci.c:18); saved rip 0x7ffff7a39c05
caller of frame at 0x7fffffffe0a0
source language c.
Arglist at 0x7fffffffe098, args:
Locals at 0x7fffffffe098, Previous frame's sp is 0x7fffffffe0b0
Saved registers:
  rip at 0x7fffffffe0a8
(gdb) disassemble main
Dump of assembler code for function main:
  0x000000000040051c <+0>:   sub    $0x8,%rsp
  0x0000000000400520 <+4>:   mov    $0x8,%edi
  0x0000000000400525 <+9>:   callq  0x4004ed <Fibonacci>
  0x000000000040052a<+14>:   add    $0x8,%rsp
  0x000000000040052e <+18>:  retq
End of assembler dump.
(gdb) disassemble Fibonacci
Dump of assembler code for function Fibonacci:
  0x00000000004004ed <+0>:   push   %rbp
  0x00000000004004ee <+1>:   push   %rbx
  0x00000000004004ef <+2>:   sub    $0x8,%rsp
  0x00000000004004f3 <+6>:   mov    %edi,%ebx
  0x00000000004004f5 <+8>:   cmp    $0x2,%edi
  0x00000000004004f8 <+11>:  jle    0x400510 <Fibonacci+35>
=>0x00000000004004fa<+13>:   lea    -0x1(%rdi),%edi
  0x00000000004004fd <+16>:  callq  0x4004ed <Fibonacci>
  0x0000000000400502<+21>:   mov    %eax,%ebp
  0x0000000000400504 <+23>:  lea    -0x2(%rbx),%edi
  0x0000000000400507 <+26>:  callq  0x4004ed <Fibonacci>
  0x000000000040050c <+31>:  add    %ebp,%eax
  0x000000000040050e <+33>:  jmp    0x400515 <Fibonacci+40>
  0x0000000000400510 <+35>:  mov    $0x1,%eax
  0x0000000000400515 <+40>:  add    $0x8,%rsp
  0x0000000000400519 <+44>:  pop    %rbx
```

```
  0x000000000040051a <+45>:  pop    %rbp
  0x000000000040051b <+46>:  retq
End of assembler dump.
(gdb)
```

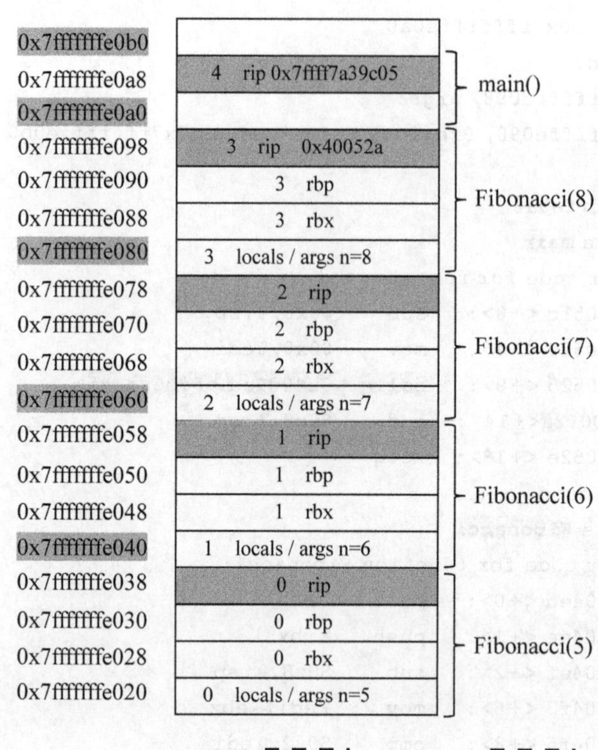

图 3-7 fibonacci 中的调用栈

■ 缓冲区溢出

在前面栈帧结构中，可以看到函数的局部变量是保存在堆栈中的，这就可能引入一个潜在的安全问题。如果系统提供一个函数使用了堆栈中的局部变量，并将该局部变量作为缓冲区使用——假如用户提供了超出该缓冲区长度的数据，那么数据可能填写到上一级函数的栈帧空间并破坏里面保存的函数返回地址。当该函数返回时，将使用一个被修改的地址作为返回地址，这就可以造成破坏，甚至可以劫持该进程或系统。

5. 进程初始堆栈

在分析完普通函数的调用和栈帧结构后，来看看系统为刚创建的进程准备了什么样的 main 函数堆栈，并且将环境变量也一同分析。

■ **main 函数的参数**

虽然还未学习链接过程，因此也没有完整地分析程序的内存布局。但是前面 2.1.5 节已经大致了解了程序有内存布局的概念，以及屏显 3-4 给出了一个进程的程序空间（虚存）上的布局情况（当然也包括 stack 占用的区间）。图 3-8 给出了进程影像的直观图示，图 3-8 的%rsp 指向了用户栈的起点，但是整个用户态栈的细节并未展示。

前面已经分析了栈帧结构，以及分析了函数嵌套调用所形成的层次性的栈帧堆叠——这些就是用户态栈的内部结构。现在来分析用户态栈的起始状态。

从屏显 3-4 的 stack 区间 7ffffffde000-7ffffffff000 可以看出，堆栈的栈底应该在 7ffffffff000。参考图 3-8 可知所使用的系统是 48 位物理地址的系统，因为堆栈的起点位于 7ffffffff000（占 48 位）与图中 48 位地址划分相一致，否则 56 位或 64 位系统的堆栈起始地址将在更高地址处。在前面的代码 3-37 示例中，进入 main()函数之后 GDB 显示此时的堆栈指针为 0x7fffffffe0c8（屏显 3-10），在 7ffffffff000 地址略低的位置，也符合分析结果。

但实际上，Linux 出于安全考虑而选择随机地选择堆栈的起点，以及会在上述地址保存环境变量，因此 main()函数的起点要比 7ffffffff000 更低，并且在略高于 main()函数的栈帧的空间中保存有 shell 传递进来的命令行参数。下面用一个示例来展示 main()刚开始工作时，系统为之准备的堆栈中的命令行参数，该示例所对应的初始堆栈结构（以及命令行参数）如图 3-8 所示。这里称这个区间为启动代码的栈帧，因此也会有从 main()返回时的地址，最终将返回到内核代码。

代码 3-45 是用于展示命令行参数的示例，首先显示参数个数（含可执行文件名），然后逐个显示命令行参数字符串。

代码 3-45 argc-argv. c

```
#include <stdio.h>
int main(int argc,char * argv[])
{
    int i;
    printf("argc =%d \n",argc);
    for(i=0;i<argc; i++)
        printf("arg%d:%s\n",i,argv[i]);
    return 0;
}
```

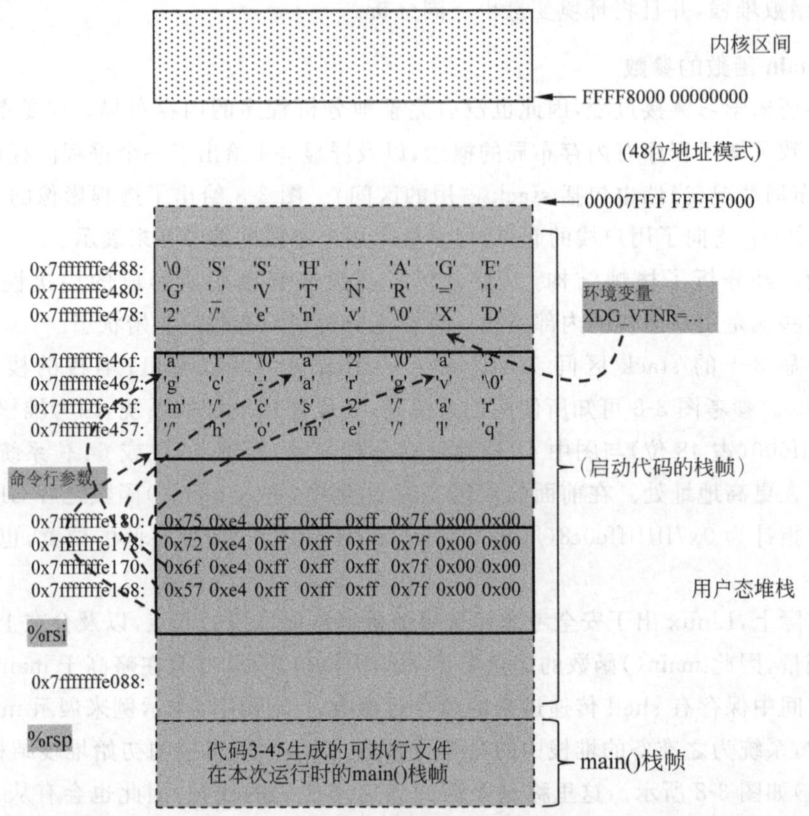

图 3-8 系统为 main 函数准备的堆栈

使用命令 gcc -Og -g -o argc-argv argc-argv. c 生成可执行文件并执行，可以得到所需的结果，如屏显 3-12 所示。在命令行中输入 argc-argv a1 a2 a3，输出提示参数个数 argc 为 4 并正确显示出 argv[]指向的 4 个参数字符串。

屏显 3-12 argc-argv 显示命令行参数

```
[root@localhost cs2]#argc-argv  a1 a2 a3
argc =4
arg0:argc-argv
arg1:a1
arg2:a2
arg3:a3
[root@localhost cs2]#
```

下面用 gdb -silent argc-argv 进行调试，并通过 run a1 a2 a3 将命令行参数传入(本例使用 set args a1 a2 a3 来设置命令行参数)，如屏显 3-13 所示。在 start 命令启动程序后，首先检查得到当前的堆栈指针 rsi 的数值为 0x7fffffffe088。

通过 p &argc 和 p &argv 命令，可以发现它们是通过 rdi 和 rsi 传入的(参数少于 6 个，用寄存器传递，请回顾表 3-1 中前 6 个参数的寄存器使用约定)。继续检查 argv(即% rsi)可知其地址为 0x7fffffffe168，该地址指向一个字符串指针列表，用 x/32x　$rsi 可以找到对应的 4 个参数字符串首地址：0x7fffffffe457、0x7fffffffe46f、0x7fffffffe472 和 0x7fffffffe475。再用 x/32c 0x7fffffffe457 逐个字节检查上述地址上的数据，可以看见相应地址上存储了/home/lqm/cs2/argc-argv、a1、a2 和 a3 等 4 个字符串。最后也可以在 GDB 中直接显示 argv[0～3]也获得相一致的结果。将这些分析结果绘制成图，如图 3-8 所示。

屏显 3-13　gdb 查看命令行参数

```
[root@localhost cs2]#gdb -silent argc-argv
Reading symbols from /home/lqm/cs2/argc-argv...done.
(gdb) set args a1 a2 a3
(gdb) start
Temporary breakpoint 1 at 0x40052d: file argc-argv.c, line 3.
Starting program: /home/lqm/cs2/argc-argv a1 a2 a3

Temporary breakpoint 1, main (argc=4, argv=0x7fffffffe168) at argc-argv.c:3
3     {
(gdb) p $rsp
$8 = (void * ) 0x7fffffffe088
(gdb) p argc
$1 =4
(gdb) p argv
$2 = (char * * ) 0x7fffffffe168
(gdb) p &argc
Address requested for identifier "argc" which is in register $rdi
(gdb) p &argv
Address requested for identifier "argv" which is in register $rsi
(gdb) x/32x $rsi
0x7fffffffe168: 0x57 0xe4 0xff 0xff 0xff 0x7f 0x00 0x00
0x7fffffffe170: 0x6f 0xe4 0xff 0xff 0xff 0x7f 0x00 0x00
0x7fffffffe178: 0x72 0xe4 0xff 0xff 0xff 0x7f 0x00 0x00
```

```
0x7fffffffe180: 0x75 0xe4 0xff 0xff 0xff 0x7f 0x00 0x00
(gdb) x/32c 0x7fffffffe457
0x7fffffffe457: 47 '/'    104 'h'    111 'o'    109 'm'    101 'e'    47 '/'    108
'l'    113 'q'
0x7fffffffe45f: 109 'm'    47 '/'    99 'c'    115 's'    50 '2'    47 '/'    97 'a'
  114 'r'
0x7fffffffe467: 103 'g'    99 'c'    45 '-'    97 'a'    114 'r'    103 'g'    118
'v'    0 '\000'
0x7fffffffe46f: 97 'a'    49 '1'    0 '\000'    97 'a'    50 '2'    0 '\000'    97 '
a'    51 '3'
(gdb) p argv[0]
$4 =0x7fffffffe457 "/home/lqm/cs2/argc-argv"
(gdb) p argv[1]
$5 =0x7fffffffe46f "a1"
(gdb) p argv[2]
$6 =0x7fffffffe472 "a2"
(gdb) p argv[3]
$7 =0x7fffffffe475 "a3"
(gdb)
```

■ **环境变量**

环境变量也在启动代码的栈帧区间，是由 shell 在创建进程的时候填写的。为了探究环境变量在进程空间中的位置，用 C 语言的 getenv()获得其中的 PATH 环境变量，然后再设法查看全部环境变量，具体代码如代码 3-46 所示。

代码 3-46 env.c

```c
#include <stdlib.h>
#include <stdio.h>

int main(void)
{
    char *pathvar;
    pathvar =getenv("PATH");
    printf("pathvar=%s",pathvar);
    return 0;
}
```

用 gcc -Og -g env. c -o env 生成可执行文件，然后用 gdb -silent env 开始调试。用 n 命令执行完 getenv()之后，用 p &pathvar 查看参数所在位置时，提示由 $rax 指出该环境变量的地址。查看 $rax 指向的地址空间(0x7fffffffed15)，可以看到该进程的 PATH 环境变量为“/usr/local/bin: /usr/local/sbin:　... ”，这确定了 PATH 环境变量所在空间，其他环境变量仍未知。

屏显 3-14　用 GDB 查看 env 进程的 PATH 环境变量

```
[root@localhost cs2]#gdb -silent env
Reading symbols from /home/lqm/cs2/env...done.
(gdb) start
Temporary breakpoint 1 at 0x40057d: file env.c, line 5.
Starting program: /home/lqm/cs2/env

Temporary breakpoint 1, main () at env.c:5
5     {
(gdb) n
7         pathvar =getenv("PATH");
(gdb) n
8         printf("pathvar=%s",pathvar);
(gdb) p &pathvar
Address requested for identifier "pathvar" which is in register $rax
(gdb) p/x $rax
$3 =0x7fffffffed15
(gdb) x/32c 0x7fffffffed15
0x7fffffffed15: 47 '/'    117 'u'    115 's'    114 'r'    47 '/'    108 'l'    111
'o'    99 'c'
0x7fffffffed1d: 97 'a'    108 'l'    47 '/'    98 'b'    105 'i'    110 'n'    58 ':
'    47 '/'
0x7fffffffed25: 117 'u'    115 's'    114 'r'    47 '/'    108 'l'    111 'o'    99
'c'    97 'a'
0x7fffffffed2d: 108 'l'    47 '/'    115 's'    98 'b'    105 'i'    110 'n'    58
':'    47 '/'
```

为了找到其他环境变量所在的存储空间，首先需要知道该进程所有环境变量是什么。下面借助 Linux 的 proc 文件系统提供的信息来获得该系统上 env 程序的环境变量，先找到进程号，然后查看/proc/PID/environ 文件内容即可，如屏显 3-15 所示。其中可以看到，PATH=/usr/local/bin: … 与前面 GDB 在进程 0x7fffffffed15 地址上查看到的相一致。

屏显 3-15　env(pid=28342)可执行文件的环境变量

```
[root@localhost cs2]#ps -A|grep env
28342 pts/0    00:00:00 env
[root@localhost cs2]#  cat /proc/28342/environ
XDG_VTNR = 1SSH _ AGENT _ PID = 2904XDG _ SESSION _ ID = 1HOSTNAME = localhost.
localdomainIMSETTINGS_INTEGRATE_DESKTOP=yesGPG_AGENT_INFO=/run/user/1000/
keyring/gpg:0:1TERM=xterm-256colorSHELL=/bin/bashXDG_MENU_PREFIX=gnome-VTE_
VERSION=3804HISTSIZE=1000WINDOWID=39845895IMSETTINGS_MODULE=IBusUSER=lqmLS_
COLORS=rs=0:di=38;5;27:ln=38;5;51:mh=44;38;5;15:pi=40;38;5;11:so=38;5;13:do
=38;5;5:bd=48;5;232;38;5;11:cd=48;5;232;38;5;3:or=48;5;232;38;5;9:mi=05;48;5;
232;38;5;15:su=48;5;196;38;5;15:sg=48;5;11;38;5;16:ca=48;5;196;38;5;226:tw=
48;5;10;38;5

…

38;5;45:*.au=38;5;45:*.flac=38;5;45:*.mid=38;5;45:*.midi=38;5;45:*.mka=
38;5;45:*.mp3=38;5;45:*.mpc=38;5;45:*.ogg=38;5;45:*.ra=38;5;45:*.wav=38;
5;45:*.axa=38;5;45:*.oga=38;5;45:*.spx=38;5;45:*.xspf=38;5;45:SSH_AUTH_
SOCK=/run/user/1000/keyring/sshUSERNAME=lqmSESSION _MANAGER=local/unix:@/
tmp/.ICE-unix/2708,unix/unix:/tmp/.ICE-unix/2708COLUMNS=151GNOME _ SHELL_
SESSION_MODE=classic PATH=/usr/local/bin:/usr/local/sbin:/usr/bin:/usr/sbin:/
bin:/sbin:/home/lqm/.local/bin:/home/lqm/bin:.      MAIL     =/var/spool/mail/
lqmDESKTOP_SESSION=gnome-classic_=/usr/bin/gdbQT_IM_MODULE=ibusPWD=/home/
lqm/cs2XMODIFIERS=@im=ibusLANG=zh_CN.UTF-8GDM_LANG=zh_CN.UTF-8LINES=
34GDMSESSION = gnome - classicHISTCONTROL = ignoredupsXDG _ SEAT = seat0HOME =/
rootSHLVL= 3MALLOC _ TRACE =/tmp/tGNOME _ DESKTOP _ SESSION _ ID = this - is -
deprecatedXDG_SESSION _DESKTOP=gnome-classicLOGNAME=lqmDBUS _SESSION _BUS_
ADDRESS   =   unix:   abstract   =/tmp/dbus   -   bifmq10RxC,   guid   =
c0adcad74a6305e331e155045ab5b1f4LESSOPEN=||/usr/bin/lesspipe.sh %sWINDOWPATH
=1XDG _RUNTIME _DIR=/run/user/1000DISPLAY=:0XDG _CURRENT _DESKTOP=GNOME-
Classic:GNOMEXAUTHORITY=/root/.xauthR3NqWK
[root@localhost cs2]#
```

尝试往更低地址处查看，发现了全部环境变量的起点 0x7fffffffe47e 处，是第一个环境变量 XDG_VTNR(见屏显 3-16)，比较屏显 3-15 显示的第一个环境变量 XDG_VTNR

及其内容,可以确定它们是一致的。这里将环境变量的信息绘制到图 3-8 中用户态堆栈的顶部位置。

屏显 3-16 堆栈区顶部的环境变量存储空间

```
(gdb) x/128c 0x7fffffffe478
0x7fffffffe478: 50 '2'    47 '/'    101 'e'    110 'n'    118 'v'    0 '\000'    88
'X'    68 'D'
0x7fffffffe480: 71 'G'    95 '_'    86 'V'    84 'T'    78 'N'    82 'R'    61 '='
  49 '1'
0x7fffffffe488: 0 '\000'    83 'S'    83 'S'    72 'H'    95 '_'    65 'A'    71 'G'
   69 'E'
0x7fffffffe490: 78 'N'    84 'T'    95 '_'    80 'P'    73 'I'    68 'D'    61 '='
  50 '2'
0x7fffffffe498: 57 '9'    48 '0'    52 '4'    0 '\000'    88 'X'    68 'D'    71 'G'
   95 '_'
0x7fffffffe4a0: 83 'S'    69 'E'    83 'S'    83 'S'    73 'I'    79 'O'    78 'N'
  95 '_'
0x7fffffffe4a8: 73 'I'    68 'D'    61 '='    49 '1'    0 '\000'    72 'H'    79 'O
'    83 'S'
0x7fffffffe4b0: 84 'T'    78 'N'    65 'A'    77 'M'    69 'E'    61 '='    108 'l'
   111 'o'
0x7fffffffe4b8: 99 'c'    97 'a'    108 'l'    104 'h'    111 'o'    115 's'    116
't'    46 '.'
0x7fffffffe4c0: 108 'l'    111 'o'    99 'c'    97 'a'    108 'l'    100 'd'    111
'o'    109 'm'
0x7fffffffe4c8: 97 'a'    105 'i'    110 'n'    0 '\000'    73 'I'    77 'M'    83 '
S'    69 'E'
0x7fffffffe4d0: 84 'T'    84 'T'    73 'I'    78 'N'    71 'G'    83 'S'    95 '_'
  73 'I'
```

读者也可以用更直接的方法来获得环境变量所处位置,例如使用 main(int argc,char * argv[],char * envp[])就可以得到环境变量的指针。main()函数初始时期的堆栈状态如图 3-9 所示,注意其中的 argv[]和 envp[]。

■ 堆栈容量

Linux 系统中一个进程/线程的堆栈大小是有一个限制的,可以用 ulimit -a 查看,如屏显 3-17 所示。如果需要修改系统堆栈容量限制,可以执行 ulimit -s X 命令将后面创建

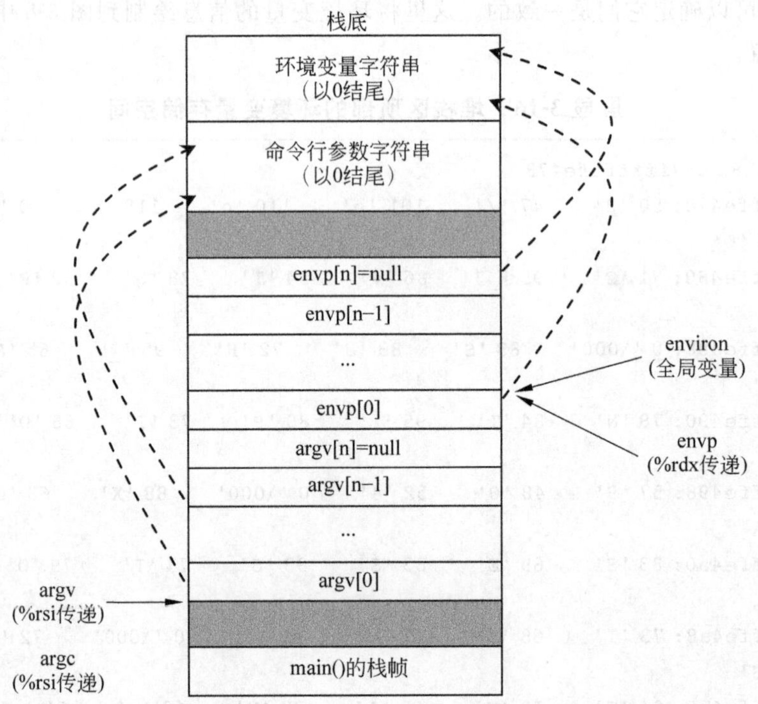

图 3-9 main()堆栈初始部分

的进程堆栈容量上限调整为 X KB。

屏显 3-17 查看进程资源上限

```
[root@localhost dyn-lib2]#ulimit -a
core file size          (blocks, -c) 0
data seg size           (kbytes, -d) unlimited
scheduling priority             (-e) 0
file size               (blocks, -f) unlimited
pending signals                 (-i) 3848
max locked memory       (kbytes, -l) 64
max memory size         (kbytes, -m) unlimited
open files                      (-n) 1024
pipe size            (512 bytes, -p) 8
POSIX message queues     (bytes, -q) 819200
real-time priority              (-r) 0
```

```
stack size               (kbytes, -s)  8192
cpu time                (seconds, -t)  unlimited
max user processes               (-u)  3848
virtual memory           (kbytes, -v)  unlimited
file locks                       (-x)  unlimited
[root@localhost dyn-lib2]#
```

3.5　小结

本章讨论了 C 程序中的数据、运算和控制结构到汇编的变换过程，也就是通常意义上的编译过程。其中数据部分讨论了 C 语言基本数据类型以及数组、结构体和联合体，包括所占的空间大小、字节序等，并观察了全局变量、局部变量在内存中的布局情况。运算部分只是简单地给出了数据传送和算术逻辑运算的汇编，并未详细讨论。控制部分主要讨论了 C 语言分支、循环等结构如何通过汇编模板来支持，并且着重讨论了函数调用与返回、参数传递和栈帧结构等细节。最后讨论了程序运行时，系统是如何向 main()函数传递环境变量、命令行参数。

通过本章的学习，读者应该对程序片段所对应的汇编代码已经有较完整的了解，但暂时对整个可执行文件的结构还未建立认识。

练习

1. 请读者自行设计一套不同于 3.4.2 节中的 if-else 模板，并用它描述代码 3-14。

2. 请设法跟踪 fibonacci.c 函数中 Fibonacci(n-2)分支的 n=5 时的栈帧，并比较返回地址与本章中示例给出的返回地址的不同。

3. 对 zlib 库中的 zpipe.c 编译生成可执行文件，查看其反汇编代码(可用 objdump、readelf 或 gdb 等方法)，标注其中的变量位置(地址)、算术运算、分支结构、函数调用及参数传递的汇编代码实现。

4. 编写 main()函数，调用下面的 getbuf()函数，并通过提供相同特定字符串参数，使得其缓冲区溢出并破坏 gets()的返回地址。

代码 3-47　缓冲区溢出攻击的目标函数

```
int getbuf()
{
    char buf[12];
    gets(buf);
    return 1;
}
```

第 4 章

链接与可执行文件

通过第 3 章的学习，相信读者已经对 C 代码片段在汇编语言级别的行为已经不再有大的疑惑。但对于多个 C 程序的目标文件如何整合成一个可执行文件、可执行文件是如何创建进程影像、程序代码和数据在程序空间中如何布局等过程，仍是基本空白状态。

本章将以下知识点联系起来：C 程序编译生成可重定位目标文件；多个目标文件通过链接生成完整的可执行文件；操作系统将一个可执行文件创建一个新进程。

4.1 生成可执行文件

图 4-1 给出了 C 代码到目标文件的编译、多个目标文件的链接和可执行文件装入过程的关系。

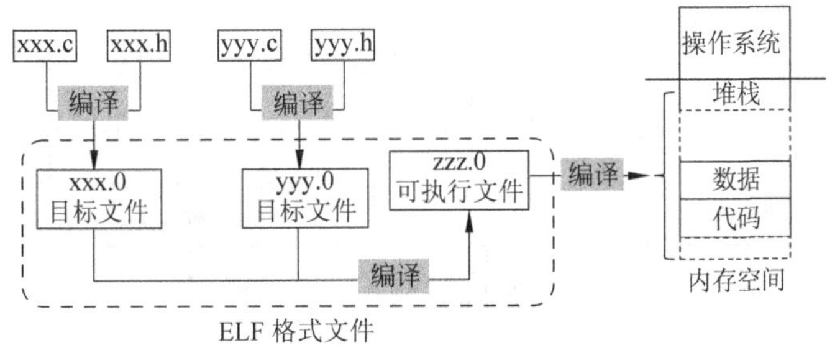

图 4-1 编译、链接和装入的关系

请读者关注图中编译、链接和装入这三个操作的输入和输出。本章虽然主要讨论前两个步骤，但生成可执行文件的目的就是为了能装入内存而运行，因此也不能完全忽略。

编译只涉及一个C文件并产生一个目标文件。所产生的目标文件将代码、数据和辅助信息等生成为不同的节，各个节都假定自己从0地址开始在内存空间存放。此时，即便代码访问的是本C文件中的全局变量，其内存地址也无法确定，因为不知道代码节和数据节将会存放到内存的什么地址上。如果访问其他C代码中的变量或函数，则其地址更是无法确定。

链接过程则需要提供所有的目标文件，并将各个目标文件中的相同属性的节合并——各目标文件的代码节合并为一个代码节，将各数据节合并为一个数据节。然后将它们在内存空间中排放布局(起始地址不再为0)。如果有上面提到的编译时未确定地址，此时将会把地址修改为确定的数值。所生成的可执行文件不仅有代码和数据，而且还有额外的描述信息，在运行前用于指导将可执行文件的各部分内容拷贝到内存的指定位置。

装入过程则是操作系统使用装载器按照可执行文件所指定的方式，将各部分内容拷贝到指定的内存位置，从而准备运行。

4.1.1 样例代码

本章在分析链接的过程中，仍使用和2.2.2节相同的静态链接样例代码。在这里再次给出main-lib.c、addvec.c、multvec.c和vector.h源代码，如代码4-1～4-4所示。如果读者前面已经编辑、编译并完成链接，那么所保留的文件都可以用于本章学习使用。

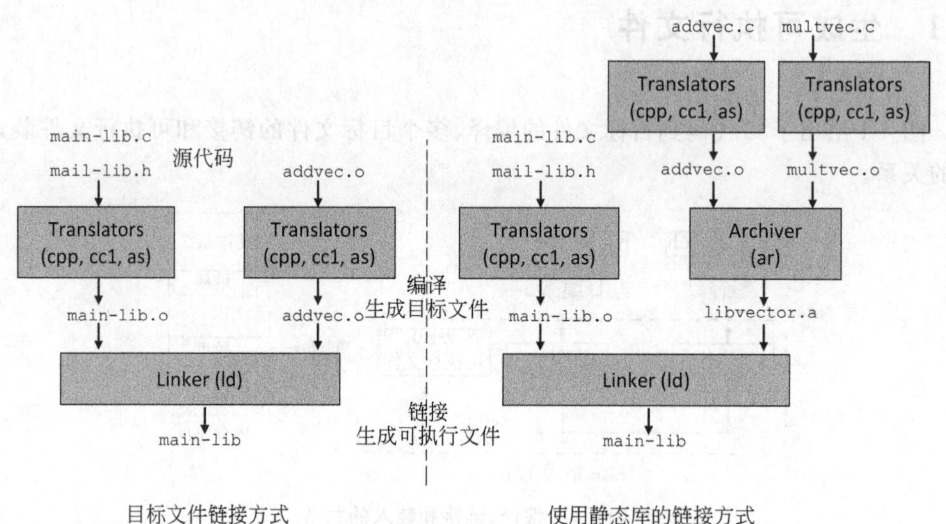

图4-2 编译、链接生成main-lib可执行文件

如果还未进行相应的编译和链接操作，那么可以按照图4-2右侧的流程完成以下操

作，生成所需的输出文件：

- 首先要编译成目标文件，这里使用 gcc -Og -c addvec. c multvec. c 命令生成 addvec. o 和 multvec. o 两个目标文件。
- 然后通过 ar rcs libvector. a addvec. o mulvec. o 将 addvec. o 和 multvec. o 两个目标文件存档到一个文件中生成静态库(参数中的 c 表示 create，r 表示 replace)。
- 在生成静态库之后，就可以尝试在链接中使用它们了。用 gcc -Og -c main-lib. c 生成 mail-lib. o 目标文件，再执行 gcc main-lib. o libvector. a -o main-lib生成可执行文件 main-lib 并运行。

如果不使用静态库的方式，也可以直接用 gcc main-lib. o addvect. o -o main-lib 命令来生成 main-lib 可执行文件(图 4-2 左侧所示的方式)。无论哪种链接过程，此时对 addvec()函数的调用都是使用静态链接方式完成的。

代码 4-1　vector. h

```
void addvec(int *x, int *y,int *z, int n);
void multvec(int *x, int *y,int *z, int n);
```

代码 4-2　main-lib. c

```
#include <stdio.h>
#include "vector.h"

int x[2] ={1, 2};
int y[2] ={3, 4};
int z[2];

int main()
{
    addvec(x, y, z, 2);
    printf("z =[%d %d]\n", z[0], z[1]);
    return 0;
}
```

代码 4-3　addvec. c

```
void addvec(int *x, int *y,int *z, int n)
{
    int i;
```

```

    for (i =0; i <n; i++)
    z[i] =x[i] +y[i];
}
```

代码 4-4 multvec. c

```
void multvec(int *x, int *y,int *z, int n)
{
    int i;

    for (i =0; i <n; i++)
    z[i] =x[i] * y[i];
}
```

4.1.2 进程影像

可执行文件最终是要装入内存中执行的，因此需要先了解一下进程在内存中的布局的基本概念。

1. 进程内存布局

前面在 3.2.3 节中已经初步了解了一个进程在编程空间（虚存）中的布局情况（见前面屏显 3-4）。这里将它用图 4-3 表示为更加直观的形式。图 4-3 首先展示了内核空间和用户空间的分割，内核空间占用高端部分，用户进程直接访问的只能是低端的用户空间。进一步地，用户空间分为已分配使用的空间和未分配使用的空间。经分配的合法空间部分自上而下有：用户堆栈、共享库内存映射区、堆、数据段、代码段等。其余用虚线标注的空间为未分配空间，访问这些地址将可能引起异常并导致进程被撤销。

这种布局并不是唯一可行的方案。例如，把代码段和数据段放置到堆栈的高端，也是可行的方案。无论哪种方案，只要一旦确定下来，Linux 系统的装载器和 GCC 链接器都必须遵循这个约定。这就涉及应用程序二进制接口（Application Binary Interface，ABI），它描述了应用程序和操作系统之间，一个应用和它的库之间，或者应用的组成部分之间等一系列的标准。下面主要涉及应用程序内部不同属性的数据段、代码段之间的布局问题，并不讨论 ABI 的其他内容。

运行 main-lib 并查看分析其/proc/PID/maps 文件所提供的信息，如屏显 4-1 所示。最左边一列“XXXXXXXX-YYYYYYYY”两个数字是被分配使用的地址空间范围；第二

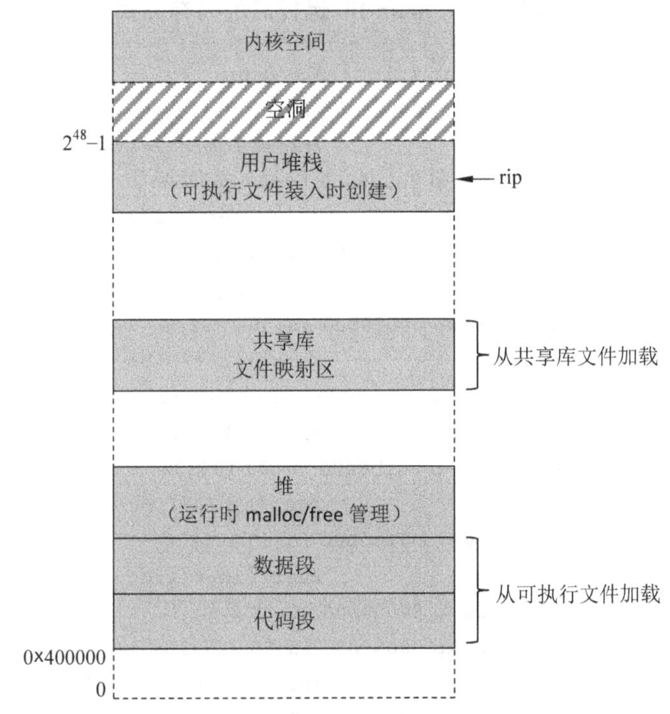

图 4-3　Linux x86-64 进程布局（未展示因段的对齐以及布局随机化（ASLR）造成的空隙）

列由 4 个字符构成，对应于该地址区间的访问属性（r、w、x、p）。在访问属性右边还有 4 列信息，是内存区间和磁盘文件的映射关系。如果该内存空间的内容来源于磁盘文件，例如程序的代码段（来源于可执行文件的代码）、数据段（来源于可执行文件中的数据初值）等，这时候就需要记录该内存空间和磁盘文件之间的对应关系。因此会在第六列给出所在的文件路径名，第三列给出对应磁盘文件的偏移（也就是说一个内存区间可以映射到磁盘文件的一部分，映射的长度等于本段虚存空间长度），第四列是对应的映射文件的主设备号和次设备号，在第五列给出该文件的索引节点号。

如果该内存空间的内容不是来源于磁盘的，比如栈所占的空间、malloc()创建的内存区间等，则第六列上没有文件路径名，且第三、四、五列上的数字全为 0。

不在上述地址范围的内存空间，都是未使用、未分配的空间，如果访问到未使用的区间则通常引发一个地址异常，操作系统会将该进程撤销。

屏显 4-1　main-lib 运行后的内存布局

```
[root@localhost static-lib]#cat /proc/7216/maps
00400000-00401000           r-xp 00000000 fd:00 5687604
                                          /home/lqm/cs2/static-lib/main-lib
00600000-00601000           r--p 00000000 fd:00 5687604
                                          /home/lqm/cs2/static-lib/main-lib
00601000-00602000           rw-p 00001000 fd:00 5687604
                                          /home/lqm/cs2/static-lib/main-lib
7ffff7a18000-7ffff7bd0000   r-xp 00000000 fd:00 105230
                                          /usr/lib64/libc-2.17.so
7ffff7bd0000-7ffff7dd0000   ---p 001b8000 fd:00 105230
                                          /usr/lib64/libc-2.17.so
7ffff7dd0000-7ffff7dd4000   r--p 001b8000 fd:00 105230
                                          /usr/lib64/libc-2.17.so
7ffff7dd4000-7ffff7dd6000   rw-p 001bc000 fd:00 105230
                                          /usr/lib64/libc-2.17.so
7ffff7dd6000-7ffff7ddb000   rw-p 00000000 00:00 0
7ffff7ddb000-7ffff7dfc000   r-xp 00000000 fd:00 2471104
                                          /usr/lib64/ld-2.17.so
7ffff7fe1000-7ffff7fe4000   rw-p 00000000 00:00 0
7ffff7ff9000-7ffff7ffa000   rw-p 00000000 00:00 0
7ffff7ffa000-7ffff7ffc000   r-xp 00000000 00:00 0
                                          [vdso]
7ffff7ffc000-7ffff7ffd000   r--p 00021000 fd:00 2471104
                                          /usr/lib64/ld-2.17.so
7ffff7ffd000-7ffff7ffe000   rw-p 00022000 fd:00 2471104
                                          /usr/lib64/ld-2.17.so
7ffff7ffe000-7ffff7fff000   rw-p 00000000 00:00 0
7ffffffde000-7ffffffff000   rw-p 00000000 00:00 0
                                          [stack]
ffffffffff600000-ffffffffff601000 r-xp 00000000 00:00 0
                                          [vsyscall]
[root@localhost static-lib]#
```

从/proc/PID/maps 的输出可以看出，mail-lib 可执行文件的代码位于 0x400000～0x401000 区间，只读数据位于 0x600000～0x601000 区间，可读写数据位于 0x601000～0x602000 区间。实际上数据段和代码段不会在正好占用 0x1000(4KB)大小，因为操作系统按照页的边界对齐进行管理，不足一个页也按一个页处理。

还需要注意的是 x86-64 系统的地址空间使用问题。虽然都是将 2^{64} 字节的编程空间划分成内核区间和用户空间，可执行文件的代码在用户空间中布局，但是当前并非需要完整的 2^{64} 字节的空间。因此具体实现上分为 48 位地址、56 位地址和 64 位地址三种模式，它们的有效使用空间如图 4-4 所示。前面示例中使用的是 48 位的模式。

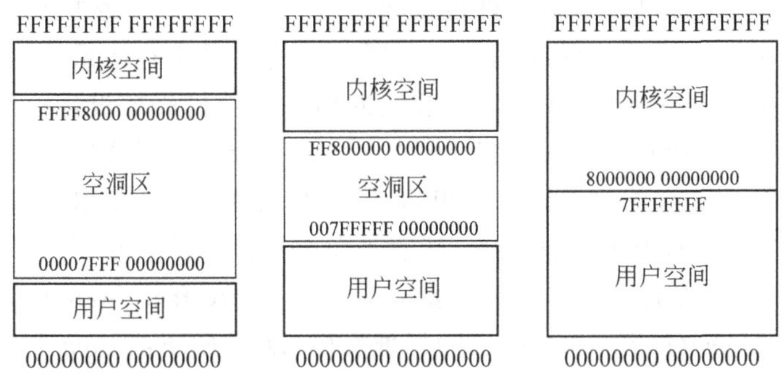

图 4-4　48 位、56 位、64 位地址的 Linux 系统上的用户/内核空间地址划分示意图

这里所写的 C 代码编译生成的程序，在运行时只在用户空间中存在，其内部的初始布局由可执行文件所指出。

2. 进程影像改变

上面提到的进程布局，在刚运行时是由可执行文件决定的初始布局，而进程在运行期间，进程影像的内存布局可能会动态地发生一些变化。

从前面关于函数调用的讨论可以知道，用户堆栈是会随着函数的调用而发生扩展(下移)的。另外 malloc()分配内存引起堆区的扩展，当所分配的空间较大时还会创建出文件映射区，形式上是文件映射区，但不映射到任何具体的文件。

除此之外，mmap()也可以将磁盘文件映射到内存空间而创建新的文件映射内存区间，从而引起进程影像的变化。Linux 系统中实现这样的映射关系后，进程就可以采用指针的方式读写这一段内存，其内容由系统自动从文件读入，而且系统会自动回写被修改的数据到对应的文件磁盘上。即以内存读写形式的操作完成了对文件的操作，而不必再调用 read()或 write()等系统调用函数。相对应的是解除映射，解除映射的函数为 munmap()。

归结前面的知识，可以知道进程的虚存空间布局初始状态是由可执行文件决定的，运行之后还可能发生动态变化，这些变化存在于用户态栈区间、堆区和文件映射区。

4.1.3 ELF 文件与装入

已知 main-lib 运行后进程影像的内存布局是由可执行文件决定的，因此本节分析可执行文件如何指定内存布局。Linux 中的 C 程序编译后所生成的可执行文件是按照 ELF 格式存储的，因此下面讨论 ELF 文件中如何指定内存布局的相关内容。

ELF 作为 Linux 标准的目标文件格式和可执行文件格式已经很久了（替代了早期的 a. out 格式），它的一个优势是可以用于内核所支持的几乎所有体系结构上，统一了不同平台上的编译、链接、可执行文件创建和装载的相关软件代码的设计。但不同系统上的 ELF 格式文件并不意味着二进制兼容，例如，x86 FreeBSD 上的 ELF 可执行文件并不能直接在 x86 Linux 运行，虽然它们格式相同，但存在系统调用机制和语义上的差异问题。下面先给出 ELF 的布局和视图的概念，然后简单分析其格式。更详细的 ELF 格式信息请通过 man elf 命令查看，或参考 TIS 委员会（Tool Interface Standards committee）的 *Executable and Linkable Format* （*ELF*）标准文档，以及 *ELF*：*From The Programmer's Perspective*[①] 技术文档。

1. ELF 链接视图和执行视图

ELF 格式文件不仅用于可执行文件，还可以存储可重定位目标文件、动态库文件等。也就是说，ELF 文件既要承载编译的输出（可重定位目标文件），又要承载链接的输出（可执行文件），因此其文件格式需要同时满足这两个功能。所以它具有在同一个存储格式下的两种不同用途的视图，即链接视图（Link View）和执行视图（Execution View）。图 4-5 展示了 ELF 的链接视图和执行视图。

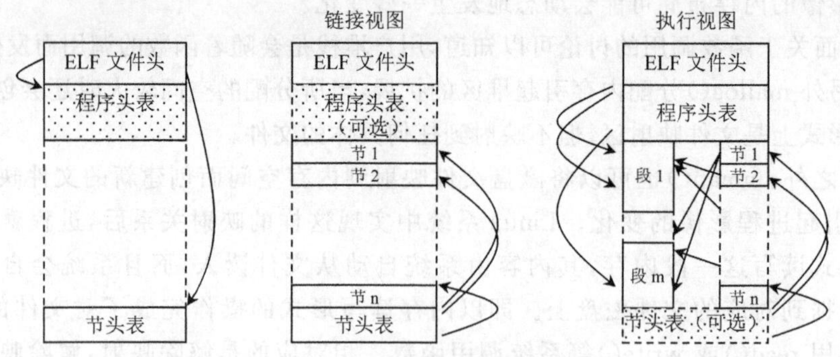

图 4-5 ELF 的链接视图和执行视图

① http://www.ru.j-npcs.org/usoft/WWW/www_debian.org/Documentation/elf/elf.html。

如果作为目标文件则使用链接视图，主要关心各个节的描述（节头表），支持后面的链接操作。对于编译输出的结果，需要保存和记录多个不同属性的节，如代码、数据、符号表等。链接视图使用节头表来描述节的编号、名称、属性、所占文件区间位置等信息。

反之则是用于装载操作的执行视图，关心各个段的描述（程序头表），支持后面的装入操作。可执行文件作为链接的输出结果，则需要记录段的信息，各个段由什么节拼接而成（注意图 4-5 右侧，多个节映射到同一个段的示意），这些段又将映射到进程内存空间的什么位置等等。执行视图利用程序头表来记录上述段的信息。

ELF 文件头给出文件整体性的信息，例如文件类型、硬件平台等信息，并用指针指出程序头表和节头表所在的位置。

将 3 种信息做一个简单归纳如下：

(1) 文件头：描述文件整体信息，从中可以找到程序头(表)和节头(表)在文件中的位置。

(2) 程序头(表)：描述各个段装入到内存的信息。

(3) 节头(表)：描述各个节的属性等信息。

也就是说，可执行文件关注的是“文件头”+“程序头(表)”，而目标文件则使用“文件头”+“节头(表)”。

2. ELF 文件头

文件头是 ELF 文件的最顶层描述，不仅指出了 ELF 类型，还有很多整体性的信息记录在文件头中。无论用于链接还是执行，ELF 文件头都给出了上述两种视图所需的磁盘文件内部组织布局信息，共占用 0x40 字节，并且位于文件的最开头。注意，只有 ELF 文件头有固定的位置和长度，程序头表和节头表的位置是不定的（需要在文件头中指出其位置）。

如图 4-6 所示，ELF 的文件开头 16 个字节用于识别文件是否为 ELF 类型，称为魔数(Magic)字符串。前三字节为“elf”，后续的字节为：32 位与 64 位区分字符、字节顺序的大小端区分字符、ELF 文件头版本号、若干个填充字节(0)。

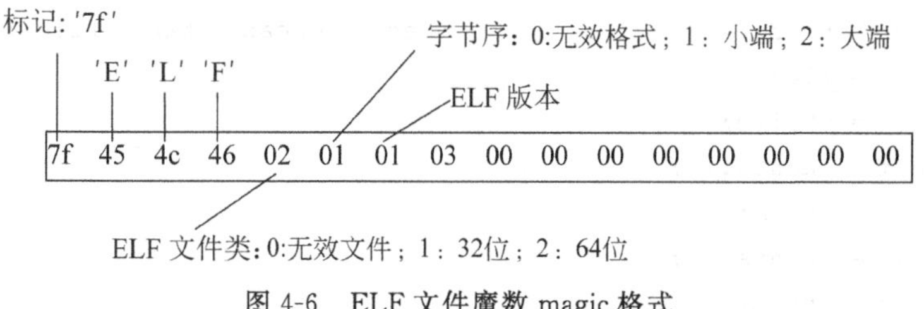

图 4-6　ELF 文件魔数 magic 格式

由于创建进程是由 Linux 内核态完成的，因此 ELF 文件的装入也是由内核代码处理的，其中 load_elf_binary()用于装入 ELF 文件。为了处理相应的数据，内核代码中 linux/include/uapi/linux/elf.h 定义了文件头数据结构 elf64_hdr，如代码 4-5 所示。该结构体 elf764_hdr 的成员按顺序分别是：

- e_ident[]字符数组，包含魔数等共 16 字节。
- e_type 文件类型（目标模块、动态链接库、可执行文件等）。
- e_machine 所需硬件体系结构。
- e_version 版本。
- e_entry 代码的入口地址。
- e_phoff 程序头表在文件中的偏移。
- e_shoff 节头表在文件中的偏移。
- e_flags 特定处理器标志，一般不用。
- e_ehsize ELF 文件头表的长度。
- e_phentsize 程序头表中每一项的长度。
- e_phnum 程序头表项的数目。
- e_shentsize 节头表中每一项的长度。
- e_shnum 节头表项的数目。
- e_shstrndx 各节名称字符串在节头表中的索引位置。

代码 4-5　文件头数据结构 Elf64_hdr

```
typedef struct elf64_hdr {
unsigned char e_ident[EI_NIDENT];  /* ELF "magic number" */
Elf64_Half e_type;
Elf64_Half e_machine;
Elf64_Word e_version;
Elf64_Addr e_entry;                /* Entry point virtual address */
Elf64_Off e_phoff;                 /* Program header table file offset */
Elf64_Off e_shoff;                 /* Section header table file offset */
Elf64_Word e_flags;
Elf64_Half e_ehsize;
Elf64_Half e_phentsize;
Elf64_Half e_phnum;
Elf64_Half e_shentsize;
Elf64_Half e_shnum;
Elf64_Half e_shstrndx;
}Elf64_Ehdr;
```

其中 ELF 文件的类型可取值有：ET_REL 表示可重定位的目标文件，ET_EXEC 表示可执行文件，ET_DYN 表示动态库，ET_CORE 表示内核转储文件或者 ET_NONE 表示未知/未定位类型的文件。下面先查看一下 ET_EXEC 和 ET_REL 两种目标文件的文件头。

■ **可执行文件的文件头**

下面使用 readelf -h 命令来查看 main-lib 可执行文件中文件头的内容，如屏显 4-2 所示(注意该软件输出有中文和英文混合的情况)。

屏显 4-2　main-lib 可执行文件的 ELF 文件头信息(最后一列中文为作者加的注释)

```
[root@localhost static-lib]#readelf -h main-lib
ELF 头:
  Magic:  7f 45 4c 46 02 01 01 00 00 00 00 00 00 00 00 00   魔数
  Class:                        ELF64                       分类
  Data:                         2's complement, little endian
                                                            数据表示:补码、小端
  Version:                      1 (current)                 版本号
  OS/ABI:                       UNIX - System V             Linux 的 ABI
  ABI Version:                  0                           ABI 版本
  Type:                         EXEC (可执行文件)            ELF 文件类型:可执行文件
  Machine:                      Advanced Micro Devices x86-64
                                                            硬件平台:AMD x86-64
  Version:                      0x1                         版本号
  入口点地址:            0x 400440                           程序入口地址
  程序头起点:            64 (bytes into file)                程序头表的起点
  Start of section headers:     6800 (bytes into file)      节头表的起点
  标志:               0x0                                    标志
  本头的大小:          64 (字节)                              文件头的大小:64 字节
  程序头大小:          56 (字节)                              程序头表项的大小:56 字节
  Number of program headers:    9                           程序头表项的数目:9 项
  节头大小:            64 (字节)                              节头表项的大小 64 字节
  节头数量:            30                                     节头表项的数目:30 项
  字符串表索引节头:      27                                     字符串索引节头:第 27
[root@localhost static-lib]#
```

输出的各行信息(和 elf64_hdr 结构体对应)可以根据名称而知其作用，比较重要的就是程序头表(program headers)和节头表(section headers)的信息(它们在文件中的起点)、表项的大小、表项的数目等。在文件头中所有的字段都添加了中文注释(在屏显 4-2 最右边一列),读者可以详细阅读。

这是可执行文件,因此其 Type 字段为 EXEC,而且入口点地址为 0x400440,指向的是代码中的<_start>: 位置(注意不是 main()函数的起点)。

从程序头表项数目为 9(Number of program headers=9)和节头表项数目为 30(节头数量=30)可知,对应的图 4-5 中执行视图的段的数量 m=9、节的数量 n=30。不同的 ELF 文件可能会出现其他段和节的数量。

■ 目标文件的文件头

再用 readelf -h 命令查看 main-lib.o 目标文件,会有不一样的情况,如屏显 4-3 所示。此时类型为 REL(可重定位文件),因此与装入执行无关——所以它的程序头的起点为 0 (表示无效),程序头大小为 0,程序头表项的数目(Number of program headers)也为 0。所以说目标文件是编译的输出文件,用于下一步的链接用途,不能装入运行。其入口点地址为 0,因为它不是可执行文件,没有程序入口的说法。因此主要关注其节头表就足够了,它有 13 个节。

屏显 4-3 main-lib.o 的 ELF 文件头信息

```
[root@localhost static-lib]#readelf -h main-lib.o
ELF 头:
  Magic:   7f 45 4c 46 02 01 01 00 00 00 00 00 00 00 00 00
  Class:                             ELF64
  Data:                              2's complement, little endian
  Version:                           1 (current)
  OS/ABI:                            UNIX - System V
  ABI Version:                       0
  Type:                              REL(可重定位文件)
  Machine:                           Advanced Micro Devices x86-64
  Version:                           0x1
  入口点地址:              0x0
  程序头起点:              0(bytes into file)
  Start of section headers:          976 (bytes into file)
  标志:             0x0
  本头的大小:       64 (字节)
  程序头大小:       0(字节)
  Number of program headers:         0
  节头大小:         64 (字节)
```

```
  节头数量:              13
  字符串表索引节头:      10
[root@localhost static-lib]#
```

3. 程序头表

程序头表是 ELF 的第二层描述，用于描述段及其装入内存的信息，形成执行视图。它位于文件头后面(见图 4-5)。顶层的文件头结构 elf64_hdr 的成员 e_phoff 和 e_phnum 分别给出程序头表在文件中的偏移和项数(所含段的数量)。因而装载器可以从文件头找到程序头表，进而可以知道哪些是需要装入的段、要装入的段的大小、要装入的段在文件中的偏移和在虚存空间的起始地址，如果需要，还可以再根据节头表找到各个节的信息。

程序头表使用 elf64_phdr 结构体来描述其中一个项(对应一个段)，如代码 4-6 所示。其成员变量按顺序分别是：

- p_type，该段的类型。
- p_offset，该段在文件中的偏移量。
- p_vaddr，该段映射到虚存中的起始地址。
- p_paddr，同 p_addr，在没有虚存的系统则使用 p_paddr。
- p_filesz，该段在文件中以字节计数的长度。
- p_memsz，该段在内存空间所占用的长度(可以大于 p_filesz)。
- p_flags，该段的访问权限(PF_R、PF_W、PF_X 分别表示读、写、可执行)。
- p_align，该段的对齐方式。

代码 4-6　程序头表 Elf64_phdr 结构体

```
typedef struct elf64_phdr {
Elf64_Word p_type;
Elf64_Word p_flags;
Elf64_Off p_offset;          /* Segment file offset */
Elf64_Addr p_vaddr;          /* Segment virtual address */
Elf64_Addr p_paddr;          /* Segment physical address */
Elf64_Xword p_filesz;        /* Segment size in file */
Elf64_Xword p_memsz;         /* Segment size in memory */
Elf64_Xword p_align;         /* Segment alignment, file & memory */
}Elf64_Phdr;
```

程序头表中 p_type 的常见段类型包括：

- PHDR：对应于程序头表自身的那一个段。
- INTERP：解释器路径名，指出动态链接的可执行文件装入内存时必须调用的解释器。这个解释器不是像Java虚拟机那样的，而是用于链接其他库，从而解决未确定的引用，例如/lib/ld-linux.so.2(或/lib/ld-linux-ia-64.so.2等)是Linux的动态装载器库。几乎所有程序都需要C标准库，其他可能需要的库有GTK、math、libjpeg等。
- LOAD：表示一个段的内容需要从磁盘装入内存，通常包含代码、常量数据、已初始化变量等。
- DYNAMIC：保存了动态链接器(即INTERP指定的解释器)所使用的信息，由.dynamic节构成。
- NOTE：保存了其他注释性的信息。

注意，这里的段虽然与处理器虚存管理的分页分段机制的段在字面上相同，但这里的段仅仅指虚存空间中具有特定属性(可读、可写等)的一个连续区域，是程序装载过程相关的概念。

图4-7给出了根据程序头表中一个项来完成进程内存空间某一个段的装入示意图。装入过程将需要把所有LOAD类型的段装入。

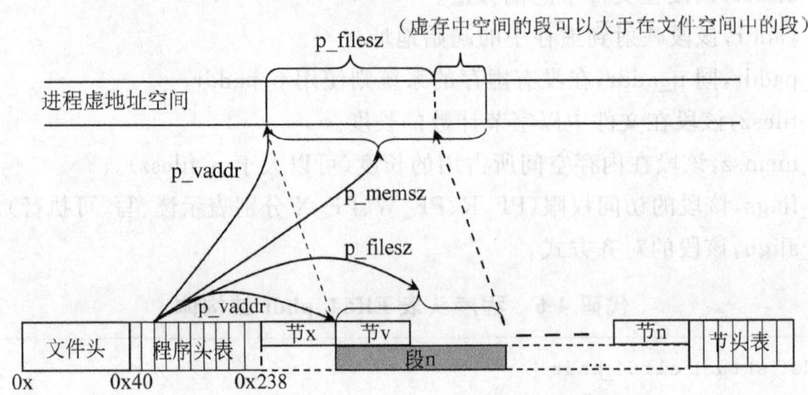

图 4-7 程序头表中一个项所包含的基本信息

■ 可执行文件的程序头表

从前面的程序头可知main-lib有9个段，现在用readelf -l main-lib命令查看程序头表的内容，获得这9个段的更详细内容，如屏显4-4所示。

屏显 4-4 main-lib 可执行文件的段

```
[root@localhost static-lib]#readelf -l main-lib

Elf 文件类型为 EXEC (可执行文件)
```

```
入口点 0x400440
共有 9 个程序头,开始于偏移量 64

程序头:
  Type           Offset             VirtAddr           PhysAddr
                 FileSiz            MemSiz             Flags  Align
  PHDR           0x0000000000000040 0x0000000000400040 0x0000000000400040
                 0x00000000000001f8 0x00000000000001f8 R E    8
  INTERP         0x0000000000000238 0x0000000000400238 0x0000000000400238
                 0x000000000000001c 0x000000000000001c R      1
      [Requesting program interpreter: /lib64/ld-linux-x86-64.so.2]
  LOAD           0x0000000000000000 0x0000000000400000 0x0000000000400000
                 0x0000000000000774 0x0000000000000774 R E    200000
  LOAD           0x0000000000000e10 0x0000000000600e10 0x0000000000600e10
                 0x0000000000000234 0x0000000000000240 RW     200000
  DYNAMIC        0x0000000000000e28 0x0000000000600e28 0x0000000000600e28
                 0x00000000000001d0 0x00000000000001d0 RW     8
  NOTE           0x0000000000000254 0x0000000000400254 0x0000000000400254
                 0x0000000000000044 0x0000000000000044 R      4
  GNU_EH_FRAME   0x0000000000000630 0x0000000000400630 0x0000000000400630
                 0x000000000000003c 0x000000000000003c R      4
  GNU_STACK      0x0000000000000000 0x0000000000000000 0x0000000000000000
                 0x0000000000000000 0x0000000000000000 RW     10
  GNU_RELRO      0x0000000000000e10 0x0000000000600e10 0x0000000000600e10
                 0x00000000000001f0 0x00000000000001f0 R      1

Section to Segment mapping:
  段节...
  00
  01     .interp
  02     .interp .note.ABI-tag .note.gnu.build-id .gnu.hash .dynsym .dynstr .gnu.version .gnu.version_r .rela.dyn .rela.plt .init .plt .text .fini .rodata .eh_frame_hdr .eh_frame
  03     .init_array .fini_array .jcr .dynamic .got .got.plt .data .bss
  04     .dynamic
  05     .note.ABI-tag .note.gnu.build-id
  06     .eh_frame_hdr
```

```
 07
 08     .init_array .fini_array .jcr .dynamic .got
[root@localhost static-lib]#
```

main-lib 文件头中指出一个程序头表项大小为 56 字节，9 个表项共有 56×9＝504＝0x1f8 字节，即 main-lib 的程序头表大小为 0x1f8，紧接在文件头后面占据了 0x40～0x238 的位置(如图 4-7 所示)。

屏显 4-4 后半部分的“段节…”描述了 main-lib 各个段由什么节构成，对应于图 4-5 右侧执行视图中的段和节的映射关系。对于这 9 个段，从装载的角度上看，只需要关注 LOAD 类型的段，其他诸如 NOTE 或 GNU_STACK 等只是在装载过程中起辅助作用，这里不详细讨论。

这两个需要装载的段对应编号为 02 和 03，于是可以在“段节…”部分找出这两个段，发现编号为 02 的段所对应的节“. interp . note. ABI-tag . note. gnu. build-id . gnu. hash . dynsym . dynstr . gnu. version . gnu. version_r . rela. dyn . rela. plt . init . plt . text . fini . rodata . eh_frame_hdr . eh_frame”，这个段将装入到虚存空间的某个区域中，而且此虚存空间区域的属性设置为“R E”，表示只读和可执行(包括了代码段和只读数据)。具体装入操作需要将文件中从偏移 0x 0000000000000000(Offset)开始的 0x0000000000000774(FileSiz)个字节装入到虚存空间从 0x0000000000400000(VirtAddr)开始的位置，占用 0x0000000000000774(Memsize)的内存空间，而且要求按照 0x200000 对齐边界。

编号为 03 段所对应的节“. init_array . fini_array . jcr . dynamic . got . got. plt . data . bss”装入到虚存空间的另一个区域内，并且其属性 Flags 为“RW”，表示可读可写，但不可执行(因为它们都是数据)。具体操作是将文件中从偏移为 0x0000000000000e10(Offset)开始的 0x0000000000000234(FileSiz)个字节装入到虚存空间从 0x0000000000600e10(VirtAddr)开始的位置，并且占据 0x0000000000000240(MemSiz)字节的空间。注意，此处文件中的字节数(0x234)小于虚存空间的字节数(0x240)，这是因为 bss 变量不需要初始化，只须占虚存空间而不需要占文件空间。

03 段其实包含了 08 段(GNU_RELRO)，后者与动态重定位相关，经过重定位修改之后变为只读数据，因此 03 段的内容将被分割成只读(r--p)和读写(rw-p)两部分，这就是只有两个 LOAD 类型的段，但是在/proc/PID/maps 中会有三行映射了 main-lib 可执行文件的原因。

除了前面提到的 PHDR、LOAD、INTERP、DYNAMIC 和 NOTE 外，还有 GNU_EH_FRAME、GNU_STACK 和 GNU_RELRO 段，分别用于异常、堆栈和重定位有关。结合段-节映射信息和图 4-8 可知，多个节可以映射到同一个段中，一个节也可以映射到不同

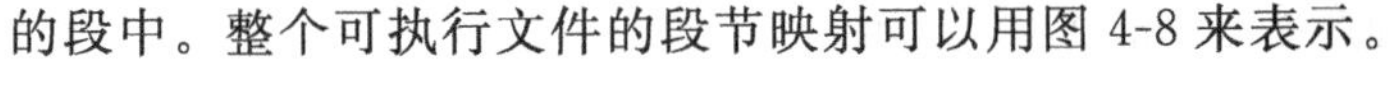

的段中。整个可执行文件的段节映射可以用图 4-8 来表示。

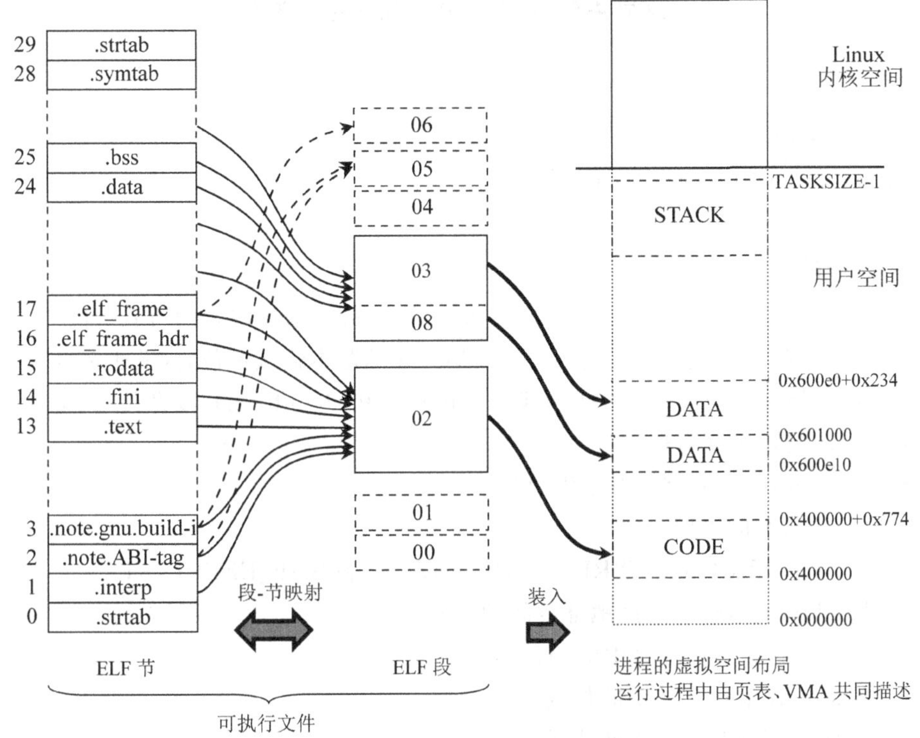

图 4-8　ELF 可执行文件的段节映射以及段与进程虚存空间映射关系

还要注意，ELF 中不同的段可能包含了相同的节，也就是说段的范围可能有重叠。如图 4-9 所示，03 段的范围比较大，而 08 GNU_RELRO 的范围只是 03 段中的一部分。后面讨论动态链接时，会知道 03 段以读写属性装入，经过重定位修改后，08 GNU_RELRO 部分变为只读属性。

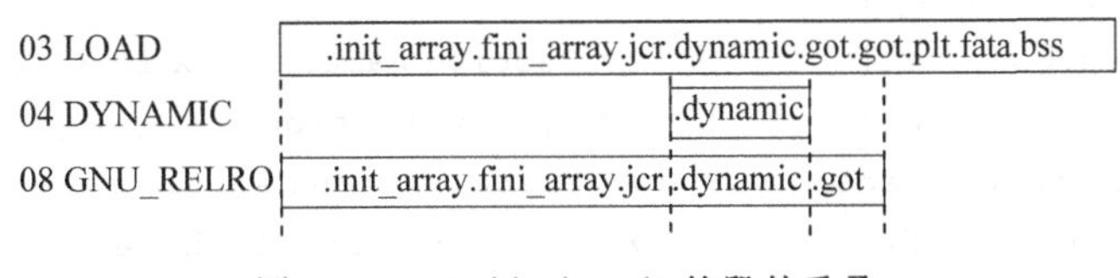

图 4-9　main-lib-shared2 的段的重叠

■ 目标文件的程序头表

正如前面看到的那样，目标文件没有程序头表，如果用 readelf -l 命令去查看 main-lib2.o 目标文件则提示没有程序头，如屏显 4-5 所示。

屏显 4-5　查看 main-lib.o 的程序头

```
[root@localhost static-lib]#readelf -l main-lib.o

本文件中没有程序头。
[root@localhost static-lib]#
```

4. 节头表

节头表是 ELF 的另一个第二层描述，形成链接视图，描述内含的所有节的相关信息。虽然与装入没有直接关系，但节是链接时布局操作的基本输入单位，因此也需要掌握。节头表项的结构体声明如代码 4-7 所示，除了 sh_link 和 sh_info 比较复杂外，其他成员的作用都很直观。按顺序分别是：

- sh_name，节的名字字符串索引号。
- sh_type，节的类型。
- sh_flags，标志(SHF_WRITE、SHF_ALLOC 和 SHF_EXECINST)。
- sh_addr，该节映射到虚地址空间的位置。
- sh_offset，该节在文件中的偏移。
- sh_size，该节在文件中的长度。
- sh_link，引用另一个节头表项。
- sh_info，与 sh_link 联合使用。
- sh_addralign，该节在内存中的对齐方式。
- sh_entsize，节中数据项的长度(前提是数据项长度相同，例如字符串表)。

代码 4-7　elf64_shdr 结构体

```
typedef struct elf64_shdr {
    Elf64_Word sh_name;         /* Section name, index in string tbl */
    Elf64_Word sh_type;         /* Type of section */
    Elf64_Xword sh_flags;       /* Miscellaneous section attributes */
    Elf64_Addr sh_addr;         /* Section virtual addr at execution */
    Elf64_Off sh_offset;        /* Section file offset */
    Elf64_Xword sh_size;        /* Size of section in bytes */
    Elf64_Word sh_link;         /* Index of another section */
    Elf64_Word sh_info;         /* Additional section information */
```

```
    Elf64_Xword sh_addralign;       /* Section alignment */
    Elf64_Xword sh_entsize;         /* Entry size if section holds table */
}Elf64_Shdr;
```

一个 C 代码编译后，代码归入. text 节，有初值的数据归入. data 节，链接符号归入符号表节等。常见的节的类型、取值以及说明如下：

- SHT_NULL　0　未使用的节。
- SHT_PROGBITS　1　包含程序确定的信息。
- SHT_SYMTAB　2　链接符号表。
- SHT_STRTAB　3　字符串表。
- SHT_RELA　4　“Rela”类型（带有 addend 修正值）的重定位入口。
- SHT_HASH　5　哈希符号表。
- SHT_DYNAMIC　6　动态链接表。
- SHT_NOTE　7　说明性的信息。
- SHT_NOBITS　8　未初始化空间，不占用磁盘存储。
- SHT_REL　9　“Rel”类型（不带 addend 修正值）的重定位入口。
- SHT_SHLIB　10　保留。
- SHT_DYNSYM　11　动态链接符号表。

从节头表可以获得全部节的信息。用 objdump -h 显示的节并不完整，用 readelf -S 命令显示的才完整。例如，对 main-lib 用 readelf -S 命令可以查看到全部 30 个节的信息（如屏显 4-6），而 objdump -h 命令只能看到 26 个节，而且这两个工具所显示的节的编号也不完全相同。例如，. interp 在 readelf 中显示为 1 号，而在 objdump 中显示为 0 号。

屏显 4-6　main-lib 的节（readelf -S 输出）

```
[root@localhost static-lib]#readelf -S main-lib
共有 30 个节头，从偏移量 0x1a90 开始:


节头:
  [Nr] Name              Type             Address           Offset
       Size              EntSize          Flags  Link  Info  Align
  [ 0]                   NULL             0000000000000000  00000000
       0000000000000000  0000000000000000           0     0     0
  [ 1] .interp           PROGBITS         0000000000400238  00000238
       000000000000001c  0000000000000000   A       0     0     1
```

```
[ 2] .note.ABI-tag     NOTE             0000000000400254  00000254
     0000000000000020  0000000000000000  A       0     0     4
[ 3] .note.gnu.build-i NOTE             0000000000400274  00000274
     0000000000000024  0000000000000000  A       0     0     4
[ 4] .gnu.hash         GNU_HASH         0000000000400298  00000298
     000000000000001c  0000000000000000  A       5     0     8
[ 5] .dynsym           DYNSYM           00000000004002b8  000002b8
     0000000000000060  0000000000000018  A       6     1     8
[ 6] .dynstr           STRTAB           0000000000400318  00000318
     000000000000003f  0000000000000000  A       0     0     1
[ 7] .gnu.version      VERSYM           0000000000400358  00000358
     0000000000000008  0000000000000002  A       5     0     2
[ 8] .gnu.version_r    VERNEED          0000000000400360  00000360
     0000000000000020  0000000000000000  A       6     1     8
[ 9] .rela.dyn         RELA             0000000000400380  00000380
     0000000000000018  0000000000000018  A       5     0     8
[10] .rela.plt         RELA             0000000000400398  00000398
     0000000000000048  0000000000000018  AI      5    12     8
[11] .init             PROGBITS         00000000004003e0  000003e0
     000000000000001a  0000000000000000  AX      0     0     4
[12] .plt              PROGBITS         0000000000400400  00000400
     0000000000000040  0000000000000010  AX      0     0     16
[13] .text             PROGBITS         0000000000400440  00000440
     00000000000001c4  0000000000000000  AX      0     0     16
[14] .fini             PROGBITS         0000000000400604  00000604
     0000000000000009  0000000000000000  AX      0     0     4
[15] .rodata           PROGBITS         0000000000400610  00000610
     000000000000001d  0000000000000000  A       0     0     8
[16] .eh_frame_hdr     PROGBITS         0000000000400630  00000630
     000000000000003c  0000000000000000  A       0     0     4
[17] .eh_frame         PROGBITS         0000000000400670  00000670
     0000000000000104  0000000000000000  A       0     0     8
[18] .init_array       INIT_ARRAY       0000000000600e10  00000e10
     0000000000000008  0000000000000000  WA      0     0     8
[19] .fini_array       FINI_ARRAY       0000000000600e18  00000e18
     0000000000000008  0000000000000000  WA      0     0     8
```

```
  [20] .jcr              PROGBITS         0000000000600e20  00000e20
       0000000000000008  0000000000000000  WA       0     0     8
  [21] .dynamic          DYNAMIC          0000000000600e28  00000e28
       00000000000001d0  0000000000000010  WA       6     0     8
  [22] .got              PROGBITS         0000000000600ff8  00000ff8
       0000000000000008  0000000000000008  WA       0     0     8
  [23] .got.plt          PROGBITS         0000000000601000  00001000
       0000000000000030  0000000000000008  WA       0     0     8
  [24] .data             PROGBITS         0000000000601030  00001030
       0000000000000014  0000000000000000  WA       0     0     4
  [25] .bss              NOBITS           0000000000601044  00001044
       000000000000000c  0000000000000000  WA       0     0     4
  [26] .comment          PROGBITS         0000000000000000  00001044
       000000000000005a  0000000000000001  MS       0     0     1
  [27] .shstrtab         STRTAB           0000000000000000  0000109e
       0000000000000108  0000000000000000           0     0     1
  [28] .symtab           SYMTAB           0000000000000000  000011a8
       0000000000000690  0000000000000018          29    46     8
  [29] .strtab           STRTAB           0000000000000000  00001838
       0000000000000252  0000000000000000           0     0     1
Key to Flags:
  W (write), A (alloc), X (execute), M (merge), S (strings), l (large)
  I (info), L (link order), G (group), T (TLS), E (exclude), x (unknown)
  O (extra OS processing required) o (OS specific), p (processor specific)
[root@localhost static-lib]#
```

观察上面的节的编号以及节所在内存中的地址，可以发现在可执行文件中，节是按照地址递增的顺序在编号的。

从屏显 4-2 文件头的最后一行“字符串表索引节头”可以看出，main-lib 可执行文件 “节的名字”字符串表在第 27 号节(. shstrtab)，如果用 readelf -x27 或 readelf -x. shstrtab 查看其内容，可以看到很多节名字符串的内容，如屏显 4-7 所示。而且可以发现，readelf -S main-lib 输出的节名“. note. gnu. build-i”并不完整，这里查看到完整的名称是“note. gnu. build-id. ”。

屏显 4-7　节名字符串表. shstrtab

```
[root@localhost static-lib]#readelf  -x 27 main-lib

“.shstrtab”节的十六进制输出：
```

```
0x00000000 002e7379 6d746162 002e7374 72746162 ..symtab..strtab
0x00000010 002e7368 73747274 6162002e 696e7465 ..shstrtab..inte
0x00000020 7270002e 6e6f7465 2e414249 2d746167 rp..note.ABI-tag
0x00000030 002e6e6f 74652e67 6e752e62 75696c64 ..note.gnu.build
0x00000040 2d696400 2e676e75 2e686173 68002e64 -id..gnu.hash..d
0x00000050 796e7379 6d002e64 796e7374 72002e67 ynsym..dynstr..g
0x00000060 6e752e76 65727369 6f6e002e 676e752e nu.version..gnu.
0x00000070 76657273 696f6e5f 72002e72 656c612e version_r..rela.
0x00000080 64796e00 2e72656c 612e706c 74002e69 dyn..rela.plt..i
0x00000090 6e697400 2e746578 74002e66 696e6900 nit..text..fini.
0x000000a0 2e726f64 61746100 2e65685f 6672616d .rodata..eh_fram
0x000000b0 655f6864 72002e65 685f6672 616d6500 e_hdr..eh_frame.
0x000000c0 2e696e69 745f6172 72617900 2e66696e .init_array..fin
0x000000d0 695f6172 72617900 2e6a6372 002e6479 i_array..jcr..dy
0x000000e0 6e616d69 63002e67 6f74002e 676f742e namic..got..got.
0x000000f0 706c7400 2e646174 61002e62 7373002e plt..data..bss..
0x00000100 636f6d6d 656e7400                   comment.

[root@localhost static-lib]#
```

4.2 可重定位目标文件

在了解了 ELF 格式之后，来分析编译的输出、链接的输入，即可重定位目标文件（简称目标文件）。用 file 命令检查 main-lib.o 目标文件获得如屏显 4-8 所示的输出。该输出信息显示，main-lib.o 是一个 ELF 格式、64 位小端（LSB）的可重定位（relocatable）、适用于 x86-64 以及符号表未抽离（not stripped）的文件。用 objdump -f 可以查看到其他一些信息。

屏显 4-8 生成 main-lib.o 目标文件

```
[root@localhost static-lib]#gcc -Og -c main-lib.c
[root@localhost static-lib]#file main-lib.o
main-lib.o: ELF 64-bit LSB relocatable, x86-64, version 1 (SYSV), not stripped
[root@localhost static-lib]#objdump -f main-lib.o
```

```
main-lib.o:     文件格式 elf64-x86-64
体系结构:i386:x86-64,标志 0x00000011:
HAS_RELOC, HAS_SYMS
起始地址 0x0000000000000000

[root@localhost static-lib]#
```

一个 C 程序经过编译(未链接)后形成一个可重定位目标文件,它可能引用了其他 C 文件中的函数或变量,其内部变量和函数也可能被其他 C 代码所引用。这种情况下一个 C 文件单独编译生成的目标文件是不能直接运行的,因为缺少所引用的外部函数或变量。main-lib.c 引用了外部定义的 addvec()函数,main-lib.o 中没有 addvec()函数的代码,因此是无法运行的。

即使一个不引用外部函数或变量的 C 代码,经过编译后也只完成了 C 代码到机器码的转换,并没有从操作系统过渡来的初始化代码,也没有从 main()函数返回到系统的代码,而且也没有将它在内存空间中进行布局定位,此时代码和数据等各种"节"都是按 0 地址布局的。这完全无法形成进程的内存布局,因为内存空间 0 地址处不可能重叠存放代码和数据,必须分布在不重叠的地址范围。

因此目标文件注定只能保存编译后的半成品,还需要链接过程的布局和重定位之后才能生成可执行文件。

4.2.1　目标文件的节(section)

编译后将 C 代码的不同部分归入到不同的节,一个目标文件由多个节构成。

1. 代码与节

图 4-10 大致给出了 C 程序中常见元素对应的节,主要有如下几类。

- 函数代码会进入到.text 节,如果目标文件中有多个函数代码,这些代码将会连续存放,合并为.text 节。
- 带有初值的全局变量、由 static 修饰的且带有初值的局部变量都会归入.data 节,并占用可执行文件的空间。
- 没有初值的全局变量、由 static 修饰的但没有初值的局部变量都会归入.bss,因为没有初值,因此没必要在可执行文件中记录它们的初值,只需要在进程空间分配空间即可。

需要说明的是,链接时并不考虑函数内部的普通局部变量。函数内部的普通局部变量不出现在目标文件的节里,而是运行时从堆栈中分配空间或直接使用寄存器。当代码中出现访问局部变量的语句时，通常通过堆栈指针 RSP 和适当偏移而访问到，甚至直接用寄存器保存该变量。这意味着其寻址方式不依赖外部条件，因此也不存在重定位问题。

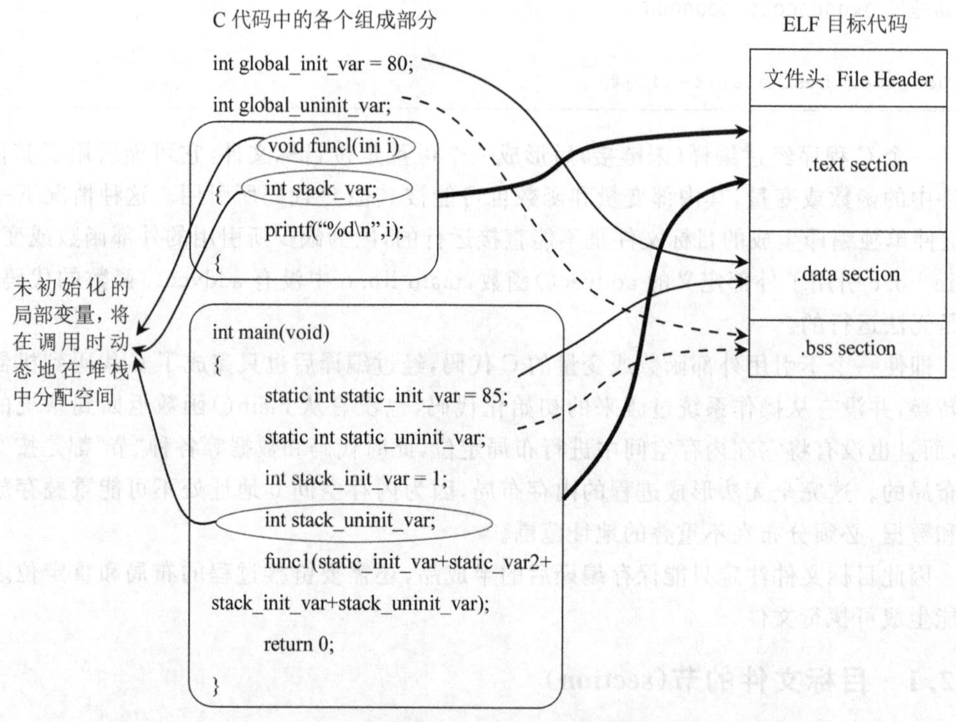

图 4-10 源代码元素与目标文件之间的对应关系

2. main-lib.o 的节

下面用 objdump -h 命令来查看 main-lib.o 目标文件中的节，如屏显 4-9 所示，发现一共有 7 个节，编号为 0～6，其中.text 是代码，.data 是有初始值的数据，.bss 是没有初始值的数据，.rodata.str1.1 只读数据（例如特定字符串），.comment 是注释，.note.GNU-stack 是说明性的节（用于表明 GNU 工具兼容性），以及.eh_frame 是与异常处理相关的节。

屏显 4-9 的第四行显示了各列的名字，分别对应于节的编号 Idx、名称 Name、所占空间 Size、所在虚存地址 VMA、所在逻辑地址 LMA、所在文件偏移 File off、对齐属性 Algn。在可执行文件中，节的这些地址属性是用于把磁盘将内容拷贝到内存指定地址的操作，对于目标文件而言没有这个作用，但仍可以通过 File off 列知道这些节位于磁盘中的位置。

屏显 4-9　main-lib. o 中的节

```
[root@localhost cs2]#objdump -h main-lib.o

main-lib.o:     文件格式 elf64-x86-64

节：
Idx Name          Size      VMA               LMA               File off  Algn
  0 .text         00000042  0000000000000000  0000000000000000  00000040  2**0
                  CONTENTS, ALLOC, LOAD, RELOC, READONLY, CODE
  1 .data         00000010  0000000000000000  0000000000000000  00000084  2**2
                  CONTENTS, ALLOC, LOAD, DATA
  2 .bss          00000000  0000000000000000  0000000000000000  00000094  2**0
                  ALLOC
  3 .rodata.str1.1 0000000d  0000000000000000  0000000000000000  00000094  2**0
                  CONTENTS, ALLOC, LOAD, READONLY, DATA
  4 .comment      0000002e  0000000000000000  0000000000000000  000000a1  2**0
                  CONTENTS, READONLY
  5 .note.GNU-stack 00000000  0000000000000000  0000000000000000  000000cf  2**0
                  CONTENTS, READONLY
  6 .eh_frame     00000030  0000000000000000  0000000000000000  000000d0  2**3
                  CONTENTS, ALLOC, LOAD, RELOC, READONLY, DATA
[root@localhost cs2]#
```

依据上面的信息可以绘制出 main-lib. o 磁盘文件的大致布局，如图 4-11 所示。这些节在将来拷贝到内存时，相对位置将可能发生变化，因此. text 节的代码不仅无法确定. data 节的 x、y、z 的绝对内存地址，就算用 PC 相对寻址方式也无法确定。注意，这里图示的是磁盘布局而不是内存布局，此时各个节的 VMA 和 LMA 地址都暂时是按照从内存 0 地址开始的。

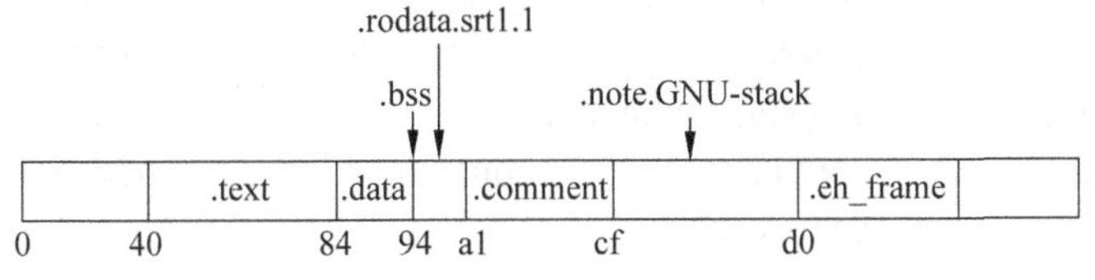

图 4-11　main-lib. o 的磁盘文件布局

如果用 readelf -S main-lib. o 命令查看，则可以看到全部的节，如屏显 4-10 所示。其中. symtab 是符号表所在的节，而. rela. text 是代码中的重定位表所在的节，这两个节的内容会在重定位时继续讨论。

屏显 4-10 readelf 查看 main-lib. o 的节

```
[root@localhost cs2]#readelf -S main-lib.o
共有 13 个节头,从偏移量 0x3d0 开始:

节头:
  [Nr] Name              Type             Address           Offset
       Size              EntSize          Flags  Link  Info  Align
  [ 0]                   NULL             0000000000000000  00000000
       0000000000000000  0000000000000000           0     0     0
  [ 1] .text             PROGBITS         0000000000000000  00000040
       0000000000000042  0000000000000000  AX       0     0     1
  [ 2] .rela.text        RELA             0000000000000000  000002f8
       00000000000000c0  0000000000000018   I      11     1     8
  [ 3] .data             PROGBITS         0000000000000000  00000084
       0000000000000010  0000000000000000  WA       0     0     4
  [ 4] .bss              NOBITS           0000000000000000  00000094
       0000000000000000  0000000000000000  WA       0     0     1
  [ 5] .rodata.str1.1    PROGBITS         0000000000000000  00000094
       000000000000000d  0000000000000001 AMS       0     0     1
  [ 6] .comment          PROGBITS         0000000000000000  000000a1
       000000000000002e  0000000000000001  MS       0     0     1
  [ 7] .note.GNU-stack   PROGBITS         0000000000000000  000000cf
       0000000000000000  0000000000000000           0     0     1
  [ 8] .eh_frame         PROGBITS         0000000000000000  000000d0
       0000000000000030  0000000000000000   A       0     0     8
  [ 9] .rela.eh_frame    RELA             0000000000000000  000003b8
       0000000000000018  0000000000000018   I      11     8     8
  [10] .shstrtab         STRTAB           0000000000000000  00000100
       0000000000000068  0000000000000000           0     0     1
  [11] .symtab           SYMTAB           0000000000000000  00000168
       0000000000000168  0000000000000018          12     9     8
  [12] .strtab           STRTAB           0000000000000000  000002d0
       0000000000000025  0000000000000000           0     0     1
Key to Flags:
```

```
  W (write), A (alloc), X (execute), M (merge), S (strings), l (large)
  I (info), L (link order), G (group), T (TLS), E (exclude), x (unknown)
  O (extra OS processing required) o (OS specific), p (processor specific)
[root@localhost cs2]#
```

3. 其他节

除了 main-lib.o 中出现的节的类型外，还有一些节的类型会出现在可执行文件、动态库文件或吐核文件中。

- .dynamic：.dynamic 节将记录所使用的动态库等信息，其内容请参见屏显 4-48。
- .init、.fini、.init_array 和.fini_array 节：.init、.fini 两个节中的代码分别在进入 main()函数之前和从 main()函数返回后执行，因此可以被 GCC 用来进行全局构造(global constructors)和全局析构(global destructors)。.init_array 和.fini_array 则是被调用的函数列表，例如.init_array 将包含 frame_dummy 以及用户通过 static __attribute__((constructor))修饰的特定函数，而使用 static __attribute((destructor))可以将特定函数在 main()结束后运行。
- .jcr：该节提供了 Java 类的已编译代码的注册用途。
- .eh_frame 和.eh_frame_hdr：这两个节的信息用于异常处理时的栈帧操作，其前缀 eh 表示 exception handling。
- .note.ABI-tag、.gnu.version、.gnu.version_r 和 .gnu.hash：给出 ABI 相关的信息、版本信息以及符号的散列表。
- .rela.dyn 、.rela.plt：给出动态链接时的变量重定位表项和函数的重定位表项。

4.2.2　符号及重定位

GCC 编译器生成目标文件的时候，会给代码中的各种语法元素做一个记录，地址相关元素将记录在一个符号表中，例如函数名、变量名、行标号等，根据用途的不同而分为编译符号和链接符号。一些符号只需要在编译的时候存在，比如函数中的普通局部变量，它们在堆栈中分配存储空间，被本函数代码所访问，函数返回后便不再存在，这些变量不会与外部代码发生关联，因此不需要出现在链接符号表中。只有那些与外部系统或其他 C 代码有关联的符号才会出现在链接符号表中，比如引用其他模块上的变量和函数，被其他模块使用的全局变量、函数。代码中访问函数和全局数据等都需要地址，ELF 可执行文件中对这些变量和函数的地址按照符号来管理，并协助链接时的符号解析和重定位。

1. 常见链接符号类型

为了能准确地讨论符号解析和重定位问题，需要先对符号(数据变量和函数)在链接中呈现的类型做简单分类，从一个参考模块 m 的角度上看，这些链接符号分成以下几类（见图 4-12）：

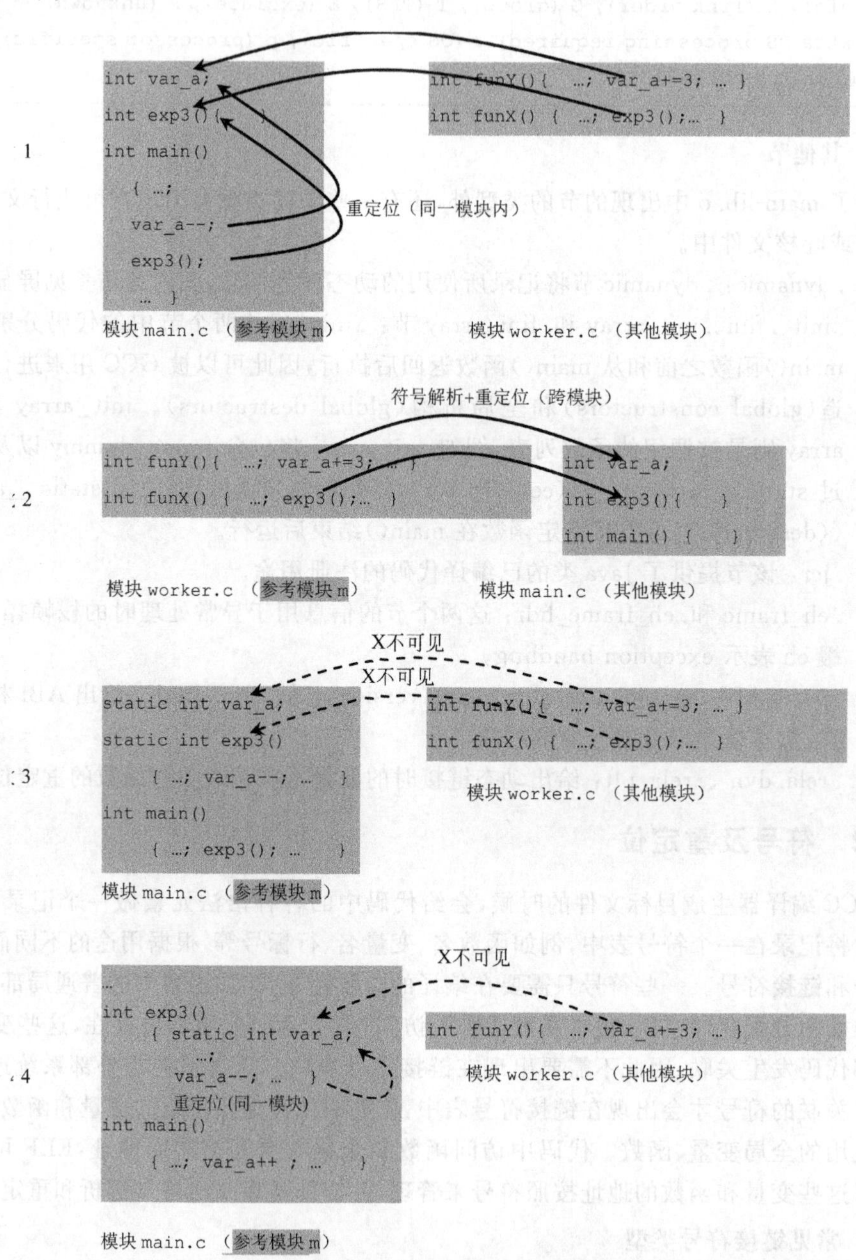

图 4-12 链接中的几种符号差异

(1) 模块 m 定义＋可被其他模块访问——(全局符号)：未加 static 修饰的全局变量、未加 static 修饰的函数。

(2) 其他模块定义＋被模块 m 引用——(全局符号)：也称为外部符号，对应其他模块中的未加 static 修饰的全局变量、未加 static 修饰的函数。本质上同类型(1)，只是观察的参考模块不同。

(3) 模块 m 定义＋只被模块 m 引用——(局部符号)：带有 static 修饰的函数和带有 static 修饰的全局变量。

(4) 模块 m 定义＋只被本函数和代码块引用——(局部符号)：带有 static 修饰的局部变量。

关于上面的描述，有两点需要额外注意。首先要知道链接符号和源代码的变量(或函数)不是一一对应的，符号表中根本不关注代码中的非静态局部变量(不带 static 修饰的局部变量)。第二点是关于带有 static 修饰符的局部变量(对应上面第(4)类)，它们不在堆栈中分配，而是在全局变量所在的.data 或.bss 中分配空间，因此在链接过程中需要重定位才能访问，并且在符号表中占有一项。但这类变量仍然只在它们各自的局部作用域内可见，外部并不可引用它们。

对于第(4)类的符号，再展开讨论一下。比如在一个模块(源代码文件)中出现以下静态局部变量 x 和 y，如代码 4-8 所示。虽然 y 重复定义了两次，但同名符号在不同作用域，并不会产生不同冲突。

代码 4-8 static-local.c 静态局部变量示例代码

```
int f()
{
    static int x=0;
    x=rand() * 10;
    if (x>5)
    {   static int y;
        y=y+1;
        return y;
    }else
    {
        static unsigned y;
        y=y+100;
        return y;
    }
}
```

用 gcc -Og -c static-local.c 命令生成目标文件,然后用 objdump -查看符号表,如屏显 4-11所示。相应的目标里出现局部变量 x 对应的一个局部符号 x.1723,还有同名变量 y 分别对应 x.1725 和 x.1726 两个局部符号(可以相互区分开来)。

屏显 4-11 static-local.o 的符号表

```
[root@localhost static-lib]#objdump -t static-local.o


static-local.o:     文件格式 elf64-x86-64

SYMBOL TABLE:
0000000000000000 l    df *ABS*    0000000000000000 static-local.c
0000000000000000 l    d  .text    0000000000000000 .text
0000000000000000 l    d  .data    0000000000000000 .data
0000000000000000 l    d  .bss     0000000000000000 .bss
0000000000000008 l     O .bss     0000000000000004 x.1723
0000000000000004 l     O .bss     0000000000000004 y.1725
0000000000000000 l     O .bss     0000000000000004 y.1726
0000000000000000 l    d  .note.GNU-stack    0000000000000000 .note.GNU-stack
0000000000000000 l    d  .eh_frame    0000000000000000 .eh_frame
0000000000000000 l    d  .comment    0000000000000000 .comment
0000000000000000 g     F .text    0000000000000043 f
0000000000000000         *UND*    0000000000000000 rand


[root@localhost static-lib]#
```

2. main-lib.o 中的符号

为了方便后面的讨论,这里将 main-lib.s 也一起给出,如屏显 4-12 所示。请注意这里的＄z、＄y、＄x、z+4(％rip)和 z(％rip)几处变量引用,所涉及的都是本模块中定义的符号,只需要重定位;但 addvec()和 printf()的函数调用不是本模块定义的,因此称为引用了外部符号,需要先进行跨模块间的符号解析从而确定地址才能做重定位。

屏显 4-12 main-lib.s

```
    .file    "main-lib.c"
    .section    .rodata.str1.1,"aMS",@progbits,1
.LC0:
```

```
    .string    "z =[%d %d]\n"
    .text
    .globl     main
    .type    main, @function
main:
.LFB11:
    .cfi_startproc
    subq $8, %rsp
    .cfi_def_cfa_offset 16
    movl $2, %ecx
    movl $z, %edx
    movl $y, %esi
    movl $x, %edi
    call addvec
    movl z+4(%rip), %edx
    movl z(%rip), %esi
    movl $.LC0, %edi
    movl $0, %eax
    call printf
    movl $0, %eax
    addq $8, %rsp
    .cfi_def_cfa_offset 8
    ret
    .cfi_endproc
.LFE11:
    .size main, .-main
    .comm z,8,4
    .globl     y
    .data
    .align 4
    .type y, @object
    .size y, 8
y:
    .long 3
    .long 4
    .globl x
    .align 4
```

```
    .type x, @object
    .size x, 8
x:
    .long 1
    .long 2
    .ident "GCC: (GNU) 4.8.5 20150623 (Red Hat 4.8.5-11)"
    .section    .note.GNU-stack,"",@progbits
```

现在用 objdump -d 命令来查看 main-lib.o 的代码部分，如屏显 4-13 所示。我们已经知道这里的两个外部引用(在 main-lib.c 之外)函数调用的 callq 指令并没有正确的目标地址，因为所调用的 printf 和 addvec 两个函数都不在本文件中定义，所以也不可能知道目标地址在哪里。此时，编译器只能将两个 callq 指令的目的地址暂时指定为 0(位于偏移 19 的 4 字节和偏移 34 的 4 字节)，反汇编指令则给出了相应的 PC 值(即 callq 的下一条指令地址：0x1d 和 0x38)。这些地址最后经过链接的重定位之后，会被改写成有效的地址，它还将涉及布局、符号解析两个前序步骤。

屏显 4-13 main-lib.o 中的代码反汇编

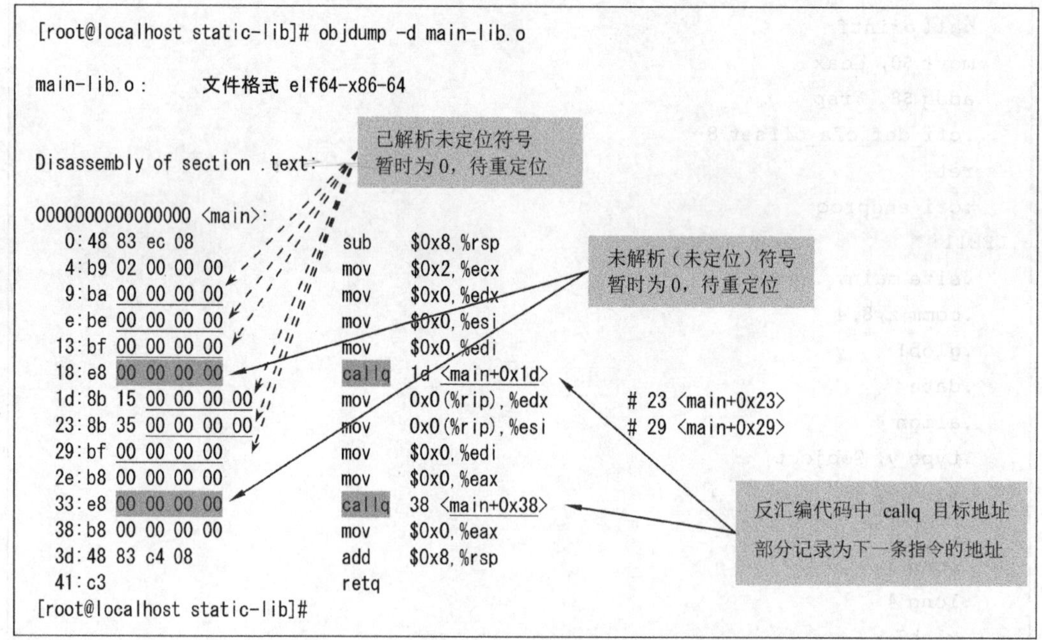

```
[root@localhost static-lib]# objdump -d main-lib.o

main-lib.o:     文件格式 elf64-x86-64


Disassembly of section .text:

0000000000000000 <main>:
   0:48 83 ec 08          sub    $0x8,%rsp
   4:b9 02 00 00 00       mov    $0x2,%ecx
   9:ba 00 00 00 00       mov    $0x0,%edx
   e:be 00 00 00 00       mov    $0x0,%esi
  13:bf 00 00 00 00       mov    $0x0,%edi
  18:e8 00 00 00 00       callq  1d <main+0x1d>
  1d:8b 15 00 00 00 00    mov    0x0(%rip),%edx      # 23 <main+0x23>
  23:8b 35 00 00 00 00    mov    0x0(%rip),%esi      # 29 <main+0x29>
  29:bf 00 00 00 00       mov    $0x0,%edi
  2e:b8 00 00 00 00       mov    $0x0,%eax
  33:e8 00 00 00 00       callq  38 <main+0x38>
  38:b8 00 00 00 00       mov    $0x0,%eax
  3d:48 83 c4 08          add    $0x8,%rsp
  41:c3                   retq
[root@localhost static-lib]#
```

类似于addvec和printf，对x、y、z、z[0]和z[1]的访问地址，暂时也是0，虽然它们在本模块内定义。此时检查main-lib.o中的数据，用objdump -d -j .data -j .bss查看data节，如屏显4-14所示。因为此时数据的.data节也还没有布局位置，暂时按照0地址开始，y位于0x00地址，而x位于0x08地址。如果直接使用上述地址，那么.text节和.data节是重叠的，这在逻辑上是行不通的。

屏显4-14　main-lib.o中的data节

```
[root@localhost static-lib]#objdump -d -j .data main-lib.o
main-lib.o:     文件格式 elf64-x86-64


Disassembly of section .data:

0000000000000000 <y>:
   0: 03 00 00 00 04 00 00 00                          ........

0000000000000008 <x>:
   8: 01 00 00 00 02 00 00 00                          ........
[root@localhost static-lib]#
```

3. 重定位表

目标文件中未定位的符号，编译时都暂时用0地址替代，并且都由.rela.text节重定位表指出。它们必须在运行前填入准确的地址，可以是在链接生成可执行文件时完成布局后进行填写，或者运行前填写，甚至推迟到第一次调用的时候才填写(仅对函数调用)。main-lib.o中未定位的x、y、z是本模块中定义，只需要重定位即可；而addvec和printf则不同，它们属于"未解析"，即还不知在哪个模块中定义，先找到定义的位置后才能进行重定位。

用objdump -r可以列出所有未定位的(需要重定位)符号引用，具体如屏显4-15所示。其中对x的引用一次，y的引用一次，z的引用三次，待显示字符串引用一次，两个未解析符号addvec函数调用一次，printf函数调用一次。屏显4-15的objdump -r main-lib.o输出三列的内容，分别给出了需要重定位的符号引用在节内的偏移、重定位类型(绝对定位和PC相对定位)和重定位值。屏显4-15最后还显示了.eh_frame节的重定位表，这里并不分析它们。代码的重定位表位于.rela.text中，因此读者如果用readelx -x .rela.text main-lib.o查看，可以看到相对应的信息(直观的有偏移值、修正值)。

屏显 4-15 main-lib.o 中的重定位表项

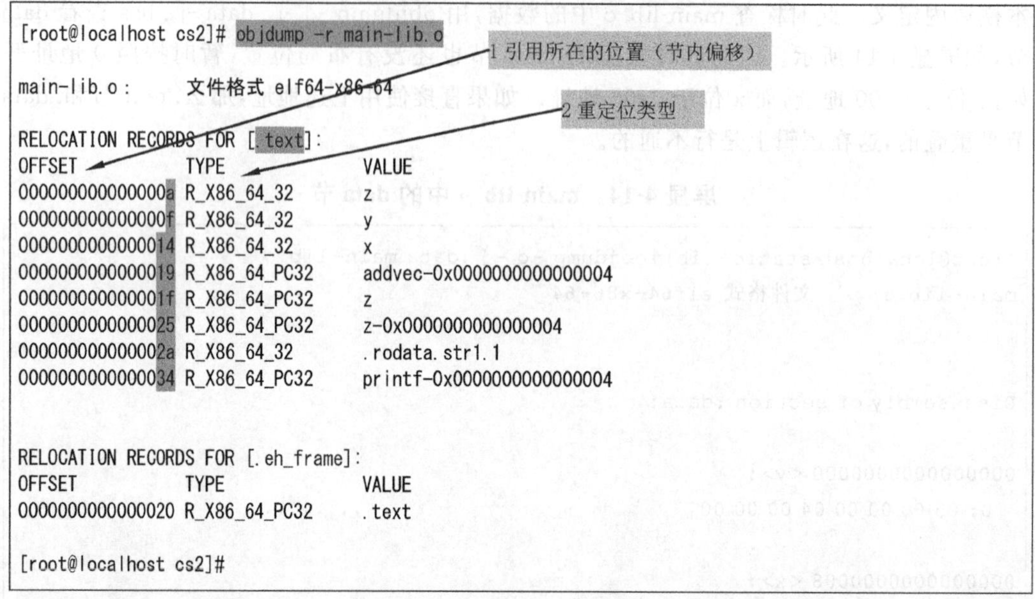


```
[root@localhost cs2]# objdump -r main-lib.o

main-lib.o：     文件格式 elf64-x86-64

RELOCATION RECORDS FOR [.text]:
OFFSET           TYPE              VALUE
000000000000000a R_X86_64_32       z
000000000000000f R_X86_64_32       y
0000000000000014 R_X86_64_32       x
0000000000000019 R_X86_64_PC32     addvec-0x0000000000000004
000000000000001f R_X86_64_PC32     z
0000000000000025 R_X86_64_PC32     z-0x0000000000000004
000000000000002a R_X86_64_32       .rodata.str1.1
0000000000000034 R_X86_64_PC32     printf-0x0000000000000004


RELOCATION RECORDS FOR [.eh_frame]:
OFFSET           TYPE              VALUE
0000000000000020 R_X86_64_PC32     .text

[root@localhost cs2]#
```

而 objdump -rd 则可以将这些需要重定位的符号引用在反汇编中显示出来，如屏显 4-16 所示。这种输出更直观，它相当于将屏显 4-15 的重定位表和屏显 4-13 的反汇编代码结合起来，请读者自行分析。也就是说，通过重定位表，可以知道可执行文件中所有需要修改地址的地方。

屏显 4-16 main-lib.o 中的重定位表项(及反汇编代码)

```
[root@localhost cs2]#objdump -rd main-lib.o

main-lib.o: 文件格式 elf64-x86-64


Disassembly of section .text:

0000000000000000 <main>:
   0: 48 83 ec 08              sub    $0x8,%rsp
   4: b9 02 00 00 00           mov    $0x2,%ecx
   9: ba 00 00 00 00           mov    $0x0,%edx
                  a: R_X86_64_32    z
```

```
  e: be 00 00 00 00             mov    $0x0,%esi
            f: R_X86_64_32     y
 13: bf 00 00 00 00             mov    $0x0,%edi
            14: R_X86_64_32     x
 18: e8 00 00 00 00             callq 1d <main+0x1d>
            19: R_X86_64_PC32    addvec-0x4
 1d: 8b 15 00 00 00 00          mov    0x0(%rip),%edx     # 23 <main+0x23>
            1f: R_X86_64_PC32    z
 23: 8b 35 00 00 00 00          mov    0x0(%rip),%esi     # 29 <main+0x29>
            25: R_X86_64_PC32    z-0x4
 29: bf 00 00 00 00             mov    $0x0,%edi
            2a: R_X86_64_32     .rodata.str1.1
 2e: b8 00 00 00 00             mov    $0x0,%eax
 33: e8 00 00 00 00             callq 38 <main+0x38>
            34: R_X86_64_PC32    printf-0x4
 38: b8 00 00 00 00             mov    $0x0,%eax
 3d: 48 83 c4 08                add    $0x8,%rsp
 41: c3                         retq
[root@localhost cs2]#
```

重定位表中的每一项，是使用 Elf64_Rela 结构体描述的，如代码 4-9 所示。其成员按顺序分别为：r_offset 表示所在节的地址偏移量；r_info 的高 4 个字节表示该符号所在的索引号，低 4 字节表示重定位的类型（比如 R_X86_64_PC32 等[①]）；r_addend 是对符号 value 值进行必要的调整数值。

代码 4-9　Elf64_Rela

```
typedef struct elf64_rela {
    Elf64_Addr r_offset;       /* Location at which to apply the action */
    Elf64_Xword r_info;        /* index and type of relocation */
    Elf64_Sxword r_addend;     /* Constant addend used to compute value */
}Elf64_Rela;
```

① 此处无论是 PC 相对寻址，还是绝对寻址，都是用 32 位地址，但实际上绝对寻址可以还用到 64 位地址，由于 Linux 编译时默认生成 x86-64 小型代码模式（small code）的代码，其代码和数据总体大小小于 2GB，因此使用 32 位地址已经足够。如果希望超过 32 位地址的限制，则需要使用-cmodel＝medium（mdedium code modal 或 mcmodel＝large（large code modal）。

也就是说，类似屏显 4-15 的内容，就是通过解读. rela. text 节（或. rela. eh_frame 节）中的多个 Elf64_Rela 结构来完成的。静态重定位表只存在于可重定位目标文件中，可执行文件中是没有静态重定位表的。如果说 objdump 查看重定位表的时候没有显式地指出重定位表所在的节，那么 readelf 则在输出中明确指出重定位节. rela. text 和. rela. eh_frame，如屏显 4-17 所示。

屏显 4-17 readelf 查看重定位表内容及所在的节

```
[root@localhost cs2]#readelf -r main-lib.o

重定位节 '.rela.text' 位于偏移量 0x2f8 含有 8 个条目：
  Offset          Info           Type           Sym. Value    Sym. Name +Addend
00000000000a  000a0000000a R_X86_64_32       0000000000000004 z +0
00000000000f  000b0000000a R_X86_64_32       0000000000000000 y +0
000000000014  000c0000000a R_X86_64_32       0000000000000008 x +0
000000000019  000d00000002 R_X86_64_PC32     0000000000000000 addvec -4
00000000001f  000a00000002 R_X86_64_PC32     0000000000000004 z +0
000000000025  000a00000002 R_X86_64_PC32     0000000000000004 z -4
00000000002a  00050000000a R_X86_64_32       0000000000000000 .rodata.str1.1 +0
000000000034  000e00000002 R_X86_64_PC32     0000000000000000 printf -4

重定位节 '.rela.eh_frame' 位于偏移量 0x3b8 含有 1 个条目：
  Offset          Info           Type           Sym. Value    Sym. Name +Addend
000000000020  000200000002 R_X86_64_PC32     0000000000000000 .text +0
[root@localhost cs2]#
```

注意：虽然前面用"符号"同时指代符号定义和符号引用，但此时读者需要理清符号定义和符号引用。前者是指变量或函数本身（及其地址），而符号引用则是访问这些符号的地址。也就是说，符号表中的符号是指定义，而重定位表中的符号指的是符号的引用。

根据前面分析可知，在完成布局后，链接器会根据. rela. text 节重定位表中记录的所需修正的位置和所引用的符号，查找. symtab 表得到对应符号的地址，然后将地址修正为正确的地址。

4.2.3 符号表

因为符号解析和重定位都针对符号进行，因此需要单独的符号表来管理。符号表需要记录符号名、是否本模块定义、如果本模块定义的则记录其所在位置等，以加快内部的重定位和外部的符号解析（查找）。但符号名字符串长短不一不便于管理，因此无论是编译还是链接都将符号进行编号管理，并将其名字字符串另外分离存储。

1. 符号表与字符串表

ELF 文件中的符号表是文件中一个名为.symtab 的节，它是一个 Elf64_Sym 结构(32 位 ELF 文件)的数组，这个数组的第一个元素(也就是下标 0 的元素)为无效的"未定义"符号。每个 Elf64_Sym 结构对应一个符号，Elf64_Sym 的结构体定义如代码 4-10 所示。其成员按顺序为：

- st_name 符号名字符串的下标(要参考字符串表所在的.strtab 节)。
- st_info 关于绑定的属性。
- st_other 暂无用，取值为 0。
- st_shndx 所在的节的编号。
- st_value 符号的值(地址)。
- st_size 符号所指的数据类型的大小。

代码 4-10　Elf64_Sym 结构体

```
typedef struct elf64_sym {
    Elf64_Word st_name;          /* Symbol name, index in string tbl */
    unsigned char st_info;       /* Type and binding attributes */
    unsigned char st_other;      /* No defined meaning, 0 */
    Elf64_Half st_shndx;         /* Associated section index */
    Elf64_Addr st_value;         /* Value of the symbol */
    Elf64_Xword st_size;         /* Associated symbol size */
} Elf64_Sym;
```

由于符号表中并没有符号名的字符串，因此并不便于人的直接阅读，最好通过 objdump -t (如屏显 4-19)或 readelf -t (如屏显 4-20)命令查看。符号的名字字符串是单独存放在.strtab 节里的，用 readelf -x12 main-lib.o 查看，如屏显 4-18 所示，其中列出了 main-lib.c 代码中所涉及的 x、y、z、addvect 和 printf 符号字符串。

屏显 4-18　main-lib.o 的符号字符串表

```
[root@localhost static-lib]#readelf -x12 main-lib.o

".strtab"节的十六进制输出：
  0x00000000 006d6169 6e2d6c69 622e6300 6d61696e .main-lib.c.main
  0x00000010 007a0079 00780061 64647665 63007072 .z.y.x.addvec.pr
```

```
  0x00000020 696e7466 00                          intf.

[root@localhost static-lib]#
```

2. main-lib.o 的符号表

用 objdump -t main-lib.o 可以查看目标文件的符号表，如屏显 4-19 所示。表中的六列所表示的信息分别是节内偏移、作用域、类型、所在节、所占空间和符号名。先快速跳到最底下的两行，这两行最后一列分别是 addvec 和 printf 两个符号，其类型为 *UND*，表示未解析的符号(即该符号在外部定义或无定义)，这是我们最关心的符号。不过既然讨论到符号表，那就将符号表的其他信息一块讨论。

屏显 4-19 main-lib.o 的符号表

```
[root@localhost static-lib]# objdump -t main-lib.o

main-lib.o:     文件格式 elf64-x86-64

SYMBOL TABLE:
0000000000000000 l    df *ABS* 0000000000000000 main-lib.c
0000000000000000 l    d  .text 0000000000000000 .text
0000000000000000 l    d  .data 0000000000000000 .data
0000000000000000 l    d  .bss  0000000000000000 .bss
0000000000000000 l    d  .rodata.str1.1    0000000000000000 .rodata.str1.1
0000000000000000 l    d  .note.GNU-stack  0000000000000000 .note.GNU-stack
0000000000000000 l    d  .eh_frame    0000000000000000 .eh_frame
0000000000000000 l    d  .comment     0000000000000000 .comment
0000000000000000 g     F .text 0000000000000042 main
0000000000000008       O *COM* 0000000000000004 z
0000000000000000 g     O .data 0000000000000008 y
0000000000000008 g     O .data 0000000000000008 x
0000000000000000         *UND* 0000000000000000 addvec
0000000000000000         *UND* 0000000000000000 printf

[root@localhost cs2]#
```

1 节内偏移　2 作用域　3 类型　4 所在的节　5 所占空间　6 符号名

例如，以倒数第三行的符号 x(是一个数组，int x[2]={1,2})为例，它在第四列显示为.data，表明它是在.data 数据节定义的符号，第一列的数字 8 表明该符号位于该节的 08 字节偏移处，第五列的数字 8 表明该符号占用 8 个字节的空间，其第二列 g 表示全局符号

(l 表示局部符号)，第三列为 O 表示数据对象(如果第三列为 F 表示该符号是函数，f 则表示是文件)。还可以看到这里有三个全局符号 main()、全局变量 x、全局变量 y，都是标记为 g。

第四列还出现了 *ABS* 和 *COM* 两种不是节名的情况，其中 ABS 表示不会因为重定位而发生修改，而 COM 则表示未在文件中分配空间(未初始化的变量)。更多细节会在关于 ELF 文件格式的章节中讨论。

除了 addvec 和 printf 两个符号是外部定义的而暂时无法确定地址外，本地符号也因为各个节还未完成布局而未能定位。读者应该分清楚"未定位"和"未解析"符号的区别。"未定位"是已经知道符号定义所在的模块(节)，只是因未完成布局而无法确定地址；而"未解析"符号的定义处都还未找到。

这里的 addvec 和 printf 两个符号属于"未解析"(必然也是未定位)，而代码对 x、y、z 的引用(请见屏显 4-12 中灰色标注和屏显 4-13 中下画线标注的位置)则属于已解析、未确定地址的"未定位"状态。

用 readelf 工具也可以查看符号表，如屏显 4-20 所示。其中 Num 列示符号的编号，Value 是该符号地址取值(目标文件的本地符号虽然都有取值，但仍是未布局的节内临时的相对地址)，Size 是该符号所占空间(字节)，Type 是符号的类型，Bind 是符号的作用域(GLOBAL、LOCAL 或 WEAK)，Vis 可以是 DEFAULT(默认)、PROTECTED(保护)、

屏显 4-20　readelf -s 显示 main-lib.o 中的符号表

```
[root@localhost cs2]# readelf -s main-lib.o

Symbol table '.symtab' contains 15 entries:
   Num:    Value          Size Type    Bind   Vis      Ndx Name
     0: 0000000000000000     0 NOTYPE  LOCAL  DEFAULT  UND
     1: 0000000000000000     0 FILE    LOCAL  DEFAULT  ABS main-lib.c
     2: 0000000000000000     0 SECTION LOCAL  DEFAULT    1
     3: 0000000000000000     0 SECTION LOCAL  DEFAULT    3
     4: 0000000000000000     0 SECTION LOCAL  DEFAULT    4
     5: 0000000000000000     0 SECTION LOCAL  DEFAULT    5
     6: 0000000000000000     0 SECTION LOCAL  DEFAULT    7
     7: 0000000000000000     0 SECTION LOCAL  DEFAULT    8
     8: 0000000000000000     0 SECTION LOCAL  DEFAULT    6
     9: 0000000000000000    66 FUNC    GLOBAL DEFAULT    1 main
    10: 0000000000000004     8 OBJECT  GLOBAL DEFAULT  COM z
    11: 0000000000000000     8 OBJECT  GLOBAL DEFAULT    3 y
    12: 0000000000000008     8 OBJECT  GLOBAL DEFAULT    3 x
    13: 0000000000000000     0 NOTYPE  GLOBAL DEFAULT  UND addvec
    14: 0000000000000000     0 NOTYPE  GLOBAL DEFAULT  UND printf
[root@localhost cs2]#
```

HIDDEN(隐藏)或 INTERNAL(内部)之一,Ndx 是所在的节号,Name 是符号名。

用 nm 工具也可以查看符号表,如屏显 4-21 所示,其中 U 表示未定义符号,T 表示代码,D 表示有初始值的数据,C 表示无初始值的数据,其余类型可以通过 man nm 查看。

屏显 4-21　nm -s main-lib. o 的输出

```
[root@localhost cs2]#nm -s main-lib.o
                 U addvec
0000000000000000 T main
                 U printf
0000000000000008 D x
0000000000000000 D y
0000000000000008 C z
[root@localhost cs2]#
```

这时读者应该将图 4-11 的 main-lib. o 文件布局、屏显 4-9 的节的列表、屏显 4-12 的 main-lib. s 汇编、屏显 4-13 的机器码(关注里面的未定位的全 0 地址)、屏显 4-15 中需要重定位的符号(及其在. text 中的地址),有机地联系起来。只是还暂时未知那些需要重定位的地址是如何确定的。

4.3　静态链接

下面通过 gcc -o main-lib main-lib. c addvec. c 命令,以静态方式完成 main-lib. c 和 addvec. c 的链接(printf 仍是动态链接),形成可执行文件,其过程如图 4-13 所示。实际上,该过程是先将 main-lib. c 和 addvec. c 先编译成 main-lib. o 和 addvec. o,然后再做链接的。

静态链接过程可以分解为 3 个操作:(1)完成布局;(2)进行符号解析;(3)完成重定位。读者先需要首先记下以下定义:链接 = 布局 + 符号解析 + 重定位。有些资料上强调后两者,而无视布局,这不利于链接全过程的理解。

4.3.1　布局

布局操作是将构成可执行文件的目标代码里的各个节在内存中安排位置摆放,因此每条指令和每个数据都将有唯一确定的地址。例如,这里的 main-lib. o 和 addvec. o 里的

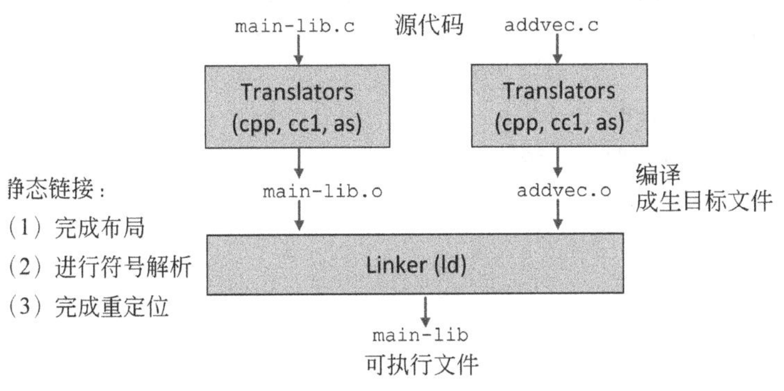

图 4-13 静态链接示意图

节，加上程序启动代码和结束代码的节，在用户空间中排开，但要注意各个节地址空间不能重叠，将相同属性的节进行合并等(例如 main-lib. o 的. text 节和 addvec. o 的. text 节放到邻接的区间上)问题。

1. 待布局的节

这里所需的 main-lib. o 节已经在前面讨论过，其中涉及变量的 x、y、z 和涉及函数的 addvec、printf 几处引用地址未定，重定位表中给出了上述外部引用的位置并等待修正。符号表还提示 addvec 和 printf 是“未解析”的符号(可能在外部模块定义或者根本没有定义)。

为了继续讨论，这里需要生成另一个目标文件 addvec. o，并按照前面 main-lib. o 的分析过程查看汇编代码、机器码和符号表和重定位表，然后再讨论链接的问题。用 gcc -Og -S addvec. c 生成汇编程序，如代码 4-11 所示。

代码 4-11 addvec. s

```
    .file "addvec.c"
    .text
    .globl addvec
    .type addvec, @function
addvec:
.LFB0:
    .cfi_startproc
    movl $0, %eax
```

```
    jmp  .L2
.L3:
    movslq %eax, %r8
    movl (%rsi,%r8,4), %r9d
    addl (%rdi,%r8,4), %r9d
    movl %r9d, (%rdx,%r8,4)
    addl $1, %eax
.L2:
    cmpl %ecx, %eax
    jl  .L3
    rep ret
    .cfi_endproc
.LFE0:
    .size addvec, .-addvec
    .ident "GCC: (GNU) 4.8.5 20150623 (Red Hat 4.8.5-11)"
    .section    .note.GNU-stack,"",@progbits
```

用 gcc -Og -c addvec.c 生成目标代码，然后用 objdump -d 查看其机器码和反汇编，如屏显 4-22 所示。从中可以看到，参数 x、y、z 和 n 是通过 rdi、rsi、rdx 和 ecx 传入的。

屏显 4-22　addvec.o 的机器码和反汇编

```
[root@localhost static-lib]#objdump -d addvec.o

addvec.o:     文件格式 elf64-x86-64


Disassembly of section .text:

0000000000000000 <addvec>:
   0:b8 00 00 00 00          mov   $0x0,%eax
   5:eb 12                   jmp   19 <addvec+0x19>
   7:4c 63 c0                movslq %eax,%r8
   a:46 8b 0c 86             mov   (%rsi,%r8,4),%r9d
   e:46 03 0c 87             add   (%rdi,%r8,4),%r9d
  12:46 89 0c 82             mov   %r9d,(%rdx,%r8,4)
```

```
  16:83 c0 01               add   $0x1,%eax
  19:39 c8                  cmp   %ecx,%eax
  1b:7c ea                  jl    7 <addvec+0x7>
  1d:f3 c3                  repz retq
[root@localhost static-lib]#
```

最后再给出 addvec. o 中的符号表信息和重定位表。其中符号表如屏显 4-23 所示，可以发现 addvec. o 中并没有类型为 * UND * 的符号——没有需要进行解析的符号。也就是说，该模块代码发出的数据和函数引用都在本模块内部。因为该模块只使用了局部变量和传入的参数，而没有引用其他模块的数据或函数。

屏显 4-23　addvec. o 的符号表

```
[root@localhost static-lib]#objdump -t addvec.o

addvec.o:     文件格式 elf64-x86-64

SYMBOL TABLE:
0000000000000000 l    df *ABS*  0000000000000000 addvec.c
0000000000000000 l    d  .text  0000000000000000 .text
0000000000000000 l    d  .data  0000000000000000 .data
0000000000000000 l    d  .bss   0000000000000000 .bss
0000000000000000 l    d  .note.GNU-stack  0000000000000000 .note.GNU-stack
0000000000000000 l    d  .eh_frame    0000000000000000 .eh_frame
0000000000000000 l    d  .comment     0000000000000000 .comment
0000000000000000 g     F .text  000000000000001f addvec



[root@localhost static-lib]#
```

由于 addvec. o 不访问全局变量，也没有外部的 * UND * 符号，因此重定位表是空的，如屏显 4-24 所示。这里显示的一个. eh_frame 节中的. text 重定位项，不过这并不是关注的重定位内容。

屏显 4-24　addvec. o 的重定位表

```
[root@localhost static-lib]#objdump -r addvec.o

```

```
addvec.o:     文件格式 elf64-x86-64

RELOCATION RECORDS FOR [.eh_frame]:
OFFSET           TYPE              VALUE
0000000000000020 R_X86_64_PC32     .text


[root@localhost static-lib]#
```

有了前面 main-lib. o 和 addvec. o 的信息，可以开展讨论静态链接操作中的第一步——布局。

2. main-lib 内存布局

用 objdump -D main-lib 查看可执行文件的所有内容，可以看到 main-lib 可执行文件的所有内容。由于上述命令输出信息过多，这里专门指定查看. text 节，使用 objdump -D -j . text main-lib，输出如屏显 A-2 所示（内容还是较长，因此放在了附录）。从中可以看出 main-lib. o 的 main()函数代码、addvec. o 的 addvec()函数代码被拼接合并放置到 0x40052d 和 0x40056f 地址处。

然后，再用 objudmp -d -j . data -j . bss 专门查看带有初值的. data 和无初值的. bss 节中的内容，如屏显 4-25 所示（输出的反汇编代码没有意义，直接忽略）。x、y、z 被分配到了 0x60103c、0x601034、0x601048 的地址上。

屏显 4-25　objdump -d 显示. data 和. bss 节的数据成员

```
[root@localhost static-lib]#objdump -d -j .data -j .bss main-lib

main-lib:     文件格式 elf64-x86-64


Disassembly of section .data:

0000000000601030 <__data_start>:
  601030:  00 00                    add    %al,(%rax)
    ...

0000000000601034 <y>:
  601034:  03 00 00 00 04 00 00 00                           ........
```

```
000000000060103c <x>:
  60103c:   01 00 00 00 02 00 00 00                                ........

Disassembly of section .bss:

0000000000601044 <__bss_start>:
  601044:   00 00                    add    %al,(%rax)
    ...

0000000000601048 <z>:
    ...
[root@localhost static-lib]#
```

根据所输出的地址信息，图 4-14 展示了 main-lib 可执行文件的布局过程。其中 main-lib 的. text 节是由 main-lib. o 的. text(main 函数代码)和 addvec. o 的. text 节(addvec 函数代码)构成的，左边显示目标文件中这两个节的起始地址为 0(未布局)，右边则显示它们拼接在一起并处于 0x40052d 和 0x40056f。同理，目标模块中的. data 节也是从地址为 0(未布局)，右边则显示它们位于 0x601030 和 0x601044。我们将多个目标文件中同类型的节汇聚而成可执行文件中的同名节，称为“聚合节”。

4.3.2　符号解析

经过布局后，代码和数据都有了确定的地址，因此重定位表中指出的未定位的“引用”地址，这时候就可以重新填写了。但对于“外部引用”，还需先经过一个符号解析过程。

如果一个函数不在本模块中实现，就必须找出在哪个模块中有实现，这个过程称为对被引用函数的符号解析。对于数据的引用也有同样的问题，也需要对引用的数据进行符号解析。符号解析的目的就是建立符号引用和符号定义之间的联系，即找到所引用的符号(函数、变量)在哪里定义的，确定其所在的节以及节内的偏移，从而可以知道符号的地址。链接时的符号解析就是将本目标文件中符号表中类型为 UND 的外部符号引用，在其他目标文件的符号表中找到对应的定义，从而可以进一步确定其地址。

回顾前面查看目标文件的时候，未解析的符号(本模块中没有定义的)都已经被编译器标注为未定义的类型(UND)——例如屏显 4-19 的 mail-lib. o 的符号表中就有两个标注为 * UND * 的符号 printf 和 addvec(该示例没有数据引用的未解析符号)。

因此在链接的时候，编译器将每一个模块中的未解析符号，在其他模块中查找，返回发现未定义符号的信息。如果有任何一个符号未找到定义之处，则编译失败。例如，只对

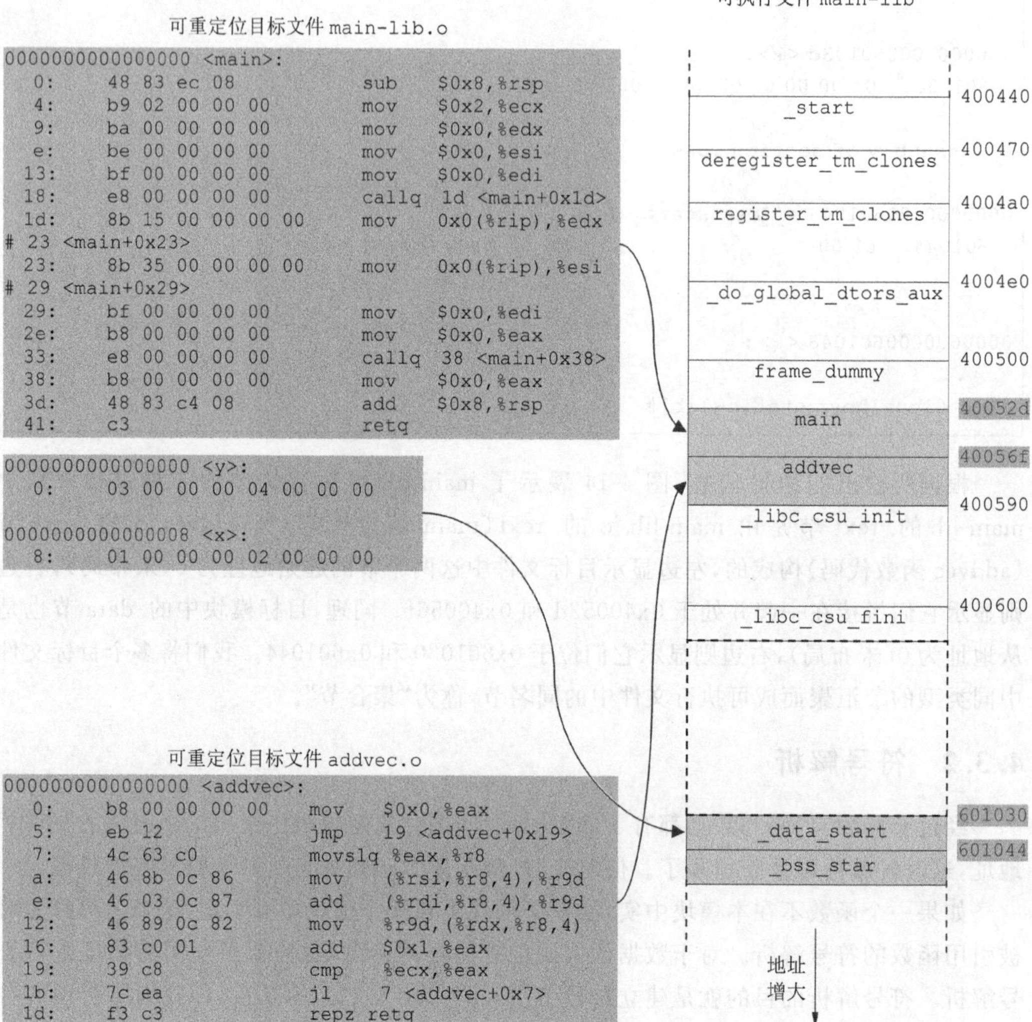

图 4-14 将 main-lib. o 和 addvec. o 的节进行布局，形成 main-lib 的内存空间(部分)

main-lib. o 进行编译链接，但是不把 addvec. c(或 addvec. o)作为输入，将提示编译错误如屏显 4-26 所示。

屏显 4-26 编译中出现未解析的符号

```
[root@localhost static-lib]#gcc main-lib.o
main-lib.o:在函数'main'中:
```

```
main-lib.c:(.text+0x19):对'addvec'未定义的引用
collect2: 错误:ld 返回 1
[root@localhost static-lib]#
```

也就是说,符号解析的对象是符号表中的类型为 UND 未定义的符号。当全部外部引用的完成符号解析,则可以进入到重定位操作。

4.3.3　静态重定位

当完成图 4-14 的布局而且所有的符号都已经有了地址,而且所有的未解析 UND 符号引用都完成解析,即每一个符号引用(函数或数据)都已经找到相对应的定义,就开始对重定位表中的那些引用进行重定位(给出确定的地址)。

1. 布局后的符号地址

对于我们的示例,编译器将两个目标模块中的各种节尝试在内存空间中进行排列布局,从而各个节的起点不再是 0 地址而是有一个确定的数值。并且遍历各个模块,将各模块符号表中类型为 *UND* 的符号(本示例有 main-lib.o 有未定义符号),在其他模块中查找(本例其他模块只有 addvec.o),建立起联系。下面对各个模块中需要重定位的项(屏显 4-15)的地址填入正确的数值,来逐项观察这些重定位项的填写细节。

用 objdump -d main-lib 对可执行文件进行反汇编,并且与未定位之前的屏显 4-15 所示的内容做对比,可以发现所有未定位的地址(原来填充为全 0 的地址)都已经有了新的地址,如屏显 4-27 所示。也就是说,作为链接器进行布局后的结果,各个节已经安排了存放空间。

屏显 4-27　objdump -d main-lib 反汇编(部分节选)

```
000000000040052d <main>:
  40052d: 48 83 ec 08         sub     $0x8,%rsp
  400531: b9 02 00 00 00      mov     $0x2,%ecx
  400536: ba 48 10 60 00      mov     $0x601048,%edx
  40053b: be 34 10 60 00      mov     $0x601034,%esi
  400540: bf 3c 10 60 00      mov     $0x60103c,%edi
  400545: e8 25 00 00 00      callq   40056f<addvec>
  40054a: 8b 15 fc 0a 20 00 mov     0x200afc(%rip),%edx      #60104c <__TMC_END__+0x4>
  400550: 8b 35 f2 0a 20 00 mov     0x200af2(%rip),%esi      #601048 <__TMC_END__>
  400556: bf 20 06 40 00      mov     $0x400620,%edi
  40055b: b8 00 00 00 00      mov     $0x0,%eax
```

```
  400560: e8 ab fe ff ff     callq   400410<printf@plt>
  400565: b8 00 00 00 00     mov     $0x0,%eax
  40056a: 48 83 c4 08        add     $0x8,%rsp
  40056e: c3                 retq

000000000040056f <addvec>:
  40056f: b8 00 00 00 00     mov     $0x0,%eax
  400574: eb 12              jmp     400588 <addvec+0x19>
  400576: 4c 63 c0           movslq %eax,%r8
  400579: 46 8b 0c 86        mov     (%rsi,%r8,4),%r9d
  40057d: 46 03 0c 87        add     (%rdi,%r8,4),%r9d
  400581: 46 89 0c 82        mov     %r9d,(%rdx,%r8,4)
  400585: 83 c0 01           add     $0x1,%eax
  400588: 39 c8              cmp     %ecx,%eax
  40058a: 7c ea              jl      400576 <addvec+0x7>
  40058c: f3 c3              repz retq
  40058e: 66 90              xchg    %ax,%ax
```

此时检查 main-lib 可执行文件的符号表，如屏显 4-28 所示（用 readelf -s main-lib 也可以获得类似的符号表）。可执行文件 main-lib 的符号主要来源于两个目标文件 main-lib. o 和 addvec. o，而目标文件的符号主要来源于汇编语言（可回顾前面屏显 4-12 的 main-lib. s 和对应的屏显 4-19 输出的符号）。注意这里的符号表的第一列是有取值的（不是全 0），也就是说，随着布局的完成，函数的入口地址、变量所在的内存地址现在都有了具体的数值。

当有需要重定位的“符号引用”时，就可以通过查找这些符号表完成地址的重定位。

屏显 4-28　objdump 查看 main-lib 符号表

```
[root@localhost static-lib]#objdump -t main-lib

main-lib:   文件格式 elf64-x86-64

SYMBOL TABLE:
0000000000400238 l   d  .interp  0000000000000000  .interp
0000000000400254 l   d  .note.ABI-tag  0000000000000000  .note.ABI-tag
0000000000400274 l   d  .note.gnu.build-id  0000000000000000  .note.gnu.build-id
0000000000400298 l   d  .gnu.hash  0000000000000000  .gnu.hash
```

```
00000000004002b8 l   d  .dynsym  0000000000000000  .dynsym
0000000000400318 l   d  .dynstr  0000000000000000  .dynstr
0000000000400358 l   d  .gnu.version  0000000000000000  .gnu.version
0000000000400360 l   d  .gnu.version_r  0000000000000000  .gnu.version_r
0000000000400380 l   d  .rela.dyn  0000000000000000  .rela.dyn
0000000000400398 l   d  .rela.plt  0000000000000000  .rela.plt
00000000004003e0 l   d  .init  0000000000000000  .init
0000000000400400 l   d  .plt  0000000000000000  .plt
0000000000400440 l   d  .text  0000000000000000  .text
0000000000400604 l   d  .fini  0000000000000000  .fini
0000000000400610 l   d  .rodata  0000000000000000  .rodata
0000000000400630 l   d  .eh_frame_hdr  0000000000000000  .eh_frame_hdr
0000000000400670 l   d  .eh_frame  0000000000000000  .eh_frame
0000000000600e10 l   d  .init_array  0000000000000000  .init_array
0000000000600e18 l   d  .fini_array  0000000000000000  .fini_array
0000000000600e20 l   d  .jcr  0000000000000000  .jcr
0000000000600e28 l   d  .dynamic  0000000000000000  .dynamic
0000000000600ff8 l   d  .got  0000000000000000  .got
0000000000601000 l   d  .got.plt  0000000000000000  .got.plt
0000000000601030 l   d  .data  0000000000000000  .data
0000000000601044 l   d  .bss  0000000000000000  .bss
0000000000000000 l   d  .comment  0000000000000000  .comment
0000000000000000 l   df *ABS*  0000000000000000  crtstuff.c
0000000000600e20 l    O .jcr  0000000000000000  __JCR_LIST__
0000000000400470 l    F .text  0000000000000000  deregister_tm_clones
00000000004004a0 l    F .text  0000000000000000  register_tm_clones
00000000004004e0 l    F .text  0000000000000000  __do_global_dtors_aux
0000000000601044 l    O .bss  0000000000000001  completed.6344
0000000000600e18 l    O .fini_array  0000000000000000
                                        __do_global_dtors_aux_fini_array_entry
0000000000400500 l    F .text  0000000000000000  frame_dummy
0000000000600e10 l    O .init_array  0000000000000000
                                               __frame_dummy_init_array_entry
0000000000000000 l   df *ABS*  0000000000000000  main-lib.c
0000000000000000 l   df *ABS*  0000000000000000  addvec.c
0000000000000000 l   df *ABS*  0000000000000000  crtstuff.c
0000000000400770 l    O .eh_frame  0000000000000000  __FRAME_END__
```

```
0000000000600e20 l   O .jcr  0000000000000000  __JCR_END__
0000000000000000 l  df *ABS*  0000000000000000
0000000000600e18 l  .init_array  0000000000000000  __init_array_end
0000000000600e28 l  O .dynamic  0000000000000000  _DYNAMIC
0000000000600e10 l  .init_array  0000000000000000  __init_array_start
0000000000601000 l  O .got.plt  0000000000000000  _GLOBAL_OFFSET_TABLE_
0000000000400600 g  F .text  0000000000000002  __libc_csu_fini
0000000000000000  w  *UND*  0000000000000000  _ITM_deregisterTMCloneTable
0000000000601030  w  .data  0000000000000000 data_start
0000000000601044 g  .data  0000000000000000  _edata
0000000000601048 g  O .bss  0000000000000008  z
000000000060103c g  O .data  0000000000000008  x
0000000000400604 g  F .fini  0000000000000000  _fini
0000000000000000  F *UND*  0000000000000000  printf@@GLIBC_2.2.5
0000000000000000  F *UND*  0000000000000000  __libc_start_main@@GLIBC_2.2.5
000000000040056f g  F .text  000000000000001f  addvec
0000000000601030 g  .data 0000000000000000  __data_start
0000000000000000  w  *UND*  0000000000000000  __gmon_start__
0000000000400618 g  O .rodata  0000000000000000  .hidden __dso_handle
0000000000400610 g  O .rodata  0000000000000004  _IO_stdin_used
0000000000400590 g  F .text  0000000000000065  __libc_csu_init
0000000000601050 g  .bss  0000000000000000  _end
0000000000400440 g  F .text  0000000000000000  _start
0000000000601034 g  O .data  0000000000000008  y
0000000000601044 g  .bss  0000000000000000  __bss_start
000000000040052d g  F .text  0000000000000042  main
0000000000000000  w  *UND*  0000000000000000  _Jv_RegisterClasses
0000000000601048 g  O .data  0000000000000000  .hidden __TMC_END__
0000000000000000  w  *UND*  0000000000000000  _ITM_registerTMCloneTable
00000000004003e0 g  F .init  0000000000000000  _init

[root@localhost static-lib]#
```

■ **静态重定位——函数**

下面先从函数引用的重定位开始分析。从屏显 4-15 的重定位表中,可以看出在.text 开始偏移 19 和 34 字节的两个位置分别是对 addvec()和 printf()的引用,而且当时未确定这两个函数在哪里。现在经过布局之后，addvec()的起点位置位于 0x40056f(如屏显 4-27 所示)，因此该符号的值就确定为 0x40056f(如屏显 4-28 所示)，相应地，在 callq addvec 汇编语句对应的位置填写了以下信息：

```
400545:     e8 25 00 00 00          callq  40056f <addvec>
40054a:     ……
```

注意上面的 25 00 00 00 数字，由于使用的是小端表示，因此它对应 0x00 00 00 25 的整数，它并不直接等于目标地址 0x40056f。前面重定位表指出，该符号重定位类型为 R_X86_64_PC32 的 PC 相对寻址，因此跳转的地址是 PC＋0x25 ＝ 0x40054a＋0x25 ＝ 0x40056f。也就是说，将 0x400546 空间上填写 0x00 00 00 25 四字节整数就完成对 addvec()引用的重定位操作。

此处虽然 printf()的引用也有具体的非 0 数值，不过这涉及动态链接，在后面再讨论。

■ 静态重定位——变量

现在来分析变量引用的重定位问题。先以 main-lib 为例来说明第 1 种符号在本地引用时的重定位。通过查看屏显 4-28 可以看到符号 x、y 和 z 经过布局后位于 0x60103c、0x601034 和 0x601048 地址。如屏显 4-29 所示，用 objdump -s 命令查看这三个地址，发现前两个地址上分别保存了{1,2}和{3,4}，但是第三个地址没有显示(由于 z 没有初值，因此无须在文件中保存，也就没有显示)。

屏显 4-29　objdump -s main-lib 的输出

```
[root@localhost static-lib]#objdump -s main-lib

main-lib:     文件格式 elf64-x86-64

Contents of section .interp:
 400238 2f6c6962 36342f6c 642d6c69 6e75782d  /lib64/ld-linux-
 400248 7838362d 36342e73 6f2e3200           x86-64.so.2.
Contents of section .note.ABI-tag:

   ……省略大量输出

Contents of section .data:
 601030 00000000 03000000 04000000 01000000  ................
```

```
  601040 02000000                         ....
Contents of section .comment:
```

确定了地址之后，重定位也就简单了。回顾屏显 4-27，对 x、y 和 z 的引用直接填上地址 0x60103c、0x601034 和 0x601048，而对 z[0]和 z[1]的地址分别为 0x601048 和 0x60104c，由于采用的是 PC 相对寻址，因此填写上 0x200af2(0x200af2＋PC＝0x200af2＋0x400556＝0x601048)以及 0x200afc(0x200afc＋PC＝0x200afc＋0x400550＝0x60104c)。这 5 个需要重定位的引用，分为绝对引用和 PC 相对引用两种类型，也就是屏显 4-15 显示重定位表中的 R_X86_64_32 和 R_X86_64_PC32 两种类型。

上面示例是关于 main-lib 模块访问 x、y 和 z 变量，属于第 1 种符号本模块内部引用。接下来用新的示例来考察第 1 种符号的被外部引用，或者说第 2 种的符号被本模块引用时的重定位过程。简单修改 addvec.c 的源代码为 addvec2.c，使之定义两个全局变量 int gval 和 int gval2 并在 main-lib2.c(基于 main-lib.c 修改而来)中访问这些变量，返回值从原来的 void 修改为 int，如代码 4-12 和代码 4-13 所示。

代码 4-12　main-lib2.c

```
#include <stdio.h>
#include "vector.h"

int x[2] ={1, 2};
int y[2] ={3, 4};
int z[2];

extern int gval=200;
extern int gval2;
int main()
{
    addvec(x, y, z, 2);
    printf("z =[%d %d]\n", z[0], z[1]);
    return gval+gval2;
}

```

代码 4-13　addvec2. c

```
int gval=200;
int gval2;
int addvec(int * x, int * y,int * z, int n)
{
    int i;

    for (i =0; i <n; i++)
    z[i] =x[i] +y[i];
    gval+=n;
    return gval+gval2;
}
```

虽然跨模块访问全局变量，但由于数据经过布局后都在同一个地址空间内，因此本质上和访问本模块的全局变量没有太大区别——只是多了一个跨模块的符号解析过程。请读者自行查看 main-lib2. o 的重定位表项和 main-lib. o 的反汇编代码，找到对应全局变量 gval 和 gval2 的引用位置和当前所用的值（全 0）。然后生成可执行文件，同时检查. text 节 main()的机器码（及反汇编）中的相关地址值、. data 数据节的 gval 和 gval2 数值、符号表等内容，辨识推导该符号解析和重定位过程。

2. 静态库

前面直接使用 main-lib. o 和 addvec. o 进行链接，现在来分析一下使用静态库时的链接过程。用 objdump -a 查看一下 libvector. a 可以看到里面有两个目标文件，如屏显 4-30 所示。请读者回顾屏显 2-13——它们是通过 ar 命令创建的。

屏显 4-30　objdump -a libvector. a 的输出

```
[root@localhost static-lib]#objdump -a libvector.a
在归档文件 libvector.a 中:

addvec.o:     文件格式 elf64-x86-64
rw-r--r--0/0   1336 Mar 22 21:57 2018 addvec.o



multvec.o:     文件格式 elf64-x86-64
rw-r--r--0/0   1336 Mar 22 21:57 2018 multvec.o

[root@localhost static-lib]#
```

使用静态库的时候，需要从库中抽取所需的模块(可重定位目标文件)，因为静态库是一个由多个目标模块组合而成的集合，只有被引用的目标模块才需要整合到可执行文件中。这个过程是伴随着符号解析而完成的，也就是说，当引用到库中的某个模块的符号时，才会抽取该模块。

在前面代码编译的时候，由于其符号 addvec 在 main-lib. o 中是未定义的，因此当执行命令 gcc -Og -o main-lib main-lib. c libvector. a 时，首先将 main-lib. c 编译成 main-lib. o，然后链接过程将 main-lib. o 中未确定的符号 addvec 在 libvector. a 库的模块中查找，发现其中的 addvec. o 中有该符号的定义，因此 addvec. o 将被抽取出来，然后将 addvec. o 的若干节在进程空间进行布局，而 multvec. o 则因为没有被引用而没有包含进来。所以，在图 4-2 的 libvector. a 只有 addvec. o 参与到构造可执行文件的过程中。

由于只抽取用到的. o 文件，库中未使用的. o 文件将被丢弃，因此有些链接器在链接多个目标文件时可能要求同一个静态库在编译命令行中多次出现——每处要用到库中的未被抽取过的. o 文件时。

4.4 动态链接

前面的讨论中提到，在对 printf 的引用中，callq 指令后面填写了非 0 的有效数值，由于属于动态链接的概念，因此留到本节才展开讨论。动态链接库也简称为动态库或者共享库，“动态库”强调的是链接时机，“共享库”强调的是代码共享特性，后面的讨论中会混用这三个名称。

使用动态链接库可以在多个进程间共享代码，从而比静态链接方式更节省存储资源。例如，C 语言中的 printf()函数的代码会被很多进程所使用，如果用静态链接的话，每个进程都需要拥有一份 printf()的代码，而动态链接只需要一份代码，从而避免造成不必要的浪费。为了实现上述的特性，动态链接过程略为复杂一些，并不像静态链接那样直观。

动态链接库的创建和使用方法已经在 2.2.2 节简单讨论过，现在主要来弄清楚动态的链接过程(不必完全理解，但需要记住“中介代码”“中介地址”“链接 1”和“链接 2”等几个粗略的概念)。

(1) 生成动态库的工作。虽然动态库中的全局变量在动态库的. data 和. bss 中分配了空间，但是由于动态库中全局变量并不在各个进程之间共享，因此需要在各个进程的. bss 节重新分配空间。由于动态库没有任何可执行文件的信息(因此也无法知道其. bss 节的地址)，所以动态库代码访问这些全局变量时，需要借助一个 GOT 表的中介地址，该地址在程序装入时的“链接 2”步骤才被修正。

(2) 生成可执行文件时的工作(图 4-16 的“链接 1”)。在生成可执行文件时并不包含动态库的代码和数据,因此所有对动态库中的变量和函数引用都无法确定地址。此时的链接 1 步骤涉及的任务包括:

- 对于引用动态库中的全局变量,需要在可执行文件.bss 中另外分配存储空间,并将相关的访问地址修改为指向这些地方。
- 对于可执行文件调用共享库函数的地方,都指向 PLT 表的某一个入口地址,由 PLT 表作为中介代码、由.plt.got.表作为中介地址,并将重定位延迟到链接 2 步骤。

(3) 启动运行时的工作(图 4-16 的“链接 2”)。动态链接器执行以下步骤进行重定位操作,从而完成最后的链接 2 操作步骤:

- 将动态库的数据和代码映射到进程的内存区间。
- 对于访问动态库访内部全局变量的中介地址 GOT 进行修订,从而指向进程的重新分配空间中的位置。
- 对库函数各自使用的.plt.got 中介地址进行修正,完成函数的重定位。

注意: 如果读者在阅读动态链接部分(特别是函数的延迟绑定过程)感到有困难,可以跳过这部分内容直接阅读后续章节。学习完全书之后再返回来仔细阅读有关 GOT 和 PLT 的动态重定位过程。

4.4.1　样例代码

为了展示得更加全面,将 main-lib.c 和 addvec.c 分别修改为 main-lib2.c 和 addvec2.c。这些代码将把全局符号引用的动态链接过程分成全局变量引用和函数引用来展示,在这里的示例中出现的需要动态链接的符号引用如图 4-15 虚线箭头所示。其中 main-lib2.c 的两个全局变量引用 gval 和 gval2,以及两个函数调用 addvec 和 printf 需要动态链接;由于在编译时指定了 PIC 位置无关特性,addvec.c 中对 gval 和 gval2 的引用只能采用动态链接的方法。

此时查看 main-lib2.o 的符号表,发现与静态的没有本质区别,也就是说,main-lib2.o 根本不知道这 4 个外部定义的符号是通过静态链接完成的还是动态链接完成的,这是由链接器和链接命令决定的。

```
[root@localhost dyn-lib2]#objdump -t main-lib2.o

main-lib2.o:     文件格式 elf64-x86-64

SYMBOL TABLE:
```

```
0000000000000000 l    df *ABS*    0000000000000000 main-lib2.c
0000000000000000 l    d  .text    0000000000000000 .text
0000000000000000 l    d  .data    0000000000000000 .data
0000000000000000 l    d  .bss    0000000000000000 .bss
0000000000000000 l    d  .rodata.str1.1    0000000000000000 .rodata.str1.1
0000000000000000 l    d  .note.GNU-stack    0000000000000000 .note.GNU-stack
0000000000000000 l    d  .eh_frame    0000000000000000 .eh_frame
0000000000000000 l    d  .comment    0000000000000000 .comment
0000000000000000 g     F .text    0000000000000049 main
0000000000000008       O *COM*    0000000000000004 z
0000000000000000 g     O .data    0000000000000008 y
0000000000000008 g     O .data    0000000000000008 x
0000000000000000         *UND*    0000000000000000 addvec
0000000000000000         *UND*    0000000000000000 printf
0000000000000000         *UND*    0000000000000000 gval2
0000000000000000         *UND*    0000000000000000 gval

[root@localhost dyn-lib2]#
```

这里利用新建的 addvec2. c 和旧的 multvec. c 生成动态库 libvector2. so，同时将 main-lib2. c 编译成 main-lib2. o，然后再利用 libvector2. so 和 main-lib2. o 创建可执行文件 main-lib-shared2（链接 1）。此时的可执行文件并不包括 libvector2. so 中的代码或数据，只有到了运行时装入程序才将 libvector2. so 的代码和数据拷贝到进程空间并完成相关的重定位（链接 2）。生成的动态库 libvector2. so 需要能被装载程序搜索到（具体方法请参考 2. 2. 3 节），否则运行 main-lib-shared2 时将提示无法找到动态库。

虽然并不准确，可以先简单这样理解：在链接 1 操作步骤中完成了符号的解析，在链接 2 操作中完成重定位。

4.4.2 动态链接库

动态链接库本质上仍是 ELF 格式的目标文件，但是具备了位置无关特性，其数据引用和函数调用有自己的一套特殊规则。

注意，静态库是 ELF 格式的目标文件经过打包后的文件，而动态库则是一个单独的 ELF 格式的目标文件。也就是说，静态链接库是多个 ELF 格式的目标文件集合经 ar 打包而成的。用 file 命令可以确认这一点，如屏显 4-31 所示。

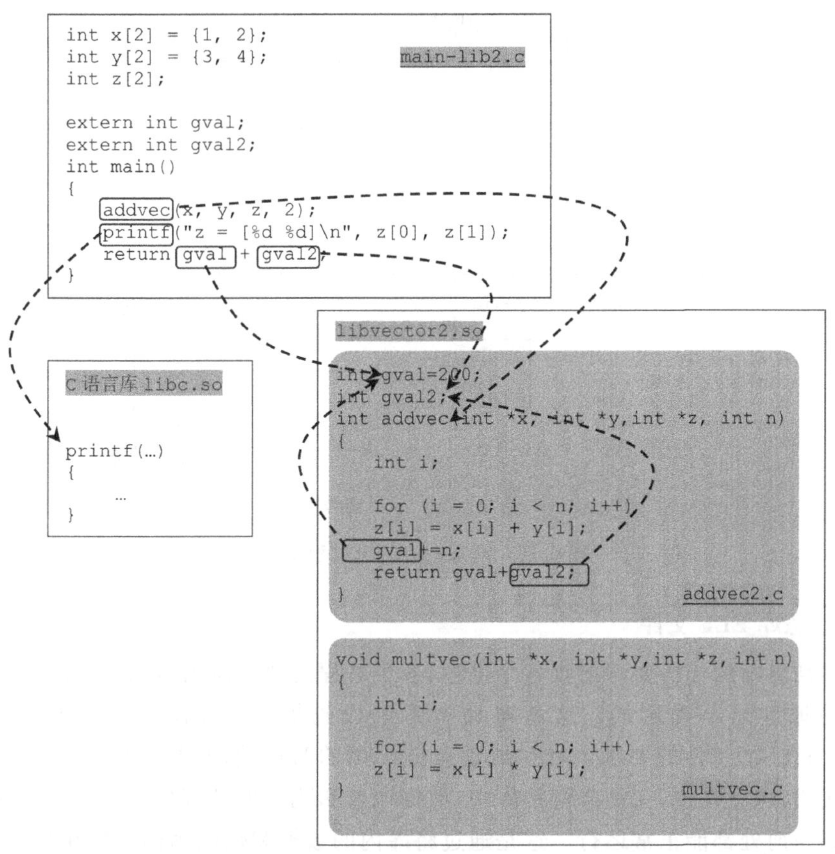

图 4-15　main-lib-shared2 中的需动态链接的引用

屏显 4-31　静态库和动态库文件格式区别

```
[root@localhost dyn-lib2]#file libvector2.so
libvector2.so: ELF 64-bit LSB shared object, x86-64, version 1 (SYSV), dynamically
linked,BuildID[sha1]=40f99069ab3be11d32b4cb436542b6049b51d2da, not stripped
[root@localhost dyn-lib2]#file ../static-lib/libvector.a
../static-lib/libvector.a: current ar archive
[root@localhost dyn-lib2]#
```

因此在静态链接时，静态库中只有被引用的目标模块会被抽取出来并进入到可执行文件，随后因进程创建而进入到进程空间。而动态链接库并不存在模块抽取的操作，而是作为整体映射到所有引用它的进程空间（各进程所映射的地址区间并不相同）。

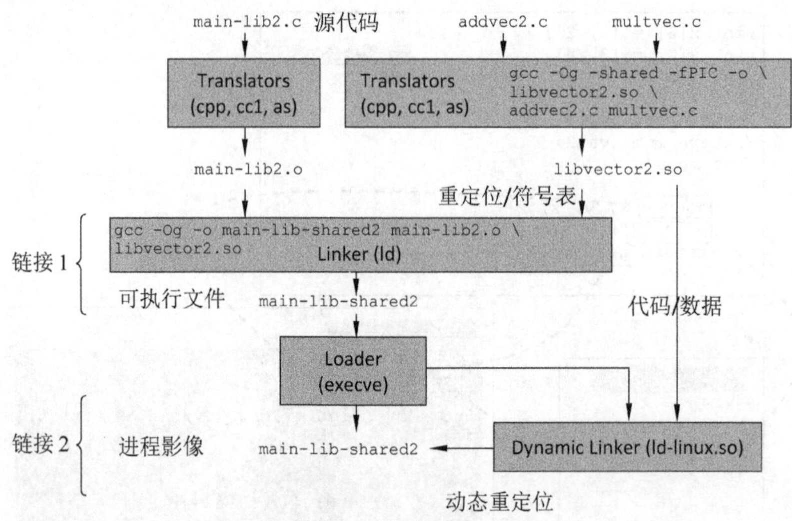

图 4-16　动态链接的全过程示意图

1. 动态库 ELF 文件

既然动态库的代码要映射到各个进程，各个进程的地址使用情况是不同的，因此动态库映射的地址是不确定的。这就对动态库的代码提出了 PIC（Position Independent Code，位置无关）特性的要求。在生成动态链接库的时候使用-fPIC 指出让 GCC 生成位置无关代码，也就是说，在动态链接库中，数据地址和跳转地址都使用 PC 相对地址，因此无论代码在何处都能正常运行。这是通过将库内的数据和代码用固定的相对距离进行布局，因此任何一条指令在访问数据或跳转地址的时候，其目标地址与该指令 PC 的差值都是固定不变的，从而使得动态库作为整体无论布局在进程空间中何处，代码的行为都是正确的。

因此我们看到动态链接库的 ELF 文件与可重定位目标文件和可执行文件都不相同。既不是可重定位目标文件那样各个节都从 0 地址开始，也不是可执行文件那样在进程空间完成布局。它具有以 0 地址开始的“相对”布局，可以整体映射到进程的任意空间中。也就是说，各个节将拼接成段，然后若干个段从 0 地址开始排列形成可以整体搬移的初步布局。

■ 动态链接库的文件头

动态链接库 libvector2.so 的文件头信息，如屏显 4-32 所示。其类型（Type）为 DYN 表明是动态链接库，因此它也和装入有关。虽然绝对装入地址还没有确定，但是文件内的代码和数据相对位置已经确定，即私有的、内部相对的布局。此时，其程序入口点地址为

0x630,程序头起点为 64,程序头大小为 56,程序头表的数目为 7。我们主要关注的是动态链接库的程序头表,也就是说更关注它的装入特性。

屏显 4-32　libvector2.so 的 ELF 文件头信息

```
[root@localhost dyn-lib2]#readelf -h libvector2.so
ELF 头:
  Magic:   7f 45 4c 46 02 01 01 00 00 00 00 00 00 00 00 00
  Class:                             ELF64
  Data:                              2's complement, little endian
  Version:                           1 (current)
  OS/ABI:                            UNIX - System V
  ABI Version:                       0
  Type:                              DYN (共享目标文件)
  Machine:                           Advanced Micro Devices X86-64
  Version:                           0x1
  入口点地址:                         0x630
  程序头起点:                         64 (bytes into file)
  Start of section headers:          6296 (bytes into file)
  标志:                              0x0
  本头的大小:                         64 (字节)
  程序头大小:                         56 (字节)
  Number of program headers:         7
  节头大小:                           64 (字节)
  节头数量:                           28
  字符串表索引节头:                    25
[root@localhost dyn-lib2]#
```

在动态链接库文件中既有段的概念,也有节的概念。libvector2.so 的文件头提示它有 7 个段,28 个节。

■ 动态库的段

动态链接库在引用它的进程启动时由动态链接器装入进程空间,其依据就是动态库的程序头表。例如,libvector2.so 的程序头表如屏显 4-33 所示。编号为 00 和 01 的两个段是 LOAD 类型,需要以共享方式装载到内存中,其中 00 段是属性为 RE 的代码段、01 段是属性为 RW 的数据段。GNU_RELRO 段和 DYNAMIC 段是包含在 01 段中的。

屏显 4-33 libvector2.so 段的信息(程序头表)

```
[root@localhost dyn-lib2]#readelf -l libvector2.so

Elf 文件类型为 DYN (共享目标文件)
入口点 0x630
共有 7 个程序头,开始于偏移量 64

程序头:
  Type           Offset             VirtAddr           PhysAddr
                 FileSiz            MemSiz             Flags  Align
  LOAD           0x0000000000000000 0x0000000000000000 0x0000000000000000
                 0x0000000000000814 0x0000000000000814 R E    200000
  LOAD           0x0000000000000de8 0x0000000000200de8 0x0000000000200de8
                 0x0000000000000244 0x0000000000000250 RW     200000
  DYNAMIC        0x0000000000000e08 0x0000000000200e08 0x0000000000200e08
                 0x00000000000001c0 0x00000000000001c0 RW     8
  NOTE           0x00000000000001c8 0x00000000000001c8 0x00000000000001c8
                 0x0000000000000024 0x0000000000000024 R      4
  GNU_EH_FRAME   0x0000000000000778 0x0000000000000778 0x0000000000000778
                 0x0000000000000024 0x0000000000000024 R      4
  GNU_STACK      0x0000000000000000 0x0000000000000000 0x0000000000000000
                 0x0000000000000000 0x0000000000000000 RW     10
  GNU_RELRO      0x0000000000000de8 0x0000000000200de8 0x0000000000200de8
                 0x0000000000000218 0x0000000000000218 R      1

Section to Segment mapping:
  段节...
  00     .note.gnu.build-id .gnu.hash .dynsym .dynstr .gnu.version .gnu.version_
r .rela.dyn .rela.plt .init .plt .text .fini .eh_frame_hdr .eh_frame
  01     .init_array .fini_array .jcr .data.rel.ro .dynamic .got .got.plt .data
.bss
  02     .dynamic
  03     .note.gnu.build-id
  04     .eh_frame_hdr
  05
  06     .init_array .fini_array .jcr .data.rel.ro .dynamic .got
[root@localhost dyn-lib2]#
```

■ **动态库的节**

再来看一下动态链接库的节的信息，如屏显 4-34 所示。其中 0 .note.gnu.build-id 里面是一些标识(含 GNU 字样)；2 .dynsym 是动态链接符号表；3 .dynstr 是动态链接符号的符号名字符串；4 .gnu.version 和 5 .gnu.version_r 是有关版本的信息。

虽然还未展开讨论，但是读者可以先记住关于动态重定位的节：6 .rela.dyn 是对数据引用的重定位表，修正的位置位于 19 .got，7.rel.plt 是对函数引用的重定位表，修正位置位于 20 .got.plt。

屏显 4-34　libvector2.so 节的信息

```
[root@localhost dyn-lib2]#objdump -h  libvector2.so

libvector2.so:     文件格式 elf64-x86-64

节：
Idx Name           Size      VMA               LMA               File off  Algn
  0 .note.gnu.build-id 00000024  00000000000001c8  00000000000001c8  000001c8  2**2
                  CONTENTS, ALLOC, LOAD, READONLY, DATA
  1 .gnu.hash     00000048  00000000000001f0  00000000000001f0  000001f0  2**3
                  CONTENTS, ALLOC, LOAD, READONLY, DATA
  2 .dynsym       00000180  0000000000000238  0000000000000238  00000238  2**3
                  CONTENTS, ALLOC, LOAD, READONLY, DATA
  3 .dynstr       000000bd  00000000000003b8  00000000000003b8  000003b8  2**0
                  CONTENTS, ALLOC, LOAD, READONLY, DATA
  4 .gnu.version  00000020  0000000000000476  0000000000000476  00000476  2**1
                  CONTENTS, ALLOC, LOAD, READONLY, DATA
  5 .gnu.version_r 00000020  0000000000000498  0000000000000498  00000498  2**3
                  CONTENTS, ALLOC, LOAD, READONLY, DATA
  6 .rela.dyn     000000f0  00000000000004b8  00000000000004b8  000004b8  2**3
                  CONTENTS, ALLOC, LOAD, READONLY, DATA
  7 .rela.plt     00000030  00000000000005a8  00000000000005a8  000005a8  2**3
                  CONTENTS, ALLOC, LOAD, READONLY, DATA
  8 .init         0000001a  00000000000005d8  00000000000005d8  000005d8  2**2
                  CONTENTS, ALLOC, LOAD, READONLY, CODE
  9 .plt          00000030  0000000000000600  0000000000000600  00000600  2**4
                  CONTENTS, ALLOC, LOAD, READONLY, CODE
```

```
10 .text          0000013c  0000000000000630  0000000000000630  00000630  2**4
                  CONTENTS, ALLOC, LOAD, READONLY, CODE
11 .fini          00000009  000000000000076c  000000000000076c  0000076c  2**2
                  CONTENTS, ALLOC, LOAD, READONLY, CODE
12 .eh_frame_hdr  00000024  0000000000000778  0000000000000778  00000778  2**2
                  CONTENTS, ALLOC, LOAD, READONLY, DATA
13 .eh_frame      00000074  00000000000007a0  00000000000007a0  000007a0  2**3
                  CONTENTS, ALLOC, LOAD, READONLY, DATA
14 .init_array    00000008  0000000000200de8  0000000000200de8  00000de8  2**3
                  CONTENTS, ALLOC, LOAD, DATA
15 .fini_array    00000008  0000000000200df0  0000000000200df0  00000df0  2**3
                  CONTENTS, ALLOC, LOAD, DATA
16 .jcr           00000008  0000000000200df8  0000000000200df8  00000df8  2**3
                  CONTENTS, ALLOC, LOAD, DATA
17 .data.rel.ro   00000008  0000000000200e00  0000000000200e00  00000e00  2**3
                  CONTENTS, ALLOC, LOAD, DATA
18 .dynamic       000001c0  0000000000200e08  0000000000200e08  00000e08  2**3
                  CONTENTS, ALLOC, LOAD, DATA
19 .got           00000038  0000000000200fc8  0000000000200fc8  00000fc8  2**3
                  CONTENTS, ALLOC, LOAD, DATA
20 .got.plt       00000028  0000000000201000  0000000000201000  00001000  2**3
                  CONTENTS, ALLOC, LOAD, DATA
21 .data          00000004  0000000000201028  0000000000201028  00001028  2**2
                  CONTENTS, ALLOC, LOAD, DATA
22 .bss           0000000c  000000000020102c  000000000020102c  0000102c  2**2
                  ALLOC
23 .comment       0000002d  0000000000000000  0000000000000000  0000102c  2**0
                  CONTENTS, READONLY
[root@localhost dyn-lib2]#
```

注意,so 中的定义的数据,是各进程所用的“模板”(初值),因此它们不是真正运行时使用的数据。所以,共享库中定义的数据,必须在进程私有空间中重新分配空间,并且将库中.data 节和.bss 节的数据作为进程数据的初值。

2. 动态库内部引用

动态库在多个进程间仅共享代码,不共享数据。因此 libvector2.so 的.data 节和.bss 节中的 gval 和 gval2 并不是程序所使用的变量。各应用程序根据动态库的全局变量的符号，在各自的.bss 中分配空间，然后从 libvector2.so 中将 gval 和 gval2 的值拷贝过来作为初始值。

注意：下面的阅读中，读者在看到 gval 和 gval2 的时候，需要辨识它们指的是 livector2.so 的数据.data/.bss 节分配的还是进程内存影像中.bss 节分配的。

■ 内部数据定义

首先找出 gval 和 gval2 变量在 libvector2.so 中的位置分别是 0x201028 和 0x201030，如屏显 4-35 所示。

屏显 4-35　查看 libvector2.so 中 gval/gval2 符号

```
[root@localhost dyn-lib2]#objdump -t libvector2.so  |grep gval
0000000000201030 g     O .bss    0000000000000004              gval2
0000000000201028 g     O .data   0000000000000004              gval
[root@localhost dyn-lib2]#
```

屏显 4-36 给出了 gval 所在的.data 节的起点为 0x201028，以及 gval2 所在的.bss 节的起点地址为 0x20102c。

屏显 4-36　查看 libvector2.so 中.data 节和.bss 节的信息

```
[root@localhost dyn-lib2]#objdump -j .data -h libvector2.so

libvector2.so:     文件格式 elf64-x86-64

节：
Idx Name          Size      VMA               LMA               File off  Algn
21 .data          00000004  0000000000201028  0000000000201028  00001028  2**2
                  CONTENTS, ALLOC, LOAD, DATA
[root@localhost dyn-lib2]#objdump -j .bss -h libvector2.so

libvector2.so:     文件格式 elf64-x86-64

节：
Idx Name          Size      VMA               LMA               File off  Algn
22 .bss           0000000c  000000000020102c  000000000020102c  0000102c  2**2
                  ALLOC
[root@localhost dyn-lib2]#
```

我们看到动态库中的数据.data 和.bss 节是进行初步布局的，其起点不是 0（对比静态链接用的屏显 4-9 所示 main-lib.o 的.data 节和.bss 节的 VMA 地址）。此时 gval 和 gval2 位于动态库内部的、相对的初始布局中的 0x201028 和 0x201030 地址处。也就是说，该地址还未“整体”搬迁映射到某个进程的内存空间上。

再次提醒，libvector2.so 中.data 节的 gval 和.bss 节的 gval2 并不是进程所使用的变量，它们只是原型和初值。

■ **内部数据引用**

我们考虑 libvector2.so 中对 gval 和 gval2 变量的引用，它们虽然是库中定义的变量，但它们在各进程的.bss 另外分配了空间，因此 libvector2.so 的代码并不知道这两个变量的地址（无法用绝对地址访问），也无法确保自己和这两个变量的相对距离（无法使用 PC 相对寻址），只有等到布局完成之后才能确定。

这时就需要动态库中的一个中介地址，将指令中的地址修改变换为对这个中介数据（地址）的修改，使得库函数代码仍使用 PC 相对寻址的方式去访问那个中介数据，这样保持代码的 PIC 特性，又能保证对位置不确定的、各进程.bss 中的变量访问。

反汇编 libvector2.so，查看 addvec2.c 中引用了 gval 和 gval2 的代码，如屏显 4-37 所示。从代码可以看出，访问 gval 使用“mov 0x2008ac(%rip)，%rax” 指令，将 0x2008ac（%rip）内存单元的数值保存到%rax，然后通过“add（%rax），%ecx”指令完成 gval+n 计算，其中（%rax）引用了 gval。因此可以推断，PC+0x2008ac = 0x73c+0x2008ac = 0x200fe8 内存单元是中介地址，它保存了变量 gval 的地址——指向进程.bss 区间分配的 gval。此时关于 gval 数值的访问过程应该如后面的图 4-17 所示。同理，对 gval2 的引用使用的是 PC+0x200881=0x200fc8 地址，也是这种间接的方式。

屏显 4-37 libvector2.so 反汇编（部分节选）

```
0000000000000715 <addvec>:
715:41 b8 00 00 00 00      mov    $0x0,%r8d
71b:eb 13                  jmp    730 <addvec+0x1b>
71d:4d 63 c8               movslq%r8d,%r9
720:46 8b 14 8e            mov    (%rsi,%r9,4),%r10d
724:46 03 14 8f            add    (%rdi,%r9,4),%r10d
728:46 89 14 8a            mov    %r10d,(%rdx,%r9,4)
72c:41 83 c0 01            add    $0x1,%r8d
730:41 39 c8               cmp    %ecx,%r8d
733:7c e8                  jl     71d <addvec+0x8>
735:48 8b 05 ac 08 20 00   mov    0x2008ac(%rip),%rax #200fe8 <_DYNAMIC+0x1e0>
```

```
73c:03 08                    add    (%rax),%ecx
73e:89 08                    mov    %ecx,(%rax)
740:48 8b 05 81 08 20 00     mov    0x200881(%rip),%rax #200fc8 <_DYNAMIC+0x1c0>
747:03 08                    add    (%rax),%ecx
749:89 c8                    mov    %ecx,%eax
74b:c3                       retq
```

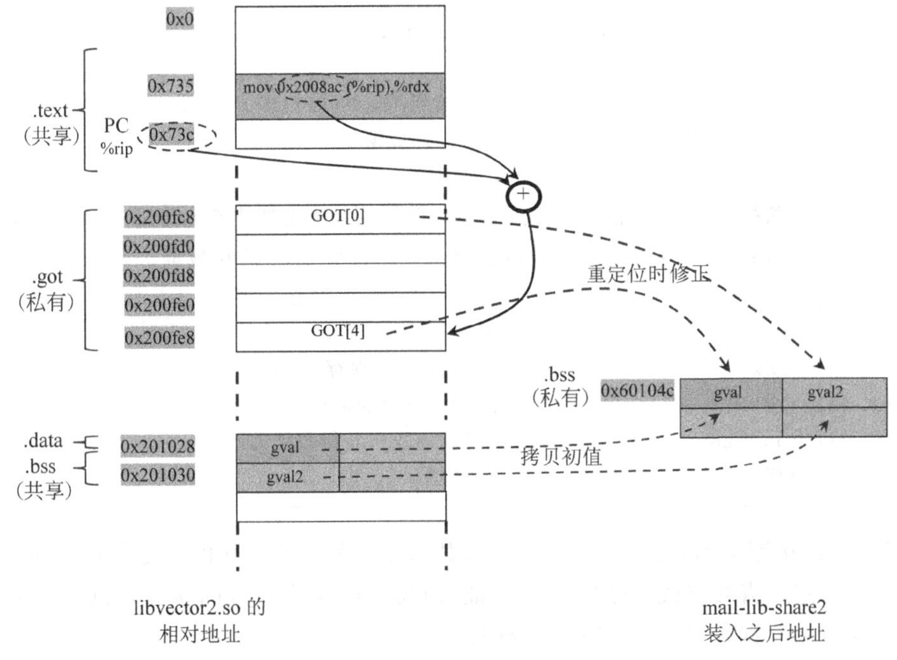

图 4-17 libvector.so 中的全局数据 gval 引用

实际上这个 0x200fe8 地址和 0x200fc8 地址是访问 gval 和 gval2 符号的中介地址，称为全局偏移量表项或 GOT(Global Offset Table)项。如果不使用数据节中的 GOT 中介，那么就需要在代码中进行重定位——根据共享库在进程中的具体布局而修改指令中的地址码，这样就无法在多个进程间共享同一份相同代码。因此将地址通过间接的方式独立出来，只需要修改地址(数据)而不需要修改指令代码，从而实现多个进程共享相同代码的目的。

查看重定位表(见屏显 4-38)，找到地址 0x200fe8 是 gval 的重定位条目，然后再结合 GOT 表的起点 0x200fc8(屏显 4-34 节头表的第 19 项)，可以得出 gval 重定位条目位于 GOT 表中的第 5 项(即 GOT[4]，8 字节一项)，gval2 重定位条目是 GOT[0]。

动态库代码访问动态库中定义的数据正是基于上述原理进行的，即在进程私有数据段有一个全局偏移量表(GOT，Global Offset Table)。在 GOT 表中，每一个被(动态库)目标模块访问全局符号(可能是全局数据或全局函数)都有一个 8 字节的条目。而且还为每个 GOT 项生成一个重定位记录，在加载的时候，动态链接器会修正 GOT 中的每个条目，使得它包含正确的绝对地址。

归结起来：在共享库中的代码访问自己定义的全局数据的时候，分成两个步骤，先是用 PC 相对寻址找到 GOT 表项，然后再利用 GOT 表项(初始为 0，需动态链接修正)找到数据。相应的指令序列具有类似以下代码的形式：

```
movq 0xYYYYYYYY(%rip), %rax          ;访问对应的 GOT[X],获得数据的地址
访问 (%rax) 获得数据                  ;访问数据
```

在 x86-32 系统上由于不能直接访问 EIP 寄存器，因此利用类似如下指令序列来获得 EIP 的数值，进而获得 GOT 表项中的数据地址，最后得到数据的数值。

```
call L1                        ;eip 压栈
L1: popl %ebx                  ;eip 出栈——保存到 ebx
addl $0xYYYYYYYY, %ebx         ;计算 GOT[X]的地址
movl (%ebx), %eax              ;访问 GOT[X],获得数据的地址
访问 (%eax)获得数据             ;访问数据
```

将动态链接库访问自己定义的变量时，其重定位和静态链接的重定位过程对比：

- 静态链接直接修改指令码中的地址，而动态链接将通过间接方访问方式，将地址存放到数据段中，无须修改指令码。
- 静态链接对同一个符号的每一次引用都需要有一个重定位项(指出引用该符号的指令中的地址位置)；而动态链接库中对同一个符号的引用则只需要一个重定位项(GOT 的一个表项)——因为代码中是通过 GOT 表项作为中介来访问的，只需要对 GOT 表项做一次修正，所有的引用都能访问到正确的数据。

■ **数据重定位信息**

libvector2.so 的动态重定位表如屏显 4-38 所示，gval 项对应的地址是 0x200fe8，就是前面提到的 GOT[4]，同理 gval2 对应 GOT[0]。它们是指向数据的，而不是像静态重定位表那样指向指令中的地址码。除了前三个，后面的符号名都出现在.dynsym 节里。参考屏显 4-34，可以确定这些符号地址涉及的节包括 14.init_array、15.fini_array、17.data.rel.ro、19.got、20.got.plt。

屏显 4-38　libvector2.so 的动态重定位表

```
[root@localhost dyn-lib2]#objdump -R libvector2.so

libvector2.so:     文件格式 elf64-x86-64

DYNAMIC RELOCATION RECORDS
OFFSET           TYPE              VALUE
0000000000200de8 R_X86_64_RELATIVE  *ABS*+0x00000000000006e0
0000000000200df0 R_X86_64_RELATIVE  *ABS*+0x00000000000006a0
0000000000200e00 R_X86_64_RELATIVE  *ABS*+0x0000000000200e00
0000000000200fc8 R_X86_64_GLOB_DAT  gval2
0000000000200fd0 R_X86_64_GLOB_DAT  _ITM_deregisterTMCloneTable
0000000000200fd8 R_X86_64_GLOB_DAT  __gmon_start__
0000000000200fe0 R_X86_64_GLOB_DAT  _Jv_RegisterClasses
0000000000200fe8 R_X86_64_GLOB_DAT  gval
0000000000200ff0 R_X86_64_GLOB_DAT  _ITM_registerTMCloneTable
0000000000200ff8 R_X86_64_GLOB_DAT  __cxa_finalize
0000000000201018 R_X86_64_JUMP_SLOT  __gmon_start__
0000000000201020 R_X86_64_JUMP_SLOT  __cxa_finalize


[root@localhost dyn-lib2]#
```

注意，只有动态链接库才能使用 objudmp -R 参数来查看动态重定位表。如果查看动态库 libvector. so 的静态重定位表，发现已经全部为空。如果对 main-lib2. o 执行 objdump -R 操作则提示不是动态库，因此无法输出信息。

```
[root@localhost dyn-lib2]#objdump -r libvector2.so

libvector2.so:     文件格式 elf64-x86-64

[root@localhost dyn-lib2]#
```

libvector. so 的 GOT 节如屏显 4-34 所示，是其中的第 19 号节，里面包含了所有的 GOT 项。但当用 hexdump 命令去查看文件中对应偏移 0xfc8 的内容时，发现里面是全 0

(与前面推断的保存了 gval 地址不相符),如屏显 4-39 所示。这是因为查看的是 libvector.so 的磁盘文件,只有在装入后,这些地址经动态链接的第 2 步骤才会真正填写上有效的地址。

屏显 4-39 libvector2.so 文件中的 GOT 内容

```
[root@localhost dyn-lib2]#hexdump -s 0x fc8-n 0x30 libvector2.so
0000fc8 0000 0000 0000 0000 0000 0000 0000 0000
*
0000ff8
[root@localhost dyn-lib2]#
```

如果想查看 libvector2.so 中的输出的全部动态链接符号(不要与屏显 4-38 的动态重定位表相混淆),可以用 objdump -T 命令,如屏显 4-40 所示。

屏显 4-40 libvector2.so 的动态链接符号

```
[root@localhost dyn-lib2]#objdump -T libvector2.so

libvector2.so:     文件格式 elf64-x86-64

DYNAMIC SYMBOL TABLE:
00000000000005d8 l    d  .init  0000000000000000
                                               .init
0000000000000000  w   D  *UND*  0000000000000000
                                               _ITM_deregisterTMCloneTable
0000000000000000  w   D  *UND*  0000000000000000
                                               __gmon_start__
0000000000000000  w   D  *UND*  0000000000000000
                                               _Jv_RegisterClasses
0000000000000000  w   D  *UND*  0000000000000000
                                               _ITM_registerTMCloneTable
0000000000000000  w   DF *UND*  0000000000000000  GLIBC_2.2.5
                                               __cxa_finalize
000000000020102c g    D  .data  0000000000000000  Base        _edata
0000000000201038 g    D  .bss   0000000000000000  Base        _end
0000000000201030 g    DO .bss   0000000000000004  Base        gval2
000000000020102c g    D  .bss   0000000000000000  Base        __bss_start
```

```
00000000000005d8 g    DF .init  0000000000000000  Base        _init
000000000000076c g    DF .fini  0000000000000000  Base        _fini
000000000000074c g    DF .text  0000000000000020  Base        multvec
0000000000000715 g    DF .text  0000000000000037  Base        addvec
0000000000201028 g    DO .data  0000000000000004  Base        gval


[root@localhost dyn-lib2]#
```

用 objdump -t libvector2. so 可以再次确认 libvector. so 自己的 gval 符号在. data 节中，而 gval2 在. bss 节中。

```
[root@localhost dyn-lib2]#objdump -t libvector2.so

libvector2.so:     文件格式 elf64-x86-64

SYMBOL TABLE:
00000000000001c8 l    d  .note.gnu.build-id    0000000000000000
                                                        .note.gnu.build-id
00000000000001f0 l    d  .gnu.hash    0000000000000000            .gnu.hash

    …此处省略几十行…

0000000000200e08 l     O .dynamic     0000000000000000       _DYNAMIC
0000000000201030 l     O .data    0000000000000000           __TMC_END__
0000000000201000 l     O .got.plt     0000000000000000       _GLOBAL_OFFSET_TABLE_
0000000000201030 g     O .bss    0000000000000004            gval2
0000000000000000   w      *UND*      0000000000000000
                                              _ITM_deregisterTMCloneTable
000000000020102c g       .data     0000000000000000          _edata
000000000000076c g     F .fini     0000000000000000          _fini
000000000000074c g     F .text     0000000000000020             multvec
0000000000000715 g     F .text     0000000000000037             addvec
0000000000000000   w      *UND*      0000000000000000        __gmon_start__
0000000000201038 g       .bss     0000000000000000           _end
000000000020102c g       .bss     0000000000000000           __bss_start
0000000000000000   w      *UND*      0000000000000000        _Jv_RegisterClasses
```

```
0000000000201028 g     O .data    0000000000000004              gval
0000000000000000  w      *UND*  0000000000000000
                                              _ITM_registerTMCloneTable
0000000000000000  w    F *UND*  0000000000000000
                                              __cxa_finalize@@GLIBC_2.2.5
00000000000005d8 g     F .init    0000000000000000           _init


[root@localhost dyn-lib2]#
```

■ **内部函数引用**

这里使用的图 4-15 的示例,并没有出现 libvector2. so 的代码引用 libvector2. so 中的函数的情况,因此这里暂时不讨论其重定位的方法,而是在后面 main-lib2. c 中引用 libvector2. so 的 addvec()函数的时候再讨论,即所谓的延迟绑定方法。本章后面安排有练习题,请读者自行跟踪分析动态链接库调用本模块内的函数时的动态链接过程。

4.4.3 动态链接步骤

在产生可执行文件的过程中完成符号解析后,将未定位符号一部分通过静态链接完成重定位,另一部分符号经过解析发现在动态库中,因此只完成部分重定位。也就是说,对这些完成了部分重定位符号的引用并不指向所引用的数据或函数,而是指向一个中介对象,有待运行时再次修正。此时需要借助动态库的动态符号表和动态重定位表的信息,但动态库中没有任何数据或代码插入到可执行文件中。下面以图 4-16 中 main-lib-shared2 可执行文件的生成过程为例来说明其细节。

1. 链接 1 任务——生成可执行文件时

在生成 main-lib-shared2 可执行文件时,所有对动态库中的符号引用,都无法完全确定地址。因此链接 1 涉及的任务包括:

- main-lib-shared2 可执行文件. bss 分配动态库中定义的 gval 和 gval2,并将相关的访问地址修改为指向这两个地方。
- main-lib-shared2 可执行文件访问 addvec 和 printf 的地方,都分别指向 plt 表的某一个入口地址,由 plt 表作为中介代码,并将重定位延迟到链接步骤 2。

■ **main-lib2. o 引用动态库中的变量**

动态共享库是指"代码"在进程间的共享以节约内存资源,但其中的数据并不是进程间共享的。所以在动态库中的"全局"变量,其全局概念是进程内部的概念,而不是进程间的系统范围的全局。因此可执行文件的. data 节、. bss 节和. got 节等内容，是进程私有的数据，如果变量对应的符号是动态链接符号，则其空间在. bss 中分配，其数值从动态库文件中拷贝而来。

用 gcc -Og -S main-lib2. c 生成 main-lib2. s 汇编程序，如屏显 4-41 所示。x、y 和 z 使用的静态链接的重定位已经在前面讨论过，而 gval 和 gval2 外部引用是通过 PC 相对寻址 gval(%rip)和 gval2(%rip)访问的，后面将会使用静态链接完成重定位。需要注意的是，如果编译时指定-fPIC，则 x、y 和 z 的引用也会变成 PIC 方式，与 libvector2. so 访问方式一样需要基于 GOT 的 PC 相对寻址。

main-lib2. s 对本模块定义的全局变量的访问并没有什么特别，只要数据节在进程空间完成布局，其全局变量地址也就确定了。由于 gval 和 gval2 声明为 extern，因此使用 PC 相对寻址来访问。

屏显 4-41　main-lib2. s

```
        .file "main-lib2.c"
    .section  .rodata.str1.1,"aMS",@progbits,1
.LC0:
    .string  "z = [%d %d]\n"
    .text
    .globl    main
    .type main, @function
main:
.LFB11:
    .cfi_startproc
    subq $8, %rsp
    .cfi_def_cfa_offset 16
    movl $2, %ecx
    movl $z, %edx
    movl $y, %esi
    movl $x, %edi
    call addvec
    movl z+4(%rip), %edx
    movl z(%rip), %esi
    movl $.LC0, %edi
    movl $0, %eax
    call printf
    movl gval2(%rip), %eax
```

```
    addl gval(%rip), %eax
    addq $8, %rsp
    .cfi_def_cfa_offset 8
    ret
    .cfi_endproc
.LFE11:
    .size main, .-main
    .comm  z,8,4
    .globl    y
    .data
    .align 4
    .type y, @object
    .size y, 8
y:
    .long 3
    .long 4
    .globl    x
    .align 4
    .type x, @object
    .size x, 8
x:
    .long 1
    .long 2
    .ident    "GCC: (GNU) 4.8.5 20150623 (Red Hat 4.8.5-11)"
    .section    .note.GNU-stack,"",@progbits
```

使用 gcc -Og -c main-lib2.c 生成 main-lib2.o 目标程序，其中的 main 函数反汇编如屏显 4-42 所示。这里涉及 x、y、z(以及 z[0] z[1])和 gval、gval2 五个变量的重定位，以及 addvec 和 printf 两个函数的重定位，相应的地址都暂时填写为全 0，其重定位过程就是将全局变量的地址填入对应位置即可。

屏显 4-42　main-lib2.o 的 main()反汇编

```
[root@localhost dyn-lib2]#objdump -d  main-lib2.o


main-lib2.o:     文件格式 elf64-x86-64
```

```
Disassembly of section .text:

0000000000000000 <main>:
   0:48 83 ec 08              sub    $0x8,%rsp
   4:b9 02 00 00 00           mov    $0x2,%ecx
   9:ba 00 00 00 00           mov    $0x0,%edx
   e:be 00 00 00 00           mov    $0x0,%esi
  13:bf 00 00 00 00           mov    $0x0,%edi
  18:e8 00 00 00 00           callq  1d <main+0x1d>
  1d:8b 15 00 00 00 00        mov    0x0(%rip),%edx     #23 <main+0x23>
  23:8b 35 00 00 00 00        mov    0x0(%rip),%esi     #29 <main+0x29>
  29:bf 00 00 00 00           mov    $0x0,%edi
  2e:b8 00 00 00 00           mov    $0x0,%eax
  33:e8 00 00 00 00           callq  38 <main+0x38>
  38:8b 05 00 00 00 00        mov    0x0(%rip),%eax     #3e <main+0x3e>
  3e:03 05 00 00 00 00        add    0x0(%rip),%eax     #44 <main+0x44>
  44:48 83 c4 08              add    $0x8,%rsp
  48:c3                       retq
[root@localhost dyn-lib2]#
```

查看屏显 4-43 中 gval 和 gval2 的重定位项的信息，显示在 0x3a 的偏移处是需要重定位的位置，重定位类型是 R_X86_64_PC32。由于编译 main-lib2.o 时只能知道在本模块中该符号未定义，并不知道所调用的 gval 将来是用静态库还是动态库来支持的，因此只能判定出该变量需要通过 PC 相对寻址来访问。如果编译时指定生成 PIC 代码，则 gval 对应的重定位类型将明确指出是 R_X86_64_GOTPCREL，即借助 GOT 的 PC 相对重定位。

屏显 4-43　main-lib2.o 的重定位表

```
[root@localhost dyn-lib2]#objdump -r main-lib2.o

main-lib2.o:     文件格式 elf64-x86-64

RELOCATION RECORDS FOR [.text]:
OFFSET           TYPE              VALUE
000000000000000a R_X86_64_32       z
000000000000000f R_X86_64_32       y
```

```
0000000000000014 R_X86_64_32        x
0000000000000019 R_X86_64_PC32      addvec-0x0000000000000004
000000000000001f R_X86_64_PC32      z
0000000000000025 R_X86_64_PC32      z-0x0000000000000004
000000000000002a R_X86_64_32        .rodata.str1.1
0000000000000034 R_X86_64_PC32      printf-0x0000000000000004
000000000000003a R_X86_64_PC32      gval2-0x0000000000000004
0000000000000040 R_X86_64_PC32      gval-0x0000000000000004


RELOCATION RECORDS FOR [.eh_frame]:
OFFSET           TYPE               VALUE
0000000000000020 R_X86_64_PC32      .text


[root@localhost dyn-lib2]#
```

链接后的可执行文件对 main-lib-shared2 反汇编获得 main()代码，如屏显 4-44 所示。从中可以看出对 x、y 和 z 这三个变量引用已经完成重定位，它们的地址确定为 0x601044、0x60103c 和 0x601058。对 gval 的访问是通过 PC＋0x2008af ＝ 0x4007a1＋0x2008af ＝ 0x 601050 地址来访问的，同理，gval2 对应 PC＋0x2008b1 ＝ 0x40079b＋0x2008b1 ＝ 0x 60104c。读者可以对屏显 4-42 目标模块 main-lib2. o 中还未定位的 main 函数反汇编(当时还没有定位，全部数值为 0)。

也就是说，链接过程中发现外部符号是动态库中定义的符号，于是就在. bss 节中分配相对应的空间用于存储这些变量，然后对引用这些变量的地址完成重定位即可。

屏显 4-44　main-lib-shared2 的 main 反汇编(部分节选)

```
000000000040075d <main>:
  40075d: 48 83 ec 08             sub     $0x8,%rsp
  400761: b9 02 00 00 00          mov     $0x2,%ecx
  400766: ba 58 10 60 00          mov     $0x601058,%edx
  40076b: be 3c 10 60 00          mov     $0x60103c,%esi
  400770: bf 44 10 60 00          mov     $0x601044,%edi
  400775: e8 d6 fe ff ff          callq   400650<addvec@plt>
  40077a: 8b 15 dc 08 20 00       mov     0x2008dc(%rip),%edx     #60105c <z+0x4>
  400780: 8b 35 d2 08 20 00       mov     0x2008d2(%rip),%esi     #601058 <z>
```

```
400786: bf 40 08 40 00        mov    $0x400840,%edi
40078b: b8 00 00 00 00        mov    $0x0,%eax
400790: e8 9b fe ff ff        callq  400630<printf@plt>
400795: 8b 05 b1 08 20 00     mov    0x2008b1(%rip),%eax   #60104c <_edata>
40079b: 03 05 af 08 20 00     add    0x2008af(%rip),%eax   #601050 <__TMC_END__>
4007a1: 48 83 c4 08           add    $0x8,%rsp
4007a5: c3                    retq
4007a6: 66 2e 0f 1f 84 00 00  nopw   %cs:0x0(%rax,%rax,1)
4007ad: 00 00 00
```

我们查看后面屏显 4-49 的信息，发现地址 0x60104c 和 0x601050 都位于.bss 节，也就是说当前没有初值（默认为 0）。它们真正的数值，需要到“链接 2”步骤的时候才从动态库共享的数据节里面拷贝到上述两个地址中。

可执行文件 main-lib-shared2 的重定位表如屏显 4-45 所示。x、y 和 z 已经完成重定位，但 gval 和 gval2 仍需动态链接时完后续操作——其重定位类型从 R_X86_64_PC32 变为 R_X86_64_COPY。也就是说，目标文件中是 PC 相对寻址，经过链接后确认是动态库中的数据，因此需要拷贝初值，这在运行时的链接 2 步骤中完成。

屏显 4-45　main-lib-shared2 的重定位表

```
[root@localhost dyn-lib2]#objdump -R main-lib-shared2

main-lib-shared2:     文件格式 elf64-x86-64

DYNAMIC RELOCATION RECORDS
OFFSET           TYPE              VALUE
0000000000600ff8 R_X86_64_GLOB_DAT  __gmon_start__
000000000060104c R_X86_64_COPY     gval2
0000000000601050 R_X86_64_COPY     gval
0000000000601018 R_X86_64_JUMP_SLOT  printf
0000000000601020 R_X86_64_JUMP_SLOT  __libc_start_main
0000000000601028 R_X86_64_JUMP_SLOT  addvec
0000000000601030 R_X86_64_JUMP_SLOT  __gmon_start__


[root@localhost dyn-lib2]#readelf -r main-lib-shared2
```

```
重定位节 '.rela.dyn' 位于偏移量 0x550 含有 3 个条目:
  Offset          Info           Type           Sym. Value    Sym. Name + Addend
000000600ff8  000500000006 R_X86_64_GLOB_DAT 0000000000000000 __gmon_start__ + 0
00000060104c  000a00000005 R_X86_64_COPY     000000000060104c gval2 + 0
000000601050  000e00000005 R_X86_64_COPY     0000000000601050 gval + 0

重定位节 '.rela.plt' 位于偏移量 0x598 含有 4 个条目:
  Offset          Info           Type           Sym. Value    Sym. Name + Addend
000000601018  000200000007 R_X86_64_JUMP_SLO 0000000000000000 printf + 0
000000601020  000300000007 R_X86_64_JUMP_SLO 0000000000000000 __libc_start_main
+ 0
000000601028  000400000007 R_X86_64_JUMP_SLO 0000000000000000 addvec + 0
000000601030  000500000007 R_X86_64_JUMP_SLO 0000000000000000 __gmon_start__ + 0
[root@localhost dyn-lib2]#
```

可以看出 main-lib. o 对 gval 和 gval2 的引用比较简单,只需要 PC 相对寻址即可,因为变量就定义在自已的. bss 节内。而 libvector. so 对 gval 和 gval2 的访问却更复杂,需要借助 GOT 表。这里的关键是 gval 和 gval2 最初定义虽然在 libvector. so 中,但完成动态链接后实际上使用的是可执行文件. bss 节中的 gval 和 gval2,可以用图 4-18 表示。可以看到 libvector. so 库从原来的 0 地址被"平移"到 0x7ffffbd9000 位置,但其工作方式仍与前面分析的一样(见图 4-17)。

读者此时可以先不阅读下面关于函数引用的内容,先趁热打铁地跳到链接任务 2 继续跟踪数据访问的动态链接最终是如何实现的,即初值拷贝是如何实施的。否则被下面函数的动态链接重定位所干扰,可能不利于理解。

■ main-lib2. o 引用动态库中的函数

虽然 GCC 对函数引用也可以采用数据的 GOT 的方法,但出于效率的考虑,实际上使用的是 GOT 结合过程链接表 PLT(Procedure Linage Table)的方法。这种方法称为延迟绑定,在第一次函数调用时略微复杂一点,但是后续的调用将快一些。这是因为像 C 语言库 libc. so(或其他大型动态库)将输出成百上千的函数,但一个应用往往只用到其中一小部分,延迟绑定可以将重定位推迟到函数被调用的时候才进行,从而避免在程序加载时就要进行成百上千的、实际上并不需要的重定位。

回顾屏显 4-42 中 main-lib2. o 的 addvec 和 printf 的调用,发现里面用全 0 作为目标地址。然后继续查看屏显 4-43 的 main-lib2. o 重定位表,从中我们看到对 addvec 和 printf 符号(函数)的访问为 PC 相对寻址 R_X86_64_PC32 类型。如果用-fPIC 参数则会

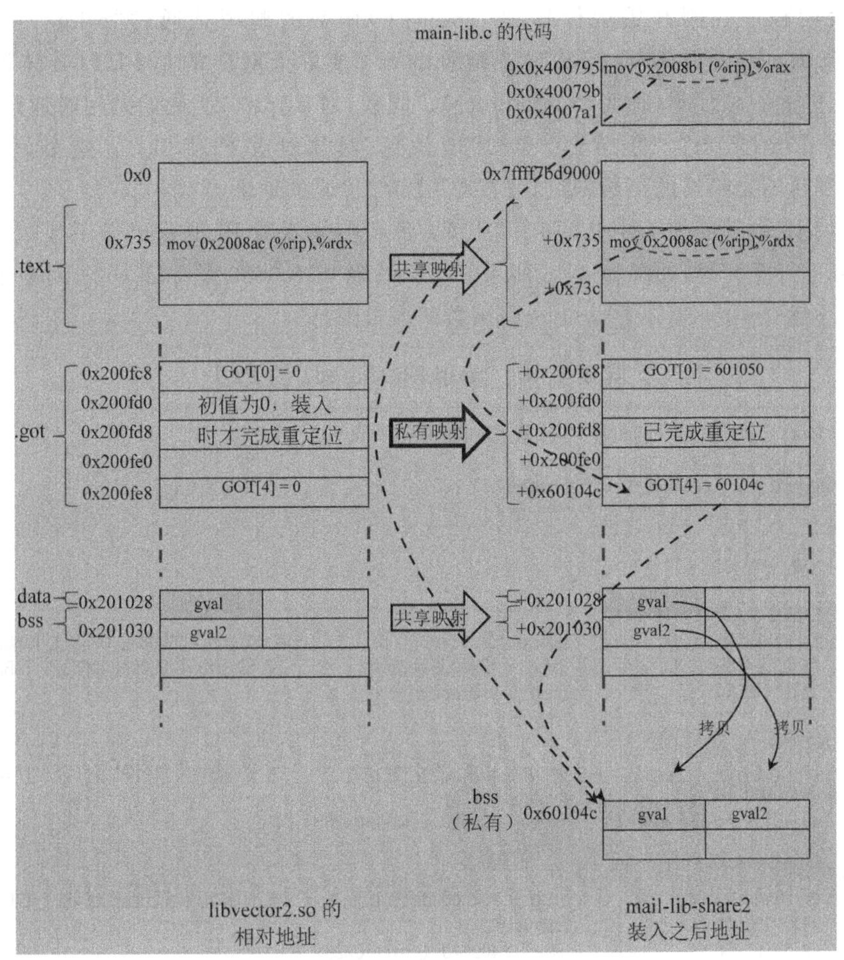

图 4-18　访问动态库中的全局变量示意图

是 R_X86_64_PLT32 类型，将使用 GOT 和 PLT 的延迟链接的重定位，也就是说，即使在可执行文件中的非 0 地址，也还不是最终的函数入口地址。就与前面对动态库中的变量引用一样，在编译生成目标模块时，只能发现未定义的符号引用需要用 PC 相对寻址，而无法预知该符号最终是以静态还是动态方式实现链接。

接着再查看可执行文件，如屏显 4-44 所示，这两个调用都已经填上了非 0 地址，分别是 400650 <addvec@plt>和 400630 <printf@plt>。这两个地址还不是 addvec()和 printf()函数的最终地址，它们都是一个中介地址。

我们查看可执行文件 main-lib-shared2 的 main()函数反汇编，如屏显 4-44 所示。机器指令表明程序在刚开始运行时，对 addvec()函数的调用是通过“callq 400650 <addvec@plt>”指令跳转到 0x400650 地址的——实际上对应的是 PLT(具体说应该是 PLT[2])中的一段代码(称为 trampolines)。同理，对 printf()函数的调用时通过“callq 400630 <printf@plt>”跳转到 0x400630 地址(具体对应 PLT[0])。这个 PLT[0]和 PLT[2]都还不是最终的函数地址，仅仅是“中介”代码的地址。

既然是先跳转到作为中介的 PLT 代码，那我们来看看 PLT 代码做了什么工作。先对.plt 节进行反汇编，如屏显 4-46 所示。可以看到 0x400650 是 addvec ()对应的入口引导代码(注意 0x400650 不是 addvec()函数的入口地址)。

屏显 4-46 main-lib-shared2 的 PLT

```
[root@localhost dyn-lib2]# objdump -j .plt -D  main-lib-shared2

main-lib-shared2:     文件格式 elf64-x86-64


Disassembly of section .plt:

0000000000400620 <printf@plt-0x10>:
  400620:  ff 35 e2 09 20 00        pushq  0x2009e2(%rip)        # 601008 <_GLOBAL_OFFSET_TABLE_+0x8>
  400626:  ff 25 e4 09 20 00        jmpq   *0x2009e4(%rip)       # 601010 <_GLOBAL_OFFSET_TABLE_+0x10>
  40062c:  0f 1f 40 00              nopl   0x0(%rax)

0000000000400630 <printf@plt>:
  400630:  ff 25 e2 09 20 00        jmpq   *0x2009e2(%rip)       # 601018 <_GLOBAL_OFFSET_TABLE_+0x18>
  400636:  68 00 00 00 00           pushq  $0x0
  40063b:  e9 e0 ff ff ff           jmpq   400620 <_init+0x28>

0000000000400640 <__libc_start_main@plt>:
  400640:  ff 25 da 09 20 00        jmpq   *0x2009da(%rip)       # 601020 <_GLOBAL_OFFSET_TABLE_+0x20>
  400646:  68 01 00 00 00           pushq  $0x1
  40064b:  e9 d0 ff ff ff           jmpq   400620 <_init+0x28>

0000000000400650 <addvec@plt>:
  400650:  ff 25 d2 09 20 00        jmpq   *0x2009d2(%rip)       # 601028 <_GLOBAL_OFFSET_TABLE_+0x28>
  400656:  68 02 00 00 00           pushq  $0x2
  40065b:  e9 c0 ff ff ff           jmpq   400620 <_init+0x28>

0000000000400660 <__gmon_start__@plt>:
  400660:  ff 25 ca 09 20 00        jmpq   *0x2009ca(%rip)       # 601030 <_GLOBAL_OFFSET_TABLE_+0x30>
  400666:  68 03 00 00 00           pushq  $0x3
  40066b:  e9 b0 ff ff ff           jmpq   400620 <_init+0x28>
[root@localhost dyn-lib2]#
```

此时“jmpq *0x2009d2 (%rip)”的跳转地址保存于 2009d2 (%rip) = PC + 0x2009d2 = 0x400656+0x2009d2 = 0x601028，该地址位于.got.plt 节，查看其内容如

屏显 4-47 所示。对应地址上的数值为 0x00 00 00 00 00 40 06 56，也就是说首先跳转到的地址是 0x400656。查看屏显 4-46，发现实际上跳转到 PLT[2]代码的第二行——完成将编号 0x02 压入堆栈并跳转到公共入口 0x400620。进入到动态链接的公共入口后，将根据堆栈中传入的编号(这里 addvec 对应 2，printf 对应 0)改写. got. plt 中的跳转地址。

屏显 4-47　main-lib-shared2 的. got. plt 节

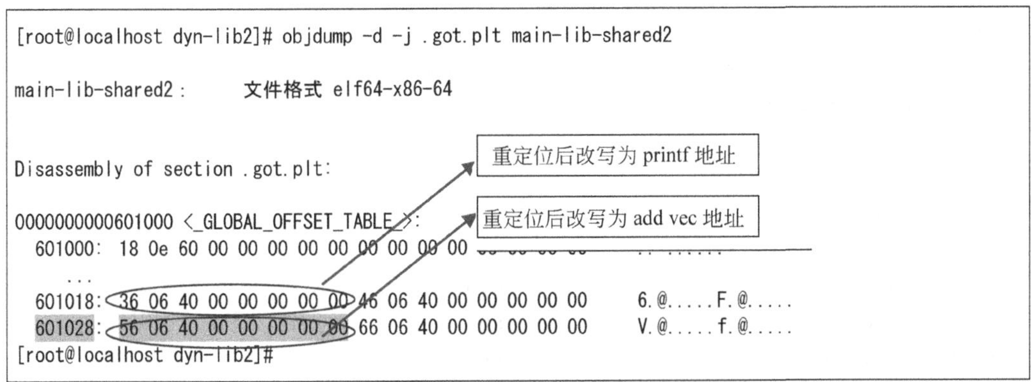

```
[root@localhost dyn-lib2]# objdump -d -j .got.plt main-lib-shared2

main-lib-shared2:      文件格式 elf64-x86-64


Disassembly of section .got.plt:

0000000000601000 <_GLOBAL_OFFSET_TABLE_>:
  601000: 18 0e 60 00 00 00 00 00 00 00 00 00 
    ...
  601018: 36 06 40 00 00 00 00 00 46 06 40 00 00 00 00 00    6.@.....F.@.....
  601028: 56 06 40 00 00 00 00 00 66 06 40 00 00 00 00 00    V.@.....f.@.....
[root@localhost dyn-lib2]#
```


按照推测，这个 0x601028 地址上的数值在重定位之后应该修正为 addvee()函数入口地址，虽然当前地址为 0x400656 指向. plt 节的 PLT[2]的第二条指令。在后面“链接 2”的部分将验证我们的推断是否正确，即图 4-20 中. got. plt 节的 0x601028 处的数值是否从原来的 0x400656 修正为 0x00007ffff7bd9715。

对于 printf 的调用而言，是使用 PC＋ 0x2009e2 ＝ 0x400636 ＋ 0x2009e2 ＝ 0x601018 作为入口地址的，在未完成最后的动态链接之前的首次执行将跳转到 0x400636(请查看屏显 4-47)，经过“链接 2”的动态链接之后应该跳转到 printf()的入口。这个推断也将在后面“链接 2”的讨论中进行检验。

■ main-lib-shared2 所使用的动态库

在可执行文件的. dynamic 节(或段)中记录了所使用的共享库名字等信息。用 readelf-d main-lib. shared 命令可以获得. dynamic 节的信息，如屏显 4-48 所示，共有 25 项(64 位系统中每项 16 字节)。可以看到前两项指出 main-lib-shared 需要 libvector. so 和 libc. so. 6 两个动态库。

屏显 4-48　main-lib-shared 的动态连接信息

```
[root@localhost dyn-lib]#readelf -d main-lib-shared


Dynamic section at offset 0xe18 contains 25 entries:
```

```
 标记                      类型                          名称/值
0x0000000000000001 (NEEDED)               共享库:[libvector.so]
0x0000000000000001 (NEEDED)               共享库:[libc.so.6]
0x000000000000000c (INIT)                 0x400580
0x000000000000000d (FINI)                 0x400794
0x0000000000000019 (INIT_ARRAY)           0x600e00
0x000000000000001b (INIT_ARRAYSZ)         8 (bytes)
0x000000000000001a (FINI_ARRAY)           0x600e08
0x000000000000001c (FINI_ARRAYSZ)         8 (bytes)
0x000000006ffffef5 (GNU_HASH)             0x400298
0x0000000000000005 (STRTAB)               0x400408
0x0000000000000006 (SYMTAB)               0x4002d0
0x000000000000000a (STRSZ)                193 (bytes)
0x000000000000000b (SYMENT)               24 (bytes)
0x0000000000000015 (DEBUG)                0x0
0x0000000000000003 (PLTGOT)               0x601000
0x0000000000000002 (PLTRELSZ)             96 (bytes)
0x0000000000000014 (PLTREL)               RELA
0x0000000000000017 (JMPREL)               0x400520
0x0000000000000007 (RELA)                 0x400508
0x0000000000000008 (RELASZ)               24 (bytes)
0x0000000000000009 (RELAENT)              24 (bytes)
0x000000006ffffffe (VERNEED)              0x4004e8
0x000000006fffffff (VERNEEDNUM)           1
0x000000006ffffff0 (VERSYM)               0x4004ca
0x0000000000000000 (NULL)                 0x0
[root@localhost dyn-lib]#
```

■ 可执行文件的节与段

为了方便讨论和读者查阅，我们将 main-lib-shared2 可执行文件的节和段的列表通过屏显 4-49 和屏显 4-50 给出。

屏显 4-49　main-lib-shared2 的节（objdump -h 输出）

```
[root@localhost dyn-lib2]#objdump -h main-lib-shared2

main-lib-shared2:     文件格式 elf64-x86-64
```

```
节：
Idx Name          Size      VMA               LMA               File off  Algn
  0 .interp       0000001c  0000000000400238  0000000000400238  00000238  2**0
                  CONTENTS, ALLOC, LOAD, READONLY, DATA
  1 .note.ABI-tag 00000020  0000000000400254  0000000000400254  00000254  2**2
                  CONTENTS, ALLOC, LOAD, READONLY, DATA
  2 .note.gnu.build-id 00000024  0000000000400274  0000000000400274  00000274  2**2
                  CONTENTS, ALLOC, LOAD, READONLY, DATA
  3 .gnu.hash     00000040  0000000000400298  0000000000400298  00000298  2**3
                  CONTENTS, ALLOC, LOAD, READONLY, DATA
  4 .dynsym       00000168  00000000004002d8  00000000004002d8  000002d8  2**3
                  CONTENTS, ALLOC, LOAD, READONLY, DATA
  5 .dynstr       000000cd  0000000000400440  0000000000400440  00000440  2**0
                  CONTENTS, ALLOC, LOAD, READONLY, DATA
  6 .gnu.version  0000001e  000000000040050e  000000000040050e  0000050e  2**1
                  CONTENTS, ALLOC, LOAD, READONLY, DATA
  7 .gnu.version_r 00000020  0000000000400530  0000000000400530  00000530  2**3
                  CONTENTS, ALLOC, LOAD, READONLY, DATA
  8 .rela.dyn     00000048  0000000000400550  0000000000400550  00000550  2**3
                  CONTENTS, ALLOC, LOAD, READONLY, DATA
  9 .rela.plt     00000060  0000000000400598  0000000000400598  00000598  2**3
                  CONTENTS, ALLOC, LOAD, READONLY, DATA
 10 .init         0000001a  00000000004005f8  00000000004005f8  000005f8  2**2
                  CONTENTS, ALLOC, LOAD, READONLY, CODE
 11 .plt          00000050  0000000000400620  0000000000400620  00000620  2**4
                  CONTENTS, ALLOC, LOAD, READONLY, CODE
 12 .text         000001b4  0000000000400670  0000000000400670  00000670  2**4
                  CONTENTS, ALLOC, LOAD, READONLY, CODE
 13 .fini         00000009  0000000000400824  0000000000400824  00000824  2**2
                  CONTENTS, ALLOC, LOAD, READONLY, CODE
 14 .rodata       0000001d  0000000000400830  0000000000400830  00000830  2**3
                  CONTENTS, ALLOC, LOAD, READONLY, DATA
 15 .eh_frame_hdr 00000034  0000000000400850  0000000000400850  00000850  2**2
                  CONTENTS, ALLOC, LOAD, READONLY, DATA
 16 .eh_frame     000000ec  0000000000400888  0000000000400888  00000888  2**3
                  CONTENTS, ALLOC, LOAD, READONLY, DATA
```

```
17 .init_array   00000008  0000000000600e00  0000000000600e00  00000e00  2**3
                 CONTENTS, ALLOC, LOAD, DATA
18 .fini_array   00000008  0000000000600e08  0000000000600e08  00000e08  2**3
                 CONTENTS, ALLOC, LOAD, DATA
19 .jcr          00000008  0000000000600e10  0000000000600e10  00000e10  2**3
                 CONTENTS, ALLOC, LOAD, DATA
20 .dynamic      000001e0  0000000000600e18  0000000000600e18  00000e18  2**3
                 CONTENTS, ALLOC, LOAD, DATA
21 .got          00000008  0000000000600ff8  0000000000600ff8  00000ff8  2**3
                 CONTENTS, ALLOC, LOAD, DATA
22 .got.plt      00000038  0000000000601000  0000000000601000  00001000  2**3
                 CONTENTS, ALLOC, LOAD, DATA
23 .data         00000014  0000000000601038  0000000000601038  00001038  2**2
                 CONTENTS, ALLOC, LOAD, DATA
24 .bss          00000014  000000000060104c  000000000060104c  0000104c  2**2
                 ALLOC
25 .comment      0000005a  0000000000000000  0000000000000000  0000104c  2**0
                 CONTENTS, READONLY
[root@localhost dyn-lib2]#
```

屏显 4-50 main-lib-shared2 的段

```
[root@localhost dyn-lib2]#readelf -l main-lib-shared2

Elf 文件类型为 EXEC (可执行文件)
入口点 0x400670
共有 9 个程序头,开始于偏移量 64

程序头:
  Type         Offset             VirtAddr           PhysAddr
               FileSiz            MemSiz              Flags  Align
  PHDR         0x0000000000000040 0x0000000000400040 0x0000000000400040
               0x00000000000001f8 0x00000000000001f8  R E    8
  INTERP       0x0000000000000238 0x0000000000400238 0x0000000000400238
               0x000000000000001c 0x000000000000001c  R      1
      [Requesting program interpreter: /lib64/ld-linux-x86-64.so.2]
  LOAD         0x0000000000000000 0x0000000000400000 0x0000000000400000
```

```
               0x0000000000000974 0x0000000000000974  R E    200000
  LOAD         0x0000000000000e00 0x0000000000600e00 0x0000000000600e00
               0x000000000000024c 0x0000000000000260  RW     200000
  DYNAMIC      0x0000000000000e18 0x0000000000600e18 0x0000000000600e18
               0x00000000000001e0 0x00000000000001e0  RW     8
  NOTE         0x0000000000000254 0x0000000000400254 0x0000000000400254
               0x0000000000000044 0x0000000000000044  R      4
  GNU_EH_FRAME 0x0000000000000850 0x0000000000400850 0x0000000000400850
               0x0000000000000034 0x0000000000000034  R      4
  GNU_STACK    0x0000000000000000 0x0000000000000000 0x0000000000000000
               0x0000000000000000 0x0000000000000000  RW     10
  GNU_RELRO    0x0000000000000e00 0x0000000000600e00 0x0000000000600e00
               0x0000000000000200 0x0000000000000200  R      1

Section to Segment mapping:
  段节...
  00
  01     .interp
  02     .interp .note.ABI-tag .note.gnu.build-id .gnu.hash .dynsym .dynstr .
gnu.version .gnu.version_r .rela.dyn .rela.plt .init .plt .text .fini .rodata .
eh_frame_hdr .eh_frame
  03     .init_array .fini_array .jcr .dynamic .got .got.plt .data .bss
  04     .dynamic
  05     .note.ABI-tag .note.gnu.build-id
  06     .eh_frame_hdr
  07
  08     .init_array .fini_array .jcr .dynamic .got
[root@localhost dyn-lib2]#
```

2. 链接2任务——装载时

动态连接器执行以下步骤进行重定位操作，从而完成最后的链接操作：

(1) 将动态库的数据和代码映射到进程的内存区间。

(2) 对动态重定位表中的符号引用，确定最终地址完成最后的重定位。

对于 main-lib-shared2 可执行文件的装载示例，以图 4-16 底部的 main-lib-shared2 运行启动过程为例，来讨论如何将 libvector2.so 装入进程空间并完成重定位的细节。

当加载器(loader)将可执行文件 main-lib-shared2 创建进程并转入内存并运行时，会发现该可执行文件有一个.interp 节，它指出动态链接器文件(本身也是一个共享目标文件 ld-linux.so)的路径名。这时加载器并不马上将控制转给应用程序的入口代码，而是先加载和运行这个动态链接器。动态链接器执行以下步骤进行重定位操作，从而完成最后的链接操作：

(1) 将 libc.so 的数据和代码映射到进程的内存区间。

(2) 将 libvector.so 的数据和代码映射到进程的内存区间。

(3) 修改 main-lib-shared2 中引用 libc.so 和 libvector.so 时所定义符号的引用，完成最后的重定位。

最后，动态链接器将控制转给 main-lib 的入口代码，main-lib 开始正常运行。

■ 动态库的布局

首先来看看动态库映射到进程空间的情况。用 GDB 启动 main-lib-shared2 调试(如果直接运行，程序很快结束，无法观察)，然后在另一个终端上查看该进程的虚存空间布局，如屏显 4-51 所示。根据可执行文件的.dynamic 节(请回顾屏显 4-48)将相应的动态库(以及动态链接器)映射到内存，注意 libvector.so、C 语言库 libc-2.17.so 和动态链接器 ld-2.17.so 是三个共享库文件的映射区间。

屏显 4-51 查看动态库在进程虚存空间的布局

```
[root@localhost dyn-lib]#ps -A|grep main-lib
  594 pts/0    00:00:00 main-lib-shared
[root@localhost dyn-lib]#cat /proc/594/maps
00400000-00401000 r-xp 00000000 fd:00 6594164
                                        /root/cs2/dyn-lib/main-lib-shared
00600000-00601000 r--p 00000000 fd:00 6594164/root/cs2/dyn-lib/main-lib-shared
00601000-00602000 rw-p 00001000 fd:00 6594164/root/cs2/dyn-lib/main-lib-shared
7ffff7816000-7ffff79ce000 r-xp 00000000 fd:00 262221     /usr/lib64/libc-2.17.so
7ffff79ce000-7ffff7bce000---p 001b8000 fd:00 262221      /usr/lib64/libc-2.17.so
7ffff7bce000-7ffff7bd2000 r--p 001b8000 fd:00 262221     /usr/lib64/libc-2.17.so
7ffff7bd2000-7ffff7bd4000 rw-p 001bc000 fd:00 262221     /usr/lib64/libc-2.17.so
7ffff7bd4000-7ffff7bd9000 rw-p 00000000 00:00 0
7ffff7bd9000-7ffff7bda000 r-xp 00000000 fd:00 2013315    /tmp/my-lib/libvector.so
7ffff7bda000-7ffff7dd9000---p 00001000 fd:00 2013315     /tmp/my-lib/libvector.so
7ffff7dd9000-7ffff7dda000 r--p 00000000 fd:00 2013315    /tmp/my-lib/libvector.so
7ffff7dda000-7ffff7ddb000 rw-p 00001000 fd:00 2013315    /tmp/my-lib/libvector.so
7ffff7ddb000-7ffff7dfc000 r-xp 00000000 fd:00 2003068    /usr/lib64/ld-2.17.so
7ffff7fe3000-7ffff7fe6000 rw-p 00000000 00:00 0
```

```
7ffff7ff9000-7ffff7ffa000 rw-p 00000000 00:00 0
7ffff7ffa000-7ffff7ffc000 r-xp 00000000 00:00 0          [vdso]
7ffff7ffc000-7ffff7ffd000 r--p 00021000 fd:00 2003068    /usr/lib64/ld-2.17.so
7ffff7ffd000-7ffff7ffe000 rw-p 00022000 fd:00 2003068    /usr/lib64/ld-2.17.so
7ffff7ffe000-7ffff7fff000 rw-p 00000000 00:00 0
7ffffffde000-7ffffffff000 rw-p 00000000 00:00 0          [stack]
ffffffffff600000-ffffffffff601000 r-xp 00000000 00:00 0  [vsyscall]
[root@localhost dyn-lib]#
```

■ **main()对共享库变量引用**

前面屏显 4-44 表明，在 main-lib-shared2 可执行文件中是通过"mov 0x2008f1(%rip),%eax"指令来访问 gval 的，相对应的地址是 PC＋0x2008f1 ＝ 0x40075b＋0x2008f1 ＝ 0x 60104C，位于.bss 节，其内容全为 0，并不是 gval 的初值 200。也就是说前面链接 1 的操作还需继续修正。

首先来看刚装入还未启动之前的状态，然后用 GDB 的 start 命令启动进程后再检查 gval 和 gval2 的信息，如屏显 4-52 所示。在 start 启动进程之前，还没有执行动态链接，此时 gval 和 gval2 的数值为 0，start 命令启动进程之后由动态链接器完成"链接 2"的重定位操作，实际上是将数值从动态库的数据区拷贝到进程的数据区。

在 GDB 使用 start 命令启动 main-lib-shared2 之后，此时检查相邻的 0x60104c 和 0x601050 单元，发现数值分别为 0x00 和 200(0xc8)，对应于 gval2 和 gval 变量初值，这些数值是从动态库的数据区拷贝而来的(其重定位类型为 R_X86_64_COPY)。

屏显 4-52　检查 gval 和 gval2 重定位情况

```
[root@localhost dyn-lib2]#gdb -silent  main-lib-shared2
Reading symbols from /root/cs2/dyn - lib2/main - lib - shared2... (no debugging
symbols found)...done.
(gdb) p gval
$1 =0
(gdb) p gval2
$4 =0
(gdb) p &gval
$2 = (<data variable, no debug info> * ) 0x601050<gval>
(gdb) p &gval2
$3 = (<data variable, no debug info> * ) 0x60104c<gval2>
```

```
(gdb) x/4x 0x60104c
0x60104c <gval2>:           0x00000000 0x00000000 0x00000000 0x00000000
(gdb) start
Temporary breakpoint 1 at 0x40075d
Starting program: /root/cs2/dyn-lib2/main-lib-shared2

Temporary breakpoint 1, 0x000000000040075d in main ()
(gdb) p gval
$1 =200
(gdb) p gval2
$2 =0
(gdb) x/4x 0x60104c
0x60104c <gval2>:           0x00000000 0x000000c8 0x00000000 0x00000000
(gdb)
```

所以在“链接 2”的环节里，对动态库中的全局变量的引用，只需要将共享库数据节的初始值拷贝到指定的数据区即可。这是因为前面生成可执行文件时，已经为这些动态库的全局变量分配了空间(动态库只是共享代码，并不在进程间共享数据)，因此不再需要进行重定位操作。我们将这个数据拷贝的过程用图 4-19 展示(从属于图 4-18 右下角部分)，请注意上面是 libvector2. so 动态库的初步布局，下面是进程空间，拷贝操作由动态链接器完成。

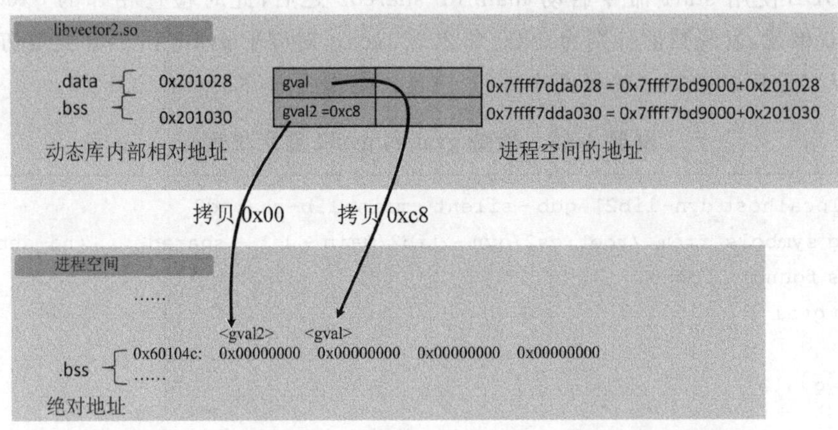

图 4-19 从 libvector2. so 文件中拷贝 gval 和 gval2 变量的数值

■ **libvector2. so 对库内变量的引用**

addvec()函数的代码是不能通过 main-lib-share2 可执行文件查看到的，只能通过

GDB 运行 main-lib-share2 时查看到，如屏显 4-53 所示。对比原来查看 libvector2.so 中的“临时、相对”地址，这里的地址已经整体平移到 0x7ffff7bd9000 了。不过访问 gval 和 gval2 的两条语句一点都没有变，还是通过 GOT 的间接地址。gval 的间接地址 GOT[4]＝0x2008ac(%rip)＝0x2008ac＋ 0x00007ffff7bd973c＝0x7ffff7dd9fe8，gval2 的间接地址 GOT[0]＝ 0x200881(%rip)＝ 0x200881＋0x00007ffff7bd9747＝0x7ffff7dd9fc8。

屏显 4-53　addvec()动态映射到进程空间

```
(gdb) disas addvec
Dump of assembler code for function addvec:
  0x00007ffff7bd9715 <+0>:    mov    $0x0,%r8d
  0x00007ffff7bd971b <+6>:    jmp    0x7ffff7bd9730 <addvec+27>
  0x00007ffff7bd971d <+8>:    movslq %r8d,%r9
  0x00007ffff7bd9720 <+11>:   mov    (%rsi,%r9,4),%r10d
  0x00007ffff7bd9724 <+15>:   add    (%rdi,%r9,4),%r10d
  0x00007ffff7bd9728 <+19>:   mov    %r10d,(%rdx,%r9,4)
  0x00007ffff7bd972c <+23>:   add    $0x1,%r8d
  0x00007ffff7bd9730 <+27>:   cmp    %ecx,%r8d
  0x00007ffff7bd9733 <+30>:   jl     0x7ffff7bd971d <addvec+8>
  0x00007ffff7bd9735 <+32>:   mov    0x2008ac(%rip),%rax        #0x7ffff7dd9fe8
  0x00007ffff7bd973c <+39>:   add    (%rax),%ecx
  0x00007ffff7bd973e <+41>:   mov    %ecx,(%rax)
  0x00007ffff7bd9740 <+43>:   mov    0x200881(%rip),%rax        #0x7ffff7dd9fc8
  0x00007ffff7bd9747 <+50>:   add    (%rax),%ecx
  0x00007ffff7bd9749 <+52>:   mov    %ecx,%eax
  0x00007ffff7bd974b <+54>:   retq
End of assembler dump.
(gdb)
```

接着查看 GOT 表内容，即地址 0x7ffff7dd9fe8 和 0x7ffff7dd9fc8 上的内容，此处已经不再是 0，可以看到它们指向了 gval 和 gval2 所在地的地址 0x0060104c 和 0x00601050，如屏显 4-54 所示。

屏显 4-54　对 GOT 表的动态修正

```
(gdb) x/4x 0x7ffff7dd9fc8
0x7ffff7dd9fc8: 0x00 60104c 0x00000000 0x00000000 0x00000000
```

```
(gdb) x/4x 0x7ffff7dd9fe8
0x7ffff7dd9fe8: 0x00601050 0x00000000 0x00000000 0x00000000
(gdb)
```

这两个数据是从共享库中拷贝而来，共享库中这两个符号的相对地址是 0x201028 和 0x201030，现在经过装载后相对地址 0x200000 被映射到 0x7ffffdda0000 地址上，因此查看其内容如屏显 4-55 所示，看到我们所期望的两个数值 0x000000c8 和 0x00000000。

屏显 4-55　libvector2.so 提供的 gval 和 gval2 数值

```
(gdb) x/4x 0x7ffff7dda028
0x7ffff7dda028 <gval>:     0x000000c8 0x00000000 0x00000000 0x00000000
(gdb)
```

重定位之后则 GOT 表无须再修改，因此在图 4-9 中看到.got 表位于只读的 GNU_RELRO 段中，而且因为属性从数据段的可读可写变为只读，使得数据段分裂成两段不是同属性的连续区间，分别对应屏显 4-1 的第 2 和第 3 行。

■ main()对共享库函数的引用

main()对共享库中的函数引用，是通过一个中介代码完成的，前面链接 1 任务中已经讨论过。请读者回想前面的 PLT 代码的作用以及当时对重定位操作的猜测。

以 addvec()函数调用为例，其入口地址是 0x40650<addvec@plt>，如图 4-20 所示。下面就来分析这个中介代码如何将我们导向目标函数——addvec()。

为了跟踪程序的执行，需要生成一个带有调试信息的 main-lib-shared3 可执行文件，如屏显 4-56 所示。可以看出，在执行 addvec()函数之前，用 x 命令查看.got.plt 中的内容，发现 addvec 和 printf 两个函数的入口地址仍是前面"链接 1"产生的入口地址。然后用 n 命令单步执行，在执行完 addvec()函数之后，其入口地址已经被修正为 0x00007ffff7bd9715(addvec()函数入口地址)，在执行完 printf()函数之后，其入口地址被修正为 0x00007ffff7867830(printf()函数的入口地址)。这就验证了在图 4-20 中推断的"链接 2"阶段应该完成的操作。

也就是说，在函数的第一次运行时 PLT 中介代码将会根据动态重定位表的内容，修改.got.plt 中的跳转地址，从而实现动态重定位的。从这里看出.got.plt 节是在运行后还需要修改，因此在图 4-9 中看到.got.plt 节位于可读可写的范围内——在 DATA 段中、但不在只读的 GNU_RELRO 段中。

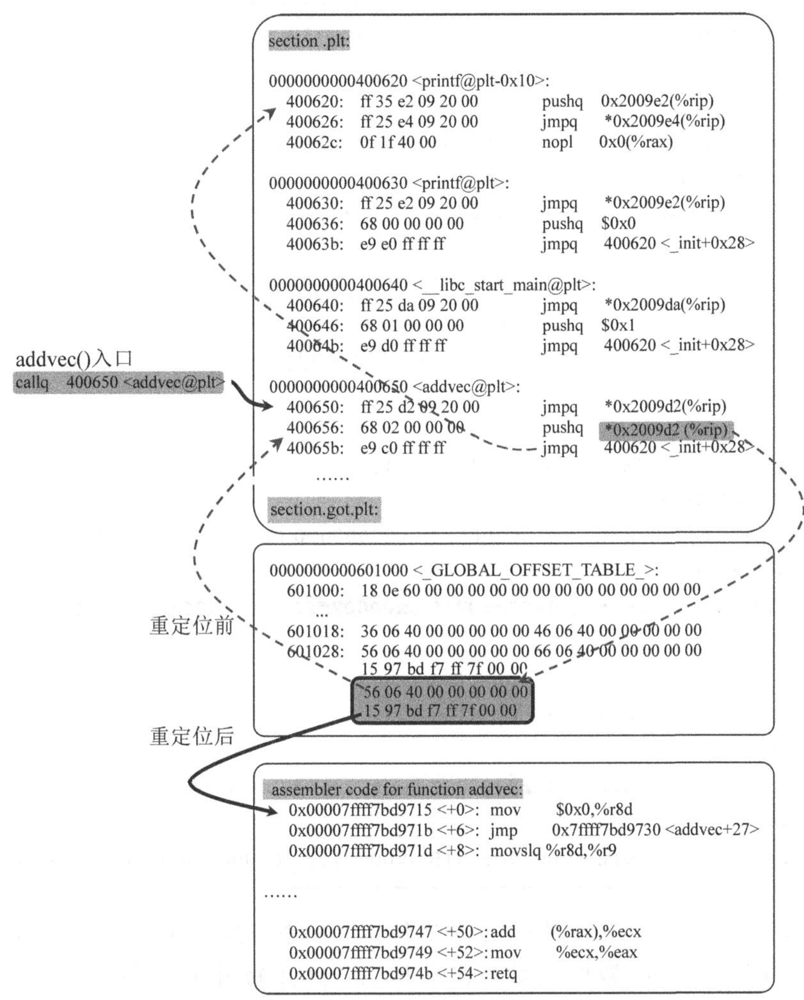

图 4-20　main-lib-shared2 函数调用中的“链接 2”操作

屏显 4-56　GDB 查看 main-lib-shared3 中的函数调用动态链接过程

```
[root@localhost dyn-lib2]#gdb -silent main-lib2
Reading symbols from /home/lqm/cs2/dyn-lib2/main-lib2...done.
(gdb) start
Temporary breakpoint 1 at 0x400761: file main-lib2.c, line 13.
Starting program: /home/lqm/cs2/dyn-lib2/main-lib2
```

```
Temporary breakpoint 1, main () at main-lib2.c:13
13          addvec(x, y, z, 2);
(gdb)  x/4x 0x601018
0x601018 <printf@got.plt>: 0x00400636 0x00000000 0xf7837b10 0x00007fff
(gdb)  x/4x 0x601028
0x601028 <addvec@got.plt>: 0x00400656 0x00000000 0x00400666 0x00000000
(gdb) p printf
$1 ={<text variable, no debug info>} 0x7ffff7867830 <__printf>
(gdb) p addvec
$2 ={<text variable, no debug info>} 0x7ffff7bd9715 <addvec>
(gdb)
(gdb) n
14          printf("z =[%d %d]/n", z[0], z[1]);
(gdb)  x/4x 0x601018
0x601018 <printf@got.plt>: 0x00400636 0x00000000 0xf7837b10 0x00007fff
(gdb)  x/4x 0x601028
0x601028 <addvec@got.plt>: 0xf7bd9715 0x00007fff 0x00400666 0x00000000
(gdb) n
z =[4 6]
15          return gval +gval2;
(gdb)  x/4x 0x601018
0x601018 <printf@got.plt>: 0xf7867830 0x00007fff 0xf7837b10 0x00007fff
(gdb)  x/4x 0x601028
0x601028 <addvec@got.plt>: 0xf7bd9715 0x00007fff 0x00400666 0x00000000
```

至此,我们完成了 ELF 文件格式、静态链接和动态链接三部分知识的学习。全局符号的引用有 8 种,分别是“数据-函数”“程序-库”和“自引-跨引”的 8 种组合,对于未讨论到的类型,读者请自行分析。

4.5 小结

可执行文件中所有外部引用都由重定位表指出,运行前必须完成重定位——可以是静态的也可能是动态的。静态链接的外部引用在生成可执行文件的时候已经完成重定位,而动态链接的外部引用则在生成可执行文件时只完成了部分重定位,运行前装载到内存的时候才完成真正的重定位。其中外部的变量符号是通过拷贝完成的,外部的函数引用则是通过 PLT 完成的。

读者此时根据前面所学的知识，应当能够将 C 语言源代码、可执行文件中的节和段、进程空间的布局以及模块间的符号引用，全部连贯起来。

首先读者要能够将 C 代码中的不同类型的数据(全局/局部)、代码各自应该映射到目标文件或可执行文件的什么节上，形成类似图 4-10 的认识。

然后还能够根据可执行文件的段、节的信息，构建出进程空间的布局，如图 4-8 所示。

最后，还要能了解静态链接过程，以及动态链接的可执行文件生成、在运行初期的动态链接——函数的调用需要通过中转。首次调用时需要借助. got. plt 的代码做一次重定位，后续调用才能直接中转到目标函数的入口。

读者在回顾上述每个环节的时候，都需要理清其操作过程、所需要的信息(存储位置和格式)。

练习

1. 请用 ldd 观察 zlib 库的 zpipe. c 所生成的可执行文件所引用的动态库，检查它运行时的进程影像中的动态库内存映射情况。

2. 修改 libvector2. so 中 multvec. c 为代码 4-14 的 multvec2. c，使得 multvec()调用另一源代码 addvec. c 中的 addvec()函数。请查看动态库内部代码调用模块内部、跨 C 源文件的函数时，所使用的链接定位方法。要求先检查动态库文件的反汇编代码，然后判定是否像 PLT 链接方式那样需要继续用 GDB 跟踪。最后请对比 main-lib2. c 中的链接和重定位。

代码 4-14　multvec2. c

```
void multvec(int * x, int * y,int * z, int n)
{
    int i;

    addvec(x,y,z,n);
    for (i =0; i <n; i++)
        z[i] =x[i] * y[i];
}
```

第 5 章

链接脚本与 makefile

本章仍是有关可执行文件的内容。首先简单讨论用于操作 ELF 文件的 GNU binutils[①] 工具集，以及链接器 ld 所使用的链接器脚本，补充前面缺失的与链接有关的知识环节。然后讨论 makefile 的使用，makefile 也与可执行文件的生成有关，可帮助编译过程的自动化。

5.1 二进制工具和链接脚本

链接器 ld 包含在 GNU 二进制工具集 binutils 中，下面先简单看看 binutils 工具集，然后讨论链接器 ld 所使用的脚本格式和用法。

5.1.1 binutils

针对 ELF 可执行文件，GNU 提供了一组二进制工具集 binutils，用于处理 ELF 文件。binutils 工具集最主要的两个工具是链接器 ld 和汇编器 as。binutils 的其他工具包括 addr2line、ar、gprof、nm、objcopy、objdump、readelf、ranlib、size、strings、strip 等。我们已经用过 objdump、readelf、ar 和 nm 等工具，其官方网址是 http://www.gnu.org/software/binutils/，用浏览器访问该地址将列出所有工具和简要说明，如图 5-1 所示。

前面在创建静态库的时候使用过 ar 工具，其实 ar 与 tar 本质上是类似的，都是包管理工具，tar 可以处理目录结构而 ar 没这个能力。使用 ar 可以向包中添加、删除、替换、查看其成员文件。例如，用 ar -t 命令查看 libvector.a 中的成员文件（见前面屏显 2-13 的

---

① https://sourceware.org/binutils/docs/ld/Scripts.html。

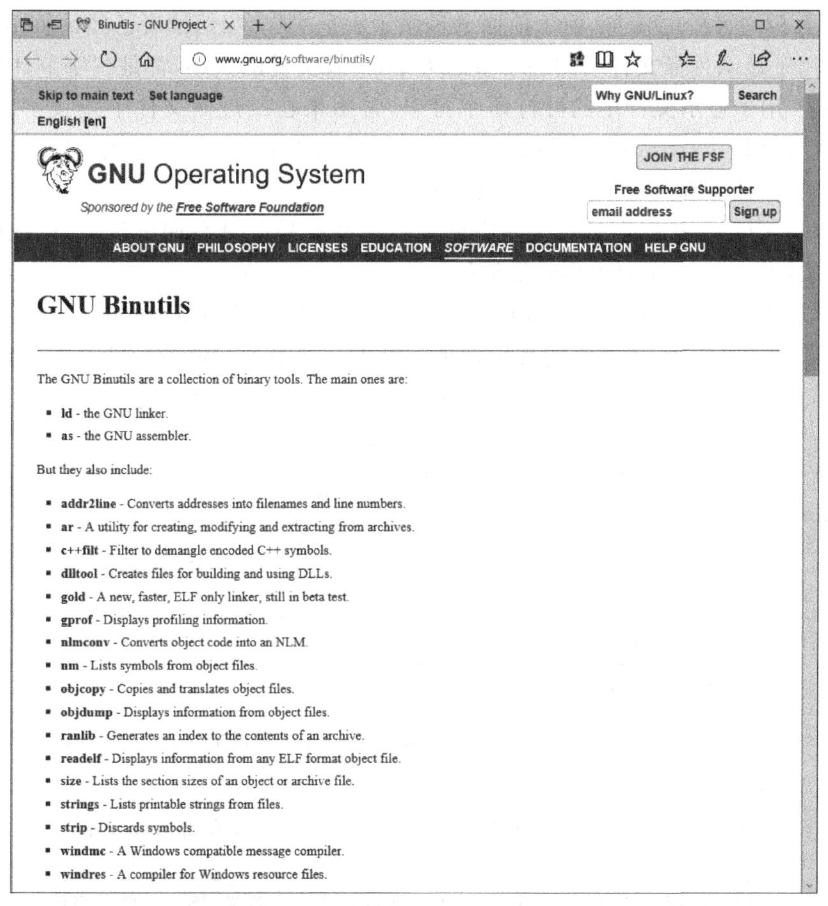

图 5-1　GNU binutils 网页

输出）。其他命令有-a 用于添加成员文件，-d 命令用于删除指定的文件，-x 用于抽取一个文件（并不从包中删除），-r 命令用于替换成员文件，-m 命令用于变更成员文件的次序。ranlib 也与静态库相关，用于更新静态库的符号表，但如果使用 ar 来维护静态库的话，会自动更新符号表而无须额外执行 ranlib 操作。

objcopy 工具基于 BFD 库（Binary File Descriptor library）实现目标文件的读写，它可以将一个目标文件的内容（节）拷贝到另外一个目标文件当中，甚至包括格式变换。

addr2line 用于得到程序指令地址所对应的函数，以及函数所在的源文件名和行号。例如，在程序因意外的段错误（吐核）而被撤销时，可以用 demsg 查看到对应的程序指针 RIP 值，并通过 addr2line 快速定位到引起该错误的源代码和对应指令所在的行号。

nm 工具用于查看模块中的符号信息，前面屏显 4-21 已经给出一个示例。objdump

用于显示目标文件中的信息，由于前面已经做了大量操作，相信读者已经比较熟悉了。

size 用于显示目标文件中的各个节的大小，以及文件的大小，都是按字节计数。

strings 用于显示文件中的可打印字符串，常用来在二进制文件中查找字符串，往往与 grep 配合使用。strings 命令输出的字符串长度为 4 个或 4 个以上的，长度小于 4 的字符串将不予显示，我们可以通过-n 参数调整。

stripe 命令用于从指定目标文件中删除掉一些符号信息和调试信息，以减少程序所占空间，也会增加人工逆向工程时反汇编的难度。

由于学习过程中反复用到 objdump 工具，为了方便读者在需要的时候查阅，表 5-1 给出了前面使用 objdump 工具时的常用选项一览表。如果下面的命令涉及多个节，则可以用-j 或--section 参数指定特定的节，例如-j . text 或--setcion=. text。

表 5-1　objdump 常用选项及说明

选项	作　用
-f	显示文件头信息
-D	反汇编所有 section
-d	反汇编代码 section
-h	显示目标文件各个 section 的头部摘要信息
-x	显示所有可用的头信息，包括符号表、重定位入口。-x 等价于 -a -f -h -r -t 同时指定
-i	显示对于 -b 或者 -m 选项可用的架构和目标格式列表
-r	显示文件的重定位入口。如果和-d 或者-D 一起使用，重定位部分以反汇编后的格式显示出来
-R	显示文件的动态重定位入口，仅仅对于动态目标文件有意义，例如某些共享库
-S	尽可能反汇编出源代码，尤其当编译的时候指定了-g 这种调试参数时。隐含了-d 参数
-t	显示文件的符号表入口。类似于 nm -s 提供的信息

如果有兴趣致力于系统软件的开发，必不可少地要和上述工具打交道，希望读者能多加实践早日熟练掌握。

5.1.2　链接器脚本

在前面讨论链接环节的布局操作时，并没有讨论如何控制布局的细节，这里我们将链接器 ld 所使用的布局描述文件 Linker script file[①] 做一个简要描述，补充该知识的缺失。

① https：//sourceware. org/binutils/docs/ld/Scripts. html。

链接器脚本，或者称链接器脚本文件(Linker script file)，最主要的功能是描述输入的目标文件如何产生输出的可执行文件，主要包括内存布局以及链接配置信息。每一次链接一定是在链接器脚本的控制下完成的。由于一般情况下我们在 PC 上生成可执行文件时，只需要使用默认的链接器脚本即可，因此容易忽视其存在。在嵌入式开发中比较容易用到它们，因为经常要为不同内存配置情况的硬件开发板编译可执行文件，从而要修改内存布局等参数。

1. 基本概念与术语

讨论链接器脚本，首先需要两个术语的帮助。由于链接是将一个或多个目标文件作为输入，生成一个输出的可执行文件(此处也统一称为目标文件)。因此就定义了输入节(input sections)和输出节(output sections)，即输入目标文件中的节和输出目标文件的节。链接器脚本中使用的语言称为链接器命令语言，有相对应的简单语法。该脚本语言除了指出节的布局之外，还可以完成一些其他操作。

节是这里的核心概念，此处关心的是节的名字、长度、属性、地址和内容(setcion contents)。如果输出节的属性是可装载(loadable)，则说明程序运行时需要从磁盘装载到内存；如果输出节的内容为空，但是属性是可分配(allocatable)，则说明在程序运行时需要分配内存空间，但无须装载内容。可装载或可分配的输出节，往往带有调试信息。

每个输出的节有两个地址。第一个是虚拟内存地址 VMA(virtual memory address)，指出该节在运行的时候装载到虚存空间的地址。第二个是 LMA(load memory address)，给出装载地址，通常与 VMA 相同。但如果数据节装载到 ROM 然后再复制到 RAM 的话，那么 LMA 是 ROM 地址，而 VMA 是 RAM 地址，而且两者不同。

链接器往往使用默认的链接器脚本，例如，执行 ld -verbose，即可以看到如附录中屏显 9-4 所示内容。使用-T 选项可以指定自己的链接器脚本。下面我们将链接器脚本简称为链接脚本，或者直接称脚本。

2. 格式与命令

链接脚本中最核心的命令是 SECTIONS，可以由这种命令构成最简单的链接脚本，如代码 3-41 所示。该示例里的程序由输出节构成：代码. text 节、数据. data 节和无初始值数据. bss 节，同时假设输入文件也只有这三种节。

代码 5-1 的第 1 行“SECTIONS”是链接脚本的关键字，该命令后面“{　}”括号包含的内容用于定义可执行文件中输出节的布局信息。花括号内的各行是相应的命令，其中“.”是地址计数器，用于表示当前地址，可以被赋值和修改。第 3 行的“. = 0x10000”表示当前地址修改为 0x10000，因此后面的节(即第 4 行的. text 节)从地址 0x10000 开始装入，如果 SECTIONS 命令的一开始不指定当前地址“.”，则按照 0 地址开始。第 4 行定义了一个输出节.text，它由输入节构成，即由后面的{ }内部的节构成。这里使用了通配符 *.text，表示由所有输入目标文件中的.text 拼接而成。同理第 5 行指出当前地址移动到 0x8000000，后面的第 6 行的.data 节从地址 0x8000000 开始装入。第 6 行的输出的.data 节由所有输入目标文件的.data 节构成。第 7 行的.bss 输出节没有单独指定地址，则它紧接着从.data 节往后存放，它由输入目标文件的.bss 节拼接而成。

代码 5-1　简单的 SECTIONS 命令示例

```
1 SECTIONS
2 {
3   . =0x10000;
4   .text : { * (.text) }
5   . =0x8000000;
6   .data : { * (.data) }
7   .bss : { * (.bss) }
8 }
```

■ SECTIONS 命令

SECTIONS 命令的简单格式如代码 5-2，内部可以包含多个命令——可以是：

- ENTRY 命令。
- 符号赋值命令。
- 输出节的描述(output section description)。
- overlay 的描述(overlay description)。

代码 5-2　SECTIONS 命令格式

```
SECTIONS
{
  sections-command
  sections-command
    ...
}
```

ENTRY 命令可以用于指出程序入口代码。除了 ENTRY 命令还有其他方法，这些方法包括：

(1) ld 命令行用-e 参数指定；

(2) 链接脚本用 ENTRY(symbol)指出程序从 symbol 符号处开始；

(3) 定义特定的符号，例如大多数系统从 start 符号开始执行；

(4) .text 节的第一个字节开始；

(5) 地址 0。系统将按上述顺序逐个尝试，一旦找到即开始执行。

代码 5-1 中的.text、.data 和.bss 三个输出节并不完整，一个完整的输出节的描述如代码 5-3 所示。

代码 5-3　SECTIONS 内的输出节描述命令

```
section [address] [(type)] :
    [AT(lma)]
    [ALIGN(section_align) | ALIGN_WITH_INPUT]
    [SUBALIGN(subsection_align)]
    [constraint]
    {
        output-section-command
        output-section-command
        ...
    } [>region] [AT>lma_region] [:phdr :phdr ...] [=fillexp] [,]
```

第一个 section 是输出节的名字，例如.text 等，这个是必须提供的。address 是可选的，用于指出运行时该节所在的 VMA 地址。输出节的类型一般由输入节的属性决定，不过也可以用 type 参数指定以下类型之一：NOLOAD(无须装入)、DSECT、COPY、INFO 和 OVERLAY，后 4 种仅用于后向兼容(很少使用)。AT(lma)用于指出 LMA 地址，不指定的话使用 VMA 作为 LMA。几个包含 ALIGN 字样的命令用于地址对齐。

>region 和 AT>lma_region 用于指出该输出节映射到哪个内存区域(meory region)或内存块(block of memory)。例如，代码 5-6 定义了一个 rom 内存块，然后将 ROM 输出节映射到这个内存区域。稍后我们会在 MEMORY 命令章节讨论内存区域的问题。

：phdr 用于指出该输出节应该映射到 phdr 段里，其中 phdr 是已经定义的段。例如，下面的脚本先定义了一个 text 段，然后在后面指出.text 节归入 text 段(由 PHDRS 命令定义的)。

```
PHDRS { text PT_LOAD ; }
SECTIONS { .text : { * (.text) } :text }
```

最后的=fillexp 用于指出未指定内容的内存区间上的填充模式，例如因对齐而产生的“空隙”内存。在下面的脚本中，= 0x90909090 将会把 text 节中的内存空隙用 0x90909090 填充。

```
SECTIONS { .text : { * (.text) } =0x90909090 }
```

■ MEMORY 命令

链接器默认允许使用全部内存空间，但是也可以通过 MEMORY 命令重新划定，形成若干个内存块(blocks of memory)——这里也称为内存区域(memory region)。完整的 MEMORY 命令如代码 5-4 所示。系统允许出现多个 MEMORY 语句，但也可以在一个 MEMORY 语句内部定义全部所需的内存区域。

代码 5-4　内存区域/内存块的定义

```
MEMORY
{
    name [(attr)] : ORIGIN =origin, LENGTH =len
    ...
}
```

其中 name 是该内存区域的名字，该名字仅在链接器内部起作用，而且与程序的符号表、文件名或节名等完全无关。attr 属性用于指出内存区域的访问属性，这些属性如表 5-2 所示。

表 5-2　内存区域的 attr 属性

属性字符	含　义
'R'	只读
'W'	可读可写
'X'	可执行
'A'	可分配
'I'	已初始化
'L'	等效于'I'
'!'	对上述属性取反

ORIGION 用于给出该内存区域的起点，可以简写为 o 或 org。LENGTH 用指出该内存区域的长度，可以简写为 len 或 l。代码 5-5 定义了一个名为 rom 的内存区域，其属

性为只读、可执行，起始地址为0，长度为256KB；还定义了一个名为 ram 的内存区域，其属性为不是“只读、可执行”的其他所有属性，起始地址为 0x40000000，长度为 4MB。

代码 5-5 定义 rom、ram 两个内存区域

```
MEMORY
{
    rom (rx) : ORIGIN =0, LENGTH =256K
    ram (!rx) : org =0x40000000, l =4M
}
```

定义了内存块之后，就可以将节和段关联到这些内存块。例如代码 5-6 定义了一个 rom 内存块，然后将 ROM 输出节映射到这个内存区域。

代码 5-6 定义内存块并将节映射到该内存块

```
MEMORY { rom : ORIGIN =0x1000, LENGTH =0x1000 }
SECTIONS { ROM : { * (.text) } >rom }
```

■ **其他命令**

脚本还可以包含其他脚本形成层次性的结构，例如，使用 INCLUDE filename 命令可以将 filename 文件包含进来，就如 C 语言的 include 头文件那样。用 INPUT (file1, file2, …)可以将 file1、file2 作为输入文件，等效于 ld 命令行中给出的输入文件。OUTPUT(filename)可以指定输出文件名为 filename。

内存域别名命令 REGION_ALIAS(alias, region)为 region 内存区域生成别名 alias。这有助于写出系统平台无关的输出节描述，但又能实现平台相关的输出节到内存的布局映射。例如，某嵌入式系统有 A、B 和 C 三种不同配置，如表 5-3 所示。

表 5-3 内存配置示例

Section	A 型	B 型	C 型
. text	RAM	ROM	ROM
. rodata	RAM	ROM	ROM2
. data	RAM	RAM/ROM	RAM/ROM2
. bss	RAM	RAM	RAM

此时可以写出与平台无关的输出节描述，如代码 5-7 所示，指出. text 节位于

REGION_TEXT 内存区域，. rodata 节位于 REGION_RODATA 内存区域，. data 节位于 REGION_DATA 内存区域，而. bss 节位于 REGION_BSS 内存区域。

代码 5-7 平台无关的输出节示例代码

```
1  INCLUDE linkcmds.memory
2  SECTIONS
3  {
4      .text :
5      {
6          * (.text)
7      } >REGION_TEXT
8      .rodata :
9      {
10         * (.rodata)
11        rodata_end = .;
12     } >REGION_RODATA
13     .data : AT (rodata_end)
14     {
15        data_start = .;
16         * (.data)
17     } >REGION_DATA
18     data_size = SIZEOF(.data);
19     data_load_start = LOADADDR(.data);
20     .bss :
21     {
22         * (.bss)
23     } >REGION_BSS
24 }
```

其中第一行 INCLUDE 包含的文件 linkcmds. memory 可以根据平台的不同而略做修改，从而满足具体平台硬件的要求。由于 A 型系统只有 4MB 的 RAM，可以将各种内存区域都通过别名对应到 RAM 即可，如代码 5-8 所示。

代码 5-8 A 型硬件平台用的 linkcmds. memory 文件

```
MEMORY
{
    RAM : ORIGIN = 0, LENGTH = 4M
```

```
}
REGION_ALIAS("REGION_TEXT", RAM);
REGION_ALIAS("REGION_RODATA", RAM);
REGION_ALIAS("REGION_DATA", RAM);
REGION_ALIAS("REGION_BSS", RAM);
```

对于 B 型系统，代码和只读数据要放到(0～3MB−1)的 ROM 里，可读可写数据要放置到(3MB～4MB−1)的 RAM，其中有初值的可读可写数据是在启动时从 ROM 拷贝到 RAM，此时可用代码 5-9。

代码 5-9　B 型硬件平台用的 linkcmds. memory 文件

```
MEMORY
{
    ROM : ORIGIN =0, LENGTH =3M
    RAM : ORIGIN =0x10000000, LENGTH =1M
}
REGION_ALIAS("REGION_TEXT", ROM);
REGION_ALIAS("REGION_RODATA", ROM);
REGION_ALIAS("REGION_DATA", RAM);
REGION_ALIAS("REGION_BSS", RAM);
```

C 平台上有 ROM 和 ROM2 不同速度的只读存储器，代码放在(0～2MB−1)的 ROM，只读数据放入只读存储器(2MB～3MB−1)ROM2，可读可写数据放入(3MB～4MB−1)RAM，其中有初值的数据是在启动时从 ROM2 复制到 RAM，此时可以使用代码 5-10。

代码 5-10　C 型硬件平台用的 linkcmds. memory 文件

```
MEMORY
{
    ROM : ORIGIN =0, LENGTH =2M
    ROM2 : ORIGIN =0x10000000, LENGTH =1M
    RAM : ORIGIN =0x20000000, LENGTH =1M
}
REGION_ALIAS("REGION_TEXT", ROM);
REGION_ALIAS("REGION_RODATA", ROM2);
```

```
REGION_ALIAS("REGION_DATA", RAM);
REGION_ALIAS("REGION_BSS", RAM);
```

对于 B 型和 C 型硬件,需要程序启动装载时完成从 ROM/ROM2 到 RAM 的复制操作。

3. 链接器脚本示例

下面来看一个 ARM 平台上的链接器脚本,代码 5-11 在第 7 行给出了入口地址 reset_handler,然后第 10 行的 MEMORY 命令定义了内存区域 ram 和 rom。第 51 行的 SECTIONS 是脚本的核心,输出节. text 由各个输入文件的. vectors、. text 和. rodata 节构成,并且映射到 rom 内存区域。第 91 行的"＞ram AT ＞rom"输出节. data 装载到 rom 中,启动时复制到 ram。

代码 5-11　bithd-mcu/vendor/libopenc3/linker. ld. S

```
1  /* Generic linker script for all targets using libopencm3. */
2
3  /* Enforce emmition of the vector table. */
4  EXTERN(vector_table)
5
6  /* Define the entry point of the output file. */
7  ENTRY(reset_handler)
8
9  /* Define memory regions. */
10 MEMORY
11 {
12     /* RAM is always used */
13     ram (rwx) : ORIGIN = _RAM_OFF, LENGTH = _RAM
14
15 #if defined(_ROM)
16     rom (rx) : ORIGIN = _ROM_OFF, LENGTH = _ROM
17 #endif
18 #if defined(_ROM1)
19     rom1 (rx) : ORIGIN = _ROM1_OFF, LENGTH = _ROM1
20 #endif
21 #if defined(_ROM2)
22     rom2 (rx) : ORIGIN = _ROM2_OFF, LENGTH = _ROM2
```

```
#endif
#if defined(_RAM1)
    ram1 (rwx) : ORIGIN =_RAM1_OFF, LENGTH =_RAM1
#endif
#if defined(_RAM2)
    ram2 (rwx) : ORIGIN =_RAM2_OFF, LENGTH =_RAM2
#endif

… 省略其他内存配置,以节约版面 …

#if defined(_NFCRAM)
    nfcram (rw) : ORIGIN _NFCRAM_OFF, LENGTH =_NFCRAM
#endif
}

/* Define sections. */
SECTIONS
{
    .text : {
        *(.vectors)     /* Vector table */
        *(.text*)       /* Program code */
        . =ALIGN(4);
        *(.rodata*)     /* Read-only data */
        . =ALIGN(4);
    } >rom

    /* C++Static constructors/destructors, also used for
    * __attribute__((constructor)) and the likes.
    */
    .preinit_array : {
        . =ALIGN(4);
        __preinit_array_start =.;
        KEEP (*(.preinit_array))
        __preinit_array_end =.;
    } >rom
    .init_array : {
        . =ALIGN(4);
```

```
        __init_array_start =.;
        KEEP (* (SORT(.init_array.*)))
        KEEP (* (.init_array))
        __init_array_end =.;
    } >rom
    .fini_array : {
        . =ALIGN(4);
        __fini_array_start =.;
        KEEP (* (.fini_array))
        KEEP (* (SORT(.fini_array.*)))
        __fini_array_end =.;
    } >rom

    /*
    * Another section used by C++ stuff, appears when using newlib with
    * 64bit (long long) printf support
    */
    .ARM.extab : {
        * (.ARM.extab*)
    } >rom
    .ARM.exidx : {
        __exidx_start =.;
        * (.ARM.exidx*)
        __exidx_end =.;
    } >rom

    . =ALIGN(4);
    _etext =.;

    .data : {
        _data =.;
        * (.data*)    /* Read-write initialized data */
        . =ALIGN(4);
        _edata =.;
    } >ram AT >rom
    _data_loadaddr =LOADADDR(.data);

```

```
    .bss : {
        * (.bss * )     / * Read-write zero initialized data * /
        * (COMMON)
        . =ALIGN(4);
        _ebss =.;
    } >ram

#if defined(_CCM)
    .ccm : {
        * (.ccmram * )
        . =ALIGN(4);
    } >ccm
#endif

#if defined(_RAM1)
    .ram1 : {
        * (.ram1 * )
        . =ALIGN(4);
    } >ram1
#endif

#if defined(_RAM2)
    .ram2 : {
        * (.ram2 * )
        . =ALIGN(4);
    } >ram2
#endif

… 省略其他内存配置,以节约版面 …

#if defined(_NFCRAM)
    .nfcram : {
        * (.nfcram * )
        . =ALIGN(4);
    } >nfcram
```

```
#endif

    /*
     * The .eh_frame section appears to be used for C++exception handling.
     * You may need to fix this if you're using C++.
     */
    /DISCARD/ : { * (.eh_frame) }

    . =ALIGN(4);
    end =.;
}

PROVIDE(_stack =ORIGIN(ram) +LENGTH(ram));
```

对于所生成的可执行文件，用 readelf -l 输出的内存布局如屏显 5-1 所示。可以看出 0x8070c58 是闪存的 ROM 空间，0x20000000 是 ram 空间。

屏显 5-1　arm 平台上的可执行文件布局示例

```
[root@localhost firmware]#readelf -l trezor.elf

Elf 文件类型为 EXEC (可执行文件)
入口点 0x8040933
共有 4 个程序头,开始于偏移量 52

程序头:
  Type           Offset   VirtAddr   PhysAddr   FileSiz MemSiz  Flg Align
  EXIDX          0x070c50 0x08070c50 0x08070c50 0x00008 0x00008 R   0x4
  LOAD           0x010000 0x08010000 0x08010000 0x60c58 0x60c58 R E 0x10000
  LOAD           0x071ec0 0x20001ec0 0x08070c58 0x00768 0x1108c RW  0x10000
  LOAD           0x080000 0x20000000 0x20000000 0x00000 0x01ec0 RW  0x10000

Section to Segment mapping:
  段节...
  00     .ARM.exidx
  01     .text .ARM.exidx
  02     .data .bss
```

```
  03    .confidential
[root@localhost firmware]#
```

本书使用的 CentOS7 系统上的默认脚本如附录的屏显 9-4 所示，其最核心的部分就是 SECTIONS 命令，指出了各种输出节如何由输入节构成，有兴趣的读者可以自行分析。

5.2　makefile

一个工程中的源文件有很多，按类型、功能、模块分别放在若干个目录中，如果需要人工逐个编译和链接将非常繁杂和易于出错的。makefile 定义了一系列的规则来指定工程中哪些文件需要重新编译，哪些文件需要先编译，哪些文件需要后编译，以及应该执行的编译和链接命令与参数。makefile 由 make 命令工具所解释执行，多个 makefile 可以形成层次性结构。makefile 带来的好处就是“自动化编译”，一旦写好，只需要一个 make 命令，整个工程完全自动编译，极大地提高了软件开发的效率。

由于 makefile 中描述了目标和依赖文件之间的关系，以及生成目标所需的操作，因此还可进行更复杂的功能操作。makefile 就像一个 shell 脚本一样，其中也可以执行各种外部的系统命令。因此 makefile 产出的可能是一个或多个目标文件、可执行文件、库、文档和安装操作等，并不限于编译任务。例如 xv6[①] 的 makefile 中就有启动 QEMU 虚拟机的操作。

大多数 Linux 上的软件都有 makefile 指示如何编译，因此非常有必要学习。makefile 的内容很庞杂，这里只能简单地介绍常见的一些内容。

5.2.1　makefile 基本格式

makefile 有自己的书写格式、关键字和函数。从代码 5-12 的 makefile 实例入手，它不仅创建动态库 libvector. so 和静态库 libvector. a，而且生成动态链接的可执行文件 main-lib-shared 和静态链接的可执行文件 main-lib。第 1 行声明了变量 EXE 由两个目标文件名构成，分别是 main-lib 和 main-lib-shared。第 3 行定义了一个目标 all，它依赖于 $(EXE)，即由 main-lib 和 main-lib-shared 构成。第 5 行表示 libvector. so 依赖于 addvec. c 和 multvec. c，而且是通过第 6 行的 gcc -shared -fPIC……命令生成的。同理，第 8～10 行用于生成 libvector. a，第 12～13 行用于生成 main-lib-shared，第 15～16 行用于

① https://pdos. csail. mit. edu/6. 828/2014/xv6. html。

生成 main-lib，第 18～20 行用于删除中间结果的目标文件。其中第 9、10、13、16 和 20 行中用到的 $(AR)、$(RM)、$(CC)、$@、$^将在后面讨论。

代码 5-12　makefile 示例

```
1  EXE =  main-lib main-lib-shared
2
3  all: $(EXE)
4
5  libvector.so : addvec.c multvec.c
6      gcc -shared -fPIC -o libvector.so addvec.c multvec.c
7
8  libvector.a: addvec.o multvec.o
9      $(AR) rcs libvector.a addvec.o multvec.o
10     $(RM) addvec.o multvec.o
11
12 main-lib-shared: main-lib.c libvector.so
13     $(CC) -o $@$^
14
15 main-lib: main-lib.c libvector.a
16     $(CC) -o $@$^
17
18 .PHONY : clean
19 clean:
20     $(RM) *.o
```

执行 make 命令，将按照 makefile 给出的指示逐步完成，具体过程如屏显 5-2 所示。前两行灰色标注的涉及隐式规则，是 make 自行推测得出的所需完成的任务。然后是 makefile 第 9 行的 $(AR)命令 ar 创建静态库、$(RM)命令 rm -f 删除目标文件。接着是 cc 命令生成 main-lib。最后是 gcc -shared… 生成动态库 libvector. so 和 cc 生成动态链接的可执行文件 main-lib-shared。整个过程无须人工参与，源代码做了修改的话，只需要执行 make 命令就可以将依赖于这些源代码的目标重新编译。

屏显 5-2　make 执行 makefile 的过程

```
[root@localhost make-demo]#make
cc    -c -o addvec.o addvec.c
cc    -c -o multvec.o multvec.c
```

```
ar rcs libvector.a addvec.o multvec.o
rm -f addvec.o multvec.o
cc -o main-lib main-lib.c libvector.a
gcc -shared -fPIC -o libvector.so addvec.c multvec.c
cc -o main-lib-shared main-lib.c libvector.so
[root@localhost make-demo]#
```

用 touch 命令把 main-lib.c、addvec.c 和 multvec.c 的时间修改为当前时间，执行 make 命令生成编译目标。接着查看生成的文件，由于源代码最近刚被修改过，因此所生成的目标文件的时间都是最新的，如屏显 5-3 所示。

屏显 5-3　make 生成的文件

```
[root@localhost make-demo]#ls -l
总用量 56
-rw-r--r--.  1 root root   111 2月  19 12:48 addvec.c
-rw-r--r--.  1 root root  2888 2月  19 12:48 libvector.a
-rwxr-xr-x.  1 root root  7928 2月  19 12:48 libvector.so
-rwxr-xr-x.  1 root root  8720 2月  19 12:48 main-lib
-rw-r--r--.  1 root root   184 2月  19 12:48 main-lib.c
-rwxr-xr-x.  1 root root  8696 2月  19 12:48 main-lib-shared
-rw-r--r--.  1 root root   385 2月  19 12:43 Makefile
-rw-r--r--.  1 root root   112 2月  19 12:48 multvec.c
-rw-r--r--.  1 root root    88 2月  19 11:22 vector.h
[root@localhost make-demo]#
```

上面只是一个简单示例，实际上一个 makefile 中可以有 5 种内容：显式规则、隐式规则、变量定义、文件指示和注释。

- 显式规则：用于说明如何生成一个或多个目标文件。
- 隐式规则：make 的自动推导所需执行的规则。
- 变量定义：makefile 中定义的变量。
- 文件指示：用于 makefile 中引用其他 makefile；指定 makefile 中有效部分；定义一个多行命令。
- 注释：makefile 只有行注释 "#"，如果要使用或者输出"#"字符，需要进行转义。

5.2.2 makefile 规则

makefile 中的规则有显式规则和隐式规则两种，前者由 makefile 语句描述，后者由系统自行推测执行。

1. 显式规则

makefile 内部有一个或多个规则构成，每个规则由目标、依赖文件、操作命令三部分构成，如代码 5-13 所示。

代码 5-13 makefile 中的规则

```
…
target ... : prerequisites ...
    command
...
```

target 也就是一个目标，可以是文件（目标文件、执行文件或其他任意文件），还可以是一个伪目标（没有对应文件）。prerequisites 是依赖文件，也就是要生成那个 target 所需要的文件或其他目标。command 是为了生成目标，make 需要执行的命令，可以是任意的 shell 命令。读者回顾代码 5-12，可知里面有 6 个规则。

由于指出了目标的依赖关系，也就是说 target 这一个或多个的目标文件依赖于 prerequisites 中的文件，其生成规则定义在 command 中。因此，每当执行 make 的时候，将检查 prerequisites 中是否有一个以上的文件比 target 文件要新，如果有的话 command 所定义的命令就会被执行（command 一定要以 Tab 键开始，否则 make 程序无法识别 command）。每当用户修改了源代码，那么所涉及的目标将会重新生成，而不受影响的部分将保留原样，既实现了编译链接的自动化，又减少重复编译提高了效率。

makefile 第一个规则中的目标将是 make 的默认目标（例如代码 5-12 的 all），除非在 make 命令行后面直接指定目标，例如 make clean 将直接执行目标文件的删除操作。

2. 隐式规则

makefile 中可能包含一些隐式的规则和动作，它们并不出现在 makefile 文件的文本中。

■ 目标文件的隐式规则

编译 C 代码时，.o 的目标会自动推导为依赖于同名的 .c 文件，对于代码 5-14 的 makefile 语句将会按隐式规则扩展为代码 5-15。

代码 5-14 隐式规则示例

```
main : main.o
    gcc -o main main.o
```

当 make 发现目标的依赖不存在时(main.o 没有依赖规则)，尝试通过依赖名逐一查找隐式规则，并且通过依赖名推导出可能需要的源文件(main.c)，于是相当于产生了代码 5-15 的第 5、6 行。

代码 5-15 隐式规则的等效代码

```
1  #等效于
2  main : main.o
3      gcc -o main main.o
4
5  main.o: main.c
6      gcc -c main.c
```

通用地表示的话，对于 C 编译，通过 $(CC) -c $(CPPFLAGS) $(CFLAGS)将.c 变成.o；对于 C++ 编译，通过 $(CXX) -c $(CPPFLAGS) $(CXXFLAGS)将.cc 或者.c 变成.o。

屏显 5-2 的灰色标注的两行命令，就是 make 根据隐式规则推测出来的操作。当时的 makefile 中并没有显式规则用于指出如何生成 addvec.o 和 multvec.o。

■ 隐式规则中的命令变量和命令参数变量

隐式规则将会默认使用一些编译命令和相应的参数。常见的与 C 语言相关的命令变量如表 5-4 所示，在引用时使用 $(CC)代表 cc 命令、$(RM)代表 rm -f 命令，其他类似。除了隐式规则会使用它们，也可以在 makfile 中直接使用这些命令变量——这时候读者也就明白代码 5-12 中的 $(AR)、$(RM)、$(CC)的含义了，以及 make 执行时为什么会使用屏显 5-2 的那些命令。

表 5-4 隐式规则中的命令变量(部分)

变量名	含义	变量名	含义
RM	rm -f	CC	cc
AR	ar	CPP	cc -E
AS	as	CXX	g++

隐式规则命令参数变量如表 5-5 所示，这些参数将应用于对应的隐式规则命令。

表 5-5 隐式规则中的命令参数变量(部分)

变 量 名	含 义
ARFLAGS	AR 命令的参数
ASFLAGS	AS 命令的参数
CFLAGS	C 语言编译器的参数
CPPFLAGS	CPP 预处理的参数
CXXFLAGS	C++ 语言编译器的参数

■ **禁用隐式规则**

如果只对部分隐式规则禁用(局部禁用，限于 makefile 文件内部)，则可以自定义相应的规则替代隐式规则。例如，在 makefile 中自定义规则如下：

```
%.o : %.c
    $(CC) -o $@-c $^
```

或者将隐式规则设置为空，例如，针对%.o：%c，可以使用如下语句：

```
%.o : %.c
```

如果希望全局禁用隐式规则(用于命令行编译)，则在执行 make 程序时带上-r 参数：make -r 即可。

3. 模式规则

当规则中的目标部分是确定的内容时，称为确定规则。如果是用模式字符串表示的，则是模式规则，模式规则本质上类似于普通显式规则。只是在模式规则中，目标名中需要包含有模式字符"%"(一个)，包含有模式字符"%"的目标被用来匹配一个文件名，"%"可以匹配任何非空字符串。规则的依赖文件中同样可以使用"%"，依赖文件中模式字符"%"的取值情况由目标中的"%"来决定。

目标和依赖文件名中的模式字符"%"可以匹配任何非空字符串，除模式字符以外的部分要求一致。例如，"%.c"匹配所有以".c"结尾的文件(匹配的文件名长度最少为 3 个字母)，"s%.c"匹配所有第一个字母为"s"，而且必须以".c"结尾的文件，文件名长度最小为 5 个字符(模式字符"%"至少匹配一个字符)。

对于模式规则“%.o ：%.c”，它表示的含义是：所有的.o 文件依赖于对应的.c 文件。例如代码 5-16，将会把 *.c 文件通过 cc 编译成 *.o 文件，其中自动化变量 $@表示目标，$<表示第一个依赖文件。自动化变量将在后面讨论。

代码 5-16　(动态)模式规则示例

```
1  #sample Makefile
2
3  %.o : %.c
4  $(CC) $(CFLAGS) $<-o $@
```

如果有 f1.c、f2.c 和 f3.c 三个 C 代码，那么上面的第 7、8 行将实例化为规则：

```
1  f1.o :f1.c
2  $(CC) $(CFLAGS) f1.c -o f1.o
3
4  f2.o :f2.c
5  $(CC) $(CFLAGS) f2.c -o f2.o
6
7  f3.o :f3.c
8  $(CC) $(CFLAGS) f3.c -o f3.o
```

上面的属于动态模式规则，而静态模式规则可以限定目标文件。例如代码 5-17 第 4 行由两个“：”分割成三部分，其范围限定在 $(objects)中，仅编译 f1.c 和 f2.c 生成 foo.o 和 bar.o，而不管目录中还有的 f3.c。

代码 5-17　(静态)模式规则示例

```
1  objects =f1.o f2.o
2  all: $(objects)
3
4  $(objects): %.o: %.c
5          $(CC) -c $(CFLAGS) $<-o $@
```

4. 伪目标

当目标没有依赖文件，也就不会出现依赖文件比目标文件新的情况，代码 5-12 的 clean 目标的命令永远不会执行。为避免这个问题，可使用“.PHONY”指明它是伪目标，无须检测依赖文件而直接被执行。也就是说，make clean 将直接执行目标文件的删除操作。伪目标是一个编译"任务",而不是一个编译输出文件,从而可以包含其他目标实现层次性组织,甚至实现安装、清除等其他操作。

5.2.3 makefile 变量

makefile 中广泛使用变量及其通配符,用于表示不同的输入文件、输出目标或命令及其参数,以增加灵活性和简化代码的形式。

1. 变量声明与赋值

前面我们看到 EXE 变量设置为"main-lib main-lib-shared",进一步地,可以声明 LIBSRC 来取代 addvec. c 和 multvec. c,声明 LIBOBJ 来取代 addvec. o 和 multvec. o,此时静态库和动态库的语句可以修改为:

```
LIBSRC=addvec.c multvec.c
LIBOBJ=addvec.o multvec.o
libvector.so : $(LIBSRC)
    gcc -shared -fPIC -o libvector.so  $(LIBSRC)

libvector.a: $(LIBOBJ)
    $(AR) rcs libvector.a $(LIBOBJ)
    $(RM) addvec.o multvec.o
```

变量不仅可以使用"="来赋值,还可以用":="来赋值。它们的区别在于后者":="只能使用前面定义好的变量,前者"="可以使用后面定义的变量。

变量也可以进行追加操作,例如可以这样声明 LIBSRC 和上面的语句达到相同的效果:

```
LIBSRC =addvec.c
LIBSRC +=multvec.c
```

2. 变量替换

编译过程中经常需要处理仅后缀不同的文件名,例如 *. c 和 *. o,这时就可以利用变量替换来完成,例如前面的 LIBOBJ 就可以通过 LIBSRC 通过替换而获得:

```
LIBSRC =addvec.c multvec.c
LIBOBJ =$(LIBSRC:%.c,%.o)
```

此时 LIBOBJ 对应“addvec. o multvec. o”，是将 LIBSRC 的. c 替换成. o 而成的。

3. 变量的通配符扩展

如果声明变量 objects = *.o，则变量 objects 值就是“*.o”。如果该变量用在 rm 命令后面，可以通配目标文件，但是作为变量而言仅仅是“*.o”。如果希望它是扩展为通配符对应多个目标文件名，则需要使用下面的声明方式：objects := $(wildcard *.o)。除了 wildcard 通配符以外，还有相关的几个操作：

- wildcard：扩展通配符。
- notdir：去除路径。
- patsubst：替换通配符。

wildcard 和 notdir 较容易理解，patsubst 需要略微解释一下。例如，在代码 5-18 的 $(patsubst %.c,%.o,$(dir))中，patsubst 把 $(dir)中的变量后缀是. c 的全部替换成. o。

代码 5-18　wildcard. mk

```
#Makefile 文件
src=$(wildcard *.c ./sub/*.c)
dir=$(notdir $(src))
obj=$(patsubst %.c,%.o,$(dir) )

all:
	@echo $(src)
	@echo $(dir)
	@echo $(obj)
```

假如当前目录下有 a. c 和 b. c，. /sub 目录下有 sa. c 和 sb. c，则 make 执行后输出如屏显 5-4 所示的结果。第 1 行，wildcard 把 指定目录 ./ 和 ./sub/ 下的所有后缀是 c 的文件全部展开；第 2 行，notdir 把展开的文件去除掉路径信息；第 3 行，patsubst 把 $(dir)中的变量符合后缀是. c 的全部替换成. o。

屏显 5-4　makefile 的通配符的结果

```
a.c b.c ./sub/sa.c ./sub/sb.c
a.c b.c sa.c sb.c
a.o b.o sa.o sb.o
```

4. 自动化变量

如果规则的目标和依赖文件名代表了一类文件名，那么规则的命令应该是对所有这一类文件重建过程的描述。显然，此时在命令中出现具体的文件名，则模式规则失去通用意义。那么下面我们来学习如何在规则的命令行中表示"非具体"的文件，例如书写一个将.c文件编译到.o文件的规则，而不是hello.c编译到hello.o的具体的规则和命令。为了解决这个问题，就需要使用"自动化变量"，自动化变量的取值是根据具体所执行的规则来决定的，取决于所执行规则的目标和依赖文件名。

自动化变量带来灵活性和方便性的同时，也增加了makefile源代码的阅读难度。

- $@：表示规则的目标文件名。如果目标是一个归档文件（Linux中，一般称.a文件为归档文件，例如静态库文件），那么它代表这个文档的文件名。在多目标模式规则中，它代表的是触发规则被执行的目标文件名。
- $%：当规则的目标文件是一个静态库文件时，代表静态库的一个成员名。例如，规则的目标是"foo.a (bar.o)"，那么，"$%"的值就为"bar.o"，"$@"的值为"foo.a"。如果目标不是静态库文件，其值为空。
- $<：规则的第一个依赖文件名。如果是一个目标文件使用隐含规则来重建，则它代表由隐含规则加入的第一个依赖文件。
- $?：所有比目标文件更新的依赖文件列表，以空格分割。如果目标是静态库文件名，代表的是库成员（.o文件）。
- $^：规则的所有依赖文件列表，使用空格分隔。如果目标是静态库文件，它所代表的是所有库成员（.o文件）名。一个文件可重复出现在目标的依赖中，变量"*"只记录它的一次引用情况。就是说变量"^*"会去掉重复的依赖文件。
- $+：类似"$^"，但是它保留了依赖文件中重复出现的文件。它主要用在程序链接时库的交叉引用场合。
- $*：在模式规则和静态模式规则中，代表"词干"。"词干"是目标模式中"%"所代表的部分（当文件名中存在目录时，"词干"也包含目录（斜杠之前）部分。例如文件"dir/a.foo.b"，当目标的模式为"a.%.b"时，"$*"的值为"dir/foo"。"词干"对于构造相关文件名非常有用。

对自动化变量"$*"需要说明两点：

(1) 对于一个明确指定的规则来说不存在"词干"，这种情况下"*"的含义发生改变。此时，如果目标文件名带有一个可识别的后缀，那么"*"表示文件中除后缀以外的部分。例如"foo.c"，"*"的值为"foo"，因为.c是一个可识别的文件后缀名。GNU make对明确规则的这种奇怪的处理行为是为了和其他版本的make兼容。通常，在除静态规则和模式规则以外，明确指定目标文件的规则中应该避免使用这个变量。

(2) 当明确指定文件名的规则中目标文件名包含不可识别的后缀时，此变量为空。

自动化变量"?"在显式规则中也是非常有用的，此时规则可以指定只对更新以后的依赖文件进行操作。例如，静态库文件"lib.a"，它由一些.o 文件组成。下面这个规则实现了只将更新后的.o 文件加入到库中：

```
lib: foo.o bar.o lose.o win.o
        ar r lib $?
```

以上罗列的自动量变量，有一些在规则中代表文件名(@、<、*)，而其他的在规则中代表一个文件名列表。

在 GNU make 中，还可以通过这 7 个自动化变量来获取一个完整文件名中的目录部分和具体文件名部分。在这些变量中加入"D"或者"F"字符就形成了一系列变种的自动化变量。这些变量会出现在以前版本的 make 中，在当前版本的 make 中，可以使用"dir"或者"notdir"函数来实现同样的功能(文件名处理函数)。下面简单给出这些老式的自动化变量和"D"或者"F"的组合：

- (@D)表示目标文件的目录部分(不包括斜杠)。如果"@ "是"dir/foo.o "，那么"(@D)"的值为"dir"。如果"@ "不存在斜杠，其值就是". "(当前目录)。
- (@F)目标文件的完整文件名中除目录以外的部分(实际文件名)。如果"@ "为"dir/foo.o "，那么"(@F)"只就是"foo.o"。"(@F) "等价于函数"(notdir@) "。
- (* D)和(* F)分别代表目标"主干"中的目录部分和文件名部分。$(%D)和$(%F)，当以"archive(member)"形式静态库为目标时，分别表示库文件成员"member"名中的目录部分和文件名部分。它仅对模式规则目标有效。$(<D)和$(<F)分别表示规则中第一个依赖文件的目录部分和文件名部分。$(^D)和$(^F)分别表示所有依赖文件的目录部分和文件部分(不存在重复文件)。$(+D)和$(+F)分别表示所有依赖文件的目录部分和文件部分(可存在重复文件)。$(? D)和$(? F)分别表示被更新的依赖文件的目录部分和文件名部分。

5.2.4　文件指示

多个 makefile 可以组织成更大规模的文件，以支持分级编写或分级执行。这些 makefile 需要使用文件指示语句组织起来。

1. 包含其他 makefile

使用 include 可以包含其他 makefile，类似于 C 程序的 # include 功能。例如，include foo. make ＊. mk ＄(bar)将会把 foo. make 文件、＊. mk 文件和＄(bar)变量给出的文件都包含进来。如果文件都没有指定绝对路径或是相对路径的话，make 会在当前目录下首先寻找，如果当前目录下没有找到，那么 make 还会在下面的几个目录下找：

(1) 如果 make 执行时，有“-I”或“--include-dir”参数，那么 make 就会在这个参数所指定的目录下去寻找。

(2) 如果目录＜prefix＞/include(一般是/usr/local/bin 或/usr/include)存在的话，make 也会去找。

2. 搜索依赖文件

在一些大的工程中有大量的源文件，我们通常的做法是把这许多的源文件分类，并存放在不同的目录中。所以，当 make 需要去找寻文件的依赖关系时，你可以在文件前加上路径，但更好的方法是把一个路径告诉 make，让 make 再自动去找。

■ VPATH 变量

makefile 文件中的特殊变量 VPATH 就是完成这个功能的，如果没有指明这个变量，make 只会在当前的目录中去找寻依赖文件和目标文件。如果定义了这个变量，那么，make 就会在当前目录找不到的情况下，到所指定的目录中去找寻文件了。例如，VPATH = src：../headers，这个定义指定两个目录“src”和“../headers”，make 会按照这个顺序进行搜索。目录由“冒号”分隔。当然，当前目录永远是最高优先搜索的地方。

■ vpath 命令

另一个设置文件搜索路径的方法是使用 make 的“vpath”关键字(注意，它是全小写的)，这不是变量，这是一个 make 的关键字，这和上面提到的那个 VPATH 变量很类似，但是它更为灵活。它可以指定不同的文件在不同的搜索目录中。这是一个很灵活的功能。它的使用方法有 3 种：

(1) vpath ＜pattern＞ ＜directories＞ ：为符合模式＜pattern＞的文件指定搜索目录＜directories＞。

(2) vpath ＜pattern＞ ：清除符合模式＜pattern＞的文件的搜索目录。

(3) vpath ：清除所有已被设置好了的文件搜索目录。

vpath 使用方法中的＜pattern＞需要包含“%”字符。“%”的意思是匹配零或若干字符，例如，“%. h”表示所有以“. h”结尾的文件。＜pattern＞指定了要搜索的文件集，而＜directories＞则指定了＜pattern＞的文件集的搜索的目录。

例如，

```
vpath  %.h  ../headers
```

语句表示，如果文件在当前目录“.”里没有找到的话，make 将在“../headers”目录下搜索所有以“.h”结尾的文件。

```
vpath  %.c  foo:bar:blish
```

语句表示“.c”结尾的文件，先在 foo 目录，然后是 bar 目录，最后才是 blish 目录。

3. 分级 make

如果是通过逐层目录下的 makefile 来完成编译任务，则可以用具体命令。例如，需要执行./other-dir 目录下的 makefile，使用 cd ./other-dir && make，或者 make -C other-dir 语句。这样就实现了分级编译，而不需要整合成一个大的单一的 makefile。

5.2.5　函数

在 makefile 中可以使用函数来处理变量，从而让我们的命令或是规则更加灵活和具有智能。make 所支持的函数也不多，不过已经足够满足我们的操作了。函数调用后，函数的返回值可以当作变量来使用。

1. 字符串函数

前面我们在变量的通配符扩展中，$(patsubst %.c,%.o,$(dir))就是一种函数调用，称为模式字符串替换函数。其他常见函数有：

(1) 字符串替换函数：$(subst <from>,<to>,<text>)，它把字符串<text>中的 <from> 替换为 <to>，并返回替换过的字符串。

(2) 去空格函数：$(strip <string>)，它将去掉 <string> 字符串中开头和结尾的空字符，并返回被去掉空格的字符串值。

(3) 查找字符串函数：$(findstring <find>,<in>)，它在字符串 <in> 中查找 <find> 字符串，如果找到则返回 <find> 字符串，否则返回空字符串。

(4) 过滤函数：$(filter <pattern...>,<text>)，它以<pattern>模式过滤字符串<text>，保留符合模式<pattern>的单词，允许使用多个模式，并返回符合模式<pattern>的字符串。反过滤函数则是 filter-out。

(5) 排序函数：$(sort <list>)，给字符串 <list> 中的单词排序（升序），返回排序后的字符串。

(6) 取单词函数：$(word <n>,<text>)，从字符串 <text> 中的 第<n>个单词（n 从 1 开始计），并返回该单词，如果<n> 比 <text> 中单词个数要大，则返回空字符串。

(7) 单词个数统计函数：$(words <text>)，统计字符串 <text> 中单词的个数，返回单词个数。

(8) 首单词函数：$(firstword ＜text＞)，取字符串 ＜text＞ 中的第一个单词，返回该单词。

2. 文件名函数

(1) 取目录函数：$(dir ＜names...＞)，从文件名序列 ＜names＞ 中取出目录部分并返回。

(2) 取文件函数：$(notdir ＜names...＞)，从文件名序列 ＜names＞ 中取出非目录部分并返回。

(3) 取后缀函数：$(suffix ＜names...＞)，从文件名序列 ＜names＞ 中取出各个文件名的后缀并返回。类似有取前缀函数 $(basename ＜names...＞)。

(4) 加后缀函数：$(addsuffix ＜suffix＞,＜names...＞)，把后缀 ＜suffix＞ 加到 ＜names＞ 中的每个单词后面并返回。类似有加前缀函数：$(addprefix ＜prefix＞,＜names...＞)。

(5) 连接函数：$(join ＜list1＞,＜list2＞)，将 ＜list2＞ 中对应的单词加到 ＜list1＞ 后面，返回拼接后的字符串。

3. 其他函数

另有一些流程控制函数(语句)、shell 命令函数和 make 控制函数等。

■ 流程控制

(1) $(foreach ＜var＞,＜list＞,＜text＞)：从 list 中逐个取词到 var 中，然后输出 text，其中 test 往往是与 var 相关的。例如，

```
targets :=a b c d
objects :=$(foreach i,$(targets),$(i).o)
```

从 target 中取出 a、b、c、d 逐次赋值给 i，并返回 $(i).o，因此 objects 将是 a.o b.o c.o d.o。

(2) $(if ＜condition＞,＜then-part＞)或 $(if ＜condition＞,＜then-part＞,＜else-part＞)：if 用于条件控制，下面以示例代码来看 if 的执行。

```
val :=a
objects :=$(if $(val),$(val).o,nothing)
no-objects :=$(if $(no-val),$(val).o,nothing)

```

```
all:
	@echo $(objects)
	@echo $(no-objects)
```

由于 val 有取值，因此 if 将返回 then-part，也就是 $(val).o，所以 objects 取值为 a.o。对于第二个 if，由于 no-val 未定义，因此 if 将返回 else-part，也就是 nothing，所以 no-objects 为 nothing。

(3) $(call <expression>,<parm1>,<parm2>,<parm3>...)：用于调用用于自定义函数。代码 5-19 定义了函数 log，带有一个参数 $(1)，然后在 all 目标中以参数"正在 make"来调用。

代码 5-19　call-mk

```
#Makefile 内容
log ="====debug====" $(1) "====end===="

all:
	@echo $(call log,"正在 make")
```

执行结果如屏显 5-5 所示，参数"正在 make"将替换 log 中的 $(1)。

屏显 5-5　call 调用 log 函数

```
[root@localhost make-demo]#make -f call-mk
====debug====正在 make====end====
[root@localhost make-demo]#
```

■ **shell 命令函数**

$(shell <shell command>)的作用就是执行一个 shell 命令，并将 shell 命令的结果作为函数的返回。作用与 shell 命令中的 '<shell command>' 一样。

■ **make 控制函数**

- $(error <text ...>)用于输出错误信息 text，停止 makefile 的运行。
- $(warning <text ...>)用于输出警告信息 text，makefile 继续运行。

5.2.6　make

如果不使用-f 参数指定 makefile 文件名，则 make 将在当前目录依次搜索

GNUmakefile 和 makefile，Linux 系统下通常使用 makeifle 作为 makefile 文件名。make 执行时将完成以下操作：

- 读入主 makefile（主 makefile 中可以引用其他 makefile）。
- 读入被 include 的其他 makefile。
- 初始化文件中的变量。
- 推导隐式规则，并分析所有规则。
- 为所有的目标文件创建依赖关系链。
- 根据依赖关系、比较目标文件和依赖文件的修改时间，决定哪些目标要重新生成。
- 对需要重新生成的目标，执行相应的生成命令。

由于 make 命令行声明的变量会取代 makefile 中的变量，如果希望反过来以 makefile 中的变量取代 make 命令行中的变量则需要在变量前面加上 override。

在 make 执行 makefile 里的命令时，可以有三种不同方式。makefile 中书写 shell 命令时可以加 2 种前缀，即@和-，或者不用前缀。这三种格式的 shell 命令区别如下：

- 不用前缀：输出执行的命令以及命令执行的结果，出错的话停止执行。
- 前缀 @：只输出命令执行的结果，出错的话停止执行。
- 前缀 -：命令执行有错的话，忽略错误继续执行会把所有命令都显示在终端上。

make 执行完 makefile 后，退出码有以下 3 种：

- 0：表示成功执行。
- 1：表示 make 命令出现了错误。
- 2：使用了 "-q" 选项（只检查依赖关系不执行编译动作）时。

5.3 小结

本章简单讨论了链接器脚本和 makefile 文件。前者主要用于控制链接过程的布局过程，因此需要知道系统中各种不同属性的内存地址范围，然后指定输出目标的节所处位置、由哪些输入节构成等信息。后者是帮助大型程序的编译自动化，可以将分布在不同目录的众多源代码和需要生成的目标文件，使用 makefile 编译规则描述其依赖关系，从而在修改源代码之后仅需执行一次 make 命令就可生成所需目标。而且编译链接等操作只会涉及受修改后的源代码所影响的目标，未受影响的部分无须重复操作，从整体上简化了操作也提高效率。

练习

1. 尝试修改默认的链接器脚本，改变可执行文件的布局，并查看/proc/PID/maps 文件确认进程布局已经发生变化。

2. 分析 zlib 库的 makefile 文件，分析其依赖关系(参考图 8-5)，列出编译、链接等工具。并将其中大量的涉及 *.o 目标的规则，用模式规则来简化替代。

第 6 章 程序运行

前面已经理解了自己编写的代码、静态库或动态库经过编译链接生成可执行文件的过程。本章将讨论所生成的 ELF 可执行文件，如何在操作系统的帮助下被装载，然后观察程序运行时如何与系统的其他部分交互。

6.1 装入与运行

当 C 程序的可执行文件运行时，操作系统要为之创建一个新的进程空间，并按照磁盘上可执行文件的要求创建好代码和数据等作为进程空间的内容。这一过程我们称为可执行文件的装载过程。

6.1.1 ELF 装载器

由于 Linux 支持多种可执行文件，因此内核所支持的各种格式(ELF 只是其中一种)的可执行程序处理模块，各自用一个 linux_binfmt 结构体来描述，并且注册登记在 linux-3.13/fs/exec.c 中的全局链表 formats 中。linux_binfmt 结构体中包含几个有关某种可执行文件格式的装入操作函数。对于 C 语言程序，装载器必须理解 ELF 文件格式，并按其要求产生相应的 VMA 内存区间描述符，并用 ELF 的相应的段构造 VMA 对应的内存内容。

ELF 可执行文件所相应的 linux_binfmt 对象定义于 linux/fs/binfmt_elf.c，包含 elf 可执行文件装载函数、elf 共享库装载函数和吐核操作函数，具体如代码 6-1。

代码 6-1 binfmt_elf.c 中的 linux_binfmt 结构体

```
static struct linux_binfmt elf_format ={
    .module         =THIS_MODULE,
    .load_binary    =load_elf_binary,      //可执行文件的装载
    .load_shlib     =load_elf_library,     //共享库的装载
    .core_dump      =elf_core_dump,        //内核转储(吐核)
    .min_coredump   =ELF_EXEC_PAGESIZE,
};
```

在 Linux shell 命令行执行可执行文件，或从一个进程内部用 exexcv()执行其他可执行文件，都将通过 execve 系统调用装载指定的可执行文件并创建进程。从系统调用 execve 开始，进入到 linux-3.13/fs/exec.c 中逐层调用 do_execve()-> do_execve_common()-> search_binary_handler()，search_binary_handler()则扫描 formats 链表尝试用各种可执行程序的装载方法，对于 ELF 可执行文件则会在尝试 load_elf_binary()时成功装载。load_elf_binary()利用 ELF 可执行文件的头部 ELF Header 信息，找到描述各个段的装载属性的程序头表(program header table)和描述节的节头表(section header table)。ELF 映像的装载过程，就是在各种头部信息的指引下将某些段"装载/映射"到进程的用户虚存空间，并为其运行做好准备(例如装载所需的共享库)，最后在目标进程首次调度运行时让 CPU 进入其程序入口的过程。

6.1.2 内核代码

C 语言程序以进程形式在 Linux 操作系统中运行，除了自己的代码外还可以调用操作系统提供的服务，即系统调用。用户进程发出的进程管理、内存管理、文件管理和设备管理等公共服务，都是交给操作系统代码去完成的。低年级的学生由于还未学习操作系统，可以暂时不理会细节，只需要知道每个程序运行后所在的编程空间的高端是操作系统代码即可。

用户态代码通过 int 80 或 sysenter 将从用户态进入到内核态，反之是使用 iret 或 sysexit 从内核态返回到用户态，如图 6-1 所示。其中内核代码运行在最高优先级 ring0，而用户代码运行在较低的优先级 ring3，从而使得用户代码无法直接访问和破坏内核代码及数据。

虽然 C 程序使用系统调用的过程都是通过 C 语言库来完成的，但实际上并没有阻止用户编程时直接进行系统调用的操作。

6.1.3 进程与线程

C 语言程序的可执行文件运行后，将以进程形式与其他正在运行的进程同时存在于

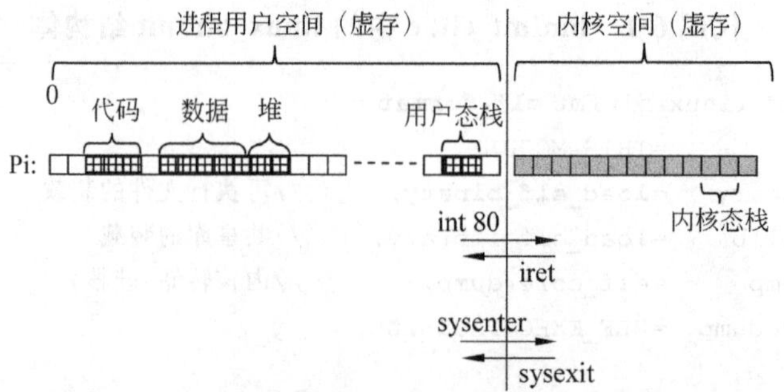

图 6-1 进程的用户态代码与操作系统的内核态代码

系统中；进一步地，一个进程可能会创建多个线程。

我们知道一个 C 程序的可执行文件同时执行多次，而且各自运行时互不相干。也就是说，每一次运行都创建一个进程，在操作系统的虚拟化环境下，各自似乎独自拥有 CPU 在运行，互不干扰。进程间的通信需要向操作系统显式地申请共享内存、消息队列或管道等。但是读者可能对同一进程的多个线程的理解并不充分，我们并不打算过多地深入讨论线程的内容。在这里主要掌握同一进程的各个线程所感知到的存储空间和其他资源是完全相同的，只是各自的执行流有差异。如图 6-2 所示，myprogram 独立运行两次，创建两个独立的、相互隔离的进程，虽然两个进程 p_i 和 p_j 的内存影像在刚开始的时候完全一样，但是完全无关地各自运行。如果进程 p_i 创建一个新的线程，则主线程和新创建的线程拥有各自的执行流。虽然两个线程拥有同一个进程的主要资源，但由于各自的执行流不相同，因此需要用不同的堆栈来保存各自的函数调用关系。如果需要，读者可以阅读《操作系统编程观察》[①]从操作系统角度来了解更多的细节，包括 pthread 库的使用和相关资源的使用情况。

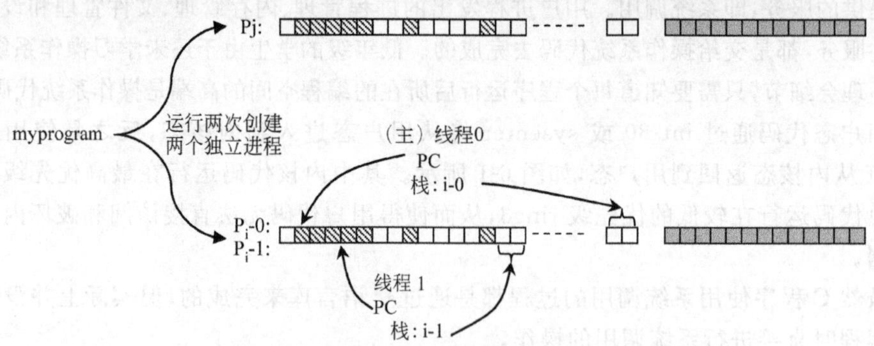

图 6-2 从用户角度看到的进程与线程差异

① 清华大学出版社，2018 年 5 月。

6.1.4 工作环境

Linux中的进程,有一些基本的运行环境,包括工作目录、环境变量、命令行参数等。另外Linux也会对进程发出的各种资源申请进行审计,不能超出系统给该进程指定的上限。

1. 命令行参数与环境变量

进程的命令行参数是传递给main()函数的参数,环境变量是shell程序传递过来的,也保存在堆栈区域,而且可以用getenv()获得用户指定的环境变量。命令行参数和环境变量已经在3.4.3节中讨论过,这里不再赘述。

2. 工作目录

Linux系统里的文件是通过路径名来定位的,分成绝对路径和相对路径。绝对路径是从根目录"/"开始的完整路径名,而相对路径则是从当前工作目录作为参考点的路径名。进程在启动的时候所在的目录就是它的工作目录,而不是可执行文件所在的目录。例如,在/home/lqm/cs2目录下有一个可执行文件show-pwd.c程序,但在/tmp目录下启动该程序,则此时它的工作目录为/tmp而不是/home/lqm/cs2。上述过程如屏显6-1所示,这里用/proc/PID/cwd来查看进程的工作目录。

屏显6-1 进程启动时的工作目录

```
[root@localhost cs2]#pwd
/home/lqm/cs2
[root@localhost cs2]#ls -l show-pwd
-rwxr-xr-x. 1 root root 8608 12月 16 16:10 show-pwd
[root@localhost cs2]#cd /tmp
[root@localhost tmp]#/home/lqm/cs2/show-pwd &
[1] 18914
HelloWorld!

[1]+  已停止                /home/lqm/cs2/show-pwd
[root@localhost tmp]#ls -l /proc/18914/cwd
lrwxrwxrwx. 1 root root 0 12月 16 16:20 /proc/18914/cwd ->/tmp
[root@localhost tmp]#
```

启动后,进程可以通过库函数chdir()修改当前工作目录,后续再发出的相对路径将以新的工作目录为参考点。

3. 系统资源限制

程序以进程形式在操作系统中活动，操作系统为用户的进程设置了资源限制。可以用 ulimit -a 查看所有的资源限制情况[①]，如屏显 6-2 所示。由于各项资源的英文名称比较精准，就不一一解释了。如果只需要查看或修改某一种资源，则可以用中间一列（用括号引出）给出的参数选项。例如，用 ulimit -n 2048 将打开文件数量设置为 2048 个。ulimit 命令设置后只对一次登录会话有效，所以另起终端后需要重新设置。读者可以回顾一下，前面屏显 3-17 通过 ulimit -s 命令修改堆栈容量的限制。

屏显 6-2 ulimit -a 的输出

```
[root@localhost core]#ulimit -a
core file size          (blocks, -c)  unlimited
data seg size           (kbytes, -d)  unlimited
scheduling priority             (-e)  0
file size               (blocks, -f)  unlimited
pending signals                 (-i)  3848
max locked memory       (kbytes, -l)  64
max memory size         (kbytes, -m)  unlimited
open files                      (-n)  1024
pipe size            (512 bytes, -p)  8
POSIX message queues     (bytes, -q)  819200
real-time priority              (-r)  0
stack size              (kbytes, -s)  8192
cpu time               (seconds, -t)  unlimited
max user processes              (-u)  3848
virtual memory          (kbytes, -v)  unlimited
file locks                      (-x)  unlimited
[root@localhost core]#
```

上述资源限制记录于/etc/security/limits. conf 中，因此通过修改该文件可以在系统重启后仍生效。/etc/security/limits. d 中则使用多个独立文件形式来描述资源限制，/etc/security/limits. conf 中通过的资源申请可能在/etc/security/limits. d 中被否决。

① ulimit 是 bash 内置命令。

6.2　基本行为观察

C 程序的行为可以通过运行结果而观察到，这是程序的外在可直接观察的行为。更多的中间细节则可以通过 GDB 跟踪而观察到——可以具体地知道每一条指令所修改的寄存器和内存的情况，以及分支跳转情况。这类观察已经穿插在前面章节讨论过，下面来讨论跟踪调试的原理，以及如何利用工具来帮助我们观察代码之外的行为，包括库函数的调用、系统调用、信号处理等内容。

首先讨论 ptrace 系统调用，GDB 正是建立在 ptrace 基础之上，后面要讨论的 strace 和 ltrace 也是基于 ptrace 的。

6.2.1　ptrace

Linux 的 ptrace 系统调用提供了一种机制使得跟踪进程(tracer)可以观察和控制被跟踪进程(tracee)的执行过程，ptrace 还可以检查和修改该子进程的可执行文件在内存中的镜像及该子进程所使用的寄存器中的值。

1. 工作原理

ptrace 的基本原理是：当跟踪程序使用了 ptrace 跟踪被跟踪程序后，所有发送给被跟踪的进程(称为 tracee)的信号[①](除了 SIGKILL)，都会被转发给跟踪进程(称为 tracer)，而被跟踪进程则会阻塞，这时被跟踪进程的状态就会被系统标注为 TASK_TRACED(类似于 TASK_STOP)。跟踪进程通常因使用 waitpid()(或其他 wati 系列的系统调用)等待子进程而阻塞，因此当跟踪进程收到信号后，waitpid()的返回值 status 就包含了被跟踪进程 tracee 的信息，跟踪进程 tracer 就可以对停止下来的被跟踪进程进行检查和修改，然后让被跟踪进程继续运行。

可以设置不同的事件来触发 SIGTRAP 信号，例如被跟踪进程执行到指定位置的指令时触发，执行系统调用的入口处和返回处触发等。

ptrace 过程如图 6-3 所示，也就是说，ptrace 只能是对一个进程展开的，如果需要对多个进程进行跟踪则各自都需要启动跟踪。

ptrace 系统调用对应的库函数是 ptrace()，可以完成跟踪关系的建立、查看或修改被跟踪进程的数据和状态等操作，其定义如下：

---

① 即使被 ignored 忽略的信号，也会被传递而引发跟踪动作。

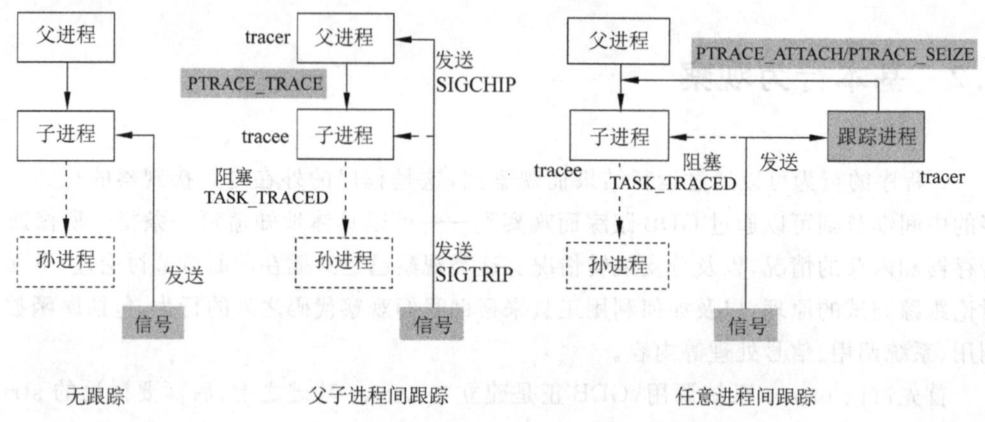

图 6-3 ptrace 工作原理

```
#include <sys/ptrace.h>
    long ptrace(enum __ptrace_request request, pid_t pid, void * addr, void *
data);
```

ptrace 有如下 4 个参数。

(1) request：指示了 ptrace 要执行的命令(例如 PTRACE_ATTACH、PTRACE_PEEKTEXT 等)。

(2) pid：指示 ptrace 要跟踪的进程。

(3) addr：指示要监控的内存地址。

(4) data：存放读取出的或者要写入的数据。

用 ptrace 进行跟踪的流程大致如下：

(1) 建立跟踪关系：如果是父子关系，则只需要子进程执行 PTRACE_TRACEME 操作即可。其他关系的进程则可以用 PTRACE_ATTACH 或 PTRACE_SEIZE 将指定 pid 的进程作为被跟踪进程。

(2) 当跟踪者收到信号后，根据具体需要进而执行以下操作：

- PTRACE_PEEKTEXT、PTRACE_PEEKDATA、PTRACE_PEEKUSR 读取子进程内存/寄存器中保留的值。
- PTRACE_POKETEXT、PTRACE_POKEDATA、PTRACE_POKEUSR 把值写入到被跟踪进程的内存/寄存器中。

(3) 完成跟踪处理后，恢复被跟踪进程的运行：用 PTRACE_CONT、PTRACE_SYSCALL、PTRACE_SINGLESTEP 控制被跟踪进程以何种方式继续运行。

(4) 最后解除跟踪关系：PTRACE_DETACH、PTRACE_KILL 脱离进程间的跟踪关系。

注意事项：

(1) 进程状态 TASK_TRACED 用以表示当前进程因为被父进程跟踪而被系统停止。

(2) 如在子进程结束前,父进程结束,则 trace 关系解除。

(3) 利用 attach 建立起来的跟踪关系,虽然 ps 看到双方为父子关系,但在“子进程”中调用 getppid()仍会返回原来的父进程 id。

(4) 不能 attach 到自己不能跟踪的进程,如 non-root 进程跟踪 root 进程。

(5) 已经被 trace 的进程,不能再次被 attach。

(6) 即使是用 PTRACE_TRACEME 建立起来的跟踪关系,也可以用 DETACH 的方式予以解除。

(7) 因为进入/退出系统调用都会触发一次 SIGTRAP,所以通常的做法是在第一次(进入)的时候读取系统调用的参数,在第二次(退出)的时候读取系统调用的返回值。但注意 execve 是个例外。

(8) 程序调试时的断点由 int 3 设置完成,而单步跟踪则可由 ptrace(PTRACE_SINGLESTEP)实现。

2. ptrace 跟踪系统调用

我们将 Github 的 skeeto/ptrace-examples 项目代码作为 ptrace 跟踪系统调用的演示程序,如代码 6-2 所示。minimal_strace 给出了 strace 工具的核心功能,minimal_strace 创建一个子进程(参见代码 6-2 第 30 行),然后子进程执行 PTRACE_TRACEME 操作(参见代码 6-2 第 35 行),从而让父子进程间建立跟踪关系,形成图 6-3 中间的跟踪模式。子进程最后将根据命令行参数执行相应的可执行文件(其间会发出各种系统调用)。父进程则用 waitpid()阻塞等待消息的到来,由于通过 ptrace()指出操作是 PTRACE_SYSCALL,因此子进程的系统调用进入和退出时都会发消息给父进程。父进程通过 ptrace 的 PTRACE_GETREGS 操作来读取被跟踪进程的寄存器值。父进程截获子进程的每一次系统调用并输出相关信息。

代码 6-2　minimal_strace. c

```
1  /* C standard library */
2  #include <errno.h>
3  #include <stdio.h>
4  #include <stddef.h>
```

```
#include <stdlib.h>
#include <string.h>

/* POSIX */
#include <unistd.h>
#include <sys/user.h>
#include <sys/wait.h>

/* Linux */
#include <syscall.h>
#include <sys/ptrace.h>

#define FATAL(...) \
    do { \
        fprintf(stderr, "strace: " __VA_ARGS__); \
        fputc('\n', stderr); \
        exit(EXIT_FAILURE); \
    } while (0)

int
main(int argc, char **argv)
{
    if (argc <= 1)
        FATAL("too few arguments: %d", argc);

    pid_t pid = fork();
    switch (pid) {
        case -1: /* error */
            FATAL("%s", strerror(errno));
        case 0:  /* child */
            ptrace(PTRACE_TRACEME, 0, 0, 0);
            execvp(argv[1], argv + 1);
            FATAL("%s", strerror(errno));
    }

    /* parent */
    waitpid(pid, 0, 0);                                  //sync with PTRACE_TRACEME
```

```
    for (;;) {
        /* Enter next system call */
        if (ptrace(PTRACE_SYSCALL, pid, 0, 0) ==-1)
            FATAL("%s", strerror(errno));
        if (waitpid(pid, 0, 0) ==-1)
            FATAL("%s", strerror(errno));

        /* Gather system call arguments */  //收到系统调用第一次信号(进入)
        struct user_regs_struct regs;
        if (ptrace(PTRACE_GETREGS, pid, 0, &regs) ==-1)
                                            //读取寄存器信息(调用参数)
            FATAL("%s", strerror(errno));
        long syscall =regs.orig_rax;        //系统调用号在 RAX 寄存器中

        /* Print a representation of the system call */
        fprintf(stderr, "%ld(%ld, %ld, %ld, %ld, %ld, %ld)",
                                            //显示系统调用号、所有 6 个参数
                syscall,
                (long)regs.rdi, (long)regs.rsi, (long)regs.rdx,
                (long)regs.r10, (long)regs.r8,  (long)regs.r9);

        /* Run system call and stop on exit */ //收到系统调用第二次信号(返回)
        if (ptrace(PTRACE_SYSCALL, pid, 0, 0) ==-1)
            FATAL("%s", strerror(errno));
        if (waitpid(pid, 0, 0) ==-1)
            FATAL("%s", strerror(errno));

        /* Get system call result */
        if (ptrace(PTRACE_GETREGS, pid, 0, &regs) ==-1) {
                                            //读取系统调用返回值(RAX)
            fputs(" =?\n", stderr);
            if (errno ==ESRCH)
                exit(regs.rdi);         //system call was _exit(2) or similar
            FATAL("%s", strerror(errno));
        }
```

```
        /* Print system call result */
        fprintf(stderr, " =%ld\n", (long)regs.rax);        //显示系统调用返回值
    }
}
```

运行 minimal_strace HelloWorld>HelloWorld. output 命令，通过 minimal_strace 对 HelloWorld 进行跟踪，将 HelloWorld 的输出转向到 HelloWorld. output 的目的是防止两个进程的输出交织混淆在一起。所获得的结果如屏显 6-3 所示，对比屏显 6-4 strace 工具的输出，两者本质上是一致的。也就是说，minial_strace 实现了 strace 工具的部分功能，不过 minial_strace 只显示了系统调用号而不是系统调用名。

屏显 6-3　用 minimal_strace 跟踪 HelloWorld 的系统调用

```
[root@localhost ptrace]#minimal_strace HelloWorld>HelloWorld.output
12(0, 0, 0, 0, 895, 100) =11468800
9(0, 4096, 3, 34, -1, 0) =140534138716160
21(140534136610992, 4, 6, 34, -1, 0) =-2
2 ( 140534136605063, 524288, 1, 140534138729720, - 72340172838076673,
3399988123389603631) =3
5 (3, 140724486443952, 140724486443952, 140534138729720, - 72340172838076673,
3399988123389603631) =0
9(0, 76662, 1, 2, 3, 0) =140534138638336
3(3, 76662, 1, 2, 3, 0) =0
2(140534138717760, 524288, 140534138728784, 140534138717760, 140724486444368, 0)
=3
0(3, 140724486444400, 832, 140534138717760, 140724486444368, 0) =832
5 (3, 140724486444048, 140724486444048, 140534138717760, 140534138717760,
140534138728784) =0
9(0, 3940800, 5, 2050, 3, 0) =140534132543488
10(140534134345728, 2097152, 0, 2050, 3, 0) =0
9(140534136442880, 24576, 3, 2066, 3, 1802240) =140534136442880
9(140534136467456, 16832, 3, 50, -1, 0) =140534136467456
3(3, 140534138717848, 0, 49, 1879048191, 1879048225) =0
9(0, 4096, 3, 34, -1, 0) =140534138634240
9(0, 8192, 3, 34, -1, 0) =140534138626048
158(4098, 140534138627904, 140534138630224, 34, -1, 0) =0
```

```
10(140534136442880, 16384, 1, 140724486445072, 0, 140534138730208) =0
10(6291456, 4096, 1, 0, 0, 0) =0
10(140534138720256, 4096, 1, 0, 140534138717784, 140534138717784) =0
11(140534138638336, 76662, 49671, 0, 140534138717784, 140534138717784) =0
5(1, 140724486449968, 140724486449968, 140724486448864, 140534136470016, 0) =0
9(0, 4096, 3, 34, -1, 0) =140534138712064
1(1, 140534138712064, 12, 34, 140724486450096, 4) =12
231(0, 0, 0, -128, 60, 231) =?
[root@localhost ptrace]#
```

6.2.2 strace

Linux 系统中的 strace 工具能够跟踪一个程序发出的系统调用以及信号处理，前面用 minimal_strace 展示了如何通过 ptrace 编程来实现 strace 的基本功能，后面进一步分析 Linux 操作系统是如何配合完成系统调用的跟踪的。

1. 系统调用

进入内核态可以因外设中断、指令异常或执行系统调用，其中外设中断的处理对程序执行而言是透明的，指令异常则往往导致进程被撤销，只有系统调用是程序正常运行时所涉及的操作。用户代码发出系统调用之后，将进入操作系统内核代码中，以内核态完成所请求的操作。

■ 进入内核

以文件读操作为例，如图 6-4 所示，C 语言库中的 read() 函数将进一步通过 int 80 或 sysenter 指令进行系统调用操作，进入到 Linux 内核代码中。前面提到过 ring3 的代码不

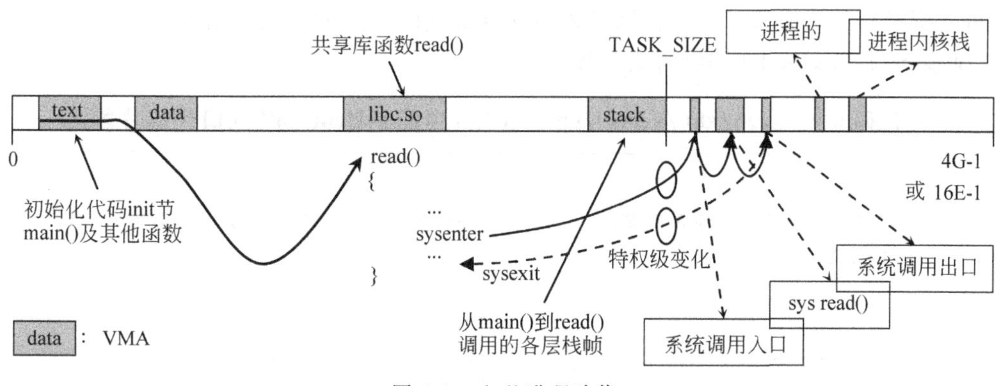

图 6-4　shell 进程映像

能访问 ring0 的数据和代码，但是上述两条指令完成了从 ring3 到 ring0 的穿越——这是专门留给用户态代码请求系统调用而设置的功能指令。

无论是通过 int 80 还是通过 sysenter 指令进入系统调用，它们都会经过公共的入口代码和返回代码，Linux 操作系统将会在这两个点检查是否设置了跟踪标志，从而可以让被跟踪进程在进入系统调用、从系统调用返回时阻塞停顿，使得跟踪进程能记录和显示系统调用的情况。在入口代码和返回代码中间将根据系统调用号而执行不同代码，例如文件读操作将会执行 sys_read()。

■ 产生 SIGTRAP 消息

当一个进程被跟踪后，它的每一次系统调用都会被捕获——入口处和出口返回代码都因产生 SIGTRAP 信号而阻塞。下面来讨论这两个 SIGTRAP 信号产生的具体过程。

被跟踪的进程将设置进程标志 thread_info->flags 的_TIF_SYSCALL_TRACE 位，thread_info 位于 Linux 进程控制块 task_struct 结构体的 stack 指针指向的地址，具体请参见《Linux 技术内幕》[1]的图 4-3、代码 4-3 和代码 4-4 中的内容。Linux 中将几个标志合并为_TIF_WORK_SYSCALL_ENTRY 标志，如代码 6-3 所示。

代码 6-3 _TIF_WORK_SYSCALL_ENTRY 标志
(linux/arch/x86/include/asm/thread_info.h)

```
#define _TIF_WORK_SYSCALL_ENTRY \
        (_TIF_SYSCALL_TRACE | _TIF_SYSCALL_EMU | _TIF_SYSCALL_AUDIT |   \
        _TIF_SECCOMP | _TIF_SINGLESTEP | _TIF_SYSCALL_TRACEPOINT |      \
        _TIF_NOHZ)
```

然后在系统调用入口处(linux/arch/x86/kernel/entry_64.S 文件中)进行检查(如代码 6-4 所示)，如果设置了该标记则进入 tracesys 代码。关于系统调用流程和入口代码细节，请参考《Linux 技术内幕》的 7.7 节。

代码 6-4 arch/x86/kernel/entry_64.S 中的 system_call 入口代码片段

```
…
testl $_TIF_WORK_SYSCALL_ENTRY, TI_flags+THREAD_INFO(%rsp, RIP-ARGOFFSET)
jnz tracesys
…
```

① 《Linux 技术内幕》，清华大学出版社，2017 年 1 月。

tracesys 进而跳转到 syscall_trace_enter()-> tracehook_report_syscall_entry()-> ptrace_report_syscall()-> ptrace_notify()发出 SIGTRAP 信号。这就是系统调用入口处触发的第一个 SIGTRAP 消息。

然后通过“call * sys_call_table(,%rax,8)”完成系统调用，返回时经过 syscall_trace_leave()-> trace_sys_exit()-> tracehook_report_syscall_exit()-> ptrace_report_syscall()-> ptrace_notify()发出 SIGTRAP 信号。可以看出返回时和入口共享一段处理代码(ptrace_report_syscall()-> ptrace_notify())，因此也会发出一次 SIGTRAP 消息。

被跟踪进程接收到 SIGTRAP 将会进入到 TASK_TRACED 状态，与 TASK_STOP 的不同在于无法通过信号继续运行，只能通过 ptrace 的操作恢复运行。而且被跟踪进程会向跟踪进程 tracer 发送 SIGCHLD 消息(虽然跟踪进程可能不是被跟踪进程的父进程)，从而跟踪进程可分析、读取和修改被跟踪进程的信息。

2. strace 运行程序

屏显 6-4 是利用 strace(System Call Tracer)工具记录 HelloWorld 程序的所有系统调用，相对于无法辨读的屏显 6-3 而言，这里的输出更加简单明了。从输出可以看出在 shell 命令行下执行 HelloWolrd 可执行文件的基本流程。shell 作为父进程调用了 fork 系统调用将自己复制一份后产生子进程，该子进程再执行 execve 系统调用，将使用 HelloWorld 可执行文件重建进程内存的映像。在执行过程中涉及不少文件和内存相关的系统调用，虽然与 HelloWorld.c 没有直接关系，但涉及进程管理以及 C 语言共享库的代码。最后的 write(显示字符串“Hello World! \n”)和 exit_group(退出)系统调用则与 HelloWorld.c 代码直接相关。

屏显 6-4 strace 跟踪 HelloWorld 的系统调用情况

```
[root@localhost ptrace]#strace -i HelloWorld >HelloWorld.output
[00007fa2bd1ea557] execve("./HelloWorld", ["HelloWorld"], [/* 44 vars */]) =0
[00007f3976983f9c] brk(0)                =0x80e000
[00007f3976984c8a] mmap(NULL, 4096, PROT_READ|PROT_WRITE, MAP_PRIVATE|MAP_
ANONYMOUS, -1, 0) =0x7f3976b8c000
[00007f3976984b87] access("/etc/ld.so.preload", R_OK) =-1 ENOENT (No such file
or directory)
[00007f3976984b27] open("/etc/ld.so.cache", O_RDONLY|O_CLOEXEC) =3
[00007f3976984ab4] fstat(3, {st_mode=S_IFREG|0644, st_size=76662, ...}) =0
[00007f3976984c8a] mmap(NULL, 76662, PROT_READ, MAP_PRIVATE, 3, 0)
=0x7f3976b79000
[00007f3976984c37] close(3)              =0
```

```
[00007f3976984b27] open("/lib64/libc.so.6", O_RDONLY|O_CLOEXEC) =3
[00007f3976984b47] read(3, "\177ELF\2\1\1\3\0\0\0\0\0\0\0\0\3\0>\0\1\0\0\0\20\35\
2\0\0\0\0\0"..., 832) =832
[00007f3976984ab4] fstat(3, {st_mode=S_IFREG|0755, st_size=2127336, ...}) =0
[00007f3976984c8a] mmap(NULL, 3940800, PROT_READ|PROT_EXEC, MAP_PRIVATE|MAP_
DENYWRITE, 3, 0) =0x7f39765a9000
[00007f3976984d27] mprotect(0x7f3976761000, 2097152, PROT_NONE) =0
[00007f3976984c8a] mmap (0x7f3976961000, 24576, PROT_READ|PROT_WRITE, MAP_
PRIVATE|MAP_FIXED|MAP_DENYWRITE, 3, 0x1b8000) =0x7f3976961000
[00007f3976984c8a] mmap (0x7f3976967000, 16832, PROT_READ|PROT_WRITE, MAP_
PRIVATE|MAP_FIXED|MAP_ANONYMOUS, -1, 0) =0x7f3976967000
[00007f3976984c37] close(3)         =0
[00007f3976984c8a] mmap(NULL, 4096, PROT_READ|PROT_WRITE, MAP_PRIVATE|MAP_
ANONYMOUS, -1, 0) =0x7f3976b78000
[00007f3976984c8a] mmap(NULL, 8192, PROT_READ|PROT_WRITE, MAP_PRIVATE|MAP_
ANONYMOUS,-1, 0) =0x7f3976b76000
[00007f397696cf1d] arch_prctl(ARCH_SET_FS, 0x7f3976b76740) =0
[00007f3976984d27] mprotect(0x7f3976961000, 16384, PROT_READ) =0
[00007f3976984d27] mprotect(0x600000, 4096, PROT_READ) =0
[00007f3976984d27] mprotect(0x7f3976b8d000, 4096, PROT_READ) =0
[00007f3976984d07] munmap(0x7f3976b79000, 76662) =0
[00007f3976692154] fstat(1, {st_mode=S_IFREG|0644, st_size=0, ...}) =0
[00007f397669b99a] mmap (NULL, 4096, PROT_READ|PROT_WRITE, MAP_PRIVATE|MAP_
ANONYMOUS, -1, 0) =0x7f3976b8b000
[00007f3976692840] write(1, "HelloWorld!\n", 12) =12
[00007f3976668529] exit_group(0)         =?
[????????????????] +++exited with 0 +++
[root@localhost ptrace]#
```

3. 分析示例

如果希望了解一个程序的工作原理，但是只有可执行文件而没有源代码，那么 strace 可以提供一个分析的线索，以帮助理清应用程序的框架。例如，我们知道 lsof(list open files)程序可以列出当前系统打开的文件，可以有多种选项执行不同的功能。又如，当卸载文件时发现仍有被打开的文件而无法卸载，此时可以用 lsof 找出相关进程来解决。

下面用 strace 跟踪 testlsof. c 程序的运行来展示如何了解 lsof 的工作原理。代码 6-5 仅仅是一个打开/tmp/foo 文件的简单程序，打开文件后用 getchar()暂停下来等待按键输入，此时用 strace 跟踪 lsof 是如何查看该进程所打开的文件的。

代码 6-5　testlsof. c

```
#include <stdio.h>
#include <unistd.h>
#include <sys/types.h>
#include <sys/stat.h>
#include <fcntl.h>
int main(void)
{
    open("/tmp/foo", O_CREAT|O_RDONLY);   /* 打开文件/tmp/foo */
    getchar();                            /* 等待按键，以便我们做 lsof 检查 */
    return 0;
}
```

编译 testlsof. c 并在后台运行(本次运行时进程号为 15025)，然后用 lsof -p 15025 查看 15025 号进程所打开的文件(lsof 是在 strace 跟踪下运行的)，最后检查 strace 所产生的 lsof. strace 文件并搜索带有“/tmp/foo”的输出行，如屏显 6-5 所示。注意，前面是 lsof 的输出，后面才是 lsof. strace 文件的内容。从中可以知道 lsof 利用了/proc/PID/fd/目录，然后通过 readlink 系统调用，就可以通过符号链接(/proc/15025/fd/3)来读取文件名(/tmp/foo)。

屏显 6-5　用 strace 跟踪 lsof 的运行

```
[lqm@localhost CS2]$gcc testlsof.c -o testlsof
[lqm@localhost strace-lsof]$./testlsof &
[2] 15025

[2]+  已停止                ./testlsof
[lqm@localhost strace-lsof]$  strace -o lsof.strace lsof -p 15025
COMMAND     PID USER   FD   TYPE DEVICE SIZE/OFF    NODE NAME
testlsof 15025  lqm  cwd     DIR  253,0       59 6926067 /home/lqm/strace-lsof
testlsof 15025  lqm  rtd     DIR  253,0      233      64 /
testlsof 15025  lqm  txt     REG  253,0     8608 6926070 /home/lqm/strace-lsof/testlsof
testlsof 15025  lqm  mem     REG  253,0  2127336  262221 /usr/lib64/libc-2.17.so
testlsof 15025  lqm  mem     REG  253,0   164112 2003068 /usr/lib64/ld-2.17.so
testlsof 15025  lqm   0u     CHR  136,0      0t0       3 /dev/pts/0
```

```
testlsof 15025  lqm    1u  CHR  136,0       0t0       3 /dev/pts/0
testlsof 15025  lqm    2u  CHR  136,0       0t0       3 /dev/pts/0
testlsof 15025  lqm    3r  REG  253,0         0 6926053 /tmp/foo
[lqm@localhost strace-lsof]$grep '/tmp/foo' lsof.strace
readlink("/proc/15025/fd/3", "/tmp/foo", 4096) =8
[lqm@localhost strace-lsof]$
```

如果继续查看/proc/15025/fd 目录，可以看到该进程打开的 0～3 号文件以及相应的链接(见屏显 6-6)，此时可以知道/dev/pts/0 等文件也是以相似途径通过 readlink 获得的。同理，工作目录 strace-lsof 是通过/proc/15025/exe、内存映射文件 libc-2.17.so 和 ld-2.17.so 是通过/proc/15025/maps 获得的。这样，基本可以印证 lsof 工作原理是通过/proc/PID 中的相关链接来查找该进程所打开的文件的。

屏显 6-6 /proc/15025/fd 目录下的文件

```
[lqm@localhost strace-lsof]$ls -l /proc/15025/fd/
总用量 0
lrwx------. 1 lqm lqm 64 11月 26 10:24 0 -> /dev/pts/0
lrwx------. 1 lqm lqm 64 11月 26 10:24 1 -> /dev/pts/0
lrwx------. 1 lqm lqm 64 11月 26 10:24 2 -> /dev/pts/0
lr-x------. 1 lqm lqm 64 11月 26 10:24 3 -> /tmp/foo
[lqm@localhost strace-lsof]$
```

有了这样大致的了解，就可以进一步使用逆向工程去分析里面的代码细节。

6.2.3 GDB 断点原理

在 x86 处理器上执行 int 3 指令将会触发 3 号中断，该中断可用于调试跟踪——Linux 会发送 SIGTRAP 信号给发出该指令的进程。由于进程需要处理完信号之后才能继续执行，因此可以在信号处理函数中完成必要的检查和修改工作，以达到调试跟踪的目的。如果该进程被其他进程所跟踪，那么这个 SIGTRAP 信号将被传递给跟踪进程。

为了在需要停顿的位置插入 int 3 指令，需要借助 ptrace 的 PTRACE_POKETEXT 操作——修改指定地址上的内存数据(或指令)。

在 Linux 上，指令单步调试可以通过 ptrace 来实现。调用 ptrace(PTRACE_SINGLESTEP, pid, ...)可以使被调试的进程在每执行完一条指令后就触发一个 SIGTRAP 信号，让 GDB 运行。每条指令都被 int 3 取代，当 int3 中断后将会恢复原指令。

在断点处执行 int 3 只是触发并识别出断点，此时还需要程序的其他信息才能完成 gdb 调试。这就需要在编译的时候提供足够的信息，如在 GCC 编译时加入-g 选项，会把一些程序信息放到生成的 ELF 文件中，包括函数符号表、行号、变量信息和宏定义等。

6.2.4　ltrace

用户进程除了向操作系统发出系统调用外，还需要向共享库发出函数调用请求。Linux 中的 ltrace(library call tracer)工具可以记录程序发出的共享库函数调用。其实 ltrace 也是基于 ptrace，并且利用 int ＄3 来产生异常。

1. 工作原理

ltrace 首先打开被跟踪程序的 ELF 文件，对其进行分析。前面第 4 章的学习中我们已经知道，出于动态链接的需要，在 ELF 文件中会保存函数的符号、PLT 和 GOT 等信息。

ltrace 通过 ptrace 连接到被跟踪进程，然后找到被跟踪进程的 PLT，并用 ptrace 的 PTRACE_POKETEXT 将所有库函数对应的 PLT 代码(trampolines)的第一条语句修改为 int ＄3。被跟踪进程一旦调用动态库中的函数而执行 PLT 代码就通过 int ＄3 而触发异常，内核处理该异常并发出 SIGTRAP 消息。被跟踪进程将阻塞，ltrace 检查被跟踪进程并记录本次库函数调用的信息(函数名、参数、时间戳等)。最后 ltrace 将 int ＄3 恢复成原来 PLT 中的代码，从而使被跟踪进程可以继续按正常方式执行。

2. 应用示例

■ 基本用法

下面以一个父子进程通过管道进行通信的样例程序(代码 6-6)来展示 ltrace 是如何观察库函数调用的。父进程用 pipe()创建管道的两个描述符 fds[2]，然后创建子进程。父进程将在管道的写端 fds[1]写入数据，而子进程在管道的读端 fds[0]读取数据。

代码 6-6　pipe-demo.c

```
#include <stdio.h>
#include <stdlib.h>
#include <string.h>
#include <sys/types.h>
int main()
{
    pid_t pid =0;
    int fds[2];
```

```
    char buf[128];
    int nwr =0;

    pipe(fds);                                          //should before fork()

    pid =fork();
    if(pid <0)
    {
        printf("Fork error!\n");
        return -1;
    }else if(pid ==0)
    {
        printf("This is child process, pid =%d\n", getpid());
        printf("Child:waiting for message...\n");
        close(fds[1]);
        nwr =read(fds[0], buf, sizeof(buf));
        printf("Child:received\"%s\"\n", buf);
    }else{
        printf("This is parent process, pid =%d\n", getpid());
        printf("Parent:sending message...\n");
        close(fds[0]);
        strcpy(buf, "Message from parent!");
        nwr =write(fds[1], buf, sizeof(buf));
        printf("Parent:send %d bytes to child.\n", nwr);
    }
    return 0;
}
```

屏显 6-7 是使用 ltrace 输出的 pipe-demo 程序对库函数调用过程，我们将 pipe-demo 的输出转向到 pipe-demo. out，从而将 pipe-demo 的输出和 ltrace 的输出相隔离，否则两者的输出在终端显示窗口交织在一起容易混淆。对照 pipe-demo. c 源代码，可以看到每一个库函数的调用都会按执行顺序记录下来，并且包括了每次调用时传入的参数。我们发现源代码中的 printf()在 C 语言库中对应至少有两种实现，一个是带有输出格式控制的 printf()，另一个是仅将字符串输出到标准输出中的 puts()（等效于 printf("%s\n",s)）。从中可以看出，子进程的库函数调用并没有输出出来（毕竟 ltrace 启动时绑定的是这里的父进程）。后面是 pipe-demo 的正常输出，已经用灰色标注出来。

屏显 6-7　ltrace 查看 pipe-demo 的库函数调用

```
[lqm@localhost ~]$ltrace pipe-demo >pipe-demo.out
__libc_start_main(0x40072d, 1, 0x7ffe258fbe18, 0x4008a0 <unfinished ...>
pipe(0x7ffe258fbd10)                                        =0
fork()                                                      =5481
getpid()                                                    =5480
printf("This is parent process, pid =%d"..., 5480)          =35
puts("Parent:sending message...")                           =26
close(3)                                                    =0
write(4, "Message from parent!", 128)                       =128
printf("Parent:send %d bytes to child.\n", 128)             =32
+++exited (status 0) +++
[lqm@localhost ~]$cat pipe-demo.out
This is parent process, pid =5480
Parent:sending message...
Parent:send 128 bytes to child.
This is child process, pid =5481
Child:waiting for message...
Child:received"Message from parent!"
[lqm@localhost ~]$
```

■ **子进程的库函数调用**

使用-f 参数可以让 ltrace 跟踪子进程的库函数调用，如屏显 6-8 所示。其中的子进程的库函数调用部分以黑体显示。

屏显 6-8　ltrace 跟踪父子进程对库函数调用

```
[lqm@localhost ~]$ltrace -f pipe-demo>pipe-demo.out
[pid 5638] __libc_start_main(0x40072d, 1, 0x7fffe165e3a8, 0x4008a0 <unfinished
...>
[pid 5638] pipe(0x7fffe165e2a0)                                        =0
[pid 5638] fork()                                                      =5639
[pid 5638] getpid()                                                    =5638
[pid 5638] printf("This is parent process, pid =%d"..., 5638)          =35
[pid 5638] puts("Parent:sending message...")                           =26
[pid 5638] close(3)                                                    =0
[pid 5638] write(4, "Message from parent!", 128)                       =128
```

```
[pid 5638] printf("Parent:send %d bytes to child.\n", 128)          =32
[pid 5638] +++exited (status 0) +++
[pid 5639] <... fork resumed>)                                      =0
[pid 5639] getpid()                                                 =5639
[pid 5639] printf("This is child process, pid =%d\n"..., 5639)      =34
[pid 5639] puts("Child:waiting for message...")                     =29
[pid 5639] close(4)                                                 =0
[pid 5639] read(3, "Message from parent!", 128)                     =128
[pid 5639] printf("Child:received"%s"\n", "Message from parent!") =37
[pid 5639] +++exited (status 0) +++
[lqm@localhost ~]$
```

对比 ltrace 和 strace,似乎两者都能截获系统调用。但实际上 ltrace 截获的是 C 语言库中对系统调用进行封装的函数,而 strace 是利用内核代码截获系统调用。例如对 printf(),ltrace 工具截获的是 printf()函数——在其入口处的 PLT 代码,printf()再用 int 80 或 sysenter 进行系统调用。

6.3 异常行为

C 程序除了执行自己的代码、调用库函数和发出系统调用这些正常行为外,还可能发生一些异常行为。这些异常行为通常导致操作系统撤销该进程。

6.3.1 非法操作

下面分析程序可能发出的非法操作,然后简单讨论一下产生这些非法操作的原因。

1. 非法指令

非法指令包括无效指令、除 0 操作、非法地址、特权级越级等情况。

■ 无效指令

如果代码中出现非法指令,处理器硬件将发出 6 号异常。由于通过汇编器或编译器产生的正常代码是不会有非法指令的,因此我们用 GDB 人为地产生无效指令(非法的指令码)0xff ff,并观察到处理器检测到异常并向该进程发出 SIGILL 信号并撤销该进程。屏显 6-9 用 GDB 启动 Hellow 进程,然后将下一条要执行的指令(0x400585 地址处)修改为 0xff ff,此时通过反汇编命令 disassemble 看到该指令显示为 bad。然后用 c 命令继续运行，显示因收到信号 SIGILL(Illegal instruction)而被撤销。

屏显 6-9　GDB 将程序代码修改为无效指令而引起异常

```
[root@localhost cs2]#gdb -silent Hellow
Reading symbols from /home/lqm/cs2/show-pwd...(no debugging symbols found)...
done.
(gdb) start
Temporary breakpoint 1 at 0x400581
Starting program: /home/lqm/cs2/show-pwd

Temporary breakpoint 1, 0x0000000000400581 in main ()
(gdb) disas
Dump of assembler code for function main:
  0x000000000040057d <+0>:    push   %rbp
  0x000000000040057e <+1>:    mov    %rsp,%rbp
=>0x0000000000400581 <+4>:    sub    $0x10,%rsp
  0x0000000000400585 <+8>:    movl   $0x0,-0x4(%rbp)
  0x000000000040058c <+15>:   mov    $0x400640,%edi
  0x0000000000400591 <+20>:   callq  0x400450 <puts@plt>
  0x0000000000400596 <+25>:   callq  0x400470 <getchar@plt>
  0x000000000040059b <+30>:   mov    $0x0,%eax
  0x00000000004005a0 <+35>:   leaveq
  0x00000000004005a1 <+36>:   retq
End of assembler dump.
(gdb) set *(unsigned char*)0x400585=0xff
(gdb) set *(unsigned char*)0x400586=0xff
(gdb) disas
Dump of assembler code for function main:
  0x000000000040057d <+0>:    push   %rbp
  0x000000000040057e <+1>:    mov    %rsp,%rbp
=>0x0000000000400581 <+4>:    sub    $0x10,%rsp
  0x0000000000400585 <+8>:    (bad)
  0x0000000000400586 <+9>:    (bad)
  0x0000000000400587 <+10>:   cld
  0x0000000000400588 <+11>:   add    %al,(%rax)
  0x000000000040058a <+13>:   add    %al,(%rax)
  0x000000000040058c <+15>:   mov    $0x400640,%edi
```

```
  0x0000000000400591 <+20>:    callq  0x400450 <puts@plt>
  0x0000000000400596 <+25>:    callq  0x400470 <getchar@plt>
  0x000000000040059b <+30>:    mov    $0x0,%eax
  0x00000000004005a0 <+35>:    leaveq
  0x00000000004005a1 <+36>:    retq
End of assembler dump.
(gdb) c
Continuing.

Program received signal SIGILL, Illegal instruction.
0x0000000000400585 in main ()
(gdb) c
Continuing.

Program terminated with signal SIGILL, Illegal instruction.
The program no longer exists.
(gdb)
```

虽然上面的示例展示了非法指令的现象，不过非法指令更常见的原因是跳转地址的错误，从错误的地址开始解释指令序列。

■ **除 0 操作**

如果程序中执行了除以 0 的操作，处理器将发出异常，系统将撤销该进程。屏显 6-10 给出了 div-0. c 中有 var_sum/0 的操作，因此编译的时候给出了警告，并且在运行时异常中止（吐核）。如果用 GDB 调试可以知道该进程因 SIGFPE（Arithmetic exception）信号而中止。

屏显 6-10　除 0 错误

```
[root@localhost cs2]#cat div-0.c
#include <stdio.h>
int main()
{
    int var_sum=0;
    var_sum=var_sum/0;
    return 0;
}
```

```
[root@localhost cs2]#gcc div-0.c -o div-0
div-0.c: 在函数'main'中:
div-0.c:5:17: 警告:被零除 [-Wdiv-by-zero]
  var_sum=var_sum/0;
                 ^
[root@localhost cs2]#div-0
浮点数例外(吐核)
[root@localhost cs2]#
```

■ **无效地址**

由于C语言中有指针操作,因此很容易产生错误的地址,当程序发出的地址经过页表转换后无法映射到物理地址,而且该地址还未分配使用,则提示 segmenterror。对应的另一种情况是页表没有映射到有效的物理地址,但是该地址是合法分配使用的,此时将引发缺页异常,操作系统做一些修正后程序可以继续运行。

屏显6-11给出了访问无效地址的示例,地址0x0100000对于简单小程序而言是未分配空间,执行将以段错误(吐核)而异常终止。如果用GDB调试将提示收到信号SIGSEGV(Segmentation fault)而中止。

屏显 6-11 无效地址引起的异常中止

```
[root@localhost cs2]#cat il-addr.c
#include <stdio.h>
int main()
{
    int *data=0;
    data=0x01000000;
    *data=0xFF;
    return 0;
}
[root@localhost cs2]#il-addr
段错误(吐核)
[root@localhost cs2]#
```

■ **特权级越级**

Linux用户进程运行在特权级最低的ring3级,而操作系统内核运行在最高的特权级ring0。由于低级别的代码不能直接访问高特权级的代码和数据,因此在用户态访问内核代码和数据会引起异常。另外，在用户态执行特权指令也会引起异常，例如执行 I/O 指令、切换页表 CR3 等指令。

代码 6-7　io.S

```
    .file  "io.s"
    .text
    .globl main
    .type main, @function
main:
.LFB0:
    .cfi_startproc
    pushq    %rbp
    .cfi_def_cfa_offset 16
    .cfi_offset 6, -16
    movq %rsp, %rbp
    .cfi_def_cfa_register 6
    addl $32, -4(%rbp)
    in    $0x70,%eax                    #执行对 I/O 端口 0x70 的读入操作
    movl $0, %eax
    popq %rbp
    .cfi_def_cfa 7, 8
    ret
    .cfi_endproc
.LFE0:
    .size main, .-main
    .ident "GCC: (GNU) 4.8.5 20150623 (Red Hat 4.8.5-11)"
    .section    .note.GNU-stack,"",@progbits
```

将代码 6-7 用 gcc io. S -o io 生成可执行文件 io 然后运行，程序将提示段错误并异常中止。如果用 GDB 调试，可以发现在执行 in 特权指令尝试对 0x70 端口读入的时候收到信号 SIGSEGV(Segmentation fault)而中止。

屏显 6-12　用户态执行特权指令引起异常中止

```
[root@localhost cs2]#io
段错误(吐核)
[root@localhost cs2]#
```

同理，执行其他特权指令（例如关中断的 cli 指令），或者访问内核区间的代码和数据也会引起段错误而被异常地中止。

2. 非法操作的原因

上述的各种非法操作，有可能是由于编程失误引起的，例如，指针计算出错或者跳转目的地址计算错误，使得访问到未分配空间或者访问到内核区间；没有对除数进行检查而出现除数为 0；在用户程序中执行特权指令（在内核代码或驱动模块中使用特权指令是没问题的）等。

除了上面的情况外，还有一类比较有意思的情况——当堆栈被破坏而使得函数没有返回到正常的返回地址。除非是恶意的缓冲区溢出攻击，巧妙地返回到恶意代码处或者系统中其他有意义的代码处，而不出现非法操作外，其他意外的缓冲区溢出往往导致出现非法操作而程序被终止。这是因为返回地址不受控，其后运行的代码将无法预计，因此可能出现上述各种错误。

6.3.2　响应信号

在程序自身原因导致的正常或异常行为外，还有操作系统或其他进程异步发来的信号（signal）——进程在返回用户态后将执行相应的信号处理函数。信号（又称为软中断信号）用来通知进程发生了异步事件。进程之间可以互相通过系统调用 kill 发送软中断信号。内核也可以因为内部事件而给进程发送信号，通知进程发生了某个事件。注意，信号只是用来通知某进程发生了什么事件，并不给该进程传递任何数据。

虽然信号处理的时机和进程本身无直接关系，但信号处理代码确实是在该进程的上下文中运行的，而且用户可以选择响应哪些信号甚至编写一些信号处理函数。进程收到信号的处理方法可以分为三类：第一种是类似中断的处理程序，对于需要处理的信号，进程可以指定处理函数处理；第二种方法是忽略信号（有两个信号不能忽略：SIGKILL 及 SIGSTOP），对该信号不做任何处理，就像未发生过一样；第三种方法是对该信号的处理保留系统的默认值，这种默认操作，对大部分的信号的默认操作是使得进程终止。

1. 信号列表

用 kill -l 命令可以获得系统中可用信号列表及信号编号，如屏显 6-13 所示。这些信号分成两类：

(1) 编号为(1～31)，信号值小于 SIGRTMIN 的为不可靠信号，从 UNIX 系统继承过来的信号都是非可靠信号。表现在信号不支持排队，因此信号可能会丢失，例如相同一个进程发送多次相同的信号，进程只能收到一次。

(2) 编号为(34～64)为可靠信号，也就是位于[SIGRTMIN，SIGRTMAX] 之间的信号，在执行信号处理函数期间不会丢失同类信号。

由于这里主要关注程序行为，因此对信号的产生原因及信号的含义不展开讨论。

屏显 6-13　kill -l 显示的信号列表

```
[lqm@localhost ~]$kill -l
1) SIGHUP       2) SIGINT       3) SIGQUIT      4) SIGILL       5) SIGTRAP
6) SIGABRT      7) SIGBUS       8) SIGFPE       9) SIGKILL      10) SIGUSR1
11) SIGSEGV     12) SIGUSR2     13) SIGPIPE     14) SIGALRM     15) SIGTERM
16) SIGSTKFLT   17) SIGCHLD     18) SIGCONT     19) SIGSTOP     20) SIGTSTP
21) SIGTTIN     22) SIGTTOU     23) SIGURG      24) SIGXCPU     25) SIGXFSZ
26) SIGVTALRM   27) SIGPROF     28) SIGWINCH    29) SIGIO       30) SIGPWR
31) SIGSYS      34) SIGRTMIN    35) SIGRTMIN+1  36) SIGRTMIN+2  37) SIGRTMIN+3
38) SIGRTMIN+4  39) SIGRTMIN+5  40) SIGRTMIN+6  41) SIGRTMIN+7  42) SIGRTMIN+8
43) SIGRTMIN+9  44) SIGRTMIN+10 45) SIGRTMIN+11 46) SIGRTMIN+12 47) SIGRTMIN+13
48) SIGRTMIN+14 49) SIGRTMIN+15 50) SIGRTMAX-14 51) SIGRTMAX-13 52) SIGRTMAX-12
53) SIGRTMAX-11 54) SIGRTMAX-10 55) SIGRTMAX-9  56) SIGRTMAX-8  57) SIGRTMAX-7
58) SIGRTMAX-6  59) SIGRTMAX-5  60) SIGRTMAX-4  61) SIGRTMAX-3  62) SIGRTMAX-2
63) SIGRTMAX-1  64) SIGRTMAX
[lqm@localhost ~]$
```

2. 使用信号

不仅系统会发信号给进程(当进程执行非法操作时)，用户也可以向进程发出消息从而让进程执行相应的消息处理函数。虽然大多数情况下的最终结果是撤销进程，但也有一些正常可执行的消息处理操作。下面先讨论用 kill 命令发送消息，然后讨论给进程安装特定的消息处理函数。

■ **发出信号**

向进程发出信号最简单的方法就是利用 kill 命令，直接向用户发出指定编号的信号。图 6-5 展示了 kill 命令的用法：先在右边终端执行 HelloWorld-getchar，再在左边终端查看进程 HelloWorld-getchar 进程号为 4689 且状态为 S(阻塞睡眠)；然后用 kill -19 4689 向该进程发送 SIGSTOP 信号，此时看到该进程状态变为 T(被跟踪状态)；接着通过 kill -18 4689 恢复其运行(并在右边终端执行 fg 将 4689 进程切换为前台进程)，此时 ps 查看到其状态已经恢复为 S 状态；最后用 kill -4 4689 向该进程发出编号为 4 的信号。根据屏显 6-13 输出列表可知编号为 4 的信号为非法指令信号 SIGILL，因此右边的终端中进程被中止且提示“非法指令(吐核)”——虽然进程并没有执行非法指令而仅仅是因为收到了 SIGILL。

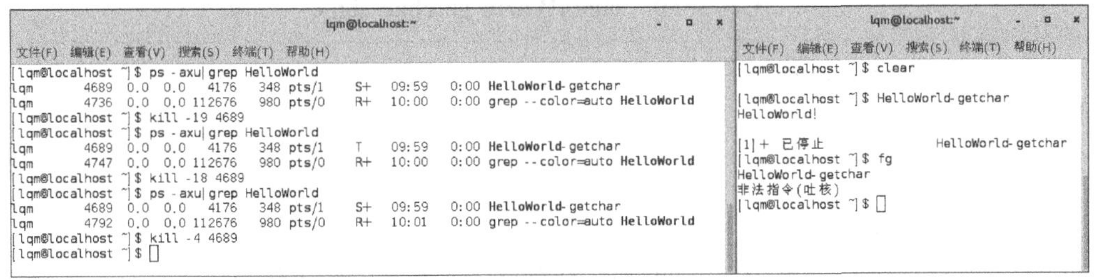

图 6-5 用 kill 命令向指定进程发送特定信号

其次可通过库函数 kill()来实现相同功能，该函数头文件和函数原型如代码 6-8 所示，参数 pid 是进程号、sig 是信号编号。

代码 6-8 kill()头文件和函数原型

```
#include <sys/types.h>
#include <signal.h>
int kill(pid_t pid, int sig);
```

■ 阻塞信号

进程可以通过 sigprocmask()设置信号掩码(mask)对信号进行阻塞，该函数原型定义如代码 6-9。

代码 6-9 sigprocmask()的头文件和函数原型

```
#include <signal.h>
int  sigprocmask(int  how,  const     sigset_t *set, sigset_t *oldset);
```

其中参数 how 可设置的参数为：

- SIG_BLOCK：按照参数 set 掩码进行信号屏蔽，原信号屏蔽掩码保存到 oldset。
- SIG_UNBLOCK：按照参数 set 提供的掩码进行信号的解除屏蔽。
- SIG_SETMASK：受影响的信号掩码(根据动作可以是屏蔽也可以是解除屏蔽)。

■ 定制信号处理函数

接收到信号的进程可以用系统默认的处理函数进行处理，也可以自行安装信号处理函数(注意，这属于用户态代码)。特别是对两个用户定制信号，可以由用户自己确定用途。

代码 6-10 展示了如何接管信号处理，主要是通过 signal() 函数设置自己的 SIGALRM 信号处理函数——此处是显示一个提示。

代码 6-10 HelloWorld-getchar-sig. c

```
#include <stdio.h>
#include <unistd.h>
#include <signal.h>

void handler(){
        printf("handling signal(alarm,14) in user code!\n");
}
int main()
{
        signal(SIGALRM,handler);
        printf("HelloWorld!\n");
        getchar();
        return 0;
}
```

图 6-6 分别运行了使用系统默认信号的 HelloWorld-getchar 和使用自定义的 ALARM 信号的 HelloWorld-getchar-sig 程序，前者在接收到 ALARM（编号为 14）的信号后将运行系统默认的信号处理——直接中止运行，而后者则运行了自定义的信号处理函数——显示“handling signal(alarm,14) in user code!”而不是中止运行。

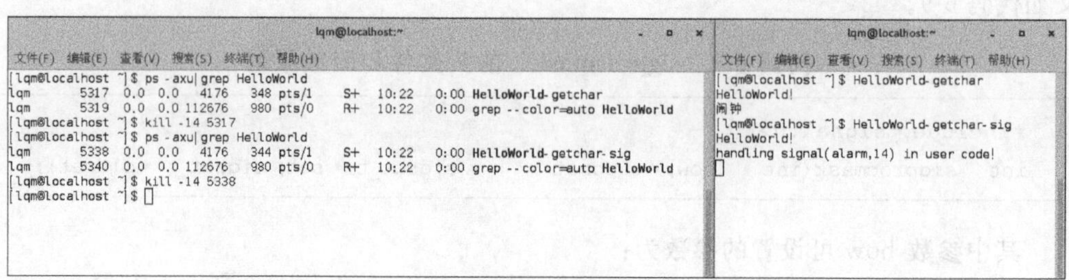

图 6-6 接管信号处理

大多数 UNIX 传统信号都有明确的用途，如果用户有自己特殊含义的信号，则可以使用 SIGUSR1、SIGUSR2 并定制自己的信号处理函数。

3. strace 跟踪信号

可以用 strace 来跟踪 HelloWorld-getch 程序，此时使用 -e signal 参数表示只跟踪信号不跟踪系统调用。HellowWorld-getchar 将在显示出 HelloWorld！字符串之后阻塞等待按键，而 strace 没有需要输出的信息。如果在另一个终端给 HelloWorld-getchar 发送编号为 15 的信号，则 strace 会输出刚收到的信号 SIGTERM。

屏显 6-14　strace 跟踪进程接收到的信号

```
[root@localhost cs2]#strace -e signal HelloWorld-getchar
HelloWorld!
---SIGTERM {si_signo=SIGTERM, si_code=SI_USER, si_pid=12221, si_uid=0} ---
+++killed by SIGTERM +++
[root@localhost cs2]#
```

4. 信号处理过程

信号是在用户态执行，与用户自己编写的代码特权级相同。因此也认为它是用户代码的一部分并加以讨论，帮助读者理解其执行过程。

■ 处理时机

信号处理是同时涉及 Linux 内核代码和用户代码的过程，其信号的传递等过程是内核完成的，而执行环节则是用户态完成的。

内核代码并没有直接执行信号处理函数，仅仅是伪造了一个内核栈使得返回用户态之后去执行信号处理函数。用户进程提供的信号处理函数需要在用户态执行，而我们发现信号、找到信号处理函数的时刻处于内核态中，所以需要从内核态转到用户态去执行信号处理程序，执行完毕后还要返回内核态。这个过程如图 6-7 所示，图中虚线是进程自认为“连续”的执行过程。

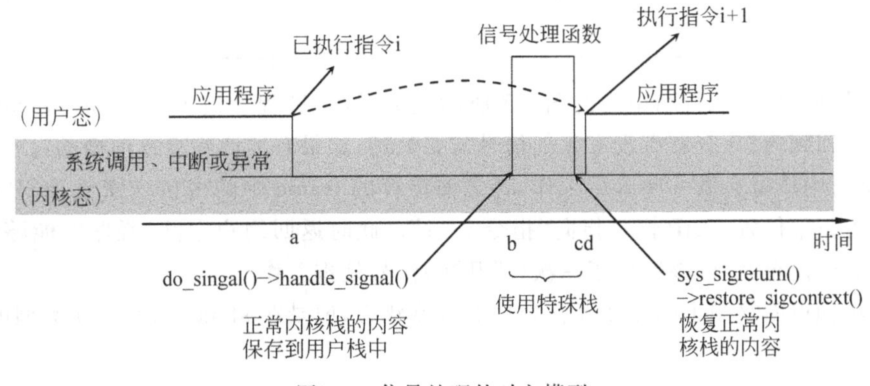

图 6-7　信号处理的时空模型

■ 信号处理的特殊栈

在图 6-7 的 b 时刻根据 do_singal()->handle_signal()里面设置的特殊内核栈返回

到用户态执行信号处理函数，执行完前面注册的处理函数之后，在 c 时刻根据用户栈中的跳转帧(trampoline frame)的内容“返回”到 sys_sigreturn()重新进入到内核态。在用户模式和内核模式之间切换时需要兼顾好两者的栈，而且还涉及硬件体系结构的细节，因此执行一个信号是相当复杂的过程，在此只做很粗略的框架性分析，更多细节需要读者自行阅读代码和分析。

Linux 在图 6-7 的时间点 b 处，修改了内核栈的部分内容，从而让返回用户态(更多细节请查看《Linux 技术内幕》一书中关于中断返回的内容)的时候不是去执行被打断的用户进程的下一条指令 i+1，而是去执行信号处理函数。参见图 6-8，do_signal()->handle_signal()->setup_rt_frame()时，将会把内核栈的内容作修改，将原来内核栈中的 ESP(指向用户态堆栈)修改为压入一个“跳转帧”(trampoline frame)之后的新位置，还将内核栈中的 EIP 从原来指向被中断的“指令 i+1”修改为指向信号处理函数。图 6-7 b 时刻从 do_signal()返回到执行“返回用户态”的代码时，将从新堆栈内容恢复 EIP 从而转向对应的信号处理代码。压入用户态堆栈的跳转帧是体系结构相关的，例如 x86-64 上使用的是 struct rt_sigframe()，其定义见代码 6-11。

代码 6-11　rt_sigframe　(linux-3.13/arch/x86/include/asm/sigframe.h)

```
struct rt_sigframe {
    char __user * pretcode;       信号处理函数返回操作(将会执行 sys_sigreturn)
    struct ucontext uc;           用户态的上下文环境
    struct siginfo info;          信号相关的信息
    /* fp state follows here */
};
```

信号处理代码执行结束后的图 6-7 所示的 c 时刻，进程会进入 sys_sigreturn()系统调用再次回到内核，查看有没有其他信号需要处理，如果有的话则重复前面的过程。如果没有，这时内核就会做一些善后工作，将之前保存的 frame 中的内核栈恢复，ESP 恢复指向用户栈正常位置，EIP 恢复指向“指令 i+1”。此时返回用户空间，程序就能够继续执行指令 i+1。至此，内核完成了一次(或几次)信号处理工作。

跳转帧里面复制了内核栈保存处理器机器状态，记录在 struct ucontext 类型的 uc 成员上。

setup_rt_frame()是信号处理中的关键一环，包括设置用户栈里面的跳转帧和修改“伪造”内核栈两大部分工作。

信号处理函数结束后，需要将跳转帧里面保存的“正常”内核栈内容恢复，从而使得用户态代码能在上次被中断的位置继续往下运行。

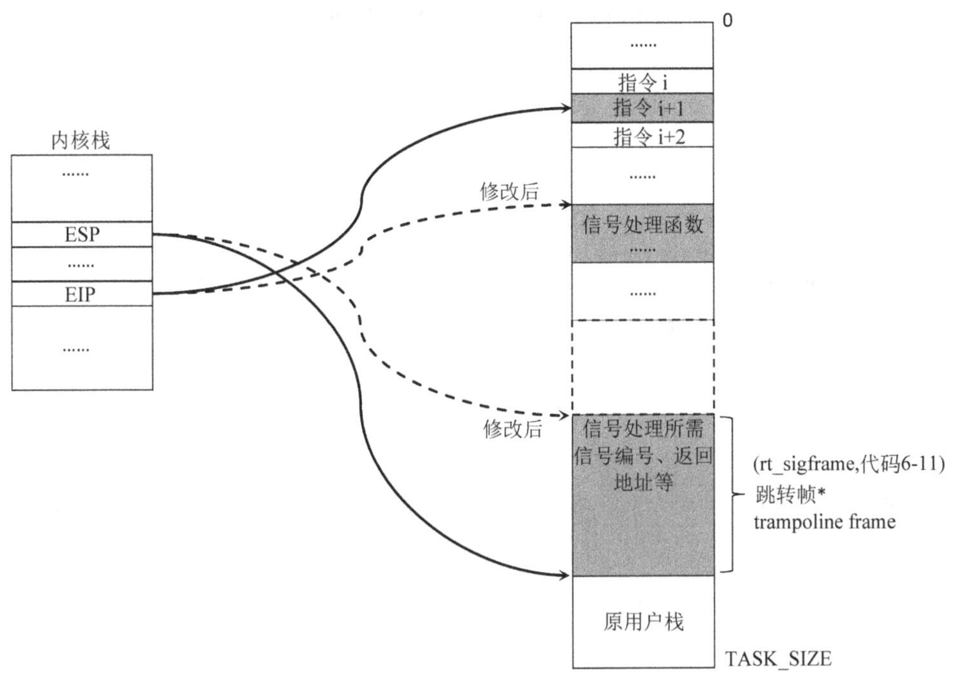

图 6-8 信号处理过程中的堆栈特殊处理

Linux 内核中的信号处理是非常复杂也非常有意思的内容。如果读者想了解更多关于 Linux 内核如何处理信号的细节,请参见《Linux 技术内幕》的 6.3 节。

6.3.3 core 文件

程序的非法操作往往引起异常终止并且执行 core dump 吐核操作——将进程影像保存到磁盘以便用户进一步检查。

前面提到过 ELF 格式的文件有多种,包括可执行文件(Executable File)、可重定位文件(Relocatable File)、共享目标文件(Shared Object File)和核心转储文件(Core Dump File)。其中核心转储文件是用来保存崩溃进程影像的文件,从中可以分析崩溃时的信息并找出具体原因并设法解决问题。程序崩溃时操作系统执行所谓的吐核(coredump)操作(由内核源码 linux/fs/coredump.c 中 do_coredump() 函数执行)产生 core 文件,因此分析 core 文件是程序调试中经常遇到的情况。

下面以代码 6-12 为例,展示如何通过 core 文件查找程序崩溃的原因。

代码 6-12　coredump-demo. c

```
#include <stdio.h>

void core_test1()
{
    int i =0;
    //the next statement will call segmentfault
    scanf("%d", i);
    printf("%d\n", i);

}


int main()
{
    core_test1();
    return 0;
}

```

编译后运行将产生吐核操作，此时用 ls 命令查看可以看到产生有 core. 19002 文件，如屏显 6-15 所示。

屏显 6-15　coredump-demo 产生的吐核现象

```
[root@localhost coredump-demo]#coredump-demo
12
段错误(吐核)
[root@localhost coredump-demo]#ls
core.19002  coredump-demo  coredump-demo.c
[root@localhost coredump-demo]#
```

1. 产生 core 文件

为了在程序崩溃时产生 core 文件，首先需要内核的支持，其次需要设置非 0 的 core 文件大小以及 core 文件位置及文件名，最后需要程序执行一些会触发吐核的操作——除了前面提到的非法操作外，还有资源超限也会引起吐核。只有满足了上述条件才会输出 core 文件，否则不会产生 core 文件。

■ 内核配置

为了支持吐核功能，内核在编译时需要打开 CONFIG_COREDUMP 选项(版本低于3.7 的是 CONFIG_ELF_CORE)。如果想检查内核编译时是否已经打开了相应的选项，可以查看内核配置文件(例如系统上的/usr/src/kernels/3.10.0-514.el7.x86_64/.config)，屏显 6-16 表明我们的内核打开了 CONFIG_COREDUMP 选项。

屏显 6-16 查看.config 中的内核配置选项情况

```
[root@localhost 3.10.0-514.el7.x86_64]#cat .config |grep CONFIG_COREDUMP
CONFIG_COREDUMP=y
[root@localhost 3.10.0-514.el7.x86_64]#
```

■ core 文件大小限制

ulimit-c[①] 命令可以显示当前 OS 对于 core 文件大小的限制，如果为 0 则表示不允许产生 core 文件(实际上相当于关闭了吐核功能)。如果想进行修改，可以使用"ulimit -cN"，其中 N 为数字，表示允许 core 文件长度的最大值(单位为 KB)。如果想设为无限大，可以执行"ulimit -cunlimited"。

如果希望上面的设置在每次系统启动后都能生效，则需要修改/etc/security/limits.conf 文件。屏显 6-17 显示的系统是关闭了 core 文件而产生的，因为相应的 value 值为 0。

屏显 6-17 /etc/security/limits.conf 对应吐核的几行

```
…
#<domain>      <type>  <item>         <value>
#

# *             soft    core           0
…
```

■ core 文件名格式

/proc/sys/kernel/core_uses_pid 可以控制产生的 core 文件的文件名中是否添加 pid 作为扩展，如果添加则文件内容为 1，否则为 0。屏显 6-18 表明当前配置是会产生带进程号的 core 文件名。但是使用 vi 可能无法成功编辑 proc/sys/kernel/ core_uses_pid，只能使用 echo 命令或 sysctl 命令修改，例如 echo 1 > /proc/sys/kernel/core_uses_pid 或

① c 代表 core 的意思，-c 选项用于显示或设定 core 文件的最大值。

sysctl -w "kernel.core_uses_pid=0"。

屏显 6-18 /proc/sys/kernel/core_uses_pid

```
[root@localhost core]#cat /proc/sys/kernel/core_uses_pid
1
[root@localhost core]#
```

/proc/sys/kernel/core_pattern 可以设置格式化的 core 文件保存位置或文件名，例如 echo "/corefile/core-%e-%p-%t" > /proc/sys/kernel/core_pattern，将会控制所产生的 core 文件会存放到/corefile 目录下，产生的文件名格式为"core-可执行文名-pid-时间戳"。其中的%e、%p 和%t 等参数的具体说明如下：

- %p：添加 pid。
- %u：添加当前 uid。
- %g：添加当前 gid。
- %s：添加导致产生 core 的信号。
- %t：添加 core 文件生成时的 UNIX 时间。
- %h：添加主机名。
- %e：添加可执行文件名。

当 core_pattern 中的字符以"|"开头时，文件中的后续字符被当作一个命令来执行，这样生成的 core dump 不会生成文件而是作为这个程序的标准输入。例如在我们的系统上查看相应的 core_pattern 文件获得如屏显 6-19 所示的输出，说明是利用 abrt-hook-ccpp 来处理 core 文件。abrt-hook-ccpp 属于 ABRT① 工具集，ABRT 用于帮助用户检测和报告应用程序的崩溃以便找到相应的解决办法。

屏显 6-19 查看吐核文件名格式

```
[root@localhost core]#cat /proc/sys/kernel/core_pattern
|/usr/libexec/abrt-hook-ccpp %s %c %p %u %g %t e %P %I
[root@localhost core]#
```

这个 abrt-hook-ccpp 程序充当了 core 文件处理程序（一般称之为管道 core 文件模式）。当配置成管道 core 文件模式时，内核通过管道搜集 core 信息，并从崩溃程序的/proc/pid 目录中获得 maps、limits、cgroup 和 status 等信息。为了能够安全地获得数据，

① https://abrt.readthedocs.io/en/latest/index.html。

不能过早地清除崩溃程序的/proc/pid 目录，而必须等待搜集数据信息完毕。反过来，如果用户空间的一个行为不正确的数据搜集程序从/proc/pid 目录中获得数据就可能一直阻止内核对/proc/pid 的崩溃进程进行回收。

当 core_pattern 中的字符以"|"开头而使用管道模式时，配合 core_pipe_limit 文件来确定可以有多少个并发的崩溃程序可以通过管道模式传递给指定的 core 信息收集程序。如果超过了指定数，则后续的程序将不会处理，只在内核日志中做记录。0 是个特殊的值（也是系统默认值），当设置为 0 时，不限制并行捕捉崩溃的进程，但不会等待用户程序搜集完毕方才回收/proc/pid 目录（就是说，崩溃程序的相关信息可能随时被回收，搜集的信息可能不全）。

■ **吐核的条件**

无论是因为非法操作还是资源超限而引起的吐核，操作系统都会向进程发出特定的信号。

- SIGABRT：异常终止（abort）时发出的信号。调用 abort 函数时产生此信号，进程将异常终止。
- SIGBUS：硬件发生故障时发出的信号，指示一个事先定义的硬件故障。
- SIGFPE：算术异常时发出的信号，表示一个算术运算异常，例如除以 0，浮点溢出等。
- SIGILL：遇到非法硬件指令时发出的信号，指示进程已执行一条非法硬件指令。4.3BSD 由 abort 函数产生此信号。现在 abort() 函数用来生成 SIGABRT 信号。
- SIGIOT：硬件故障时发出的信号。IOT 这个名字来自于 PDP-11 对于 输入/输出 TRAP(input/output TRAP)指令的缩写。系统 V 的早期版本，由 abort 函数产生此信号。SIGABRT 现在被用于此。
- SIGQUIT：终端退出时发出的信号。当用户在终端上按退出键（一般采用 Ctrl+\）时，产生此信号，并送至前台进程组中的所有进程。此信号不仅终止前台进程组（如 SIGINT 所做的那样），同时产生一个 core 文件。
- SIGSEGV：无效存储访问发出的信号，指出进程进行了一次无效的存储访问。字 SEGV 表示"段违例（segmentation violation）"。
- SIGSYS：无效的系统调用时发出的信号，指出进行了一个无效的系统调用。由于某种未知原因，进程执行了一条系统调用指令，但其指示系统调用类型的参数却是无效的。
- SIGTRAP：硬件故障时发出的信号，此信号名来自于 PDP-11 的 TRAP 指令。
- SIGXCPU：超过 CPU 限制（setrlimit）时发出的信号。SVR4 和 4.3+BSD 支持资源限制的概念。如果进程超过了其 CPU 时间的软限制，则产生此信号。

XCPU 是"exceeded CPU time"的缩写。

- SIGXFSZ：超过文件长度限制(setrlimit)时发出的信号。如果进程超过了其文件长度软限制时发出此信号。

2. GDB 检查 core 文件

前面代码 6-12 的 coredump-demo. c 程序已经产生了一个 core. 19002 的 core 文件。下面用 GDB 来检查以便解决程序崩溃的问题。

■ core 文件内容

屏显 6-20 分别用 file 和 readelf -l 命令查看 core. 19650 文件。可以看出 core. 19650 是 ELF 格式的 core 文件。再来看 readelf -l 查看到的段，发现有大量的 LOAD 类型的段，相比较于普通可执行文件只有两三个 LOAD 段(例如屏显 4-50)差别较大。这是由于可执行文件中只记录了程序未运行时的内存布局，而 core 文件则记录了运行中的内存布局。因此运行中分配的数据内存区间、堆栈中的内容都需要记录下来，并且在重新装载时复制到进程的用户空间中(例如用 GDB 检查 core 文件时)。

屏显 6-20　用 file 命令和 readelf -l 命令查看 core. 19650

```
[root@localhost coredump-demo]#file core.19650
core.19002: ELF 64-bit LSB core file x86-64, version 1 (SYSV), SVR4-style, from '
coredump-demo', real uid: 0, effective uid: 0, real gid: 0, effective gid: 0,
execfn: './coredump-demo', platform:'x86_64'
[root@localhost coredump-demo]#readelf -l core.19650

Elf 文件类型为 CORE (Core 文件)
入口点 0x0
共有 18 个程序头,开始于偏移量 64

程序头:
  Type           Offset             VirtAddr           PhysAddr
                 FileSiz            MemSiz              Flags  Align
  NOTE           0x0000000000000430 0x0000000000000000 0x0000000000000000
                 0x0000000000000600 0x0000000000000000         0
  LOAD           0x0000000000001000 0x0000000000400000 0x0000000000000000
                 0x0000000000001000 0x0000000000001000  R E    1000
  LOAD           0x0000000000002000 0x0000000000600000 0x0000000000000000
                 0x0000000000001000 0x0000000000001000  R      1000
```

```
LOAD        0x0000000000003000 0x0000000000 601000 0x0000000000000000
            0x0000000000001000 0x0000000000001000  RW     1000
LOAD        0x0000000000004000 0x0000 7ffff7a18000 0x0000000000000000
            0x0000000000001000 0x00000000001b8000  R E    1000
LOAD        0x0000000000005000 0x0000 7ffff7bd0000 0x0000000000000000
            0x0000000000000000 0x0000000000200000         1000
LOAD        0x0000000000005000 0x0000 7ffff7dd0000 0x0000000000000000
            0x0000000000004000 0x0000000000004000  R      1000
LOAD        0x0000000000009000 0x0000 7ffff7dd4000 0x0000000000000000
            0x0000000000002000 0x0000000000002000  RW     1000
LOAD        0x000000000000b000 0x0000 7ffff7dd6000 0x0000000000000000
            0x0000000000005000 0x0000000000005000  RW     1000
LOAD        0x0000000000010000 0x0000 7ffff7ddb000 0x0000000000000000
            0x0000000000021000 0x0000000000021000  R E    1000
LOAD        0x0000000000031000 0x0000 7ffff7fe3000 0x0000000000000000
            0x0000000000003000 0x0000000000003000  RW     1000
LOAD        0x0000000000034000 0x0000 7ffff7ff8000 0x0000000000000000
            0x0000000000002000 0x0000000000002000  RW     1000
LOAD        0x0000000000036000 0x0000 7ffff7ffa000 0x0000000000000000
            0x0000000000002000 0x0000000000002000  R E    1000
LOAD        0x0000000000038000 0x0000 7ffff7ffc000 0x0000000000000000
            0x0000000000001000 0x0000000000001000  R      1000
LOAD        0x0000000000039000 0x0000 7ffff7ffd000 0x0000000000000000
            0x0000000000001000 0x0000000000001000  RW     1000
LOAD        0x000000000003a000 0x0000 7ffff7ffe000 0x0000000000000000
            0x0000000000001000 0x0000000000001000  RW     1000
LOAD        0x000000000003b000 0x0000 7ffffffdd000 0x0000000000000000
            0x0000000000022000 0x0000000000022000  RW     1000
LOAD        0x000000000005d000 0x ffffffffff600000 0x0000000000000000
            0x0000000000001000 0x0000000000001000  R E    1000
                                          [root@localhost coredump-demo]#
```

屏显 6-21 是 coredump-demo 程序运行时/proc/PID/maps 给出的内存布局，与 core.19650 保存的 LOAD 类型的段正好一一对应。也就是说，core.19650 将 coredump-demo 运行时的整个进程影像完整地保存下来了。

屏显 6-21　coredump-demo 的内存布局

```
[root@localhost coredump-demo]#cat /proc/19650/maps
00400000-00401000 r-xp 00000000 fd:00 9386930
                            /root/cs2/coredump-demo/coredump-demo
00600000-00601000 r--p 00000000 fd:00 9386930
                            /root/cs2/coredump-demo/coredump-demo
00601000-00602000 rw-p 00001000 fd:00 9386930
                            /root/cs2/coredump-demo/coredump-demo
7ffff7a18000-7ffff7bd0000 r-xp 00000000 fd:00 262221
                            /usr/lib64/libc-2.17.so
7ffff7bd0000-7ffff7dd0000 ---p 001b8000 fd:00 262221
                            /usr/lib64/libc-2.17.so
7ffff7dd0000-7ffff7dd4000 r--p 001b8000 fd:00 262221
                            /usr/lib64/libc-2.17.so
7ffff7dd4000-7ffff7dd6000 rw-p 001bc000 fd:00 262221
                            /usr/lib64/libc-2.17.so
7ffff7dd6000-7ffff7ddb000 rw-p 00000000 00:00 0
7ffff7ddb000-7ffff7dfc000 r-xp 00000000 fd:00 2003068
                            /usr/lib64/ld-2.17.so
7ffff7fe3000-7ffff7fe6000 rw-p 00000000 00:00 0
7ffff7ff9000-7ffff7ffa000 rw-p 00000000 00:00 0
7ffff7ffa000-7ffff7ffc000 r-xp 00000000 00:00 0
                            [vdso]
7ffff7ffc000-7ffff7ffd000 r--p 00021000 fd:00 2003068
                            /usr/lib64/ld-2.17.so
7ffff7ffd000-7ffff7ffe000 rw-p 00022000 fd:00 2003068
                            /usr/lib64/ld-2.17.so
7ffff7ffe000-7ffff7fff000 rw-p 00000000 00:00 0
7ffffffde000-7ffffffff000 rw-p 00000000 00:00 0
                            [stack]
ffffffffff600000-ffffffffff601000 r-xp 00000000 00:00 0
                            [vsyscall]
```

■ 重建进程影像

可以用 GDB 来调试 coredump-demo 程序，同时要求使用 core.19650 来恢复进程影像的现场，如屏显 6-22 所示。在 GDB 装载 core.19650 时，提示该进程是通过段错误(Segmentation fault)由 11 信号终止的。

屏显 6-22 GDB 调试 coredump-demo 并且重现 core.19650 现场

```
[root@localhost coredump-demo]#gdb-silent coredump-demo
Reading symbols from /root/cs2/coredump-demo/coredump-demo...done.
(gdb) core-file core.19650
[New LWP 19650]
Core was generated by `coredump-demo'.
Program terminated with signal 11, Segmentation fault.
#0  0x00007f0dbb085122 in _IO_vfscanf_internal (s=<optimized out>, format=<
optimized out>, argptr=argptr@entry=0x7fff519bf048, errp=errp@entry=0x0) at
vfscanf.c:1826
1826                * ARG (unsigned int * ) =(unsigned int) num.ul;
(gdb)
```

此时用 bt 命令查看函数调用栈，如屏显 6-23 所示。可以看出 main()->core_test1()->scanf()的调用次序，然后引发了非法操作。

屏显 6-23 用 GDB 的 bt 命令查看 core.19650 的函数调用栈

```
(gdb) bt
#0  0x00007f0dbb085122 in _IO_vfscanf_internal (s=<optimized out>, format=<
optimized out>, argptr=argptr@entry=0x7fff519bf048, errp=errp@entry=0x0) at
vfscanf.c:1826
#1  0x00007f0dbb093b59 in __isoc99_scanf (format=<optimized out>) at isoc99_
scanf.c:37
#2  0x00000000004005c0 in core_test1 () at coredump-demo.c:7
#3  0x00000000004005e4 in main () at coredump-demo.c:15
(gdb)
```

由于上述示例发生引发错误时是在库函数中，因此并不直观。下面再用另一个示例来将错误直接定位到汇编指令中。

屏显 6-24 coredump-demo2.c

```
#include "stdio.h"
int main(){
    int a=0x1111;
    int b=0x800000;
    int * c;
```

```
    c=b;
     * c= * c+a;
    return * c;
}
```

将屏显 6-24 编译生成 coredump-demo2 可执行文件，运行后将产生图和文件 core. 5267，如屏显 6-25 所示。

屏显 6-25　GDB 调试 coredump-dem2 并且重现 core. 20141 现场

```
[root@localhost coredump-demo2]#coredump-demo2
段错误(吐核)
[root@localhost coredump-demo2]#ls
core.5267  coredump-demo2  coredump-demo2.c
```

这里启动 GDB 调试 coredump-demo2 和 core. 5267，检查 rip＝0x40050d 从而知道最后执行指令位于 0x 40050c，反汇编后得知对应指令是 mov (%rax)，%edx。也就是说访问(%rax)内存单元时出问题了。

屏显 6-26　检查当时 rip 指令和对应的汇编指令

```
[root@localhost coredump-demo2.try]#gdb -silent coredump-demo2
Reading symbols from /root/cs2/coredump - demo/coredump - demo2.try/coredump -
demo2...done.
(gdb) core-file core.5267
[New LWP 5267]
Core was generated by `coredump-demo2'.
Program terminated with signal 11, Segmentation fault.
#0  0x000000000040050c in main () at coredump-demo2.c:7
7        * c= * c+a;
(gdb) disas main
Dump of assembler code for function main:
    0x00000000004004ed <+0>:    push    %rbp
    0x00000000004004ee <+1>:    mov     %rsp,%rbp
    0x00000000004004f1 <+4>:    movl    $0x1111,-0x4(%rbp)
    0x00000000004004f8 <+11>:   movl    $0x800000,-0x8(%rbp)
    0x00000000004004ff <+18>:   mov     -0x8(%rbp),%eax
    0x0000000000400502 <+21>:   cltq
```

```
    0x0000000000400504 <+23>:   mov     %rax,-0x10(%rbp)
    0x0000000000400508 <+27>:   mov     -0x10(%rbp),%rax
=>  0x000000000040050c <+31>:   mov     (%rax),%edx
    0x000000000040050e <+33>:   mov     -0x4(%rbp),%eax
    0x0000000000400511 <+36>:   add     %eax,%edx
    0x0000000000400513 <+38>:   mov     -0x10(%rbp),%rax
    0x0000000000400517 <+42>:   mov     %edx,(%rax)
    0x0000000000400519 <+44>:   mov     -0x10(%rbp),%rax
    0x000000000040051d <+48>:   mov     (%rax),%eax
    0x000000000040051f <+50>:   pop     %rbp
    0x0000000000400520 <+51>:   retq
End of assembler dump.
(gdb) p/x $rax
$2 =0x800000
(gdb) p/x $rbp
$3 =0x7ffd74b54bd0
(gdb) p/x $rsp
$4 =0x7ffd74b54bd0
(gdb) p/x $rip
$5 =0x40050c

(gdb)
```

此时 rax=0x800000，该地址属于未分配使用的地址因此引发了异常、触发 11 信号报告段错误。然后可以根据该信息，返回去分析源代码并确定如何修正。

6.4　小结

这一章讨论了从磁盘可执行文件装入到系统并以进程形式运行的内容。装载与运行章节讨论了装载器和进程影像的概念，以及可执行文件与多进程、多线程的相关概念，也给出了工作目录、环境变量和系统资源约束等运行环境的初步认识。基本行为观察章节中给出了在系统中观察其行为的 ltrace 和 strace 工具，并给出了这些工具的工作原理。在异常行为章节分析了程序可能发出非法操作、信号的异常行为，以及吐核操作和 core 文件在调试中的作用。读者经过本章学习，在原来 C 程序代码自身行为外，对系统环境也有了较全面地认识。

虽然这里只展示了 ltrace 和 strace 的简单输出，但实际上它们可以记录库函数和系统调用的时间信息，从而可以发现“热点”所在，因此也可以作为性能剖析的用途，请读者自行学习其使用方法。

练习

1. 请读者利用 strace 尝试分析 cp 程序的工作原理。

2. 请读者学习 ltrace 和 strace 的时间选项，并测定 zlib 库中的 zpipe 示例程序的主要时间花在什么函数调用和系统调用上？

3. 将 zpipe.c 中 def()的输入缓冲区 in[]通过 in＝0xffff-8000-0000-0000 设置为指向内核区间，然后运行压缩操作并引发吐核生成 core 文件，请用 GDB 查看发出非法指令的指令位置的汇编代码以及相应的内存访问地址。

第7章 性能剖析

完成程序编写并调试以验证功能的正确性后，还可能需要进行性能调优，包括减少执行时间或减少资源使用等方面。性能调优通常包括两个阶段，即性能剖析(performance profiling)和代码优化。性能剖析的目标是寻找性能瓶颈，查找引发性能问题的原因及热点代码。代码优化的目标是针对具体性能问题而优化代码或编译选项，以改善软件性能。其中前者是后者的先决条件，性能剖析将指导性能优化。

在给程序做功能调试和性能优化的时候，都希望知道程序代码的运行情况。这包括做基本的性能剖析，确定各部分代码运行所花的时间以及函数的调用关系等。了解程序运行时间花在哪里非常重要：根据 Amdahl 定理可知，只有优化那些占主要运行时间的代码才会对程序整体性能有较大的优化贡献；其次，对于某个函数模块，虽然其运行时间所占比例不高，但是明显超出了合理的范围，也是潜在的被优化对象。虽然第5章讨论过的 strace 和 ltrace 也能够测试时间，但是只针对库函数和系统调用，不对用户代码进行测试。

除了性能测试外，出于调试或学习的目的有时需要了解程序运行过程，记录程序执行时函数调用情况、执行时间等细节。本章来讨论如何获得上述信息的方法和相关工具的使用。

7.1 打桩方法

在使用各种性能分析工具之前，先来学习库的打桩(library interpositioning)方法，即截获库函数的调用并执行自己的代码，从而实现性能统计或其他更灵活的用途。通常，打桩的目的是增强现有库的功能，也就是说通常都会执行原来的函数，只是在之前或之后执行自己的代码，因此原来的函数就称为目标函数（target function），新的函数就称为包装函数（wrapper function）。

如果希望进行性能统计，则可以在包装函数里记录函数调用和返回时间、调用次数统计、记录调用参数和返回值、分析调用栈（获得调用过程）等操作。这里我们只学习如何打桩，读者可以自行在封装函数里面添加记录时间戳等工作。除非万不得已，没必要自己通过打桩来完成性能分析，毕竟后面讨论到的很多性能工具已经非常成熟好用。

下面分别讨论在源代码预处理时、静态链接时和运行加载时对库进行打桩的方法，展示如何截获接管 C 语言库中的 malloc()和 free()函数。所使用的应用程序代码如代码 7-1 所示，只是简单地调用 C 语言库的 malloc()分配 128 字节的空间，然后用 free()释放掉。

代码 7-1 interposit.c

```
#include <stdio.h>
#include <malloc.h>

int main()
{
    int *p=malloc(128);
    free(p);
    return (0);
}
```

由于下面的讨论需要读者对链接过程有一定认识，必要时请回顾第 4 章。

7.1.1 源代码预处理时

如果可执行文件的源代码可以获得，那么可以通过重新定义库函数头文件而让包装函数取代库中的函数。这包括两个步骤：

(1) 通过 gcc -I 命令指定头文件位置，从而让头文件生效，使得源代码中对 C 语言库的 malloc()和 free()引用被宏定义替换为包装函数 mymalloc()和 myfree()函数。

(2) 实现包装函数 mymalloc()和 myfree()，包装函数内部再调用 C 语言库的 malloc()和 free()，并生成相应的目标文件用于最终可执行文件的链接。

为此，这里编写了相应的同名头文件 malloc.h 并保存（注意，不是替换系统的 malloc.h），其内容如代码 7-2 所示，就是为了让源代码预处理时将我们的头文件包含进去，并将所有对 C 语言库 malloc()和 free()的调用替换为包装函数。

代码 7-2　malloc. h

```
#define malloc(size) mymalloc(size)
#define free (ptr) myfree(ptr);

void *mymalloc(size_t, size);
void myfree(void *ptr);
```

然后再编写包装函数的实现 mymalloc. c，如代码 7-3 所示。可以看出，包装函数将在每次调用的时候，用 printf()显示出相关的调用参数信息，然后再调用相应的 C 语言库函数。

代码 7-3　mymalloc_pp. c

```
#ifdef INTERPOSIT_IN_PREP
#include <stdio.h>
#include <malloc.h>

//wrapper function for malloc()
void *mymalloc(sizt_t size)
{
    void *ptr=malloc(size);
    printf("malloc(%d) at addr %p\n",(int)size,ptr);
    return ptr;
}

//wrapper functiion for free()
void myfree(void *ptr)
{
    free(ptr);
    printf("free at (%p)\n",ptr);
}
#endif
```

下面编译 mymalloc_pp. c 文件生成包装函数的目标文件，如屏显 7-1 第一行命令所示。因为使用的是系统的头文件，因此 mymalloc_pp. o 中引用的是 malloc()和 free()。然后第二行命令在编译 interposit. c 的时候，用-I. 指出头文件优先搜索目录为当前文件，因此将使用. /malloc. h 头文件，使得 interposit. c 的 malloc 和 free 两个符号被宏定义修改为 mymalloc 和 myfree，进而使得 interpositi.o 中两次调用对应的符号为 mymalloc 和 myfree，最终链接到 mymalloc_pp.o 目标文件中的 mymalloc()和 myfree()两个封装函数。

屏显 7-1　编译生成 myalloc_pp.o 并运行打桩后的 interposit

```
[lqm@localhost cs2-interposit]$gcc -DINTERPOSIT_IN_PREP -c mymalloc_pp.c
[lqm @ localhost  cs2 - interposit] $ gcc - I. interposit. c mymalloc _ pp. o - o
  interposit
[lqm@localhost cs2-interposit]$./interposit
malloc(128) at addr 0x1725010
free at (0x1725010)
[lqm@localhost cs2-interposit]$
```

程序的运行结果表明，包装函数截获了 malloc()和 free()调用，因此显示出了相应的地址信息。这种打桩方法其实非常简单，从屏显 7-2 可以看出在预处理过程中，源代码中的 malloc()和 free()被替换成包装函数了。

屏显 7-2　查看 interposit.c 的预处理结果

```
[lqm@localhost cs2-interposit]$gcc -I. -E interposit.c | tail
void * mymalloc(size_t size);
void myfree(void * ptr);
#3 "interposit.c" 2

int main()
{
int * p=mymalloc(128);
myfree(p);;
return (0);
}
[lqm@localhost cs2-interposit]$
```

由于这种方法需要可执行文件的源代码，而且需要重新编译链接生成可执行文件，因此在无法获得源代码的场合并不适用。

7.1.2　静态链接时

静态链接时的打桩方法比前面预处理的方法略好一点，理论上说可以不需要程序的源代码，只要获得相关程序的目标文件即可。该方法是通过链接参数告知链接器，对某些(函数)符号的解析时加上前缀__ warp_，例如 malloc 将被替换成__ warp_malloc，而对符号中的__ real_前缀将会被删除。这种方法也需要编写封装函数，如代码 7-4 所示。

代码 7-4　mymalloc_sl. c

```
#ifdef INTERPOSIT_IN_STATIC_LINK
#include <stdio.h>

void * __reall_malloc(size_t size);
void __real_free(void * ptr);

//wrapper function for malloc()
void * __wrap_malloc(size_t size)
{
    void * ptr = __real_malloc(size);
    printf("malloc(%d) at addr %p\n",(int)size,ptr);
    return ptr;
}

//wrapper functiion for free()
void __wrap_free(void * ptr)
{
    __real_free(ptr);
    printf("free at (%p)\n",ptr);
}
#endif
```

接着将 myalloc_sl. c 编译成 mymalloc_sl. o，如屏显 7-3 所示。然后在链接的时候，通过“-Wl，option”向链接器传递参数，例如，“-Wl，--wrap，malloc”表示需要对 malloc 进行包装，同理，“-Wl，wrap，free”表示对 free 进行包装。

屏显 7-3　编译生成 mymalloc_sl. o 并运行打桩后的 interposit

```
[lqm@localhost cs2-interposit]$gcc -c  -DINTERPOSIT_IN_STATIC_LINK mymalloc_sl.c
[lqm@localhost cs2-interposit]$gcc -Wl,--wrap,malloc -Wl,--wrap,free interposit.o mymalloc_sl.o -o interposit
```

```
[lqm@localhost cs2-interposit]$./interposit
malloc(128) at addr 0x705010
free at (0x705010)
[lqm@localhost cs2-interposit]$
```

如果读者用 nm 查看最终可执行文件的符号表，则发现有两个__wrap_前缀的函数。

屏显 7-4　可执行文件中的包装函数(带有__wrap_前缀)

```
[lqm@localhost cs2-interposit]$nm interposit |grep __wrap_
0000000000400628 T __wrap_free
00000000004005e6 T __wrap_malloc
[lqm@localhost cs2-interposit]$
```

7.1.3　运行加载时

基于静态链接的方法虽然只需要可重定位的目标文件，但目标文件也经常是不可获得的。最常见的就是已经获得可执行文件，此时只能使用动态加载时的打桩方法，而且只能对动态库中的函数进行打桩。这里使用了 LD_PRELOAD 环境变量，使得程序运行加载动态库的时候，并不是从系统默认的路径，而是先从 LD_PRELOAD 指定的路径开始查找，在这个路径下放置带有包装函数的库即可实现截获函数调用的目的。

这里编写相应的包装函数如代码 7-5 所示，由于此时使用了 malloc 和 free 两个符号，为了避免编译器和链接器混淆，已经不可能在代码中再调用 C 语言库的同名函数，因此只能使用运行时动态载入的方法——使用 dlsym()进行符号解析。注意需要在代码中定义_GNU_SOURCE 符号，否则会提示未声明 RTLD_NEXT。另一种方法则是用 dlopen()打开 C 语言动态库作为 handler 参数传递给 dlsym()。

代码 7-5　mymalloc_rt.c

```
#ifdef INTERPOSIT_IN_RT
#define _GNU_SOURCE
#include <stdio.h>
#include <stdlib.h>
#include <dlfcn.h>


```

```
//wrapper function for malloc()
void *malloc(size_t size)
{
    void *(*mallocp)(size_t size)=NULL;
    char *error;

    mallocp=dlsym(RTLD_NEXT,"malloc");   //resolved malloc,get address
    if((error =dlerror())!=NULL){
        fputs(error, stderr);
        exit(1);
    }
    char *ptr =mallocp(size);
    printf("malloc(%d) at addr %p\n",(int)size,ptr);
    return ptr;
}

//wrapper functiion for free()
void free(void *ptr)
{
    void (*freep)(void *) =NULL;
    char *error;

    if(!ptr)
        return;

    freep=dlsym(RTLD_NEXT,"free");        //resolved free, get address
    if((error =dlerror())!=NULL){
        fputs(error, stderr);
        exit(1);
    }
    freep(ptr);
    printf("free at (%p)\n",ptr);
}
#endif
```

接着如屏显 7-5 所示，将 mymalloc_rt. c 编译成动态库，需要使用-shared、-fpic 参数，以及-ldl 来引用 dl 库。最后，按普通方式编译 interposit 可执行文件。

屏显 7-5 生成 mymalloc_rt. so 和 interposit

```
[lqm@localhost cs2-interposit]$gcc -DINTERPOSIT_IN_RT -shared -fpic  mymalloc
_rt.c -ldl -o mymalloc_rt.so
[lqm@localhost cs2-interposit]$gcc interposit.c -o interposit
[lqm@localhost cs2-interposit]$
```

在运行 interposit 的时候，如果 LD_PRELOAD＝"./mymalloc_rt. so"指出了使用 mymalloc_rt. so，则运行时将显示 malloc()和 free()的参数，反之正常运行则不显示信息，即 C 语言库 malloc()和 free()的正常行为，如屏显 7-6 所示。可以看出，可执行文件无须做任何修改，也就是说该方法使得 mymalloc_rt. so 库可以对其他可执行文件截获 malloc()和 free()调用。

屏显 7-6 LD_PRELOAD 指定 mymalloc_rt. so 并运行打桩后的 interposit

```
[lqm@localhost cs2-interposit]$LD_PRELOAD="./mymalloc_rt.so" ./interposit
malloc(129) at addr 0x9b9010
free at (0x9b9010)
[lqm@localhost cs2-interposit]$./interposit
[lqm@localhost cs2-interposit]$
```

虽然 LD_PRELOAD 通过包装函数也可以实现库函数调用的跟踪，不过该方法与前面 6.2.1 节 ptrace 的工作原理并不相同。

7.2 gprof

gprof(GNU profiler)是 UNIX/Linux 类系统下的一款程序性能分析工具①，支持所有 GCC 所支持的语言。它可以精确地给出函数被调用次数，在一定的统计误差下给出函数所运行的时间，并且能够给出函数调用的关系。从 gprof 的分析结果中，可以在众多函数中轻易地找出耗时最多的函数，继而进行相应的优化。默认情况下，GCC 产生的可执行文件并不产生性能剖析数据，因为记录这些性能数据会对程序性能有一定影响。

① 属于 binutilts 工具集。

7.2.1 工作原理

gprof 性能分析是通过改变程序中每个函数的编译方式来实现的,这使得函数被调用时,一些关于调用者的信息会被记录。在此前提下,此分析器可以弄明白哪个函数调用了它,而且也可以记录它被调用的次数。当程序使用-pg 选项进行编译时,编译器就会使每个函数调用 mcount(或_mcount,或__mcount,具体取决于操作系统和编译器)作为其第一步操作之一。

mcount 函数是性能分析库的一员,负责在内存调用表中记录其父函数和子函数(通过栈帧来查找子函数的地址和原始父进程的返回地址)。由于这是一个有机器依赖性的操作,因此 mcount 本身通常是一个简短的汇编语言程序,它会提取所需的信息,然后调用__mcount_internal(一个普通的 C 函数),调用时传递 frompc 和 selfpc 两个参数。__mcount_internal 负责维护内存调用表,这张表记录了参数 frompc 和 selfpc,还有遍历调用路径的次数。

库函数的调用次数信息是通过使用 C 语言库的特殊版本来收集的。在 C 语言库的特殊版本中,程序与通常的 C 语言库中的相同,但是它们使用-pg 选项进行编译。如果用户将程序用命令"gcc … -pg"进行链接,那么它将自动使用性能分析版本的库。

gprof 性能分析会在程序运行时进行监视,并维护一张记录程序计数器的直方图。通常,程序计数器的运行频率是每秒 100 次,但确切的频率可能会因系统而异。

7.2.2 gprof 示例

下面用一个示例代码来产生 gprof 的输出数据。

1. 待分析代码

以代码 7-6 的 gprof-exam1.c 程序为例介绍 gprof 的使用。gprof-exam1.c 程序非常简单,只是在主函数 main()中先调用 loop_100_million()两次,然后调用 loop_1000_million()一次。这两个函数主体都是一个循环代码,而且还进一步调用了 subroutine()(用于展示函数调用关系)。

代码 7-6 gprof-exam1.c 源代码

```
#define MILLION 1000000

void subroutine()
{
        for (int i =0; i <100 * MILLION; i++)
```

```
            ;
        return;
}

void loop_100_million()
{
        for (int i =0; i <100 * MILLION; i++)
            ;
        subroutine ();
        return;
}

void loop_1000_million()
{
        for (int i =0; i <1000 * MILLION; i++)
            ;
        subroutine ();
        return;
}

int main(int argc, char * * argv)
{
        loop_100_million();
        loop_100_million();
        loop_100_million();
        loop_1000_million();
        loop_1000_million();
        return 1;
}
```

2. 记录性能数据

首先,使用 GCC 对 gprof-exam1. c 进行编译,生成可以执行性能剖析的可执行文件。为了启用 gprof 性能分析,需要在编译的命令中添加-pg 选项,如屏显 7-7 所示。注意,如果编译和链接是分开进行的,那么在编译和链接时都应该加上-pg 选项。编译命令选项-std＝c99 告诉编译器使用 C99 标准,此处 for 语句中使用语句“int i ＝ 0;”是符合 C99 标准的用法。

屏显 7-7　用-pg 选项编译 gprof-exam1.c

```
[lqm@localhost gprof]$gcc -std=c99 -pg gprof-exam1.c -o gprof-exam1
[lqm@localhost gprof]$ls -l gprof-exam1
-rwxrwxr-x. 1 lqm lqm 8800 8月  20 10:22 gprof-exam1
[lqm@localhost gprof]$
```

然后运行所产生的 gprof-exam1 可执行文件，程序正常结束后将产生输出数据文件 gmon.out，如屏显 7-8 所示。但是 gmon.out 并不适合人工阅读，因此还需要用 gprof 工具软件来显示为可读的形式。

屏显 7-8　执行 gprof-exam1 并产生 gmon.out 输出文件

```
[lqm@localhost gprof]$gprof-exam1
[lqm@localhost gprof]$ls
gmon.out  gprof-exam1  gprof-exam1.c
[lqm@localhost gprof]$
```

现在就可以用 gprof 工具来解释 gmon.out 中的性能数据了，如屏显 7-9 所示。其中的数据分成两类：前面是 Flat profile 信息，关注各个函数的执行时间而不关注函数调用关系；后面是 Call graph 信息，提供了函数间调用关系的信息。

注意，这里除了性能数据外，还有一些说明性的内容(用灰色标注，留在这里没有删除掉的原因是考虑到读者阅读和将来参考)，通常用-b 参数避免这些信息干扰阅读。如果希望将这些人工可读的信息保存起来已备后续使用，则可以转向到指定的文件中，例如"gprof gprof-exam1 gmon.out > ./gprof-exam1.gprof"将结果保存到当前目录下的 gprof-exam1.gprof 文本文件中。

屏显 7-9　用 gprof 工具查看 gmon.out 性能剖析数据

```
[lqm@localhost gprof]$gprof gprof-exam1 gmon.out
Flat profile:


Each sample counts as 0.01 seconds.
  %   cumulative   self              self     total
 time   seconds   seconds    calls  s/call   s/call  name
72.40      4.05      4.05        2    2.02     2.22  loop_1000_million
17.74      5.04      0.99        5    0.20     0.20  subroutine
11.04      5.66      0.62        3    0.21     0.40  loop_100_million
```

```
%          the percentage of the total running time of the
time         program used by this function.

cumulative a running sum of the number of seconds accounted
seconds    for by this function and those listed above it.

self        the number of seconds accounted for by this
seconds      function alone.  This is the major sort for this
            listing.

calls         the number of times this function was invoked, if
            this function is profiled, else blank.

self        the average number of milliseconds spent in this
ms/call      function per call, if this function is profiled,
      else blank.

total       the average number of milliseconds spent in this
ms/call      function and its descendents per call, if this
      function is profiled, else blank.

name         the name of the function.  This is the minor sort
            for this listing. The index shows the location of
      the function in the gprof listing. If the index is
      in parenthesis it shows where it would appear in
      the gprof listing if it were to be printed.

Copyright (C) 2012-2014 Free Software Foundation, Inc.

Copying and distribution of this file, with or without modification,
are permitted in any medium without royalty provided the copyright
notice and this notice are preserved.


           Call graph (explanation follows)
```

```
granularity: each sample hit covers 2 byte(s) for 0.18% of 5.66 seconds

index %time    self  children    called     name
                                             <spontaneous>
[1]    100.0    0.00    5.66                 main [1]
                4.05    0.40       2/2           loop_1000_million [2]
                0.62    0.59       3/3           loop_100_million [3]
-----------------------------------------------
                4.05    0.40       2/2           main [1]
[2]     78.6    4.05    0.40       2         loop_1000_million [2]
                0.40    0.00       2/5           subroutine [4]
-----------------------------------------------
                0.62    0.59       3/3           main [1]
[3]     21.4    0.62    0.59       3         loop_100_million [3]
                0.59    0.00       3/5           subroutine [4]
-----------------------------------------------
                0.40    0.00       2/5           loop_1000_million [2]
                0.59    0.00       3/5           loop_100_million [3]
[4]     17.5    0.99    0.00       5         subroutine [4]
-----------------------------------------------

This table describes the call tree of the program, and was sorted by
the total amount of time spent in each function and its children.

Each entry in this table consists of several lines.  The line with the
index number at the left hand margin lists the current function.
The lines above it list the functions that called this function,
and the lines below it list the functions this one called.
This line lists:
   index    A unique number given to each element of the table.
        Index numbers are sorted numerically.
        The index number is printed next to every function name so
        it is easier to look up where the function is in the table.

   %time    This is the percentage of the `total' time that was spent
        in this function and its children.  Note that due to
        different viewpoints, functions excluded by options, etc,
```

```
    these numbers will NOT add up to 100%.

self    This is the total amount of time spent in this function.

children    This is the total amount of time propagated into this
    function by its children.

called    This is the number of times the function was called.
    If the function called itself recursively, the number
    only includes non-recursive calls, and is followed by
    a `+' and the number of recursive calls.

name    The name of the current function.  The index number is
    printed after it.  If the function is a member of a
    cycle, the cycle number is printed between the
    function's name and the index number.


For the function's parents, the fields have the following meanings:

self    This is the amount of time that was propagated directly
    from the function into this parent.

children    This is the amount of time that was propagated from
    the function's children into this parent.

called    This is the number of times this parent called the
    function `/' the total number of times the function
    was called.  Recursive calls to the function are not
    included in the number after the `/'.

name    This is the name of the parent.  The parent's index
    number is printed after it.  If the parent is a
    member of a cycle, the cycle number is printed between
    the name and the index number.

If the parents of the function cannot be determined, the word
```

```
`<spontaneous>' is printed in the `name' field, and all the other
fields are blank.

For the function's children, the fields have the following meanings:

    self     This is the amount of time that was propagated directly
        from the child into the function.

    children     This is the amount of time that was propagated from the
        child's children to the function.

    called     This is the number of times the function called
        this child `/' the total number of times the child
        was called.  Recursive calls by the child are not
        listed in the number after the `/'.

    name     This is the name of the child.  The child's index
        number is printed after it.  If the child is a
        member of a cycle, the cycle number is printed
        between the name and the index number.

If there are any cycles (circles) in the call graph, there is an
entry for the cycle-as-a-whole.  This entry shows who called the
cycle (as parents) and the members of the cycle (as children.)
The `+' recursive calls entry shows the number of function calls that
were internal to the cycle, and the calls entry for each member shows,
for that member, how many times it was called from other members of
the cycle.


Copyright (C) 2012-2014 Free Software Foundation, Inc.

Copying and distribution of this file, with or without modification,
are permitted in any medium without royalty provided the copyright
notice and this notice are preserved.
```

```
Index by function name

  [2] loop_1000_million        [3] loop_100_million         [4] subroutine
```

从屏显 7-9 可以看出，输出的信息很多是关于字段说明的内容。当读者熟悉其格式后，这些说明内容往往显得多余，此时可以用-b 选项避免反复输出这些说明性的信息，使得输出更简洁，如屏显 7-10 所示。

屏显 7-10　使用-b 选项时 gprof 的精简模式的输出

```
[lqm@localhost gprof]$gprof -b gprof-exam1 gmon.out
Flat profile:

Each sample counts as 0.01 seconds.
  %   cumulative   self              self     total
 time   seconds   seconds    calls   s/call   s/call  name
72.40      4.05     4.05        2     2.02     2.22  loop_1000_million
17.74      5.04     0.99        5     0.20     0.20  subroutine
11.04      5.66     0.62        3     0.21     0.40  loop_100_million

            Call graph

granularity: each sample hit covers 2 byte(s) for 0.18% of 5.66 seconds

index % time    self  children    called     name
                                                 <spontaneous>
[1]    100.0    0.00    5.66                 main [1]
                4.05    0.40       2/2           loop_1000_million [2]
                0.62    0.59       3/3           loop_100_million [3]
-----------------------------------------------
                4.05    0.40       2/2           main [1]
[2]     78.6    4.05    0.40       2         loop_1000_million [2]
                0.40    0.00       2/5           subroutine [4]
-----------------------------------------------
                0.62    0.59       3/3           main [1]
[3]     21.4    0.62    0.59       3         loop_100_million [3]
                0.59    0.00       3/5           subroutine [4]
```

```
-----------------------------------------------
                0.40    0.00        2/5             loop_1000_million [2]
                0.59    0.00        3/5             loop_100_million [3]
[4]     17.5    0.99    0.00        5           subroutine [4]
-----------------------------------------------


Index by function name

  [2] loop_1000_million        [3] loop_100_million         [4] subroutine
[lqm@localhost gprof]$
```

7.2.3 性能数据解读

gprof 输出的性能数据有 Flat profile 和 Call graph 两种形式。

1. Flat profile

屏显 7-10 的第一部分是 Flat profile 数据，该数据也可以通过 gprof gprof-examl gmon.out -p -b 命令单独生成。表格第一行的语句表明每隔 0.01s，gprof 对程序进行一次采样，即 gprof 的采样周期为 100Hz。

对于每个函数都有一个统计行，而且按照运行时间长短做了降序排列，也就是运行时间比重最大的函数放在最前面。当不使用-b 参数时，gprof 会输出各列数据的英文说明(见屏显 7-9 输出的灰色部分)，具体解释如下：

- 字段% time 表示该函数的运行时间占程序所有运行时间的百分比。该列的全部值加起来应该为 100%，但是由于误差的存在，总和可能会超过或小于 100%。
- 字段 cumulative seconds 表示累计运行时间，是所列出函数时间的逐个累加的结果。例如，刚开始统计 loop_1000_million()时，该函数本身执行了 4.05s，因此累计运行时间初值为 4.05s；当统计到 subroutine()函数时，累加上 subroutine()函数本身运行时间 0.99s 就得到 cumulative seconds 的字段值 4.05+0.99=5.04s。最后再加上 loop_100_million()的 0.62s 就得到整个程序执行完毕所需的时间 5.04+0.62=5.66s。
- 字段 self seconds 表示该函数本身的运行时间，不包含调用并运行其子函数的时间。
- 字段 calls 表示该函数被调用的次数，例如 loop_1000_million()被 main()调用了 2 次，loop_100_million()和 subroutine()函数被调用了 3 次，subroutine()函数都

被调用了 5 次。

- 字段 self s/call 表示该函数单次运行时间，不包括该函数调用其子函数的执行时间。
- 字段 total s/call 表示该函数单次运行时间，包括该函数调用其子函数的执行时间，例如 loop_100_million()的 total s/call 是 0.40s，等于它自己的 self s/call 的 0.21s 加上 subroutine()的 0.20s 之和(有舍入误差)。
- 字段 name 表示各函数的名称。

从该表中，可以轻易地发现函数 loop_1000_million 运行时间最长，其运行时间占程序全部运行时间的比例也是最大，因此，在实际使用中，我们就可以针对此类耗时最多的函数进行优化。

2. Call graph

前面屏显 7-10 的第二部分是 Call graph 函数调用图，该部分数据也可以通过 gprof gprof-exam1 gmon.out -q -b 命令而单独生成。其中，第一行的信息指出了采样的粒度，并且指出每个采样指令为 2 字节，占全部运行时间(5.66s)的 0.18%。

■ Call graph 结构

可以观察到，Call graph 被分割线分成若干个输出项，每个项对应一个被观测的函数。每个项按前后顺序分为“主行”“父函数行”和“子函数行”三个部分，这三个部分的各个字段值有所区别，下面分别详细解释。

(1) 主行。主行描述了该输出项所观测的函数，每个输出项必定有一个主行，且只有一行(在屏显 7-10 中用灰色标出，行首有 index 编号“[x]”开头)，字段 index 表示主行所描述的函数的索引号。主行的上面是“父函数行”，即调用栈中的上一级函数；主行的下面是“子函数行”，即该函数调用的下一级函数。

主行的字段% time 表示该函数的运行时间(包括该函数调用并运行其子函数的时间，即 self 和 children 字段值之和)占程序所有运行时间的比例。字段 self 表示该函数本身的运行时间，不包括该函数调用并运行子函数的时间。字段 children 表示该函数所调用并运行的所有子函数的时间。字段 called 表示该函数被调用的次数。字段 name 表示该函数的名称，名称后紧跟着其索引号。因为当前行是主行，所以函数名后的索引号与 index 字段值是相同的。

(2) 父函数行。除了主行函数为 main 的那一项外，其他项都存在一个或多个父函数行，用于指出该函数被哪些函数所调用。main()函数可以认为操作系统调用的，因此 main()的主行上面没有父函数行(取而代之的是一个字符串“<spontaneous>”)。

在 Call graph 的每一个输出项中(除了 main 函数的那一项)父函数者行位于主行的

上面，可以有一行或多行。父函数行的 index 字段和% time 字段值为空，仅仅用于表示该主行函数由谁调用。字段 self 表示父函数花在主行的函数的时间（不包括主行函数继续调用子函数的时间），字段 children 表示父函数花在主行函数的所有子函数上的时间。同一项内部所有父函数行的 self 字段值之和应等于主行函数的 self 字段值；同理，同一项内部所有父函数行的 children 字段值之和应等于主行函数的 children 字段值。字段 called 由两个数字组成，这两个数字由"/"分开，第一个数字表示主行函数被父函数者行调用的次数，第二个数字表示主行函数被所有父函数非递归调用的总次数。字段 name 即父函数的函数名，其后是相应的索引号。

(3) 子函数行。子函数行描述那些被主行函数调用的函数，子函数行可以有 0 到多行。在 Call graph 的每一项中，子函数行位于主行的下面，其 index 和% time 字段值为空。子函数行的字段 self 表示该函数因主行函数调用而执行的时间，不包括该函数调用并运行其子函数的时间。字段 children 表示(因主行函数调用该函数)该函数调用并运行其所有子函数的时间。字段 called 由两个数字组成，这两个数字被'/'分开，第一个数字表示该函数被主行函数调用的次数，第二个数字表示该函数被所有调用者非递归调用的总次数。字段 name 表示该函数的名称，名称后是其索引号。

■ Call graph 解读示例

屏显 7-10 示例中 Call graph 部分有 4 项，下面将逐项进行解读。

(1) 第一项：main 函数。屏显 7-10 中，main()函数是第一个输出项所观察的函数。主行的 main()函数作为程序的入口，索引值为 1，运行时间占比为 100%。由于 main 函数只调用了 loop_100_million 函数和 loop_1000_million 函数，而没有执行其他语句，因此在第一项中 self 字段值是 0.00，而 children 字段值为 5.66，即 main 函数的运行时间全部来自其子函数——等于该行的 self 和 children 字段值之和 0.00+ 5.66。因为 main()函数是程序的入口，并不统计其被调用次数，因此 called 字段值为空。

第一项的子函数行显示 main()调用了两个函数，因此有两个子函数行，分别对应 loop_1000_million()和 loop_100_million()。Called 字段表明前者被调用了 2 次、后者被调用了 3 次。子函数行的 self 和 children 字段表明 loop_1000_million()自身运行(不包括子函数时间)了 4.05，花在子函数上的时间 0.40；而 loop_100_million()则自身运行了 0.62，子函数上运行了 0.59。

整体上应该有 main()的运行时间是自身和各子函数运行时间之和：

```
Total time = main self(0.00) + main children(5.66)
           = main self(0.00) + loop1000's time(4.45) + loop100's time(1.21)
           = main self(0.00) + (4.05+0.40) + (0.62+0.59)
```

(2) 第二项：loop_1000_million 函数。从第二项开始才有父函数行——即主行上面的行。函数 main()是函数 loop_1000_million 的唯一调用者，因此主行函数 loop_1000_million 只有 main 这一个父函数行。由于是唯一的调用者，父函数行的 self 的字段值即主行函数 loop_1000_million 本身的运行时间，同理父函数行的 children 字段值等于主行的 children 字段值。如果父函数有多个，那么它们 self 和 children 数据各自求和才对应主行函数的 self 和 children 数值，这在第四项中有示例。

子函数行和前面的解读基本相同，简单解释一下子函数行的 called 字段，"1/3"中第一个数"1"表示函数 subroutine()被主行函数 loop_100_million 调用了 1 次，第二个数"3"表示函数 subroutine()的总非递归调用次数为 3(另 2 次由其他函数所调用)。

(3) 第三项：loop_100_million 函数。第三项的形式和内容完全类似于第二项的内容，不再单独分析。

(4) 第四项：subroutine 函数。第四项中的主行是 subroutine()函数，它有两个父函数行，即 subroutine()函数分别由 loop_100_million()和 loop_1000_million()调用。可以看出父函数行的 self 之和"0.11＋0.21"等于主行的 self"0.32"，children 字段也是如此。

如果存在递归调用的情况，Call graph 的解读会变得更为复杂一点。详情请参考 gprof 文档"GNU gprof"(https://sourceware.org/binutils/docs/gprof/)的 5.2.4 节。

3. 反向标注

如果读者希望获得一个"带标注的源代码"清单，它会将函数调用次数的统计结果反向标注到源代码中。要使用这种功能，需要在编译时通过"-A"参数启用反向标注调试功能，这样源代码的信息就会被加入可执行程序中。屏显 7-11 展示了 gprog-exam1-g 程序的编译，以及运行后查看反向标注的过程。各函数的开始位置都标注了调用次数，后面还有一些比较直观的统计数据。

屏显 7-11　gprof 对源代码进行反向标注

```
[root@localhost cs2]#gcc -std=c99 -pg  -g gprof-exam1.c -o gprof-exam1-g
[root@localhost cs2]#gprof-exam1-g
[root@localhost cs2]#gprof gprof-exam1-g gmon.out  -A
* * * File /home/lqm/cs2/gprof-exam1.c:
                #define MILLION 1000000


                void subroutine()
           5->{
                        for (int i =0; i<100 * MILLION; i++)
                                ;
                        return;
```

```
            }

            void loop_100_million()
        3->{
                  for (int i =0; i <100 * MILLION; i++)
                        ;
                  subroutine ();
                  return;
            }

            void loop_1000_million()
        2->{
                  for (int i =0; i <1000 * MILLION; i++)
                        ;
                  subroutine ();
                  return;
            }

            int main(int argc, char* * argv)
   #####->{
                  loop_100_million();
                  loop_100_million();
                  loop_100_million();
                  loop_1000_million();
                  loop_1000_million();
                  return 1;
            }



Top 10 Lines:

   Line      Count

     4          5
    11          3
    19          2
```

```
Execution Summary:

        4   Executable lines in this file
        4   Lines executed
   100.00   Percent of the file executed

       10   Total number of line executions
     2.50   Average executions per line
[root@localhost cs2]#
```

7.2.4 图形化显示(gprof2dot.py+graphviz)

为了显示图形化的函数调用关系,需要先将 gprof 的输出通过 gprof2dot.py① 转换到 graphviz② 软件所支持的 DOT 格式,然后再显示为图形。

由于转换程序 gprof2dot.py 是 Python 程序,因此首先安装 Python 软件包管理程序 pip——使用 yum install python-pip(如果找不到软件包,则先更新源 yum -y install epel-release)。然后再用 pip install gprof2dot 安装 gprof2dot.py 程序。最后再用 yum -y install graphviz 软件。

屏显 7-12 的第三行分成三部分,第一部分是生成 gprof 的输出,经过管道送入第二部分,即 gprof2dot.py 转换成 DOT 格式图形,最后经过管道送入第三部分——dot 程序转换成 png 图。

屏显 7-12 将函数调用关系生成图形

```
[root@localhost cs2-gprof]#pip install gprof2dot
Requirement already satisfied: gprof2dot in /usr/lib/python2.7/site-packages
(2017.9.19)
[root@localhost cs2-gprof]# gprof ./gprof-exam1 | python /usr/lib/
python2.7/site-packages/gprof2dot.py| dot -Tpng -o output.png
[root@localhost cs2-gprof]#
```

最后打开前面产生的图片文件 output.png,将直观地显示函数间的调用关系、运行

① https://pypi.org/project/gprof2dot/。

② https://www.graphviz.org/。

次数和运行时间等信息，如图 7-1 所示。当函数调用关系复杂的时候，图形化的显示比文本输出格式要清晰易懂。

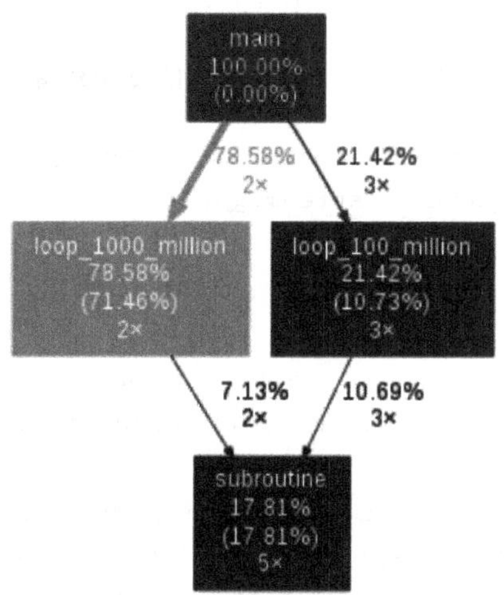

图 7-1　gprof-exam1 调用关系的图形输出

7.3　gcov

gcov 是 GCC 工具集中的一个测试代码覆盖率的工具，用来分析程序以帮助创建更高效、更快的运行代码，并发现程序最耗时的代码和未被执行的代码。

7.3.1　基于函数分析的缺点

对于内存访问性能测试程序 STREAM，基于函数的分析用处不大，反而是逐行分析能提供一些帮助。因为 stream.c 程序中主要工作都是在主函数中完成的，主函数调用的其他函数都是起到次要的辅助作用。主函数的主体部分是一个遍历访问数组元素的循环体，不再进一步调用其他函数。从屏显 7-13 的 Flat profile 数据可以看出，stream.c 程序中 main() 函数占据了执行时间的 96.7%，其他所有子函数加起来只占 3.48%。仅仅从上述 gprof 性能剖析数据，无法知道 main() 中的代码执行情况，此时逐行分析就能起作用了。

正如前面提到的那样，对 stream.c 这样的程序，基于函数的分析并不能提供有用的信息。我们先从 STREAM Benchmark 的官网下载其 C 语言版本——https://www.cs.virginia.edu/stream/FTP/Code/，然后用-pg 参数编译出可执行文件 stream.gpf，最后运行并用 gprof 观察性能数据，具体如屏显 7-13 所示。从中只能看出 main() 函数占用了执行时间的 96.70%，但是看不出 main() 函数内部的执行情况。

因此 GCC 工具集中包含了 gcov 用于逐行分析。

屏显 7-13 STREAM 的 gprof 输出

```
[lqm@localhost stream]$gcc -pg stream.c -o stream.gpf
[lqm@localhost stream]$gprof -b stream.gpf
Flat profile:

Each sample counts as 0.01 seconds.
  %   cumulative   self              self     total
 time   seconds   seconds    calls  ms/call  ms/call  name
96.70      1.39     1.39                             main
  3.48      1.44     0.05        1    50.09    50.09  checkSTREAMresults
  0.00      1.44     0.00      677     0.00     0.00  mysecond
  0.00      1.44     0.00        1     0.00     0.00  checktick


           Call graph


granularity: each sample hit covers 2 byte(s) for 0.69% of 1.44 seconds

index % time    self  children    called     name
                                                 <spontaneous>
[1]    100.0    1.39    0.05                 main [1]
                0.05    0.00       1/1           checkSTREAMresults [2]
                0.00    0.00      82/677         mysecond [3]
                0.00    0.00       1/1           checktick [4]
-----------------------------------------------
                0.05    0.00       1/1           main [1]
[2]      3.5    0.05    0.00       1         checkSTREAMresults [2]
-----------------------------------------------
                0.00    0.00      82/677         main [1]
                0.00    0.00     595/677         checktick [4]
[3]      0.0    0.00    0.00     677         mysecond [3]
```

```
-----------------------------------------------
                0.00     0.00       1/1          main [1]
[4]      0.0    0.00     0.00       1         checktick [4]
                0.00     0.00     595/677        mysecond [3]
-----------------------------------------------


Index by function name

  [2] checkSTREAMresults       [1] main
  [4] checktick               [3] mysecond
[lqm@localhost stream]$
```

7.3.2 gcov 逐行分析

在使用 GCC 编译时,使用-fprofile-arcs -ftest-coverage 选项将告诉编译器生成 gcov 需要的额外信息,这是通过在目标文件中插入性能收集代码来实现的。使用上述选项之后,在生成可执行文件的同时生成 .gcno 文件(gcov note 文件)。对前面的 stream. c 代码重新编译,此时使用-fprofile-arcs -ftest-coverage 选项,编译后不仅生成可执行文件 stream. gcov,还产生 stream. gcno 文件,如屏显 7-14 所示。执行 stream. gcov 可执行文件后,输出了内存测试的数据(由于这里并不关心内存性能数据,因此字体用灰色淡化)。执行结束后,产生了 stream. gcda 文件(gcov data 文件)。

屏显 7-14 编译产生 gcov 信息的可执行文件

```
[lqm@localhost stream]$ls
gmon.out  stream  stream.c
[lqm@localhost stream]$gcc -fprofile-arcs -ftest-coverage  stream.c -o
stream.gcov
[lqm@localhost stream]$ls
gmon.out  stream  stream.c  stream.gcno  stream.gcov
[lqm@localhost stream]$stream.gcov
-------------------------------------------------------------
STREAM version $Revision: 5.10 $
-------------------------------------------------------------
This system uses 8 bytes per array element.
```

```
----------------------------------------------------------------
Array size =10000000 (elements), Offset =0 (elements)
Memory per array =76.3 MiB (=0.1 GiB).
Total memory required =228.9 MiB (=0.2 GiB).
Each kernel will be executed 10 times.
The * best * time for each kernel (excluding the first iteration)
will be used to compute the reported bandwidth.
----------------------------------------------------------------
Your clock granularity/precision appears to be 1 microseconds.
Each test below will take on the order of 19699 microseconds.
  (=19699 clock ticks)
Increase the size of the arrays if this shows that
you are not getting at least 20 clock ticks per test.
----------------------------------------------------------------
WARNING --The above is only a rough guideline.
For best results, please be sure you know the
precision of your system timer.
----------------------------------------------------------------
Function    Best Rate MB/s  Avg time    Min time    Max time
Copy:           6397.2      0.027328    0.025011    0.032383
Scale:          5741.0      0.030460    0.027870    0.037672
Add:            7247.2      0.035375    0.033116    0.037031
Triad:          7293.1      0.037388    0.032908    0.042364
----------------------------------------------------------------
Solution Validates: avg error less than 1.000000e-13 on all three arrays
----------------------------------------------------------------
[lqm@localhost stream]$ls
gmon.out  stream  stream.c  stream.gcda  stream.gcno  stream.gcov
[lqm@localhost stream]$
```

最后可以用 gcov 工具查看结果，并生成 stream. c. gcov 文件——在源代码上记录每行代码被执行的次数，如屏显 7-15 所示。

屏显 7-15 使用 gcov 查看结果并输出逐行分析统计数据文件

```
[lqm@localhost stream]$gcov stream.c
File'stream.c'
```

```
已执行的行数:79.56% (共 137 行)
Creating 'stream.c.gcov'

[lqm@localhost stream]$ls
gmon.out   stream   stream.c   stream.c.gcov   stream.gcda   stream.gcno
stream.gcov
[lqm@localhost stream]$
```

如果打开 stream.c.gcov，可以看到如屏显 7-16 所示的信息，第一列是该行代码被执行的次数，然后是冒号分隔符，接着是行号，再后面是源代码。此时可以看出 main()函数内部的时间主要用在几个循环语句上，这些循环的执行次数大致为 10 000 000 次。也就是说，基于函数的分析不能得到的细节，gcov 通过逐行分析找到了代码的热点语句。

屏显 7-16 逐行标注后的源代码

```
……
        -:  204:#ifdef _OPENMP
        -:  205:extern int omp_get_num_threads();
        -:  206:#endif
        -:  207:int
        1:  208:main()
        -:  209:    {
        -:  210:    int                 quantum, checktick();
        -:  211:    int                 BytesPerWord;
        -:  212:    int                 k;
……
        -:  266:    /* Get initial value for system clock. */
        -:  267:#pragma omp parallel for
10000001:  268:    for (j=0; j<STREAM_ARRAY_SIZE; j++) {
10000000:  269:            a[j] =1.0;
10000000:  270:            b[j] =2.0;
10000000:  271:            c[j] =0.0;
        -:  272:        }
        -:  273:
……
        -:  310:#ifdef TUNED
        -:  311:        tuned_STREAM_Copy();
        -:  312:#else
```

```
       -:  313:#pragma omp parallel for
100000010:  314:           for (j=0; j<STREAM_ARRAY_SIZE; j++)
100000000:  315:               c[j] =a[j];
       -:  316:#endif
      10:  317:         times[0][k] =mysecond() -times[0][k];
       -:  318:
      10:  319:         times[1][k] =mysecond();
       -:  320:#ifdef TUNED
       -:  321:           tuned_STREAM_Scale(scalar);
       -:  322:#else
       -:  323:#pragma omp parallel for
100000010:  324:           for (j=0; j<STREAM_ARRAY_SIZE; j++)
100000000:  325:           b[j] =scalar * c[j];
       -:  326:#endif
      10:  327:         times[1][k] =mysecond() -times[1][k];
       -:  328:
      10:  329:         times[2][k] =mysecond();
       -:  330:#ifdef TUNED
       -:  331:           tuned_STREAM_Add();
       -:  332:#else
       -:  333:#pragma omp parallel for
100000010:  334:           for (j=0; j<STREAM_ARRAY_SIZE; j++)
100000000:  335:               c[j] =a[j]+b[j];
       -:  336:#endif
      10:  337:         times[2][k] =mysecond() -times[2][k];
       -:  338:
      10:  339:         times[3][k] =mysecond();
       -:  340:#ifdef TUNED
       -:  341:           tuned_STREAM_Triad(scalar);
       -:  342:#else
       -:  343:#pragma omp parallel for
100000010:  344:           for (j=0; j<STREAM_ARRAY_SIZE; j++)
100000000:  345:               a[j] =b[j]+scalar * c[j];
       -:  346:#endif
      10:  347:         times[3][k] =mysecond() -times[3][k];
       -:  348:           }
       -:  349:
......
```

7.4　其他分析工具

除了前面讨论过的关注程序本身的性能工具外，还有针对系统的性能工具，例如 perf、oprofile 等开源工具可用。由于本书重点不在系统性能，不涉及操作系统、硬件、I/O 等相关的问题，因此仅简单介绍一下 Valgrind（主要是其内存工具 memcheck）和 perf 两个工具的示例性用法。

7.4.1　Valgrind

除了前面的 Linux 系统中 GCC 自带工具外，还有大量可安装的工具。Valgrind 则是其中是一款常见的内存调试、内存泄漏检测以及性能分析的软件开发工具集。这些工具之中最有名的是 memcheck，它能够识别很多 C 或者 C++ 程序中内存相关的错误，这些错误会导致程序崩溃或者出现不可预知的行为。

Valgrind 的工作原理是基于即时编译 JIT 的，也就是说，使用 x86-to-x86 的动态翻译器（dynamic translator）来执行程序的代码。由于是动态翻译执行的，在翻译后的代码基本块 BB（basic block）发送到虚拟机上运行前，可以对可执行程序的执行过程中插入一些测试代码（不同工具将插入不同功能的代码），也可以截获 malloc、free 等函数调用，并作相关的检查。Valgrind 编译成为 valgrind. so 和 valgrinq. so 共享库，并且使用 LD_PRELOAD 机理而生效。由于 valgrind. so 是用-z initfirst 参数链接的，因此会在程序运行前得到运行从而获得控制权，然后 ld. so 链接器会继续按照正常方式工作，并最终导致 main 函数的调用。同样，在目标程序运行时以及最终 main 函数返回时，Valgrind 也会获得控制权。

1. 下载与安装

在 Centos 7 中最方便的安装方法就是执行 yum install valgrind。如果希望从源代码开始安装则先访问 Valgrind 主页 http：//www. valgrind. org/，单击网页中间图片上的“Current release：valgrind-3. 13. 0”（版本号会随时间而不断更新）下载安装包，如图 7-2 所示。

然后通过 tar xjf valgrind-3. 13. 0 命令完成解压，进入解压后的源码目录执行 configure -prefix＝XXXXXX 命令（其中 XXXXXX 是 Valgrind 工具安装目录），成功执行后将最后显示屏显 7-17 所示的信息，本示例中提示的是 amd64 平台。

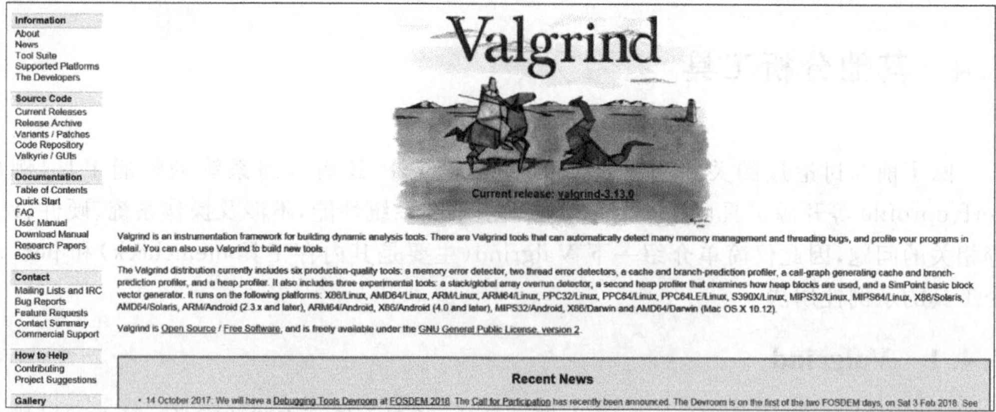

图 7-2 Valgrind 主页

屏显 7-17 amd64 平台上 Valgrind 的 configure 输出

```
……
    Maximum build arch:amd64
    Primary build arch:amd64
  Secondary build arch:
              Build OS:linux
  Primary build target:AMD64_LINUX
Secondary build target:
      Platform variant:vanilla
 Primary -DVGPV string:-DVGPV_amd64_linux_vanilla=1
    Default supp files:exp-sgcheck.supp xfree-3.supp xfree-4.supp glibc-2.
X-drd.supp glibc-2.34567-NPTL-helgrind.supp glibc-2.X.supp
```

接着可以执行 make;make install 完成编译和安装，这个过程在作者的系统上需要几分钟。

2. memcheck

我们利用样例代码来展示多种内存错误，包括内存泄漏、读写未分配的空间、数据复制区间重叠、释放堆栈上的空间、向系统函数传递未初始化参数、重复释放内存等，具体如代码 7-7 所示(错误注释在代码中)。

代码 7-7 mem-demo.c

```
#include <stdlib.h>
#include <stdio.h>
```

```
void test(int n) {
    n =n +1;
    write(stdout, "xxx", n);                    //向系统函数传递未初始化参数
    malloc(220);                                //内存泄漏
}

int main() {
    const int array_count =4;
    int* p =malloc(array_count * sizeof(int));

    p[array_count]=p[array_count]+5;            //读、写未分配空间
    test(p[array_count -1]);
    printf("%d\n",p[array_count-1]);            //向系统函数传递未初始化参数

    memcpy(p+1,p,sizeof(char)*array_count);     //内存复制源和目的区间重叠
    free(&array_count);                         //尝试释放堆栈上的空间

    free(p);
    free(p+1);                                  //重复释放内存
    return 0;
}
```

编译程序后，再利用 Valgrind 以动态翻译的方式执行 mem-demo 程序，提示有多个内存相关的错误，如屏显 7-18 所示(左边一列是进程号)，其中参数__tool＝memcheck 用于指出所使用的工具(即 memcheck)。

屏显 7-18　Valgrind 使用 memcheck 工具检查 mem-demo 的执行

```
[root@localhost cs2-valgrind]#valgrind --tool=memcheck./mem-demo
==11819==Memcheck, a memory error detector
==11819==Copyright (C) 2002-2015, and GNU GPL'd, by Julian Seward et al.
==11819==Using Valgrind-3.11.0 and LibVEX; rerun with -h for copyright info
==11819==Command: ./mem-dem
==11819==
==11819==Invalid read of size 4
==11819==    at 0x400731: main (mem-demo.c:14)
```

```
==11819==   Address 0x51f4050 is 0 bytes after a block of size 16 alloc'd
==11819==     at 0x4C27BE3: malloc (vg_replace_malloc.c:299)
==11819==     by 0x400703: main (mem-demo.c:12)
==11819==
==11819==Invalid write of size 4
==11819==     at 0x400736: main (mem-demo.c:14)
==11819==   Address 0x51f4050 is 0 bytes after a block of size 16 alloc'd
==11819==     at 0x4C27BE3: malloc (vg_replace_malloc.c:299)
==11819==     by 0x400703: main (mem-demo.c:12)
==11819==
==11819==Syscall param write(count) contains uninitialised byte(s)
==11819==     at 0x4F1BC60: __write_nocancel (in /usr/lib64/libc-2.17.so)
==11819==     by 0x4006D7: test (mem-demo.c:6)
==11819==     by 0x400754: main (mem-demo.c:15)
==11819==
==11819==Warning: invalid file descriptor 85910528 in syscall write()
==11819==Conditional jump or move depends on uninitialised value(s)
==11819==     at 0x4E7A9F2: vfprintf (in /usr/lib64/libc-2.17.so)
==11819==     by 0x4E84878: printf (in /usr/lib64/libc-2.17.so)
==11819==     by 0x40077B: main (mem-demo.c:16)
==11819==
==11819==Use of uninitialised value of size 8
==11819==     at 0x4E79E8B: _itoa_word (in /usr/lib64/libc-2.17.so)
==11819==     by 0x4E7AF05: vfprintf (in /usr/lib64/libc-2.17.so)
==11819==     by 0x4E84878: printf (in /usr/lib64/libc-2.17.so)
==11819==     by 0x40077B: main (mem-demo.c:16)
==11819==
==11819==Conditional jump or move depends on uninitialised value(s)
==11819==     at 0x4E79E95: _itoa_word (in /usr/lib64/libc-2.17.so)
==11819==     by 0x4E7AF05: vfprintf (in /usr/lib64/libc-2.17.so)
==11819==     by 0x4E84878: printf (in /usr/lib64/libc-2.17.so)
==11819==     by 0x40077B: main (mem-demo.c:16)
==11819==
==11819==Conditional jump or move depends on uninitialised value(s)
==11819==     at 0x4E7AF54: vfprintf (in /usr/lib64/libc-2.17.so)
==11819==     by 0x4E84878: printf (in /usr/lib64/libc-2.17.so)
==11819==     by 0x40077B: main (mem-demo.c:16)
```

```
==11819==
==11819==Conditional jump or move depends on uninitialised value(s)
==11819==    at 0x4E7AABD: vfprintf (in /usr/lib64/libc-2.17.so)
==11819==    by 0x4E84878: printf (in /usr/lib64/libc-2.17.so)
==11819==    by 0x40077B: main (mem-demo.c:16)
==11819==
==11819==Conditional jump or move depends on uninitialised value(s)
==11819==    at 0x4E7AB40: vfprintf (in /usr/lib64/libc-2.17.so)
==11819==    by 0x4E84878: printf (in /usr/lib64/libc-2.17.so)
==11819==    by 0x40077B: main (mem-demo.c:16)
==11819==
==11819==Invalid free() / delete / delete[] / realloc()
==11819==    at 0x4C28CDD: free (vg_replace_malloc.c:530)
==11819==    by 0x4007A4: main (mem-demo.c:19)
==11819==  Address 0xffefffe54 is on thread 1's stack
==11819==  in frame #1, created by main (mem-demo.c:10)
==11819==
==11819==Invalid free() / delete / delete[] / realloc()
==11819==    at 0x4C28CDD: free (vg_replace_malloc.c:530)
==11819==    by 0x4007C0: main (mem-demo.c:22)
==11819==  Address 0x51f4044 is 4 bytes inside a block of size 16 free'd
==11819==    at 0x4C28CDD: free (vg_replace_malloc.c:530)
==11819==    by 0x4007B0: main (mem-demo.c:21)
==11819==  Block was alloc'd at
==11819==    at 0x4C27BE3: malloc (vg_replace_malloc.c:299)
==11819==    by 0x400703: main (mem-demo.c:12)
==11819==
==11819==
==11819==HEAP SUMMARY:
==11819==    in use at exit: 220 bytes in 1 blocks
==11819==  total heap usage: 2 allocs, 3 frees, 236 bytes allocated
==11819==
==11819==LEAK SUMMARY:
==11819==    definitely lost: 220 bytes in 1 blocks
==11819==    indirectly lost: 0 bytes in 0 blocks
==11819==      possibly lost: 0 bytes in 0 blocks
```

```
==11819==    still reachable: 0 bytes in 0 blocks
==11819==       suppressed: 0 bytes in 0 blocks
==11819==Rerun with --leak-check=full to see details of leaked memory
==11819==
==11819==For counts of detected and suppressed errors, rerun with: -v
==11819==Use --track-origins=yes to see where uninitialised values come from
==11819==ERROR SUMMARY: 11 errors from 11 contexts (suppressed: 0 from 0)
[root@localhost cs2-valgrind]#
```

输出信息的末尾是两个总结，一个是堆的使用情况 HEAP SUMMARY，另一个内存泄漏情况 LEAK SUMMARY。最后还有一个内存错误总数的统计 ERROR SUMMARY：11。

3. massif

memcheck 可以检查内存泄漏问题，有时候 memcheck 工具查了没泄漏，但程序一跑，内存还是不正常地飙升。这是因为 memcheck 检查的内存泄漏只是狭义的、严格的内存泄漏——在程序运行的生命周期内，这部分内存因丢失了指针而彻底释放不了。这里提到的另一种类型的内存泄漏，就是长期闲置的内存堆积。这部分内存还保存了地址，想要释放的时候还是能释放。虽然屏显 7-18 的 HEAP SUMMARY 中也有关于堆的最大尺寸等相关信息，但是并没有过程细节。面对这种问题 memcheck 就无能为力，因此需要使用另一个内存工具 massif，用于观察运行中内存使用情况的全过程。

下面以代码 7-8 为例，观察进程运行中内存使用情况的动态记录。该程序在一个循环内逐次分配内存但并不释放，然后在另一个循环中逐次释放内存。

代码 7-8 massif-demo.c

```
#include <stdlib.h>
#include <stdio.h>

int * fa()
{
  int * p=(int *)malloc(10000);
  return p;
}

int * fb(int * p)
```

```
{
  free(p);
}

int main(void)
{
  printf("ok\n");

  printf("really ok? \n");

  int *vec[10000];

  for(int i=0;i<10000;i++)
  {
    vec[i]=fa();
  }


  for(int i=0;i<10000;i++)
  {
    fb(vec[i]);
  }

  return 0;
}
```

屏显 7-19　Valgrind 以 massif 命令执行 massif-demo 程序

```
[root@localhost lqm]#valgrind --tool=massif massif-demo
==29047==Massif, a heap profiler
==29047==Copyright (C) 2003-2017, and GNU GPL'd, by Nicholas Nethercote
==29047==Using Valgrind-3.14.0 and LibVEX; rerun with -h for copyright info
==29047==Command: massif-demo
==29047==
ok
really ok?
==29047==
```

```
[root@localhost lqm]#ls massif*
massif-demo  massif-demo.c  massif.out.29047
[root@localhost lqm]#
```

产生 massif. out. 29047 输出文件后，就可以用 ms_printf 来显示其内容，如屏显 7-20 所示。

屏显 7-20 用 ms_print 命令显示 massif 输出的信息

```
[root@localhost lqm]#ms_print massif.out.29047
--------------------------------------------------------------------------------
Command:            massif-demo
Massif arguments:   (none)
ms_print arguments: massif.out.29047
--------------------------------------------------------------------------------


    MB
95.44^                                      #
     |                                    ::#
     |                                   :: #::
     |                                 :::: #:::@
     |                               :::::: #:::@::
     |                             :::::::: #:::@::::
     |                            ::::::::: #:::@::: :
     |                          ::::::::::: #:::@::: ::
     |                        ::::::::::::: #:::@::: ::::
     |                       @::::::::::::: #:::@::: :::::
     |                     :@:::::::::::::: #:::@::: ::::::@
     |                   ::@::::::::::::::: #:::@::: :::::@::
     |                  :@:::@::::::::::::: #:::@::: ::::::@:::
     |                ::@:::@:::::::::::::: #:::@::: ::::::@:::::
     |               @:::@:::@::::::::::::: #:::@::: ::::::@:::::@
     |             ::@:::@:::@::::::::::::: #:::@::: ::::::@:::::@::
     |           ::::@:::@:::@::::::::::::: #:::@::: ::::::@:::::@::::
     |          ::::::@:::@:::@:::::::::::: #:::@::: ::::::@:::::@:::::
     |        :::::::@:::@:::@::::::::::::: #:::@::: ::::::@:::::@::::::
     |       @:::::::@:::@:::@::::::::::::: #:::@::: ::::::@:::::@::::::@:
   0 +----------------------------------------------------------------------->Mi
     0                                                                   0.988
```

```
Number of snapshots: 83
Detailed snapshots: [2, 4, 13, 18, 23, 39 (peak), 44, 58, 68, 78]

--------------------------------------------------------------------------------
  n        time(i)         total(B)   useful-heap(B) extra-heap(B)    stacks(B)
--------------------------------------------------------------------------------
  0              0                0                0             0            0
  1        110,789           10,008           10,000             8            0
  2        120,293        1,991,592        1,990,000         1,592            0
99.92% (1,990,000B) (heap allocation functions) malloc/new/new[], --alloc-
fns, etc.
->99.92% (1,990,000B) 0x4005CD: fa (in /home/lqm/massif-demo)
  ->99.92% (1,990,000B) 0x400623: main (in /home/lqm/massif-demo)

--------------------------------------------------------------------------------
  n        time(i)         total(B)   useful-heap(B) extra-heap(B)    stacks(B)
--------------------------------------------------------------------------------
  3        132,581        4,553,640        4,550,000         3,640            0
  4        149,093        7,996,392        7,990,000         6,392            0
99.92% (7,990,000B) (heap allocation functions) malloc/new/new[], --alloc-
fns, etc.
->99.92% (7,990,000B) 0x4005CD: fa (in /home/lqm/massif-demo)
  ->99.92% (7,990,000B) 0x400623: main (in /home/lqm/massif-demo)

--------------------------------------------------------------------------------
  n        time(i)         total(B)   useful-heap(B) extra-heap(B)    stacks(B)
--------------------------------------------------------------------------------
---------------
  5        161,381       10,558,440       10,550,000         8,440            0

…

78       997,775        9,747,792        9,740,000         7,792            0
99.92% (9,740,000B) (heap allocation functions) malloc/new/new[], --alloc-
fns, etc.
->99.92% (9,740,000B) 0x4005CD: fa (in /home/lqm/massif-demo)
  ->99.92% (9,740,000B) 0x400623: main (in /home/lqm/massif-demo)
```

```
--------------------------------------------------------------------------------
  n        time(i)         total(B)   useful-heap(B) extra-heap(B)    stacks(B)
--------------------------------------------------------------------------------
79      1,007,315       7,626,096        7,620,000          6,096            0
80      1,016,855       5,504,400        5,500,000          4,400            0
81      1,026,395       3,382,704        3,380,000          2,704            0
82      1,035,935       1,261,008        1,260,000          1,008            0
[root@localhost lqm]#
```

从输出的结果看,可以知道这里有一个内存总量攀升和回落的过程。如果占用总量过大,可以考虑在最高峰之前的某些地方,提前将一些内存释放从而降低总量。

如果读者觉得命令行的字符表格方式不直观,也可以安装图形化工具来输出图形结果。

4. callgrind

callgrind 分析工具将程序运行中的函数及调用关系等信息记录为调用图。虽然功能上和 gprof 有类似的地方,但是两者的工作方式不同,callgrind 不需要重新编译程序并用动态翻译的仿真方式运行。默认情况下,callgrind 收集的数据包含执行的指令数、它们与源代码行的关系、函数之间的调用者/被调用者关系以及这些调用的次数等。可选地,高速缓存模拟(借助于 cachegrind)和/或分支预测可以产生关于应用的运行时 Cache 行为的更多信息。

用 Valgrind 启动 gprof-exam1 的执行,其中--tool=callgrind 指定 callgrind 分析功能,如屏显 7-21 所示。其中所记录的事件是指令读操作 Ir,共记录了 8 400 095 796 次指令的执行。

屏显 7-21 用 callgrind 工具查看 grpof-exma1 的执行

```
[lqm@localhost cs2-valgrind]$valgrind --tool=callgrind ./gprof-exam1
==19680==Callgrind, a call-graph generating cache profiler
==19680==Copyright (C) 2002-2015, and GNU GPL'd, by Josef Weidendorfer et al.
==19680==Using Valgrind-3.11.0 and LibVEX; rerun with -h for copyright info
==19680==Command: ./gprof-exam1
==19680==
==19680==For interactive control, run 'callgrind_control -h'.
==19680==
==19680==Events     : Ir
```

```
==19680==Collected : 8400095796
==19680==
==19680==I   refs:      8,400,095,796
[lqm@localhost cs2-valgrind]$ls callgrind.out.19680
callgrind.out.19680
[lqm@localhost cs2-valgrind]$
```

如果再加上 Cache 仿真(利用了 cachegrind 工具的功能),则还将给出数据访问过程中的 Cache 使用的统计情况,如屏显 7-22 所示。

屏显 7-22　启用 cachegrind 功能

```
[lqm@localhost cs2-valgrind]$valgrind --tool=callgrind --simulate-cache=yes
./gprof-exam1
==18959==Callgrind, a call-graph generating cache profiler
==18959==Copyright (C) 2002-2015, and GNU GPL'd, by Josef Weidendorfer et al.
==18959==Using Valgrind-3.11.0 and LibVEX; rerun with -h for copyright info
==18959==Command: ./gprof-exam1
==18959==
--18959--warning: L3 cache found, using its data for the LL simulation.
==18959==For interactive control, run 'callgrind_control -h'.
==18959==
==18959==Events    : Ir Dr Dw I1mr D1mr D1mw ILmr DLmr DLmw
==18959==Collected : 8400095796 2800025172 2800013194 667 1211 489 663 1050 462
==18959==
==18959==I   refs:      8,400,095,796
==18959==I1  misses:              667
==18959==LLi misses:              663
==18959==I1  miss rate:          0.00%
==18959==LLi miss rate:          0.00%
==18959==
==18959==D   refs:      5,600,038,366  (2,800,025,172 rd +2,800,013,194 wr)
==18959==D1  misses:            1,700  (        1,211 rd +           489 wr)
==18959==LLd misses:            1,512  (        1,050 rd +           462 wr)
==18959==D1  miss rate:           0.0% (          0.0%   +           0.0%  )
==18959==LLd miss rate:           0.0% (          0.0%   +           0.0%  )
==18959==
```

```
==18959==LL refs:            2,367  (       1,878 rd +      489 wr)
==18959==LL misses:          2,175  (       1,713 rd +      462 wr)
==18959==LL miss rate:         0.0% (         0.0%  +        0.0%  )
[lqm@localhost cs2-valgrind]$
```

如果需要图形化显示上面的结果，则需要通过 yum install kcachegrind 命令安装 kcachegrind，如果运行时提示有错误，则按照其提示运行相应的命令即可。

屏显 7-23　kcachegrind 运行时提示问题以及解决方法

```
[root@localhost kcachegrind-0.7.4]#kcachegrind
Qt: Session management error: None of the authentication protocols specified are
supported
kcachegrind(26982)/kdeui (kdelibs): Session bus not found
To circumvent this problem try the following command (with Linux and bash)
export $(dbus-launch)
已放弃(吐核)
[root@localhost kcachegrind-0.7.4]#export $(dbus-launch)
```

运行 kcachegrind 并打开 callgrind. out. 19680 文件，详细信息如图 7-4 所示。左边窗口是函数列表，该窗口左边两列数字是由窗口右边的下拉窗口选择的事件所决定的——当前选择了 Instruction Fecth，因此左边两列数字中 Self 是自身取指令次数，Incl. 则是自下向上累加结果。可选的事件包括取指令次数 Instruction Fecth 和时钟周期估计值 Cycle Estimation，如果使用--simulate-cache＝yes 启动了 Cache 仿真，则还有由各级 Cache 的命中/缺失统计值，如图 7-3 所示。

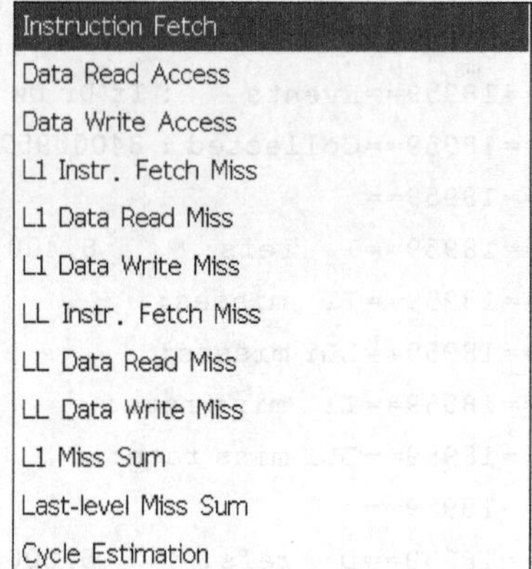

图 7-3　kcachegrind/callgrind 中可选的事件

单击所选函数则会在右边两个窗口显示该函数的信息。右上角有 Types 事件计数、Caller 被调用次数、All Callers 被调用次数(含各层间接调用)、Callee Map 子函数调用统计值的图示、Source Code 源代码以及相应的计数值。右下角是图形化的调用关系，以及相应的事件计数值，如图 7-4 所示。

callgrind 还可以分析分支预测(这个是处理器硬件功能)情况，需要使用--branch-sim＝

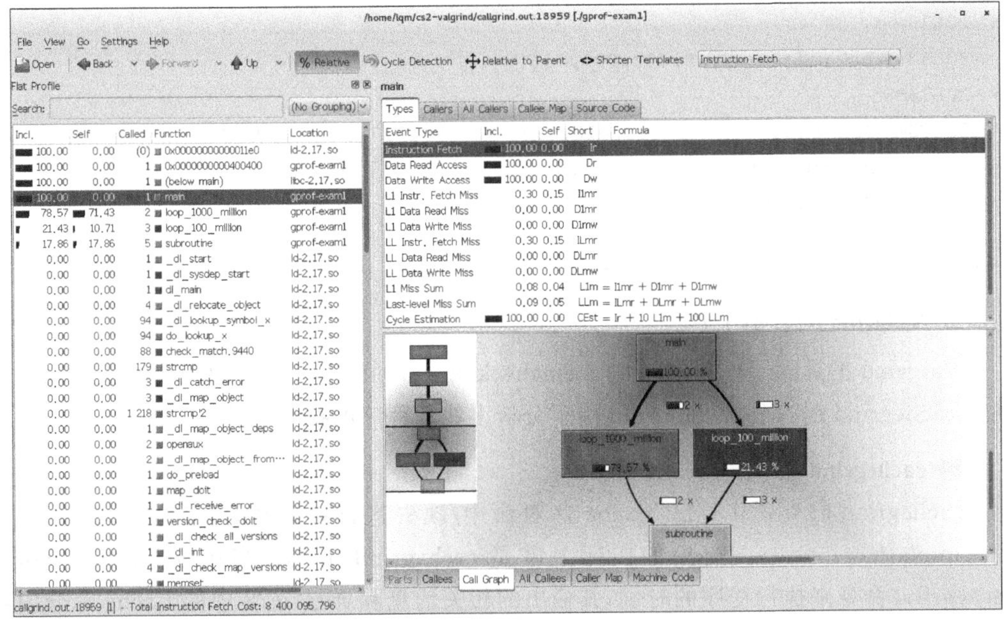

图 7-4　kcachegrind 界面

yes 命令行参数，如屏显 7-24 所示。结果显示分支预测准确率几乎接近 100%，全部分支指令为 2 800 018 193 条，预测失败的只有 1909 条。这是由于该程序中的分支全部都是循环，而且循环的迭代次数非常大，因此分支预测基本上都是准确的。如果代码中出现随机性很强的分支指令，则会出现分支预测准确率的下降，使得程序性能也出现下降。

屏显 7-24　callgrind 中使用--branch-sim=yes 启动分支预测分析

```
[lqm@localhost cs2-valgrind]$valgrind --tool=callgrind --branch-sim=yes ./
gprof-exam1
==20633==Callgrind, a call-graph generating cache profiler
==20633==Copyright (C) 2002-2015, and GNU GPL'd, by Josef Weidendorfer et al.
==20633==Using Valgrind-3.11.0 and LibVEX; rerun with -h for copyright info
==20633==Command: ./gprof-exam1
==20633==
==20633==For interactive control, run 'callgrind_control -h'.
==20633==
==20633==Events    : Ir Bc Bcm Bi Bim
==20633==Collected : 8400095796 2800017916 1846 277 63
```

```
==20633==
==20633==I   refs:       8,400,095,796
==20633==
==20633==Branches:       2,800,018,193  (2,800,017,916 cond +277 ind)
==20633==Mispredicts:            1,909  (        1,846 cond +  63 ind)
==20633==Mispred rate:             0.0% (          0.0%     +22.7%   )
[lqm@localhost cs2-valgrind]$
```

5. Valgrind 的其他工具

Valgrind 工具除了内存分析的 memcheck 和 massif 工具、调用图 callgrind 工具外，还有 cachegrind 缓存分析、helgrind 用于分析多线程程序的执行等其他工具。

■ **cachegrind**

cachegrind 仿真了 L1/L2 Cache 并对命中/缺失进行计数统计。前面 callgrind 中用--simulate-cache＝yes 启用的实际上就是 cachegrind 工具。当用 valgrind --tool＝cachegrind 命令来执行程序的时候，其输出的相关信息和屏显 7-22 中的 Cache 部分内容是相同的，因此这里不单独讨论。

■ **helgrind 与 DRD**

Valgrind 的 DRD 和 helgrind 用于多线程同步问题的检测，由于我们这里主要关注 C 程序，并未讨论 Linux 操作系统中的 pthread 线程的同步和死锁问题——因此这里不介绍这两个工具的使用。

■ **配合 GDB 工作**

Valgrind 还可以和 GDB 配合使用。对于目标程序 myprog，执行 valgrind --vgdb＝yes --vgdb-error＝0 myprog，然后在另一个终端执行 GDB，并用 target remote | vgdb 连接到 vaglrind 上。一旦 Valgrind 检测到错误，程序就会在 GDB 中自动停下来以便用户调试。

7.4.2 perf

perf 是 Linux kernel 自带的系统性能剖析工具，其功能非常强大。另有一个相似的工具称为 oprofile——perf 的优势在于与 Linux Kernel 的紧密结合。perf 适用于大到系统全局性能，再小到进程/线程级别，甚至到函数及汇编级别的性能分析。它不但可以分析指定应用程序的性能问题(per thread)，也可以用来分析内核的性能问题，当然也可以同时分析应用程序和内核，从而全面理解应用程序中的性能瓶颈。

Linux 性能计数器是一个新的基于内核的子系统，它提供一个性能分析框架，该框架下的性能数据来源有 3 种，分别是 PMU 硬件事件、内核软件事件和跟踪点事件。

(1) PMU 硬件事件(Hardware Event)是由 PMU 硬件产生的事件，例如 Cache 命令中，当需要了解程序对硬件特性的使用情况时，便需要对这些事件进行采样。

(2) 内核软件事件(Software Event) 是内核软件产生的事件，例如进程切换、tick 数等。

(3) 跟踪点事件(Tracepoint event)是内核中的静态 tracepoint 所触发的事件，这些 tracepoint 用来判断程序运行期间内核的行为细节，例如 slab 分配器的分配次数等。

上述每一个事件都可以用于采样，并生成一项统计数据，时至今日尚没有文档对每一个事件的含义进行详细解释，这使得性能分析工作是一个很依赖于经验的事情。

1. perf 工具集(命令)

perf 功能非常强大，内含许多性能分析工具，我们用 perf--help 可以查看到有 20 多种工具(命令)可用，如屏显 7-25 所示。如果系统还未安装 perf，则可以通过 yum install perf 进行安装。

屏显 7-25　perf 内部工具(命令)

```
[root@localhost xv6-public]#perf --help

usage: perf [--version] [--help] [OPTIONS] COMMAND [ARGS]

The most commonly used perf commands are:
  annotate        Read perf.data (created by perf record) and display annotated
                  code
  archive         Create archive with object files with build-ids found in perf.
                  data file
  bench           General framework for benchmark suites
  buildid-cache   Manage build-id cache.
  buildid-list    List the buildids in a perf.data file
  c2c             Shared Data C2C/HITM Analyzer.
  config          Get and set variables in a configuration file.
  data            Data file related processing
  diff            Read perf.data files and display the differential profile
  evlist          List the event names in a perf.data file
  ftrace          simple wrapper for kernel's ftrace functionality
  inject          Filter to augment the events stream with additional information
```

```
  kallsyms        Searches running kernel for symbols
  kmem            Tool to trace/measure kernel memory properties
  kvm             Tool to trace/measure kvm guest os
  list            List all symbolic event types
  lock            Analyze lock events
  mem             Profile memory accesses
  record          Run a command and record its profile into perf.data
  report          Read perf.data (created by perf record) and display the profile
  sched           Tool to trace/measure scheduler properties (latencies)
  script          Read perf.data (created by perf record) and display trace output
  stat            Run a command and gather performance counter statistics
  test            Runs sanity tests.
  timechart       Tool to visualize total system behavior during a workload
  top             System profiling tool.
  probe           Define new dynamic tracepoints
  trace           strace inspired tool

See 'perf help COMMAND' for more information on a specific command.

[root@localhost xv6-public]#
```

2. perf 性能事件

perf 可以跟踪大量的性能事件，包括 PMU 硬件事件、内核软件事件和跟踪点事件。用 perf list 可以查看所有这些事件，如屏显 7-26 所示，数量高达几百上千种。下面主要对 cpu-clock 事件，简单分析程序的执行时间(时钟周期计数)。

屏显 7-26　perf 事件

```
[root@localhost perf-file]#perf list >events-list
[root@localhost perf-file]#cat events-list
  alignment-faults                                    [Software event]
  context-switches OR cs                              [Software event]
  cpu-clock                                           [Software event]
  cpu-migrations OR migrations                        [Software event]
  dummy                                               [Software event]
  emulation-faults                                    [Software event]
  major-faults                                        [Software event]
```

```
  minor-faults                                  [Software event]
  page-faults OR faults                         [Software event]
  task-clock                                    [Software event]
  power/energy-cores/                           [Kernel PMU event]
  power/energy-gpu/                             [Kernel PMU event]
  power/energy-pkg/                             [Kernel PMU event]
  power/energy-ram/                             [Kernel PMU event]
  rNNN                                          [Raw hardware event descriptor]
  cpu/t1=v1[,t2=v2,t3 ...]/modifier             [Raw hardware event descriptor]
  mem:<addr>[/len][:access]                     [Hardware breakpoint]
  block:block_bio_backmerge                     [Tracepoint event]
...
  compaction:mm_compaction_isolate_freepages    [Tracepoint event]
...
  context_tracking:user_enter                   [Tracepoint event]
  context_tracking:user_exit                    [Tracepoint event]
  exceptions:page_fault_kernel                  [Tracepoint event]
  exceptions:page_fault_user                    [Tracepoint event]
  fence:fence_annotate_wait_on                  [Tracepoint event]
...
  filelock:break_lease_block                    [Tracepoint event]
...
  filemap:mm_filemap_add_to_page_cache          [Tracepoint event]
  filemap:mm_filemap_delete_from_page_cache     [Tracepoint event]
  ftrace:function                               [Tracepoint event]
  gpio:gpio_direction                           [Tracepoint event]
  gpio:gpio_value                               [Tracepoint event]
  iommu:add_device_to_group                     [Tracepoint event]
  iommu:attach_device_to_domain                 [Tracepoint event]
  iommu:detach_device_from_domain               [Tracepoint event]
...
  irq:irq_handler_entry                         [Tracepoint event]
...
  kmem:kfree                                    [Tracepoint event]
...
  libata:ata_eh_link_autopsy                    [Tracepoint event]
...
```

```
  mce:mce_record                                  [Tracepoint event]
  migrate:mm_migrate_pages                        [Tracepoint event]
  migrate:mm_numa_migrate_ratelimit               [Tracepoint event]
  module:module_free                              [Tracepoint event]
…
  mpx:bounds_exception_mpx                        [Tracepoint event]
…
  napi:napi_poll                                  [Tracepoint event]
  net:napi_gro_frags_entry                        [Tracepoint event]
…
  nfsd:layout_commit_lookup_fail                  [Tracepoint event]
…
  oom:oom_score_adj_update                        [Tracepoint event]
  pagemap:mm_lru_activate                         [Tracepoint event]
  pagemap:mm_lru_insertion                        [Tracepoint event]
  power:clock_disable                             [Tracepoint event]
…
  printk:console                                  [Tracepoint event]
  random:credit_entropy_bits                      [Tracepoint event]
…
  ras:aer_event                                   [Tracepoint event]
  ras:extlog_mem_event                            [Tracepoint event]
  ras:mc_event                                    [Tracepoint event]
  raw_syscalls:sys_enter                          [Tracepoint event]
  raw_syscalls:sys_exit                           [Tracepoint event]
  rcu:rcu_utilization                             [Tracepoint event]
  regmap:regcache_drop_region                     [Tracepoint event]
…
  rpm:rpm_idle                                    [Tracepoint event]
…
  sched:sched_kthread_stop                        [Tracepoint event]
…
  scsi:scsi_dispatch_cmd_done                     [Tracepoint event]
…
  signal:signal_deliver                           [Tracepoint event]
  signal:signal_generate                          [Tracepoint event]
```

```
  skb:consume_skb                                    [Tracepoint event]
  skb:kfree_skb                                      [Tracepoint event]
  skb:skb_copy_datagram_iovec                        [Tracepoint event]
  sock:sock_exceed_buf_limit                         [Tracepoint event]
  sock:sock_rcvqueue_full                            [Tracepoint event]
  sunrpc:rpc_bind_status                             [Tracepoint event]
…
  syscalls:sys_enter_accept                          [Tracepoint event]
…
  syscalls:sys_exit_accept4                          [Tracepoint event]
…
  task:task_newtask                                  [Tracepoint event]
  task:task_rename                                   [Tracepoint event]
  timer:hrtimer_cancel                               [Tracepoint event]
…
  udp:udp_fail_queue_rcv_skb                         [Tracepoint event]
  vmscan:mm_shrink_slab_end                          [Tracepoint event]
…
  vsyscall:emulate_vsyscall                          [Tracepoint event]
  workqueue:workqueue_activate_work                  [Tracepoint event]
…
  writeback:balance_dirty_pages                      [Tracepoint event]
…
  xen:xen_cpu_load_idt                               [Tracepoint event]
…
  xfs:xfs_agf                                        [Tracepoint event]
…
  xhci-hcd:xhci_address_ctx                          [Tracepoint event]
…
  xhci-hcd:xhci_dbg_ring_expansion                   [Tracepoint event]
```

3. perf 示例

下面展示如何用 perf 简单查看一下 gprof-exam1 程序运行过程中的 CPU 时钟计数。首先要用 perf 的 record 命令记录 gprof-exam1 运行过程中的事件，然后用 perf 的 report 命令查看事件的统计结果。

屏显 7-27　perf 记录 gprof-exma1 的性能相关的事件

```
[root@localhost lqm]#perf record -a -g ./gprof-exma1
[ perf record: Woken up 5 times to write data ]
[ perf record: Captured and wrote 1.835 MB perf.data (12925 samples) ]
[root@localhost lqm]#ls -l perf.data
-rw-------. 1 root root 1928832 1月   5 21:59 perf.data
[root@localhost lqm]#perf report -f  --call-graph none -g -c gprof-exma1
```

执行 perf report 命令后将弹出如图 7-5 所示的交互界面，按照 cpu-clock 事件的采样统计值排序，并且区分自身的 cpu-clock 开销和子函数的 cpu-clock 开销，有点类似于前面 gprof 的输出。将移动光标到前面有“＋”行并回车，将展开子函数调用的情况，如对 main 函数展开为 loop_1000_million 和 loop_100_million 两个函数调用，而前者继续展开有 subroutine 调用。

```
Samples: 12K of event 'cpu-clock', Event count (approx.): 3231250000
  Children      Self  Shared Object      Symbol
+   46.30%     0.00%  libc-2.17.so       [.] __libc_start_main
-   46.30%     0.00%  gprof-exma1        [.] main
   - main
      - 36.46% loop_1000_million
           3.20% subroutine
      + 9.83% loop_100_million
+   36.46%    33.23%  gprof-exma1        [.] loop_1000_million
+    9.83%     4.96%  gprof-exma1        [.] loop_100_million
+    8.08%     8.08%  gprof-exma1        [.] subroutine
     0.03%     0.03%  [kernel.kallsyms]  [k] __do_softirq
     0.03%     0.00%  [kernel.kallsyms]  [k] irq_exit
     0.03%     0.00%  [kernel.kallsyms]  [k] do_softirq
     0.03%     0.00%  [kernel.kallsyms]  [k] call_softirq
     0.02%     0.00%  [kernel.kallsyms]  [k] apic_timer_interrupt
     0.02%     0.00%  [kernel.kallsyms]  [k] smp_apic_timer_interrupt
     0.01%     0.01%  [kernel.kallsyms]  [k] __mem_cgroup_uncharge_common
     0.01%     0.00%  [kernel.kallsyms]  [k] do_group_exit
     0.01%     0.00%  [kernel.kallsyms]  [k] do_exit
     0.01%     0.00%  [kernel.kallsyms]  [k] __irqentry_text_start
     0.01%     0.00%  [kernel.kallsyms]  [k] mmput
     0.01%     0.00%  [kernel.kallsyms]  [k] exit_mmap
     0.01%     0.00%  [kernel.kallsyms]  [k] page_remove_rmap
     0.01%     0.00%  [kernel.kallsyms]  [k] mem_cgroup_uncharge_page
Tip: If you prefer Intel style assembly, try: perf annotate -M intel
```

图 7-5　用 perf report 命令查看 perf. data 文件

移动光标到 subroutine 函数上并回车，然后选择 Annotate subroutine，可以将分析数据反向标注到代码中，代码是 C 和汇编的混合模式，如图 7-6 所示。

perf 强大的性能事件捕捉能力使得它成为一款非常强大的全系统范围的性能剖析工具——当前面提到的 GCC 自带简易工具无法满足要求的时候，就应当考虑使用 perf。另外 perf 还可以配合其他工具给出图形化的输出（例如火焰图），由于篇幅原因无法展开讨论，请读者根据需要自行学习。

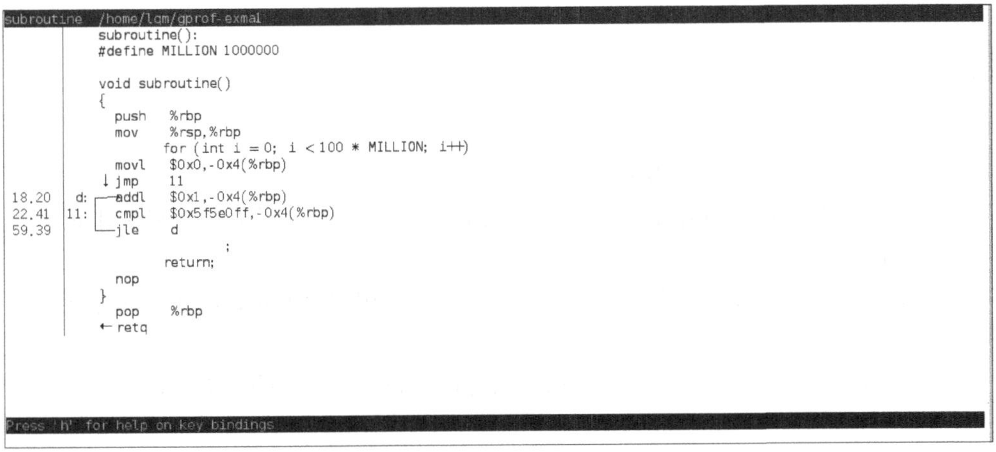

```
subroutine  /home/lqm/gprof-exmal
               subroutine():
               #define MILLION 1000000

               void subroutine()
               {
                 push   %rbp
                 mov    %rsp,%rbp
                        for (int i = 0; i < 100 * MILLION; i++)
                 movl   $0x0,-0x4(%rbp)
               ↓ jmp    11
18.20     d: ┌─addl   $0x1,-0x4(%rbp)
22.41    11: │ cmpl   $0x5f5e0ff,-0x4(%rbp)
59.39        └─jle    d
                              ;
                        return;
                 nop
               }
                 pop    %rbp
               ← retq

Press 'h' for help on key bindings
```

图 7-6 对 subroutine 函数反向标注

7.5 小结

本章讨论了功能调试和性能分析相关的问题。先介绍了只适用于库函数的三种打桩方法，这些方法需要根据具体情况加以选择使用。无论哪种方法都可以在包装函数中添加用户所需的各种功能代码(当然包括程序运行的性能数据收集)。接着讨论了 GCC 自带的 gprof 和 gcov 性能分析工具，了解了基于函数的分析和逐行分析两种不同手段。由于没有展示 gprof/gcov 的图形化扩展工具(例如 kprof)，有需要的读者请自行探索。

最后给出了另外两个工具，第一个是基于动态翻译执行方式的 Valgrind，它无须分析对象的源代码就可以工作。Valgrind 是一个多功能工具集，其中常用的是内存分析工具。第二个工具是 perf，可以完成系统级的性能分析，类似的还有 Oprofile 等工具。虽然 perf 和 Oprofile 两者的功能都非常强大并且比较相似，但 perf 是 Linux 内核自带的系统性能优化工具——优势在于与 Linux 内核的紧密结合。由于是系统级性能分析，因此 perf 性能数据来源有三种，分别是 PMU 硬件事件、内核软件事件和跟踪点事件。由于本书主要讨论 C 程序，因此不扩展到系统级性能分析，有需要的读者可以参考其他相关文献。

各种性能分析的方法并没有哪个有绝对优势，上述测试工具的功能也有相互重叠的地方，在应用中主要看应用场合和具体需求而选择其中一种或几种。

练习

1. 用 gprof 查看 zpipe.c 中的函数热点。

2. 对 zlib 库提供的 zpipe.c 样例程序,完成三种打桩方法,并在封装函数中记录函数名及其调用参数。

3. 用 callgrind 查看 zpipe.c 可执行文件的函数调用图,用 massif 查看内存使用总量的变化。

4. 用 perf 查看 zpipe.c 生成的可执行文件的运行,记录 Cache 缺失率。

第 8 章

综合实例：HDFS 中实现 zlib 库的旁路

本章以一个综合示例来展示 C 语言知识、编译知识、链接知识和若干工具使用，在一个具体目标的指引下，经过分析、方案选择和编码实施过程将它们形成一个有机联系互相支撑的感性认识。

8.1 项目需求

在一个项目中需要用将分布式文件系统(The Hadoop① Distributed File System，HDFS)的 gzip 数据压缩功能从 CPU 转移到 FPGA 硬件压缩卡，以便加快压缩速度、解放 CPU 用于其他工作。其目标是不影响现有软件功能(HDFS 使用 FPGA 硬件压缩除外)，其他软件仍正常地通过原生 zlib 库 libz. so. 1 使用 CPU 进行压缩和解压缩，如图 8-1 所示。

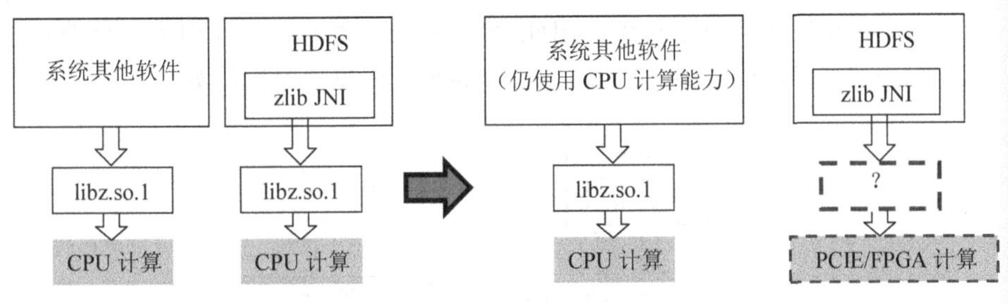

图 8-1 HDFS 中实现 gzip 压缩的 FPGA 加速

---

① http://hadoop.apache.org/。

由于只关注存储时数据压缩，因此只需要关注 Hadoop 中的 HDFS 即可，无须对 Hadoop 全系统有深入了解；同理，也不要深入到 zlib 库的细节中。请读者将注意力放到 C 代码相关的编译链接等知识上。

8.2 系统分析

Hadoop 目前支持的压缩方式有 gzip、bzip2、LZO、Snappy、zstd 等几种压缩方式，但 HDFS 并不自己实现上述压缩代码，而是通过 JNI 直接调用系统中的相关压缩库（对于 gzip 则是调用 libz. so. 1 库），因此所有工作的焦点就在如何处理对这个库调用。由于项目使用的 FPGA 加速卡已经开发有驱动程序和相应的 API 库——libcprss. so. 1，因此最关键的就是要将 HDFS 发出的 libz. so. 1 调用转向到 libcprss. so. 1 的调用上。

8.2.1 整体方案

由于 Linux 系统中很多功能都会用到 gzip 压缩库，因此既要考虑 HDFS 能正确完成 gzip 压缩，也要保证其他软件的 gzip 压缩功能。第一种方案就是将 libz. so. 1 替换掉，所有软件都能利用 FPGA 加速压缩，这就要求对 libz. so. 1 的所有 API 函数功能都正确实现，相对工作量比较大。第二种方案仅将 HDFS 对 libz. so. 1 的调用进行处理，将 HDFS 用到的几个 API 函数正确实现即可，其工作量与第一种方案比要小得多，这也是图 8-1 给出的方案。

为了让 HDFS 调用专用的库，可以有多种方法。最简单的就是在 HDFS 的本地库目录（…hadoop-x. y. z/lib/native/lib/native）中给出修改后的 libz. so. 1 库，HDFS 将先搜索这个目录，然后才会在系统库目录下搜索。因此，HDFS 将在本地库目录中使用修改后的 libz. so. 1 库，从而旁路掉系统的 libz. so. 1 库。此时，系统工作原理大致如图 8-2 所示。

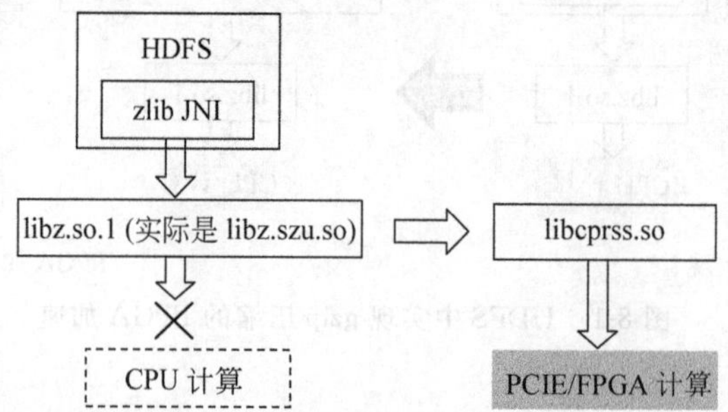

图 8-2　HDFS 中 libz. so. 1 调用转向到基于 FPGA 的 licprss. so. 1 库

8.2.2　Haddop 的 gzip JNI

由于不是完全重新实现 libz. so. 1，而是仅对 HDFS 调用的相关函数作修改，因此第一件事情就是要知道 HDFS 到底调用了哪几个函数，从而确定修改范围。为了搞清这个情况，可以有多种方案选择。例如，可以用前面提到的打桩法，先对 libz. so. 1 所有函数进行封装，并在封装函数中插入日志记录功能，能记录 HDFS 发出的调用，从而得出被调用函数列表，以及具体的调用顺序和参数等。如果考虑编译时打桩，就要对 HDFS 的 JNI 部分代码作修改，编写封装用的头文件和相关封装函数并重新编译。使用--wrap 标志的链接时打桩技术并不适用于这里，因为这里不是静态链接。也可以利用环境变量 LD_PRELOAD 的动态链接打桩技术，这要求对 libz. so. 1 的所有 API 函数做一个封装并进行调用记录。

实际上，分析一下 HDFS 中 gzip 压缩相关的 JNI 代码，就可以直接获得被调用函数的全部列表，因为其 JNI 代码使用运行时加载 libz. so. 1(而不是加载时完成链接)。这样就无须对库函数进行封装编码，大大减少了工作量。

1. ZlibCompressor. c

如果分析 HDFS JNI 关于 gzip 压缩相关的目录 hadoop-2. 6. 5-src\hadoop-common-project\ hadoop-common\src\main\native\src\org\apache\hadoop\io\compress\zlib 下的文件 ZlibCompressor. c，可以知道它是通过 dlopen()运行时打开 libz. so. 1 动态库的，并且用到其中 5 个函数，如屏显 8-1 所示。

屏显 8-1　ZlibCompressor. c（部分）

```
…

#ifdef UNIX
static int (*dlsym_deflateInit2_)(z_streamp, int, int, int, int, int, const char
*, int);
static int (*dlsym_deflate)(z_streamp, int);
static int (*dlsym_deflateSetDictionary)(z_streamp, const Bytef *, uInt);
static int (*dlsym_deflateReset)(z_streamp);
static int (*dlsym_deflateEnd)(z_streamp);
#endif

…
```

```
JNIEXPORT void JNICALL
Java_org_apache_hadoop_io_compress_zlib_ZlibCompressor_initIDs(
   JNIEnv * env, jclass class
   ) {
#ifdef UNIX
   //Load libz.so
   void * libz = dlopen(HADOOP_ZLIB_LIBRARY, RTLD_LAZY | RTLD_GLOBAL);
  if (!libz) {
     THROW(env, "java/lang/UnsatisfiedLinkError", "Cannot load libz.so");
       return;
   }
#endif
…

#ifdef UNIX
   //Locate the requisite symbols from libz.so
   dlerror();                                  //Clear any existing error
  LOAD_DYNAMIC_SYMBOL(dlsym_deflateInit2_, env, libz, "deflateInit2_");
  LOAD_DYNAMIC_SYMBOL(dlsym_deflate, env, libz, "deflate");
  LOAD_DYNAMIC_SYMBOL(dlsym_deflateSetDictionary, env, libz,
"deflateSetDictionary");
  LOAD_DYNAMIC_SYMBOL(dlsym_deflateReset, env, libz, "deflateReset");
  LOAD_DYNAMIC_SYMBOL(dlsym_deflateEnd, env, libz, "deflateEnd");
#endif

…
```

2. ZlibDecompressor. c

同理，在 ZlibDecompressor. c 中也看到关于解压缩所用到 libz. so. 1 中的 5 个函数，如屏显 8-2 所示。

屏显 8-2　ZlibDecompressor. c（部分）

```
#ifdef UNIX
static int (* dlsym_inflateInit2_)(z_streamp, int, const char * , int);
static int (* dlsym_inflate)(z_streamp, int);
```

```
static int (*dlsym_inflateSetDictionary)(z_streamp, const Bytef *, uInt);
static int (*dlsym_inflateReset)(z_streamp);
static int (*dlsym_inflateEnd)(z_streamp);
#endif
...
JNIEXPORT void JNICALL
Java_org_apache_hadoop_io_compress_zlib_ZlibDecompressor_initIDs(
JNIEnv *env, jclass class
    ) {
    //Load libz.so
#ifdef UNIX
  void *libz =dlopen(HADOOP_ZLIB_LIBRARY, RTLD_LAZY | RTLD_GLOBAL);
    if (!libz) {
      THROW(env, "java/lang/UnsatisfiedLinkError", "Cannot load libz.so");
      return;
    }
#endif
...
    //Locate the requisite symbols from libz.so
#ifdef UNIX
    dlerror();                                  //Clear any existing error
    LOAD_DYNAMIC_SYMBOL(dlsym_inflateInit2_, env, libz, "inflateInit2_");
    LOAD_DYNAMIC_SYMBOL(dlsym_inflate, env, libz, "inflate");
    LOAD_DYNAMIC_SYMBOL(dlsym_inflateSetDictionary, env, libz,
"inflateSetDictionary");
    LOAD_DYNAMIC_SYMBOL(dlsym_inflateReset, env, libz, "inflateReset");
    LOAD_DYNAMIC_SYMBOL(dlsym_inflateEnd, env, libz, "inflateEnd");
#endif
```

3. JNI函数列表

根据屏显8-1和屏显8-2,列出HDFS通过JNI调用的libz.so.1函数列表,如代码8-1所示。

代码8-1 libz.so.1中被HDFS JNI调用的函数列表

```
static int deflateInit2_          (z_streamp, int, int, int, int, int, const
                                   char *, int);
```

```
static int deflate                 (z_streamp, int);
static int deflateSetDictionary)   (z_streamp, const Bytef * , uInt);
static int deflateReset            (z_streamp);
static int deflateEnd              (z_streamp);
static int inflateInit2_           (z_streamp, int, const char * , int);
static int inflate                 (z_streamp, int);
static int inflateSetDictionary    (z_streamp, const Bytef * , uInt);
static int inflateReset            (z_streamp);
static int inflateEnd              (z_streamp);
```

此时获得了被 HDFS 调用的 libz. so. 1 库的函数，也就是确定了需要修改的范围。其中带有 deflate 的是压缩函数，带有 inflate 的是解压缩函数。

8.2.3 zlib 分析

确定修改范围后，还需要知道 libz. so. 1 如何与上层应用 HDFS 交互，即接口逻辑。在理解该接口逻辑的基础上，才能实现将 zlib 的计算能力从 CPU 转向到 FPGA。其中最重要的就是弄清楚应用程序和 libz. so. 1 库之间的数据传送方式——输入和输出缓冲区管理等细节。

如果读者对 zlib 细节不感兴趣，可以跳过本节，继续阅读 8.2.4 节，也能理解整个项目的整体思路。

1. zlib 的几种压缩格式

zlib 库提供了 CPU 在内存中完成压缩和解压缩的能力，并可以对解压后的数据完整性进行检查。如果缓冲区足够大(待压缩文件使用 mmap 方式)，压缩可以单次完成，否则需要经过多次操作。压缩文件格式默认为 zlib 格式(RFC 1950[①])，内含压缩 deflate 流(RFC 1951[②])。zlib 还支持 gzip(. gz)格式文件，gzip 文件(RFC 1952[③])内含压缩 deflate 流。zlib 库也可以读写内存中的 gzip 或原始的 deflate 流，如图 8-3 所示。zlib 格式用于内存中或通信信道上的流式压缩，而 gzip 用于单个文件的压缩，因此 gzip 格式比 zlib 格式具有更大的文件首部、校验速度也较慢。

在 HDFS 中使用的是 deflate 格式，因此也不关心 gzip 和 zlib 的格式细节。

---

① https: //tools. ietf. org/html/rfc1950。

② https: //tools. ietf. org/html/rfc1951。

③ https: //tools. ietf. org/html/rfc1952。

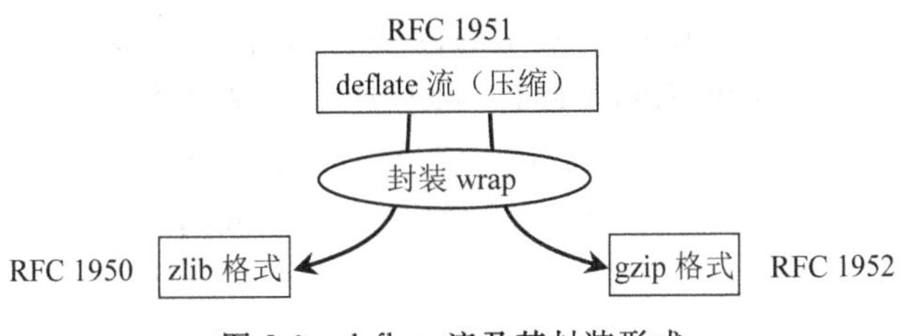

图 8-3　deflate 流及其封装形式

2. 缓冲区管理

通过查看 zlib 库的文档和代码可知：上层程序对 zlib 的调用是通过一个 z_stream 结构体(代码 8-2)描述的缓冲区来交互的。该数据结构同时指定了输入缓冲区和输出缓冲区的细节。上层应用程序需要准备好输入缓冲区，并设置 z_stream 的 next_in 指向缓冲区起始位置，avail_in 记录该缓冲区剩余的空闲空间字节计数，tatol_in 清零(在多次调用间累计总数)。

代码 8-2　z_stream 结构体

```
typedef struct z_stream_s {
    z_const Bytef *next_in;   /* next input byte */
    uInt     avail_in;        /* number of bytes available at next_in */
    uLong    total_in;        /* total number of input bytes read so far */

    Bytef    *next_out;       /* next output byte will go here */
    uInt     avail_out;       /* remaining free space at next_out */
    uLong    total_out;       /* total number of bytes output so far */

    z_const char *msg;        /* last error message, NULL if no error */
    struct internal_state FAR *state;    /* not visible by applications */

    alloc_func zalloc;        /* used to allocate the internal state */
    free_func  zfree;         /* used to free the internal state */
    voidpf     opaque;   /* private data object passed to zalloc and zfree */

    int      data_type;   /* best guess about the data type: binary or text
                             for deflate, or the decoding state for inflate */
    uLong    adler;       /* Adler-32 or CRC-32 value of the uncompressed data */
    uLong    reserved;    /* reserved for future use */
} z_stream;

typedef z_stream FAR *z_streamp;
```

其中的 internal_state 是压缩库使用的内部状态信息，主要用于编码器管理内部进度、缓冲区的用途。由于使用 FPGA 硬件压缩，这些信息基本上可以忽略。但如果需要将 deflate 流封装成 zlib 流或 gzip 流，则还需要从中获得 alder32 或 CRC 校验码（不在 deflate 码流中）。最后还定义了一个相应的指针 z_streamp，在对 zlib 库函数调用时作为参数传递。

在调用 deflate 压缩和 inflate 解压缩的时候，第二个参数是数据刷出方式。后面会看到 HDFS 使用的是 Z_FINISH 模式，也就是说 zlib 库不会“私藏”已压缩的数据，而是全部一次性地刷出到 z_stream. next_out 缓冲区，如图 8-4 所示。

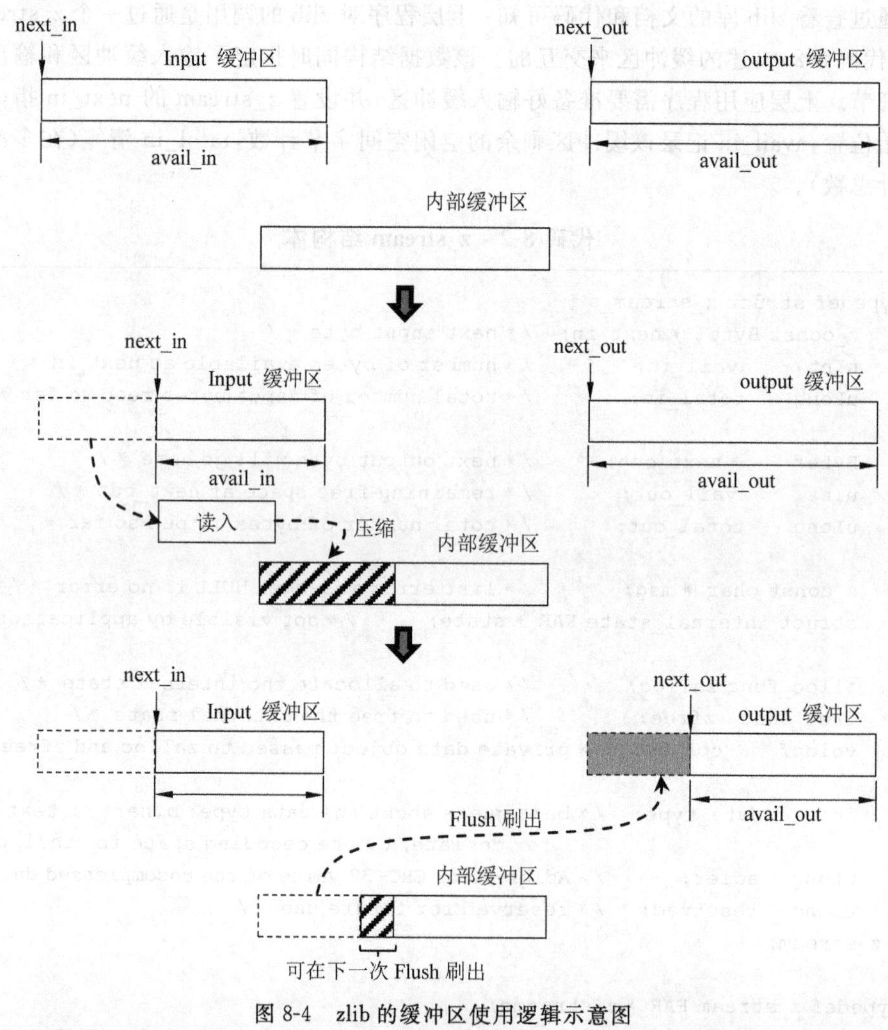

图 8-4 zlib 的缓冲区使用逻辑示意图

8.2.4　测定 z_stream 成员大小

使用 zlib 库的接口的关键数据是 z_stream。但是从代码 8-2 中并不能直接看出 z_stream 成员所占空间大小，例如 uLong 类型是在 zlib 库的 zconf.h 中定义的，而且是系统相关的。考虑到 32 位系统与 64 位系统的差异等原因，没有把握知道 uLong 到底占用几个字节空间，可以用 gdb 的功能来查看其成员大小，然后才与硬件加速卡的 libcprss.so 库对接。

1. 跟踪 HDFS 调用 zlib 库

为了能用 gdb 查看变量的信息，首先要有被调试的对象。这里使用 Hadoop 自带的 wordcount 程序，如屏显 8-3 所示。其中 Hadoop 应用是 wordcount，输入文件是/test1/Mystart.sh，输出文件是/test1/output00。

屏显 8-3　运行 Hadoop 样例程序 wordcount

```
hadoop @ hessen - hadoop - 315: hadoop jar /home/hadoop/bigdata/hadoop/share/
hadoop/mapreduce/hadoop - mapreduce - examples - 2. 6. 5. jar wordcount /test1/
Mystart.sh /test1/output00
```

启动 Hadoop 的 wordcount 程序后，可以用 jps 查看相关的进程，显示如屏显 8-4 所示。

屏显 8-4　用 jps 查看 Hadoop 相关进程

```
hadoop@hessen-hadoop-315:/home/hessen$jps
13107 MRAppMaster
2452 SecondaryNameNode
3317 NodeManager
2342 DataNode
13895 Jps
13002 RunJar
14051 YarnChild
3055 ResourceManager
2223 NameNode
hadoop@hessen-hadoop-315:
```

Hadoop 的 ResourceManager 为任务分配了容器后，ApplicationMaster 就通过节点间通信来启动 NodeManager 中的容器，任务由容器中的 YarnChild 应用程序执行。查看/proc/

PID/maps 可以进一步确认该 YarnChild 进程使用了 libz. so. 1 库，如屏显 8-5 所示。

屏显 8-5　查看 YarnChild 的进程影像

```
/home/hessen$cat /proc/14051/maps |grep libz
7f3504de3000-7f3504dfe000 r-xp 00000000 08:01 19136616
/opt/hadoop/hadoop-2.9.2/lib/native/libz.so.1
7f3504dfe000-7f3504ffd000 ---p 0001b000 08:01 19136616
/opt/hadoop/hadoop-2.9.2/lib/native/libz.so.1
7f3504ffd000-7f3504ffe000 r--p 0001a000 08:01 19136616
/opt/hadoop/hadoop-2.9.2/lib/native/libz.so.1
7f3504ffe000-7f3504fff000 rw-p 0001b000 08:01 19136616
/opt/hadoop/hadoop-2.9.2/lib/native/libz.so.1
7f352a620000-7f352a63a000 r-xp 00000000 08:01 19663519
/opt/jdk1.8.0_191/jre/lib/amd64/libzip.so
7f352a63a000-7f352a83a000 ---p 0001a000 08:01 19663519
/opt/jdk1.8.0_191/jre/lib/amd64/libzip.so
7f352a83a000-7f352a83b000 r--p 0001a000 08:01 19663519
/opt/jdk1.8.0_191/jre/lib/amd64/libzip.so
7f352a83b000-7f352a83c000 rw-p 0001b000 08:01 19663519
/opt/jdk1.8.0_191/jre/lib/amd64/libzip.so
hadoop@hessen-hadoop-315:/home/hessen$
```

2. 测定 z_stream 的成员大小

既然找到了使用 libz. so. 1 库的进程，那么就可以用 gdb 调试该进程。可以对正在运行的 Hadoop 用户进程 14051 用 gdb -p PID 进行跟踪，然后用 p sizeof(DataName)进行查看，获得 z_stream 各个成员大小，如屏显 8-6 所示。利用这些信息，可以检查 libcprss. so 中的 ex_compress()和 ex_decompress()函数的调用参数是否相匹配。

屏显 8-6　用 gdb 查看 z_stream 成员的真实大小

```
hadoop@hessen-hadoop-315:/home/hessen$sudo gdb -silent -p 14051
Attaching to process 14051
[New LWP 14052]
[New LWP 14053]

...
```

```
[New LWP 14074]
[New LWP 14075]
[New LWP 14089]
[New LWP 14091]
[New LWP 14092]
[Thread debugging using libthread_db enabled]
Using host libthread_db library "/lib/x86_64-linux-gnu/libthread_db.so.1".
0x00007f8bf3f23d2d in __GI___pthread_timedjoin_ex (threadid=140239074232064,
thread_return=0x7fffe15
89      pthread_join_common.c: No such file or directory.
(gdb) p sizeof(z_stream)
$1 =112
(gdb) p sizeof(Bytef)
$2 =1
(gdb) p sizeof(uInt)
$3 =4
(gdb) p sizeof(uLong)
$4 =8
(gdb) p sizeof(voidpf)
$5 =8
(gdb) p sizeof(Bytef *)
$6 =8
(gdb)
```

8.3 编码实现

在弄清楚 zlib 的工作原理及核心数据结构 z_stream、涉及的函数范围、参数大小后，就可以开始着手修改 libz. so. 1 库了。先给 zlib 库增加日志功能，从而可以了解 HDFS 对 zlib 的调用逻辑和所使用的参数等信息。有了足够的了解之后，就可修改 libz. so. 1 源代码，使用 libcprss. so 库的功能进行替换，将任务卸载到 FPGA 加速卡上。

8.3.1 zlib 日志

由于 HDFS 的线程里不便于使用 printf()输入调试信息(已经关闭了终端)，因此可以使用 Log4c 日志库来记录相关信息，包括 zlib 库的压缩解压缩函数调用时使用的参数等。

8.3.2 Log4c

Log4c(Log for C)是一个 C 库,用于对文件、syslog 和其他目的地进行灵活的日志记录。它参照了 LogforJava(http://jakarta.apache.org/log4j/)库的接口形式和功能。Log4c 适用于 C 语言,可以用在 Linux、Windows 和 BSD 家族的系统上,适用范围广。本项目中选择 Log4c 可以非常好地配合 zlib 库工作,读者也可以将 Log4c 应用于自己的项目中。

从 http://log4c.sourceforge.net/下在源代码并配置安装(如屏显 8-7),其中 configure 命令中的--prefix 用于指定安装路径(读者可以选择其他目录)。

屏显 8-7 安装 Log4c

```
$tar -zxvf  log4c-1.2.4.tar.gz
$cd log4c-1.2.4/
$./configure --prefix=/root/log4c/installation
$make
$make install
```

1. 配置文件

Log4c 依赖于配置文件来工作,指定日志的输出级别、文件位置和回滚策略等。Log4c 的配置所在目录优先级排序如下:最高优先级的是 LOG4C_RCPATH 环境变量给出的路径,其次是默认寻找的 home 目录下的配置文件,最后查找当前目录下的 log4crc 配置文件。

```
1. ${LOG4C_RCPATH}/log4crc
2. ${HOME}/.log4crc
3. ./log4crc
```

Log4crc 是一个 XML 格式的配置文档,如代码 8-3 所示,其中有三个重要的概念:Category、Appender 和 Layout。

代码 8-3 修改后的 log4crc 配置文件

```
<?xml version="1.0" encoding="ISO-8859-1"?>
<!DOCTYPE log4c SYSTEM "">

```

```
<log4c>

        <config>
                <bufsize>0</bufsize>
                <debug level="2"/>
                <nocleanup>0</nocleanup>
                <reread>1</reread>
        </config>

        <!--root category ========================================-->
        <category name="root" priority="notice"/>

        <category name="zlib" priority="notice" appender="zlib"/>
        <category name="log4c.examples.helloworld" priority="debug"
appender="stdout"/>


        <appender name="rollfile" type="rollingfile" logdir="." prefix=
"Testlog" layout="dated" rollingpolicy="RollingPolicy"/>
        <appender name="zlib" type="rollingfile" logdir="/tmp" prefix=
"Zliblog" layout="dated" rollingpolicy="RollingPolicy2"/>

        <!--default appenders ===================================-->
        <appender name="stdout" type="stream" layout="basic"/>
        <appender name="stderr" type="stream" layout="dated"/>
        <appender name="syslog" type="syslog" layout="basic"/>

        <!--default layouts ========================================-->
        <layout name="basic" type="basic"/>
        <layout name="dated" type="dated"/>
        <rollingpolicy name="RollingPolicy" type="sizewin" maxsize="102400"
maxnum="10"/>
        <rollingpolicy name="RollingPolicy2" type="sizewin" maxsize=
"102400" maxnum="3"/>
</log4c>
```

配置中的 Category 用于区分不同类型的日志，在一个程序中我们可以通过 Category 来指定多种类型的日志。Appender 用于描述输出流，通过为 Category 来指定一个 Appender，可以决定将日志信息输出到什么地方，比如 stdout、stderr 和 rollingfile。Layout 用于指定日志信息的格式，需要为 Appender 指定一个 Layout 用于决定日志信息以何种格式来记录，比如是否带有时间戳，是否包含文件位置信息，以及它们是否在一条日志信息中的输出格式等。

一个 Category 需要指定一个 Appender，一个 Appender 需要指定一个 Layout。这里在第 17 行加入了我们定义的类型"zlib"（其他不需要的类型其实可以删除掉），并在第 21 行指出所使用的 Appender 是 dated 和 Rollingpolicy2。Rollingpolicy2 里的 maxsize 表示最大文件超过 102400 字节重新建立文件，maxnum 表示数量超过 3 个文件则开始覆盖之前产生的文件。

完成安装和配置后，就可以在 zlib 库中使用其功能了。

2. 使用 liblog4c 库

为了更简易地使用 Log4c，我们用 log.h 对 log4c.h 进行二次封装，如代码 8-4 所示。该头文件封装了几个常用的接口，定义了几个宏来简化 log_message()的调用，log_message()又是对 log4c_category_vlog()的封装。应用时，先用 logopen()打开日志文件，如果要在指定位置输出信息，则使用 LOG_DEBUG(内容)输出即可。

代码 8-4 log.h

```
#ifndef _LOG_H_
#define _LOG_H_

#include <string.h>
#include <stdlib.h>
#include <assert.h>
#ifdef __cplusplus
extern "C"
{
#endif

#include <log4c.h>

#ifdef __cplusplus
}
#endif
```

```
#define LOG_PRI_ERROR              LOG4C_PRIORITY_ERROR
#define LOG_PRI_WARN               LOG4C_PRIORITY_WARN
#define LOG_PRI_NOTICE             LOG4C_PRIORITY_NOTICE
#define LOG_PRI_DEBUG              LOG4C_PRIORITY_DEBUG
#define LOG_PRI_TRACE              LOG4C_PRIORITY_TRACE

extern int log_open(const char * category);
extern void log_message(int priority,const char* fmt, ...);
extern void log_trace(const char * file, int line, const char * func, const char * fmt,...);
extern int log_close();

#define LOG_ERROR(fmt, args...)     \
    log_message(LOG_PRI_ERROR, fmt, ##args)
#define LOG_WARN(fmt, args...)      \
    log_message(LOG_PRI_WARN, fmt, ##args)
#define LOG_NOTICE(fmt, args...)    \
    log_message(LOG_PRI_NOTICE, fmt, ##args)
#define LOG_DEBUG(fmt, args...)     \
    log_message(LOG_PRI_DEBUG, fmt, ##args)
#define LOG_TRACE(fmt,args...)      \
    log_trace(__FILE__, __LINE__, __FUNCTION__, fmt,##args)


#endif
static log4c_category_t * log_category =NULL;

int log_open(const char * category)
{
    if (log4c_init() !=0)
    {
        printf("log_open fail\n");
        return -1;
    }
printf("log_open is %s ok\n",category);
log_category =log4c_category_get(category);
```

```
        return 0 ;
    }

    void log_message(int priority, const char * fmt, ...)
    {
        //printf("this a log_message\n");
        va_list ap;

        assert(log_category !=NULL);

        va_start(ap, fmt);
        log4c_category_vlog(log_category, priority, fmt, ap);
        va_end(ap);
    }

```

然后在 deflate.c 文件引入 log.h 头文件，并修改初始化函数 deflateInit2_()，用 log_open()打开日志文件。由于后面需要使用 FPGA 加速卡的 libcprss.so 库，因此在初始化函数 deflateInit2_()里面也用 dlopen()打开 libcprss.so 库，并在日志中记录是否成功，如代码 8-5 所示。

代码 8-5　修改 deflateInit2_()函数以支持 liblog4c 库

```
int ZEXPORT deflateInit2_(strm, level, method, windowBits, memLevel,
                    strategy, version, stream_size)
    z_streamp strm;
    int  level;
    int  method;
    int  windowBits;
    int  memLevel;
    int  strategy;
    const char * version;
    int stream_size;
{
    log_open("zlib");
    LOG_DEBUG("deflateInit2_ exe");

```

```
    void* dlcpress=dlopen
("/home/hessen/da200-compress/lib/libcprss.so",RTLD_LAZY|RTLD_GLOBAL);
    if(dlcpress ==NULL)
    {
        LOG_DEBUG("dlcpress open error");
    }else {
        LOG_DEBUG("dlcpress open success");
    }
```

对压缩函数 deflate()的修改分成两步，首先是利用 Log4c 记录调用参数的信息，确认是 Z_FINISH 刷出模式(参见后面屏显 8-11)后，才能根据这些信息编写出调用 libcprss. so 库的 deflate 代码。

此时 HDFS 通过 JNI 调用我们所写的代码 8-6 中的 deflate()，而 delfate()当前几乎什么也不做，只是记录调用参数并按照约定的方式消费掉缓冲区中的数据，以后将会调用 libcprss 的 ex_compress()完成压缩。

代码 8-6　修改后的 deflate()

```
int ZEXPORT deflate (strm, flush)
        z_streamp strm;
        int flush;
    {
        LOG_DEBUG("deflate exe");               //日志记录内容
        LOG_DEBUG("deflate begin | avail_in =%d",strm->avail_in);
        LOG_DEBUG("deflate begin | avail_out =%d",strm->avail_out);
        LOG_DEBUG("deflate begin | flush =%d",flush);
        strm->next_in +=strm->avail_in;         //消费掉输入数据
        strm->avail_in =0;
        strm->next_out +=filesize;              //产生出“空”的输出数据
        strm->avail_out -=filesize;
```

```

    return Z_STREAM_END;

  }
```

3. makefile 修改

修改完 zlib 库的代码后，如果直接执行 make 命令，则报告"undefined reference to 'log4c_init'"，无法找到 log4_init 等信息，如屏显 8-8 所示。

屏显 8-8　编译时提示缺少 Log4c 相关函数的定义等

```
...
ar rc libz.a adler32.o crc32.o deflate.o infback.o inffast.o inflate.o inftrees.
o trees.o zutil.o compress.o uncompr.o gzclose.o gzlib.o gzread.o gzwrite.o
gcc -O3 -D_LARGEFILE64_SOURCE=1 -DHAVE_HIDDEN -o example example.o -L. libz.a
libz.a(deflate.o): In function 'log_open':
deflate.c:(.text+0x1e4a): undefined reference to 'log4c_init'
deflate.c:(.text+0x1e6e): undefined reference to 'log4c_category_get'
libz.a(deflate.o): In function 'log_message':
deflate.c:(.text+0x1f7c): undefined reference to '__log4c_category_vlog'
libz.a(deflate.o): In function 'log_trace':
deflate.c:(.text+0x20e7): undefined reference to '__log4c_category_vlog'
libz.a(deflate.o): In function 'deflateInit2_':
deflate.c:(.text+0x3920): undefined reference to 'log4c_init'
deflate.c:(.text+0x394e): undefined reference to 'log4c_category_get'
libz.a(deflate.o): In function 'deflateInit_':
deflate.c:(.text+0x3d57): undefined reference to 'log4c_init'
deflate.c:(.text+0x3d85): undefined reference to 'log4c_category_get'
libz.a(deflate.o): In function 'log_close':
deflate.c:(.text+0x2131): undefined reference to 'log4c_fini'
collect2: error: ld returned 1 exit status
Makefile:289: recipe for target 'example' failed
make: *** [example] Error 1
```

因此还需要利用前面学习过的知识来修改 makefile 文件，使得编译过程中链接环节能完成符号解析。

■ **makefile 分析**

根据前面 5.2 节学习过的知识来分析 makefile 的依赖关系，可以知道 Zlib 库的 makefile 主要编译了 libz.a 静态库、libz.so.1.2.11 动态库（以及两个符号链接 libz.so 和 libz.so），以及基于静态库的 example、inigzip、example64、minigzip64 可执行文件和基于动态库的 examplesh、minigzipsh 可执行文件，具体如图 8-5 所示。

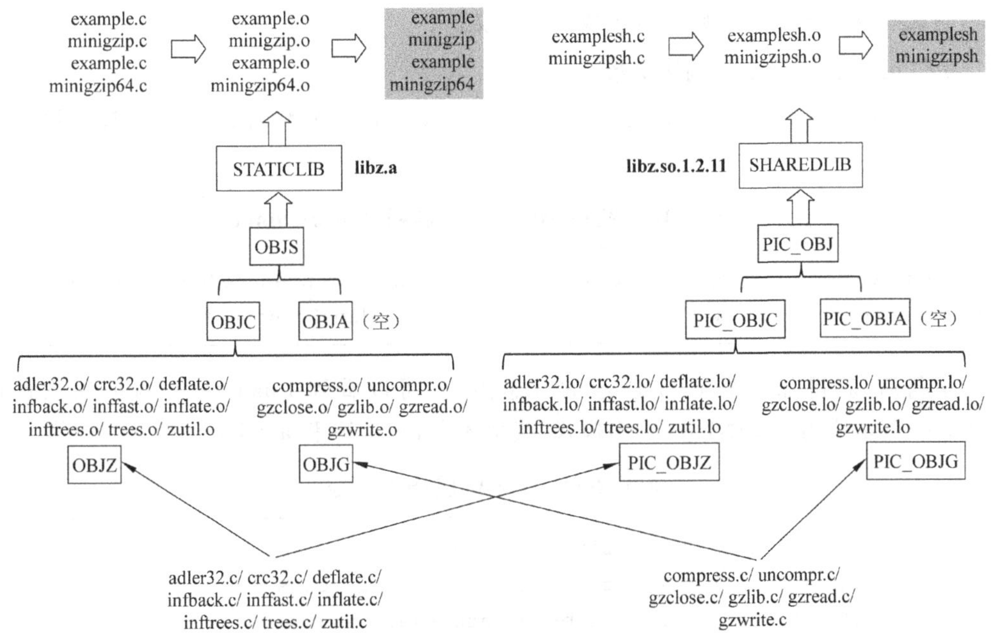

图 8-5　zlib 的 makefile 依赖关系示意图

如果读者完成了第 5 章的练习 2，则知道 zlib 的 Makefile 的编写并不简练，使用自动化变量等方式可以简化其代码。

■ **增加链接所需的库**

由于这里只需要 libz.so.1.2.11，因此将所有可执行文件的编译命令部分都注释掉，只留下 libz.so.1.2.11，即 $(SHAREDLIBV) 部分，并且将所依赖的 dl 和 log4c 库也加上(-ldl -llog4c)，如屏显 8-9 的 282 行所示。

屏显 8-9　下改后的 Makefile（节选部分）

```
281  placebo $(SHAREDLIBV): $(PIC_OBJS) libz.a
282       $(LDSHARED) $(SFLAGS) -o $@$(PIC_OBJS) $(LDSHAREDLIBC) $(LDFLAGS) -ldl-llog4c
```

```
	rm -f $(SHAREDLIB) $(SHAREDLIBM)
	ln -s $@$(SHAREDLIB)
	ln -s $@$(SHAREDLIBM)
	-@rmdir objs

```

这时再次执行 make,则可以生成共享库文件。

4. Log4c 日志记录的调用参数

执行 Hadoop 的样例程序 wordcount,将 ww.input 文本内容统计字数后输出到 output41 文件中,如屏显 8-10 所示。

屏显 8-10 执行 Hadoop 样例程序 wordcount

```
$hadoop jar /opt/hadoop/hadoop-2.9.2/share/hadoop/mapreduce/hadoop-mapreduce
-examples-2.9.2.jar  wordcount /demo2/ww.input /demo2/output41
```

运行后,获得如屏显 8-11 所示的日志内容,可以看到 flush = 4,说明每次调用 deflate()都是使用 Z_FINISH 刷出模式,其余还有 avail_in 和 avail_out 参数的数值。

屏显 8-11 Log4c 输出的日志

```
20190220 02:06:59.710 DEBUG    zlib-deflateInit2_ exe
20190220 02:06:59.735 DEBUG    zlib-dlcpress open success
20190220 02:06:59.735 DEBUG    zlib-deflateResetKeep exe
20190220 02:06:59.747 DEBUG    zlib-deflate exe
20190220 02:06:59.747 DEBUG    zlib-deflate begin | avail_in =116
20190220 02:06:59.747 DEBUG    zlib-deflate begin  avail_out =65536
20190220 02:06:59.747 DEBUG    zlib-deflate begin | flush=4
20190220 02:06:59.843 DEBUG    zlib-deflateResetKeep exe
```

8.3.3 使用 libcprss.so 库

获得了压缩操作涉及的调用参数和形式后,可以着手实现 defalte()压缩函数。先使用 dlopen()打开 libcprss.so 库,并获得 ex_compress()压缩函数的指针,然后调用它们。因为这里的动态链接使用了运行时加载,无须修改 makefile 文件。此时 deflate()修改为代码 8-7 所示形式,由于 zlib 对 z_stream 关于缓冲区指针的调整过程和 libcprss.so 对缓冲区的调整方式相匹配,因此无须额外调整 z_stream 内部的成员数据。

代码 8-7　实现 deflate()压缩的 FPGA 加速功能

```
int ZEXPORT deflate (strm, flush)
    z_streamp strm;
    int flush;
{
        int fd_log =open("/home/hadoop/zliblog",O_RDWR|O_CREAT,0777);
        write(fd_log,"deflate begin\n",15);
        void * lib_so  =dlopen("/home/hadoop/libcprss.so",RTLD_LAZY | RTLD_GLOBAL);
        if(lib_so ==NULL)
        {
                write(fd_log,"dlopen error",20);
                close(fd_log);
                return Z_ERRNO;
        }
        int (* compress)();
        compress =(int(* )())dlsym(lib_so,"ex_compress");
        }
        int have;
        int ret =compress(strm->next_out,strm->avail_out,strm->next_in,strm->avail_in,&have,0);
        if(ret ==0)
        {
                write(fd_log,"compress sucess",25);
        }
}
```

重新编译 zlib 库，并用该库替换 Hadoop 本地库目录/home/hadoop/bigdata/hadoop-2.6.5/lib/native/中的 libz.so.1 文件。上述替换工作用代码 8-8 脚本实现，最后的命令 hadoop checknative 用于检查 Hadoop 当前使用的本地库情况。

代码 8-8 replacelib. sh

```
#! /bin/bash
cp libz.so.1 /home/hadoop/bigdata/hadoop/lib/native
cd /home/hadoop/bigdata/hadoop/lib/native
hadoop checknative
```

执行 replacelib. sh 脚本，完成库的替换并确定 zlib 库指向本地库目录，如屏显 8-12 所示。

屏显 8-12 替换 libz. so. 1 库

```
[hadoop@hpc-hadoop-100 zlib-szu-0.0.3]$./replacelib.sh
[sudo] password for hadoop:
19/02/22 09:40:59 WARN bzip2.Bzip2Factory: Failed to load/initialize native-
bzip2 library system-native, will use pure-Java version
19/02/22 09: 40: 59 INFO zlib. ZlibFactory: Successfully loaded & initialized
native-zlib library
Native library checking:
hadoop:  true /home/hadoop/bigdata/hadoop-2. 6. 5/lib/native/libhadoop. so. 1.
0.0
zlib:    true /home/hadoop/bigdata/hadoop-2.6.5/lib/native/libz.so.1
snappy:  true /lib64/libsnappy.so.1
lz4:     true revision:99
bzip2:   false
openssl: false Cannot load libcrypto.so (libcrypto.so: cannot open shared object
file: No such file or directory)!
```

下面可以开始运行 Hadoop 程序，检验该库的功能是否正常。

8.4 功能验证

验证过程仍然使用 Hadoop 的 wordcount 来执行单词统计任务，产生输出文件的压缩内容。接着使用 zlib 库的 zpipe 解压程序。比较原生 zlib 库和 libcprss. so 库的结果是否相同，作为功能是否正常的一个简单依据。

8.4.1　准备输入文件

进行字数统计的输入文本 Mystart. sh 如屏显 8-13 所示。

屏显 8-13　测试文件内容

```
#! /bin/bash
hdfs namenode -format
#${HADOOP_HOME}/sbin/hadoop-daemon.sh start namenode
${HADOOP_HOME}/sbin/hadoop-daemon.sh start datanode
${HADOOP_HOME}/sbin/hadoop-daemon.sh start secondarynamenode
${HADOOP_HOME}/sbin/yarn-daemon.sh start resourcemanager
${HADOOP_HOME}/sbin/yarn-daemon.sh start nodemanager
```

用"hadoop fs -put Mystart. sh/test1"上传该文件到 HDFS 中，以备后面使用。

8.4.2　zlib 原生库的压缩

执行以下 Hadoop 命令，将输入文件 Mystart. sh 进行字数统计，并保存结果到 output00 目录中。

屏显 8-14　利用原生 zlib 库压缩

```
$hadoop jar /home/hadoop/bigdata/hadoop/share/hadoop/mapreduce/hadoop-
mapreduce-examples-2.6.5.jar wordcount /test1/Mystart.sh /test1/output00
```

查看执行结果文件夹(如屏显 8-15)，可以看到新成生的 output00 目录。

屏显 8-15　查看输出目录 output00

```
$hadoop fs -ls /test1
Found 10 items
-rw-r--r--   1 hadoop supergroup        316 2019-02-22 10:28 /test1/Mystart.sh
drwxr-xr-x   -hadoop supergroup          0 2019-02-22 11:01 /test1/output00
```

进入 output00 目录，查看执行结果文件 part-r-00000. deflate，如屏显 8-16 所示。

屏显 8-16　查看输出结果文件 part-r-00000. deflate

```
$hadoop fs -ls /test1/output00
Found 2 items
```

```
-rw-r--r--  1 hadoop supergroup
                 0 2019-02-22 11:01 /test1/output00/_SUCCESS
-rw-r--r--  1 hadoop supergroup
               165 2019-02-22 11:01 /test1/output00/part-r-00000.deflate
```

以上表示压缩结果已经生产。从 HDFS 文件系统中下载 part-r-00000. deflate 到本地文件目录,如屏显 8-17 所示。

屏显 8-17 下载压缩的结果文件

```
$hadoop fs -get /test1/output00/part-r-00000.deflate
$ls
part-r-00000.deflate
```

使用 zpipe 程序解压,解压执行并查看结果为单词统计的情况,其中 zpipe 程序的使用方法为"zpipe usage: zpipe [-d] < source > dest"。

屏显 8-18 解压 part-r-00000. deflate(原生 zlib)

```
$../zpipe -d <part-r-00000.deflate >defres0
$cat defres0
#!      1
#${HADOOP_HOME}/sbin/hadoop-daemon.sh   1
${HADOOP_HOME}/sbin/hadoop-daemon.sh    2
${HADOOP_HOME}/sbin/yarn-daemon.sh      2
/bin/bash       1
datanode        1
hdfs    1
namenode        2
nodemanager     1
resourcemanager 1
secondarynamenode       1
start   5
-format 1
```

上面就是 zlib 原生库压缩的结果,经 zpipe 解压缩还原的内容。它将用于与 libcprss. so 库压缩结果的 zpipe 解压缩内容进行比较。

8.4.3 libcprss.so 库的压缩

替换 Hadoop 本地库目录下的 libz.so.1，然后执行前面相同的操作，最后查看解压缩的结果，如屏显 8-19 所示。

屏显 8-19　解压 part-r-00000.deflate(libcprss.so)

```
$../zpipe -d <part-r-00000.deflate >defres0
$cat defres0
#!      1
#${HADOOP_HOME}/sbin/hadoop-daemon.sh   1
${HADOOP_HOME}/sbin/hadoop-daemon.sh    2
${HADOOP_HOME}/sbin/yarn-daemon.sh      2
/bin/bash       1
datanode        1
hdfs    1
namenode        2
nodemanager     1
resourcemanager 1
secondarynamenode       1
start   5
-format 1
```

可以看出，该结果就是 zlib 原生库相同的单词统计的结果，可以知道基于 FPGA 加速的 libcprss.so 的压缩功能基本正常，也就是说完成了本章开头所确定的目标。

8.5 小结

本章利用一个 FPGA 加速 HDFS 中的 gzip 压缩过程的实例，向大家展示了一个综合使用本书多方面知识和工具的过程，籍此启发读者在自己的项目中能够触类旁通，将所学知识运用到工作中。解压缩工作 infalte()的过程和 deflate()相似，有兴趣的读者可以自行尝试修改，接管 HDFS 对 zlib 的解压缩功能的调用。

附录

屏显 A-1　objdump -d 命令观察 Helloworld 可执行文件

```
[root@localhost cs2]#objdump -d Helloworld

Helloworld:     文件格式 elf64-x86-64


Disassembly of section .init:

00000000004003e0 <_init>:
  4003e0:  48 83 ec 08            sub    $0x8,%rsp
  4003e4:  48 8b 05 0d 0c 20 00   mov    0x200c0d(%rip),%rax
                                         #600ff8 <_DYNAMIC+0x1d0>
  4003eb:  48 85 c0               test   %rax,%rax
  4003ee:  74 05                  je     4003f5 <_init+0x15>
  4003f0:  e8 3b 00 00 00         callq  400430 <__gmon_start__@plt>
  4003f5:  48 83 c4 08            add    $0x8,%rsp
  4003f9:  c3                     retq

Disassembly of section .plt:

0000000000400400 <puts@plt-0x10>:
  400400:  ff 35 02 0c 20 00      pushq  0x200c02(%rip)
                                         #601008 <_GLOBAL_OFFSET_TABLE_+0x8>
  400406:  ff 25 04 0c 20 00      jmpq   *0x200c04(%rip)
                                         #601010 <_GLOBAL_OFFSET_TABLE_+0x10>
  40040c:  0f 1f 40 00            nopl   0x0(%rax)

0000000000400410 <puts@plt>:
```

```
  400410:  ff 25 02 0c 20 00      jmpq   *0x200c02(%rip)
                                          # 601018 <_GLOBAL_OFFSET_TABLE_+0x18>
  400416:  68 00 00 00 00         pushq  $0x0
  40041b:  e9 e0 ff ff ff         jmpq   400400 <_init+0x20>

0000000000400420 <__libc_start_main@plt>:
  400420:  ff 25 fa 0b 20 00      jmpq   *0x200bfa(%rip)
                                          # 601020 <_GLOBAL_OFFSET_TABLE_+0x20>
  400426:  68 01 00 00 00         pushq  $0x1
  40042b:  e9 d0 ff ff ff         jmpq   400400 <_init+0x20>

0000000000400430 <__gmon_start__@plt>:
  400430:  ff 25 f2 0b 20 00      jmpq   *0x200bf2(%rip)
                                          # 601028 <_GLOBAL_OFFSET_TABLE_+0x28>
  400436:  68 02 00 00 00         pushq  $0x2
  40043b:  e9 c0 ff ff ff         jmpq   400400 <_init+0x20>

Disassembly of section .text:

0000000000400440 <_start>:
  400440:  31 ed                  xor    %ebp,%ebp
  400442:  49 89 d1               mov    %rdx,%r9
  400445:  5e                     pop    %rsi
  400446:  48 89 e2               mov    %rsp,%rdx
  400449:  48 83 e4 f0            and    $0xfffffffffffffff0,%rsp
  40044d:  50                     push   %rax
  40044e:  54                     push   %rsp
  40044f:  49 c7 c0 f0 05 40 00   mov    $0x4005f0,%r8
  400456:  48 c7 c1 80 05 40 00   mov    $0x400580,%rcx
  40045d:  48 c7 c7 2d 05 40 00   mov    $0x40052d,%rdi
  400464:  e8 b7 ff ff ff         callq  400420 <__libc_start_main@plt>
  400469:  f4                     hlt
  40046a:  66 0f 1f 44 00 00      nopw   0x0(%rax,%rax,1)

0000000000400470 <deregister_tm_clones>:
  400470:  b8 3f 10 60 00         mov    $0x60103f,%eax
  400475:  55                     push   %rbp
  400476:  48 2d 38 10 60 00      sub    $0x601038,%rax
  40047c:  48 83 f8 0e            cmp    $0xe,%rax
  400480:  48 89 e5               mov    %rsp,%rbp
```

```
  400483:  77 02                  ja     400487 <deregister_tm_clones+0x17>
  400485:  5d                     pop    %rbp
  400486:  c3                     retq
  400487:  b8 00 00 00 00         mov    $0x0,%eax
  40048c:  48 85 c0               test   %rax,%rax
  40048f:  74 f4                  je     400485 <deregister_tm_clones+0x15>
  400491:  5d                     pop    %rbp
  400492:  bf 38 10 60 00         mov    $0x601038,%edi
  400497:  ff e0                  jmpq   *%rax
  400499:  0f 1f 80 00 00 00 00   nopl   0x0(%rax)

00000000004004a0 <register_tm_clones>:
  4004a0:  b8 38 10 60 00         mov    $0x601038,%eax
  4004a5:  55                     push   %rbp
  4004a6:  48 2d 38 10 60 00      sub    $0x601038,%rax
  4004ac:  48 c1 f8 03            sar    $0x3,%rax
  4004b0:  48 89 e5               mov    %rsp,%rbp
  4004b3:  48 89 c2               mov    %rax,%rdx
  4004b6:  48 c1 ea 3f            shr    $0x3f,%rdx
  4004ba:  48 01 d0               add    %rdx,%rax
  4004bd:  48 d1 f8               sar    %rax
  4004c0:  75 02                  jne    4004c4 <register_tm_clones+0x24>
  4004c2:  5d                     pop    %rbp
  4004c3:  c3                     retq
  4004c4:  ba 00 00 00 00         mov    $0x0,%edx
  4004c9:  48 85 d2               test   %rdx,%rdx
  4004cc:  74 f4                  je     4004c2 <register_tm_clones+0x22>
  4004ce:  5d                     pop    %rbp
  4004cf:  48 89 c6               mov    %rax,%rsi
  4004d2:  bf 38 10 60 00         mov    $0x601038,%edi
  4004d7:  ff e2                  jmpq   *%rdx
  4004d9:  0f 1f 80 00 00 00 00   nopl   0x0(%rax)

00000000004004e0 <__do_global_dtors_aux>:
  4004e0:  80 3d 4d 0b 20 00 00   cmpb   $0x0,0x200b4d(%rip)  # 601034 <_edata>
  4004e7:  75 11                  jne    4004fa <__do_global_dtors_aux+0x1a>
  4004e9:  55                     push   %rbp
```

```
  4004ea:  48 89 e5             mov    %rsp,%rbp
  4004ed:  e8 7e ff ff ff       callq  400470 <deregister_tm_clones>
  4004f2:  5d                   pop    %rbp
  4004f3:  c6 05 3a 0b 20 00 01 movb   $0x1,0x200b3a(%rip)  #601034 <_edata>
  4004fa:  f3 c3                repz retq
  4004fc:  0f 1f 40 00          nopl   0x0(%rax)

0000000000400500 <frame_dummy>:
  400500:  48 83 3d 18 09 20 00 cmpq   $0x0,0x200918(%rip)  #600e20 <__JCR_END__>
  400507:  00
  400508:  74 1e                je     400528 <frame_dummy+0x28>
  40050a:  b8 00 00 00 00       mov    $0x0,%eax
  40050f:  48 85 c0             test   %rax,%rax
  400512:  74 14                je     400528 <frame_dummy+0x28>
  400514:  55                   push   %rbp
  400515:  bf 20 0e 60 00       mov    $0x600e20,%edi
  40051a:  48 89 e5             mov    %rsp,%rbp
  40051d:  ff d0                callq  *%rax
  40051f:  5d                   pop    %rbp
  400520:  e9 7b ff ff ff       jmpq   4004a0 <register_tm_clones>
  400525:  0f 1f 00             nopl   (%rax)
  400528:  e9 73 ff ff ff       jmpq   4004a0 <register_tm_clones>

000000000040052d <main>:
  40052d:  55                   push   %rbp
  40052e:  48 89 e5             mov    %rsp,%rbp
  400531:  48 83 ec 10          sub    $0x10,%rsp
  400535:  c7 45 fc 00 00 00 00 movl   $0x0,-0x4(%rbp)
  40053c:  bf 10 06 40 00       mov    $0x400610,%edi
  400541:  e8 ca fe ff ff       callq  400410 <puts@plt>
  400546:  be 03 00 00 00       mov    $0x3,%esi
  40054b:  bf 02 00 00 00       mov    $0x2,%edi
  400550:  e8 08 00 00 00       callq  40055d <f_sum>
  400555:  89 45 fc             mov    %eax,-0x4(%rbp)
  400558:  8b 45 fc             mov    -0x4(%rbp),%eax
  40055b:  c9                   leaveq
  40055c:  c3                   retq
```

```
000000000040055d <f_sum>:
  40055d:  55                    push   %rbp
  40055e:  48 89 e5              mov    %rsp,%rbp
  400561:  89 7d fc              mov    %edi,-0x4(%rbp)
  400564:  89 75 f8              mov    %esi,-0x8(%rbp)
  400567:  8b 45 f8              mov    -0x8(%rbp),%eax
  40056a:  8b 55 fc              mov    -0x4(%rbp),%edx
  40056d:  01 d0                 add    %edx,%eax
  40056f:  5d                    pop    %rbp
  400570:  c3                    retq
  400571:  66 2e 0f 1f 84 00 00  nopw   %cs:0x0(%rax,%rax,1)
  400578:  00 00 00
  40057b:  0f 1f 44 00 00        nopl   0x0(%rax,%rax,1)

0000000000400580 <__libc_csu_init>:
  400580:  41 57                 push   %r15
  400582:  41 89 ff              mov    %edi,%r15d
  400585:  41 56                 push   %r14
  400587:  49 89 f6              mov    %rsi,%r14
  40058a:  41 55                 push   %r13
  40058c:  49 89 d5              mov    %rdx,%r13
  40058f:  41 54                 push   %r12
  400591:  4c 8d 25 78 08 20 00  lea    0x200878(%rip),%r12
                                        #600e10 <__frame_dummy_init_array_entry>
  400598:  55                    push   %rbp
  400599:  48 8d 2d 78 08 20 00  lea    0x200878(%rip),%rbp
                                        #600e18 <__init_array_end>
  4005a0:  53                    push   %rbx
  4005a1:  4c 29 e5              sub    %r12,%rbp
  4005a4:  31 db                 xor    %ebx,%ebx
  4005a6:  48 c1 fd 03           sar    $0x3,%rbp
  4005aa:  48 83 ec 08           sub    $0x8,%rsp
  4005ae:  e8 2d fe ff ff        callq  4003e0 <_init>
  4005b3:  48 85 ed              test   %rbp,%rbp
  4005b6:  74 1e                 je     4005d6 <__libc_csu_init+0x56>
```

```
  4005b8:  0f 1f 84 00 00 00 00  nopl   0x0(%rax,%rax,1)
  4005bf:  00
  4005c0:  4c 89 ea              mov    %r13,%rdx
  4005c3:  4c 89 f6              mov    %r14,%rsi
  4005c6:  44 89 ff              mov    %r15d,%edi
  4005c9:  41 ff 14 dc           callq  *(%r12,%rbx,8)
  4005cd:  48 83 c3 01           add    $0x1,%rbx
  4005d1:  48 39 eb              cmp    %rbp,%rbx
  4005d4:  75 ea                 jne    4005c0 <__libc_csu_init+0x40>
  4005d6:  48 83 c4 08           add    $0x8,%rsp
  4005da:  5b                    pop    %rbx
  4005db:  5d                    pop    %rbp
  4005dc:  41 5c                 pop    %r12
  4005de:  41 5d                 pop    %r13
  4005e0:  41 5e                 pop    %r14
  4005e2:  41 5f                 pop    %r15
  4005e4:  c3                    retq
  4005e5:  90                    nop
  4005e6:  66 2e 0f 1f 84 00 00  nopw   %cs:0x0(%rax,%rax,1)
  4005ed:  00 00 00

00000000004005f0 <__libc_csu_fini>:
  4005f0:  f3 c3                 repz retq
  4005f2:  66 90                 xchg   %ax,%ax

Disassembly of section .fini:

00000000004005f4 <_fini>:
  4005f4:  48 83 ec 08           sub    $0x8,%rsp
  4005f8:  48 83 c4 08           add    $0x8,%rsp
  4005fc:  c3                    retq
[root@localhost cs2]#
```

屏显 A-2　main-lib 中.text 节的代码及对应地址

```
Disassembly of section .text:

0000000000400440 <_start>:
```

```
  400440:   31 ed                   xor    %ebp,%ebp
  400442:   49 89 d1                mov    %rdx,%r9
  400445:   5e                      pop    %rsi
  400446:   48 89 e2                mov    %rsp,%rdx
  400449:   48 83 e4 f0             and    $0xfffffffffffffff0,%rsp
  40044d:   50                      push   %rax
  40044e:   54                      push   %rsp
  40044f:   49 c7 c0 00 06 40 00    mov    $0x400600,%r8
  400456:   48 c7 c1 90 05 40 00    mov    $0x400590,%rcx
  40045d:   48 c7 c7 2d 05 40 00    mov    $0x40052d,%rdi
  400464:   e8 b7 ff ff ff          callq  400420 <__libc_start_main@plt>
  400469:   f4                      hlt
  40046a:   66 0f 1f 44 00 00       nopw   0x0(%rax,%rax,1)

0000000000400470 <deregister_tm_clones>:
  400470:   b8 4f 10 60 00          mov    $0x60104f,%eax
  400475:   55                      push   %rbp
  400476:   48 2d 48 10 60 00       sub    $0x601048,%rax
  40047c:   48 83 f8 0e             cmp    $0xe,%rax
  400480:   48 89 e5                mov    %rsp,%rbp
  400483:   77 02                   ja     400487 <deregister_tm_clones+0x17>
  400485:   5d                      pop    %rbp
  400486:   c3                      retq
  400487:   b8 00 00 00 00          mov    $0x0,%eax
  40048c:   48 85 c0                test   %rax,%rax
  40048f:   74 f4                   je     400485 <deregister_tm_clones+0x15>
  400491:   5d                      pop    %rbp
  400492:   bf 48 10 60 00          mov    $0x601048,%edi
  400497:   ff e0                   jmpq   *%rax
  400499:   0f 1f 80 00 00 00 00    nopl   0x0(%rax)

00000000004004a0 <register_tm_clones>:
  4004a0:   b8 48 10 60 00          mov    $0x601048,%eax
  4004a5:   55                      push   %rbp
  4004a6:   48 2d 48 10 60 00       sub    $0x601048,%rax
  4004ac:   48 c1 f8 03             sar    $0x3,%rax
  4004b0:   48 89 e5                mov    %rsp,%rbp
```

```
  4004b3:  48 89 c2              mov    %rax,%rdx
  4004b6:  48 c1 ea 3f           shr    $0x3f,%rdx
  4004ba:  48 01 d0              add    %rdx,%rax
  4004bd:  48 d1 f8              sar    %rax
  4004c0:  75 02                 jne    4004c4 <register_tm_clones+0x24>
  4004c2:  5d                    pop    %rbp
  4004c3:  c3                    retq
  4004c4:  ba 00 00 00 00        mov    $0x0,%edx
  4004c9:  48 85 d2              test   %rdx,%rdx
  4004cc:  74 f4                 je     4004c2 <register_tm_clones+0x22>
  4004ce:  5d                    pop    %rbp
  4004cf:  48 89 c6              mov    %rax,%rsi
  4004d2:  bf 48 10 60 00        mov    $0x601048,%edi
  4004d7:  ff e2                 jmpq   *%rdx
  4004d9:  0f 1f 80 00 00 00 00  nopl   0x0(%rax)

00000000004004e0 <__do_global_dtors_aux>:
  4004e0:  80 3d 5d 0b 20 00 00  cmpb   $0x0,0x200b5d(%rip)   #601044 <_edata>
  4004e7:  75 11                 jne    4004fa <__do_global_dtors_aux+0x1a>
  4004e9:  55                    push   %rbp
  4004ea:  48 89 e5              mov    %rsp,%rbp
  4004ed:  e8 7e ff ff ff        callq  400470 <deregister_tm_clones>
  4004f2:  5d                    pop    %rbp
  4004f3:  c6 05 4a 0b 20 00 01  movb   $0x1,0x200b4a(%rip)   #601044 <_edata>
  4004fa:  f3 c3                 repz retq
  4004fc:  0f 1f 40 00           nopl   0x0(%rax)

0000000000400500 <frame_dummy>:
  400500:  48 83 3d 18 09 20 00  cmpq   $0x0,0x200918(%rip)   #600e20 <__JCR_END__>
  400507:  00
  400508:  74 1e                 je     400528 <frame_dummy+0x28>
  40050a:  b8 00 00 00 00        mov    $0x0,%eax
  40050f:  48 85 c0              test   %rax,%rax
  400512:  74 14                 je     400528 <frame_dummy+0x28>
  400514:  55                    push   %rbp
  400515:  bf 20 0e 60 00        mov    $0x600e20,%edi
  40051a:  48 89 e5              mov    %rsp,%rbp
```

```
  40051d:   ff d0                   callq  *%rax
  40051f:   5d                      pop    %rbp
  400520:   e9 7b ff ff ff          jmpq   4004a0 <register_tm_clones>
  400525:   0f 1f 00                nopl   (%rax)
  400528:   e9 73 ff ff ff          jmpq   4004a0 <register_tm_clones>

000000000040052d <main>:
  40052d:   48 83 ec 08             sub    $0x8,%rsp
  400531:   b9 02 00 00 00          mov    $0x2,%ecx
  400536:   ba 48 10 60 00          mov    $0x601048,%edx
  40053b:   be 34 10 60 00          mov    $0x601034,%esi
  400540:   bf 3c 10 60 00          mov    $0x60103c,%edi
  400545:   e8 25 00 00 00          callq  40056f <addvec>
  40054a:   8b 15 fc 0a 20 00       mov    0x200afc(%rip),%edx
                                           # 60104c <__TMC_END__+0x4>
  400550:   8b 35 f2 0a 20 00       mov    0x200af2(%rip),%esi
                                           # 601048 <__TMC_END__>
  400556:   bf 20 06 40 00          mov    $0x400620,%edi
  40055b:   b8 00 00 00 00          mov    $0x0,%eax
  400560:   e8 ab fe ff ff          callq  400410 <printf@plt>
  400565:   b8 00 00 00 00          mov    $0x0,%eax
  40056a:   48 83 c4 08             add    $0x8,%rsp
  40056e:   c3                      retq

000000000040056f <addvec>:
  40056f:   b8 00 00 00 00          mov    $0x0,%eax
  400574:   eb 12                   jmp    400588 <addvec+0x19>
  400576:   4c 63 c0                movslq %eax,%r8
  400579:   46 8b 0c 86             mov    (%rsi,%r8,4),%r9d
  40057d:   46 03 0c 87             add    (%rdi,%r8,4),%r9d
  400581:   46 89 0c 82             mov    %r9d,(%rdx,%r8,4)
  400585:   83 c0 01                add    $0x1,%eax
  400588:   39 c8                   cmp    %ecx,%eax
  40058a:   7c ea                   jl     400576 <addvec+0x7>
  40058c:   f3 c3                   repz retq
  40058e:   66 90                   xchg   %ax,%ax
```

```
0000000000400590 <__libc_csu_init>:
  400590:   41 57                   push   %r15
  400592:   41 89 ff                mov    %edi,%r15d
  400595:   41 56                   push   %r14
  400597:   49 89 f6                mov    %rsi,%r14
  40059a:   41 55                   push   %r13
  40059c:   49 89 d5                mov    %rdx,%r13
  40059f:   41 54                   push   %r12
  4005a1:   4c 8d 25 68 08 20 00    lea    0x200868(%rip),%r12
                                           #600e10 <__frame_dummy_init_array_entry>
  4005a8:   55                      push   %rbp
  4005a9:   48 8d 2d 68 08 20 00    lea    0x200868(%rip),%rbp
                                           #600e18 <__init_array_end>
  4005b0:   53                      push   %rbx
  4005b1:   4c 29 e5                sub    %r12,%rbp
  4005b4:   31 db                   xor    %ebx,%ebx
  4005b6:   48 c1 fd 03             sar    $0x3,%rbp
  4005ba:   48 83 ec 08             sub    $0x8,%rsp
  4005be:   e8 1d fe ff ff          callq  4003e0 <_init>
  4005c3:   48 85 ed                test   %rbp,%rbp
  4005c6:   74 1e                   je     4005e6 <__libc_csu_init+0x56>
  4005c8:   0f 1f 84 00 00 00 00    nopl   0x0(%rax,%rax,1)
  4005cf:   00
  4005d0:   4c 89 ea                mov    %r13,%rdx
  4005d3:   4c 89 f6                mov    %r14,%rsi
  4005d6:   44 89 ff                mov    %r15d,%edi
  4005d9:   41 ff 14 dc             callq  *(%r12,%rbx,8)
  4005dd:   48 83 c3 01             add    $0x1,%rbx
  4005e1:   48 39 eb                cmp    %rbp,%rbx
  4005e4:   75 ea                   jne    4005d0 <__libc_csu_init+0x40>
  4005e6:   48 83 c4 08             add    $0x8,%rsp
  4005ea:   5b                      pop    %rbx
  4005eb:   5d                      pop    %rbp
  4005ec:   41 5c                   pop    %r12
  4005ee:   41 5d                   pop    %r13
  4005f0:   41 5e                   pop    %r14
  4005f2:   41 5f                   pop    %r15
```

```
  4005f4:  c3                    retq
  4005f5:  90                    nop
  4005f6:  66 2e 0f 1f 84 00 00  nopw   %cs:0x0(%rax,%rax,1)
  4005fd:  00 00 00

0000000000400600 <__libc_csu_fini>:
  400600:  f3 c3                 repz retq
  400602:  66 90                 xchg   %ax,%ax
[root@localhost static-lib]#
```

屏显 A-3　main-lib-shared2 可执行文件的代码

```
[root@localhost dyn-lib2]#objdump -d main-lib-shared2

main-lib-shared2:     文件格式 elf64-x86-64


Disassembly of section .init:

00000000004005f8 <_init>:
  4005f8:  48 83 ec 08           sub    $0x8,%rsp
  4005fc:  48 8b 05 f5 09 20 00  mov    0x2009f5(%rip),%rax
                                        # 600ff8 <_DYNAMIC+0x1e0>
  400603:  48 85 c0              test   %rax,%rax
  400606:  74 05                 je     40060d <_init+0x15>
  400608:  e8 53 00 00 00        callq  400660 <__gmon_start__@plt>
  40060d:  48 83 c4 08           add    $0x8,%rsp
  400611:  c3                    retq

Disassembly of section .plt:

0000000000400620 <printf@plt-0x10>:
  400620:  ff 35 e2 09 20 00     pushq  0x2009e2(%rip)
                                        # 601008 <_GLOBAL_OFFSET_TABLE_+0x8>
  400626:  ff 25 e4 09 20 00     jmpq   *0x2009e4(%rip)
                                        # 601010 <_GLOBAL_OFFSET_TABLE_+0x10>
  40062c:  0f 1f 40 00           nopl   0x0(%rax)
```

```
0000000000400630 <printf@plt>:
  400630:  ff 25 e2 09 20 00      jmpq   *0x2009e2(%rip)
                                         # 601018 <_GLOBAL_OFFSET_TABLE_+0x18>
  400636:  68 00 00 00 00         pushq  $0x0
  40063b:  e9 e0 ff ff ff         jmpq   400620 <_init+0x28>

0000000000400640 <__libc_start_main@plt>:
  400640:  ff 25 da 09 20 00      jmpq   *0x2009da(%rip)
                                         # 601020 <_GLOBAL_OFFSET_TABLE_+0x20>
  400646:  68 01 00 00 00         pushq  $0x1
  40064b:  e9 d0 ff ff ff         jmpq   400620 <_init+0x28>

0000000000400650 <addvec@plt>:
  400650:  ff 25 d2 09 20 00      jmpq   *0x2009d2(%rip)
                                         # 601028 <_GLOBAL_OFFSET_TABLE_+0x28>
  400656:  68 02 00 00 00         pushq  $0x2
  40065b:  e9 c0 ff ff ff         jmpq   400620 <_init+0x28>

0000000000400660 <__gmon_start__@plt>:
  400660:  ff 25 ca 09 20 00      jmpq   *0x2009ca(%rip)
                                         # 601030 <_GLOBAL_OFFSET_TABLE_+0x30>
  400666:  68 03 00 00 00         pushq  $0x3
  40066b:  e9 b0 ff ff ff         jmpq   400620 <_init+0x28>

Disassembly of section .text:

0000000000400670 <_start>:
  400670:  31 ed                  xor    %ebp,%ebp
  400672:  49 89 d1               mov    %rdx,%r9
  400675:  5e                     pop    %rsi
  400676:  48 89 e2               mov    %rsp,%rdx
  400679:  48 83 e4 f0            and    $0xfffffffffffffff0,%rsp
  40067d:  50                     push   %rax
  40067e:  54                     push   %rsp
  40067f:  49 c7 c0 20 08 40 00   mov    $0x400820,%r8
  400686:  48 c7 c1 b0 07 40 00   mov    $0x4007b0,%rcx
  40068d:  48 c7 c7 5d 07 40 00   mov    $0x40075d,%rdi
```

```
  400694:  e8 a7 ff ff ff        callq 400640 <__libc_start_main@plt>
  400699:  f4                    hlt
  40069a:  66 0f 1f 44 00 00     nopw  0x0(%rax,%rax,1)

00000000004006a0 <deregister_tm_clones>:
  4006a0:  b8 57 10 60 00        mov   $0x601057,%eax
  4006a5:  55                    push  %rbp
  4006a6:  48 2d 50 10 60 00     sub   $0x601050,%rax
  4006ac:  48 83 f8 0e           cmp   $0xe,%rax
  4006b0:  48 89 e5              mov   %rsp,%rbp
  4006b3:  77 02                 ja    4006b7 <deregister_tm_clones+0x17>
  4006b5:  5d                    pop   %rbp
  4006b6:  c3                    retq
  4006b7:  b8 00 00 00 00        mov   $0x0,%eax
  4006bc:  48 85 c0              test  %rax,%rax
  4006bf:  74 f4                 je    4006b5 <deregister_tm_clones+0x15>
  4006c1:  5d                    pop   %rbp
  4006c2:  bf 50 10 60 00        mov   $0x601050,%edi
  4006c7:  ff e0                 jmpq  *%rax
  4006c9:  0f 1f 80 00 00 00 00  nopl  0x0(%rax)

00000000004006d0 <register_tm_clones>:
  4006d0:  b8 50 10 60 00        mov   $0x601050,%eax
  4006d5:  55                    push  %rbp
  4006d6:  48 2d 50 10 60 00     sub   $0x601050,%rax
  4006dc:  48 c1 f8 03           sar   $0x3,%rax
  4006e0:  48 89 e5              mov   %rsp,%rbp
  4006e3:  48 89 c2              mov   %rax,%rdx
  4006e6:  48 c1 ea 3f           shr   $0x3f,%rdx
  4006ea:  48 01 d0              add   %rdx,%rax
  4006ed:  48 d1 f8              sar   %rax
  4006f0:  75 02                 jne   4006f4 <register_tm_clones+0x24>
  4006f2:  5d                    pop   %rbp
  4006f3:  c3                    retq
  4006f4:  ba 00 00 00 00        mov   $0x0,%edx
  4006f9:  48 85 d2              test  %rdx,%rdx
  4006fc:  74 f4                 je    4006f2 <register_tm_clones+0x22>
```

```
  4006fe:  5d                    pop    %rbp
  4006ff:  48 89 c6              mov    %rax,%rsi
  400702:  bf 50 10 60 00        mov    $0x601050,%edi
  400707:  ff e2                 jmpq   *%rdx
  400709:  0f 1f 80 00 00 00 00  nopl   0x0(%rax)

0000000000400710 <__do_global_dtors_aux>:
  400710:  80 3d 3d 09 20 00 00  cmpb   $0x0,0x20093d(%rip)
                                            # 601054 <completed.6344>
  400717:  75 11                 jne    40072a <__do_global_dtors_aux+0x1a>
  400719:  55                    push   %rbp
  40071a:  48 89 e5              mov    %rsp,%rbp
  40071d:  e8 7e ff ff ff        callq  4006a0 <deregister_tm_clones>
  400722:  5d                    pop    %rbp
  400723:  c6 05 2a 09 20 00 01  movb   $0x1,0x20092a(%rip)
                                            # 601054 <completed.6344>
  40072a:  f3 c3                 repz retq
  40072c:  0f 1f 40 00           nopl   0x0(%rax)

0000000000400730 <frame_dummy>:
  400730:  48 83 3d d8 06 20 00  cmpq   $0x0,0x2006d8(%rip)
                                            # 600e10 <__JCR_END__>
  400737:  00
  400738:  74 1e                 je     400758 <frame_dummy+0x28>
  40073a:  b8 00 00 00 00        mov    $0x0,%eax
  40073f:  48 85 c0              test   %rax,%rax
  400742:  74 14                 je     400758 <frame_dummy+0x28>
  400744:  55                    push   %rbp
  400745:  bf 10 0e 60 00        mov    $0x600e10,%edi
  40074a:  48 89 e5              mov    %rsp,%rbp
  40074d:  ff d0                 callq  *%rax
  40074f:  5d                    pop    %rbp
  400750:  e9 7b ff ff ff        jmpq   4006d0 <register_tm_clones>
  400755:  0f 1f 00              nopl   (%rax)
  400758:  e9 73 ff ff ff        jmpq   4006d0 <register_tm_clones>

000000000040075d <main>:
```

```
  40075d:  48 83 ec 08            sub    $0x8,%rsp
  400761:  b9 02 00 00 00         mov    $0x2,%ecx
  400766:  ba 58 10 60 00         mov    $0x601058,%edx
  40076b:  be 3c 10 60 00         mov    $0x60103c,%esi
  400770:  bf 44 10 60 00         mov    $0x601044,%edi
  400775:  e8 d6 fe ff ff         callq  400650 <addvec@plt>
  40077a:  8b 15 dc 08 20 00      mov    0x2008dc(%rip),%edx  # 60105c <z+0x4>
  400780:  8b 35 d2 08 20 00      mov    0x2008d2(%rip),%esi  # 601058 <z>
  400786:  bf 40 08 40 00         mov    $0x400840,%edi
  40078b:  b8 00 00 00 00         mov    $0x0,%eax
  400790:  e8 9b fe ff ff         callq  400630 <printf@plt>
  400795:  8b 05 b1 08 20 00      mov    0x2008b1(%rip),%eax  # 60104c <_edata>
  40079b:  03 05 af 08 20 00      add    0x2008af(%rip),%eax  # 601050 <__TMC_END__>
  4007a1:  48 83 c4 08            add    $0x8,%rsp
  4007a5:  c3                     retq
  4007a6:  66 2e 0f 1f 84 00 00   nopw   %cs:0x0(%rax,%rax,1)
  4007ad:  00 00 00

00000000004007b0 <__libc_csu_init>:
  4007b0:  41 57                  push   %r15
  4007b2:  41 89 ff               mov    %edi,%r15d
  4007b5:  41 56                  push   %r14
  4007b7:  49 89 f6               mov    %rsi,%r14
  4007ba:  41 55                  push   %r13
  4007bc:  49 89 d5               mov    %rdx,%r13
  4007bf:  41 54                  push   %r12
  4007c1:  4c 8d 25 38 06 20 00   lea    0x200638(%rip),%r12
                                         # 600e00 <__frame_dummy_init_array_entry>
  4007c8:  55                     push   %rbp
  4007c9:  48 8d 2d 38 06 20 00   lea    0x200638(%rip),%rbp
                                         # 600e08 <__init_array_end>
  4007d0:  53                     push   %rbx
  4007d1:  4c 29 e5               sub    %r12,%rbp
  4007d4:  31 db                  xor    %ebx,%ebx
  4007d6:  48 c1 fd 03            sar    $0x3,%rbp
  4007da:  48 83 ec 08            sub    $0x8,%rsp
  4007de:  e8 15 fe ff ff         callq  4005f8 <_init>
```

```
  4007e3:  48 85 ed              test   %rbp,%rbp
  4007e6:  74 1e                 je     400806 <__libc_csu_init+0x56>
  4007e8:  0f 1f 84 00 00 00 00  nopl   0x0(%rax,%rax,1)
  4007ef:  00
  4007f0:  4c 89 ea              mov    %r13,%rdx
  4007f3:  4c 89 f6              mov    %r14,%rsi
  4007f6:  44 89 ff              mov    %r15d,%edi
  4007f9:  41 ff 14 dc           callq  *(%r12,%rbx,8)
  4007fd:  48 83 c3 01           add    $0x1,%rbx
  400801:  48 39 eb              cmp    %rbp,%rbx
  400804:  75 ea                 jne    4007f0 <__libc_csu_init+0x40>
  400806:  48 83 c4 08           add    $0x8,%rsp
  40080a:  5b                    pop    %rbx
  40080b:  5d                    pop    %rbp
  40080c:  41 5c                 pop    %r12
  40080e:  41 5d                 pop    %r13
  400810:  41 5e                 pop    %r14
  400812:  41 5f                 pop    %r15
  400814:  c3                    retq
  400815:  90                    nop
  400816:  66 2e 0f 1f 84 00 00  nopw   %cs:0x0(%rax,%rax,1)
  40081d:  00 00 00

0000000000400820 <__libc_csu_fini>:
  400820:  f3 c3                 repz retq
  400822:  66 90                 xchg   %ax,%ax

Disassembly of section .fini:

0000000000400824 <_fini>:
  400824:  48 83 ec 08           sub    $0x8,%rsp
  400828:  48 83 c4 08           add    $0x8,%rsp
  40082c:  c3                    retq
[root@localhost dyn-lib2]#
```

屏显 A-4 ld 使用的默认链接器脚本

```
[root@localhost cs2]#ld --verbose
GNU ld version 2.25.1-22.base.el7
  支持的仿真:
  elf_x86_64
  elf32_x86_64
  elf_i386
  i386linux
  elf_l1om
  elf_k1om
使用内部链接脚本:
==================================================
/* Script for -z combreloc: combine and sort reloc sections */
/* Copyright (C) 2014 Free Software Foundation, Inc.
  Copying and distribution of this script, with or without modification,
  are permitted in any medium without royalty provided the copyright
  notice and this notice are preserved.  */
OUTPUT_FORMAT("elf64-x86-64", "elf64-x86-64",
        "elf64-x86-64")
OUTPUT_ARCH(i386:x86-64)
ENTRY(_start)
SEARCH_DIR("/usr/x86_64-redhat-linux/lib64"); SEARCH_DIR("/usr/lib64");
SEARCH_DIR("/usr/local/lib64"); SEARCH_DIR("/lib64"); SEARCH_DIR("/usr/x86_64
-redhat-linux/lib"); SEARCH_DIR("/usr/local/lib"); SEARCH_DIR("/lib"); SEARCH
_DIR("/usr/lib");
SECTIONS
{
  /* Read-only sections, merged into text segment: */
  PROVIDE (__executable_start = SEGMENT_START("text-segment", 0x400000)); . =
SEGMENT_START("text-segment", 0x400000) + SIZEOF_HEADERS;
  .interp         : { *(.interp) }
  .note.gnu.build-id : { *(.note.gnu.build-id) }
  .hash           : { *(.hash) }
  .gnu.hash       : { *(.gnu.hash) }
  .dynsym         : { *(.dynsym) }
  .dynstr         : { *(.dynstr) }
  .gnu.version    : { *(.gnu.version) }
```

```
.gnu.version_d  : { * (.gnu.version_d) }
.gnu.version_r  : { * (.gnu.version_r) }
.rela.dyn       :
  {
    * (.rela.init)
    * (.rela.text .rela.text.* .rela.gnu.linkonce.t.*)
    * (.rela.fini)
    * (.rela.rodata .rela.rodata.* .rela.gnu.linkonce.r.*)
    * (.rela.data .rela.data.* .rela.gnu.linkonce.d.*)
    * (.rela.tdata .rela.tdata.* .rela.gnu.linkonce.td.*)
    * (.rela.tbss .rela.tbss.* .rela.gnu.linkonce.tb.*)
    * (.rela.ctors)
    * (.rela.dtors)
    * (.rela.got)
    * (.rela.bss .rela.bss.* .rela.gnu.linkonce.b.*)
    * (.rela.ldata .rela.ldata.* .rela.gnu.linkonce.l.*)
    * (.rela.lbss .rela.lbss.* .rela.gnu.linkonce.lb.*)
    * (.rela.lrodata .rela.lrodata.* .rela.gnu.linkonce.lr.*)
    * (.rela.ifunc)
  }
.rela.plt       :
  {
    * (.rela.plt)
    PROVIDE_HIDDEN (__rela_iplt_start =.);
    * (.rela.iplt)
    PROVIDE_HIDDEN (__rela_iplt_end =.);
  }
.init           :
{
  KEEP (* (SORT_NONE(.init)))
}
.plt            : { * (.plt) * (.iplt) }
.plt.bnd        : { * (.plt.bnd) }
.text           :
{
  * (.text.unlikely .text.*_unlikely .text.unlikely.*)
  * (.text.exit .text.exit.*)
```

```
    *(.text.startup .text.startup.*)
    *(.text.hot .text.hot.*)
    *(.text .stub .text.* .gnu.linkonce.t.*)
    /* .gnu.warning sections are handled specially by elf32.em.  */
    *(.gnu.warning)
  }
  .fini           :
  {
    KEEP (*(SORT_NONE(.fini)))
  }
  PROVIDE (__etext = .);
  PROVIDE (_etext = .);
  PROVIDE (etext = .);
  .rodata         : { *(.rodata .rodata.* .gnu.linkonce.r.*) }
  .rodata1        : { *(.rodata1) }
  .eh_frame_hdr : { *(.eh_frame_hdr) }
  .eh_frame       : ONLY_IF_RO { KEEP (*(.eh_frame)) }
  .gcc_except_table   : ONLY_IF_RO { *(.gcc_except_table
  .gcc_except_table.*) }
  /* These sections are generated by the Sun/Oracle C++ compiler.  */
  .exception_ranges   : ONLY_IF_RO { *(.exception_ranges
  .exception_ranges*) }
  /* Adjust the address for the data segment.  We want to adjust up to
    the same address within the page on the next page up.  */
  . = ALIGN (CONSTANT (MAXPAGESIZE)) - ((CONSTANT (MAXPAGESIZE) - .) & (CONSTANT
(MAXPAGESIZE) - 1)); . = DATA_SEGMENT_ALIGN (CONSTANT (MAXPAGESIZE), CONSTANT
(COMMONPAGESIZE));
  /* Exception handling  */
  .eh_frame       : ONLY_IF_RW { KEEP (*(.eh_frame)) }
  .gcc_except_table   : ONLY_IF_RW { *(.gcc_except_table .gcc_except_table.*) }
  .exception_ranges   : ONLY_IF_RW { *(.exception_ranges .exception_ranges*) }
  /* Thread Local Storage sections  */
  .tdata      : { *(.tdata .tdata.* .gnu.linkonce.td.*) }
  .tbss         : { *(.tbss .tbss.* .gnu.linkonce.tb.*) *(.tcommon) }
  .preinit_array     :
  {
    PROVIDE_HIDDEN (__preinit_array_start = .);
```

```
    KEEP (* (.preinit_array))
    PROVIDE_HIDDEN (__preinit_array_end =.);
  }
  .init_array     :
  {
    PROVIDE_HIDDEN (__init_array_start =.);
    KEEP (* (SORT_BY_INIT_PRIORITY(.init_array.*) SORT_BY_INIT_PRIORITY(.
ctors.*)))
    KEEP (* (.init_array EXCLUDE_FILE (*crtbegin.o *crtbegin?.o *crtend.o *
crtend?.o ) .ctors))
    PROVIDE_HIDDEN (__init_array_end =.);
  }
  .fini_array     :
  {
    PROVIDE_HIDDEN (__fini_array_start =.);
    KEEP (* (SORT_BY_INIT_PRIORITY(.fini_array.*) SORT_BY_INIT_PRIORITY(.
dtors.*)))
    KEEP (* (.fini_array EXCLUDE_FILE (*crtbegin.o *crtbegin?.o *crtend.o *
crtend?.o ) .dtors))
    PROVIDE_HIDDEN (__fini_array_end =.);
  }
  .ctors          :
  {
    /* gcc uses crtbegin.o to find the start of
       the constructors, so we make sure it is
       first.  Because this is a wildcard, it
       doesn't matter if the user does not
       actually link against crtbegin.o; the
       linker won't look for a file to match a
       wildcard.  The wildcard also means that it
       doesn't matter which directory crtbegin.o
       is in.  */
    KEEP (*crtbegin.o(.ctors))
    KEEP (*crtbegin?.o(.ctors))
    /* We don't want to include the .ctor section from
       the crtend.o file until after the sorted ctors.
       The .ctor section from the crtend file contains the
```

```
     end of ctors marker and it must be last * /
    KEEP (* (EXCLUDE_FILE (* crtend.o * crtend? .o ) .ctors))
    KEEP (* (SORT(.ctors. * )))
    KEEP (* (.ctors))
  }
  .dtors           :
  {
    KEEP (* crtbegin.o(.dtors))
    KEEP (* crtbegin? .o(.dtors))
    KEEP (* (EXCLUDE_FILE (* crtend.o * crtend? .o ) .dtors))
    KEEP (* (SORT(.dtors. * )))
    KEEP (* (.dtors))
  }
  .jcr            : { KEEP (* (.jcr)) }
  .data.rel.ro : { * (.data.rel.ro.local * .gnu.linkonce.d.rel.ro.local. * ) * (.
data.rel.ro .data.rel.ro. * .gnu.linkonce.d.rel.ro. * ) }
  .dynamic         : { * (.dynamic) }
  .got             : { * (.got) * (.igot) }
  . =DATA_SEGMENT_RELRO_END (SIZEOF (.got.plt) >=24 ? 24 : 0, .);
  .got.plt         : { * (.got.plt)  * (.igot.plt) }
  .data           :
  {
    * (.data .data.*  .gnu.linkonce.d. * )
    SORT(CONSTRUCTORS)
  }
  .data1           : { * (.data1) }
  _edata =.; PROVIDE (edata =.);
  . =.;
  __bss_start =.;
  .bss             :
  {
   * (.dynbss)
   * (.bss .bss. * .gnu.linkonce.b. * )
   * (COMMON)
  /* Align here to ensure that the .bss section occupies space up to
     _end.  Align after .bss to ensure correct alignment even if the
     .bss section disappears because there are no input sections.
```

```
    FIXME: Why do we need it? When there is no .bss section, we don't
    pad the .data section.  */
. =ALIGN(. !=0 ? 64 / 8 : 1);
}
.lbss   :
{
  *(.dynlbss)
  *(.lbss .lbss.* .gnu.linkonce.lb.*)
  *(LARGE_COMMON)
}
. =ALIGN(64 / 8);
. =SEGMENT_START("ldata-segment", .);
.lrodata   ALIGN(CONSTANT (MAXPAGESIZE)) +(. & (CONSTANT (MAXPAGESIZE) -1)) :
{
  *(.lrodata .lrodata.* .gnu.linkonce.lr.*)
}
.ldata   ALIGN(CONSTANT (MAXPAGESIZE)) +(. & (CONSTANT (MAXPAGESIZE) -1)) :
{
  *(.ldata .ldata.* .gnu.linkonce.l.*)
  . =ALIGN(. !=0 ? 64 / 8 : 1);
}
. =ALIGN(64 / 8);
_end =.; PROVIDE (end =.);
. =DATA_SEGMENT_END (.);
/* Stabs debugging sections.  */
.stab          0 : { *(.stab) }
.stabstr       0 : { *(.stabstr) }
.stab.excl     0 : { *(.stab.excl) }
.stab.exclstr  0 : { *(.stab.exclstr) }
.stab.index    0 : { *(.stab.index) }
.stab.indexstr 0 : { *(.stab.indexstr) }
.comment       0 : { *(.comment) }
/* DWARF debug sections.
  Symbols in the DWARF debugging sections are relative to the beginning
  of the section so we begin them at 0.  */
/* DWARF 1 */
```

```
  .debug          0 : { *(.debug) }
  .line           0 : { *(.line) }
  /* GNU DWARF 1 extensions */
  .debug_srcinfo  0 : { *(.debug_srcinfo) }
  .debug_sfnames  0 : { *(.debug_sfnames) }
  /* DWARF 1.1 and DWARF 2 */
  .debug_aranges  0 : { *(.debug_aranges) }
  .debug_pubnames 0 : { *(.debug_pubnames) }
  /* DWARF 2 */
  .debug_info     0 : { *(.debug_info .gnu.linkonce.wi.*) }
  .debug_abbrev   0 : { *(.debug_abbrev) }
  .debug_line     0 : { *(.debug_line .debug_line.* .debug_line_end ) }
  .debug_frame    0 : { *(.debug_frame) }
  .debug_str      0 : { *(.debug_str) }
  .debug_loc      0 : { *(.debug_loc) }
  .debug_macinfo  0 : { *(.debug_macinfo) }
  /* SGI/MIPS DWARF 2 extensions */
  .debug_weaknames 0 : { *(.debug_weaknames) }
  .debug_funcnames 0 : { *(.debug_funcnames) }
  .debug_typenames 0 : { *(.debug_typenames) }
  .debug_varnames  0 : { *(.debug_varnames) }
  /* DWARF 3 */
  .debug_pubtypes 0 : { *(.debug_pubtypes) }
  .debug_ranges   0 : { *(.debug_ranges) }
  /* DWARF Extension.  */
  .debug_macro    0 : { *(.debug_macro) }
  .gnu.attributes 0 : { KEEP (*(.gnu.attributes)) }
  /DISCARD/ : { *(.note.GNU-stack) *(.gnu_debuglink) *(.gnu.lto_*) }
}


==================================================
[root@localhost cs2]#
```

屏显 A-5 GCC 完整信息(省略 ld 脚本部分)

```
[root@localhost cs2]#gcc -v Hello_World0.o f_sum.o  -o Hello_World1
使用内建 specs。
COLLECT_GCC=gcc
COLLECT_LTO_WRAPPER=/usr/libexec/gcc/x86_64-redhat-linux/4.8.5/lto-wrapper
目标:x86_64-redhat-linux
配置为:../configure --prefix=/usr --mandir=/usr/share/man --infodir=/usr/share/info --with-bugurl=http://bugzilla.redhat.com/bugzilla --enable-bootstrap --enable-shared --enable-threads=posix --enable-checking=release --with-system-zlib --enable-__cxa_atexit --disable-libunwind-exceptions --enable-gnu-unique-object --enable-linker-build-id --with-linker-hash-style=gnu --enable-languages=c,c++,objc,obj-c++,java,fortran,ada,go,lto --enable-plugin --enable-initfini-array --disable-libgcj --with-isl=/builddir/build/BUILD/gcc-4.8.5-20150702/obj-x86_64-redhat-linux/isl-install --with-cloog=/builddir/build/BUILD/gcc-4.8.5-20150702/obj-x86_64-redhat-linux/cloog-install --enable-gnu-indirect-function --with-tune=generic --with-arch_32=x86-64 --build=x86_64-redhat-linux
线程模型:posix
gcc 版本 4.8.5 20150623 (Red Hat 4.8.5-11) (GCC)
COMPILER_PATH=/usr/libexec/gcc/x86_64-redhat-linux/4.8.5/:/usr/libexec/gcc/x86_64-redhat-linux/4.8.5/:/usr/libexec/gcc/x86_64-redhat-linux/:/usr/lib/gcc/x86_64-redhat-linux/4.8.5/:/usr/lib/gcc/x86_64-redhat-linux/
LIBRARY_PATH=/usr/lib/gcc/x86_64-redhat-linux/4.8.5/:/usr/lib/gcc/x86_64-redhat-linux/4.8.5/../../../../lib64/:/lib/../lib64/:/usr/lib/../lib64/:/usr/lib/gcc/x86_64-redhat-linux/4.8.5/../../../:/lib/:/usr/lib/
COLLECT_GCC_OPTIONS='-v' '-o' 'Hello_World1' '-mtune=generic' '-march=x86-64'
 /usr/libexec/gcc/x86_64-redhat-linux/4.8.5/collect2 --build-id --no-add-needed --eh-frame-hdr --hash-style=gnu -m elf_x86_64 -dynamic-linker /lib64/ld-linux-x86-64.so.2 -o Hello_World1
 /usr/lib/gcc/x86_64-redhat-linux/4.8.5/../../../../lib64/crt1.o
 /usr/lib/gcc/x86_64-redhat-linux/4.8.5/../../../../lib64/crti.o
 /usr/lib/gcc/x86_64-redhat-linux/4.8.5/crtbegin.o -L/usr/lib/gcc/x86_64-redhat-linux/4.8.5
 -L/usr/lib/gcc/x86_64-redhat-linux/4.8.5/../../../../lib64
 -L/lib/../lib64 -L/usr/lib/../lib64 -L/usr/lib/gcc/x86_64-redhat-linux/4.8.5/../../.. Hello_World0.o f_sum.o -lgcc --as-needed -lgcc_s
```

```
--no-as-needed -lc -lgcc --as-needed -lgcc_s --no-as-needed /usr/lib/gcc/x86_
64-redhat-linux/4.8.5/crtend.o
/usr/lib/gcc/x86_64-redhat-linux/4.8.5/../../../../lib64/crtn.o
[root@localhost cs2]#ld -verbose Hello_World0.o f_sum.o /usr/lib64/crt1.o /usr/
lib64/crti.o
/usr/lib/gcc/x86_64-redhat-linux/4.8.5/crtbegin.o /usr/lib/gcc/x86_64-redhat
-linux/4.8.5/crtend.o /usr/lib64/crtn.o -lc  -o Hello_World3
GNU ld version 2.25.1-22.base.el7
  支持的仿真:
   elf_x86_64
   elf32_x86_64
   elf_i386
   i386linux
   elf_l1om
   elf_k1om
使用内部链接脚本:
==================================================

… 省略,因内容与“屏显 94”相同

==================================================
试图打开 Hello_World0.o 成功
Hello_World0.o
试图打开 f_sum.o 成功
f_sum.o
试图打开 /usr/lib64/crt1.o 成功
/usr/lib64/crt1.o
试图打开 /usr/lib64/crti.o 成功
/usr/lib64/crti.o
试图打开 /usr/lib/gcc/x86_64-redhat-linux/4.8.5/crtbegin.o 成功
/usr/lib/gcc/x86_64-redhat-linux/4.8.5/crtbegin.o
试图打开 /usr/lib/gcc/x86_64-redhat-linux/4.8.5/crtend.o 成功
/usr/lib/gcc/x86_64-redhat-linux/4.8.5/crtend.o
试图打开 /usr/lib64/crtn.o 成功
/usr/lib64/crtn.o
试图打开 /usr/x86_64-redhat-linux/lib64/libc.so 失败
试图打开 /usr/x86_64-redhat-linux/lib64/libc.a 失败
```

```
试图打开 /usr/lib64/libc.so 成功
打开脚本文件 /usr/lib64/libc.so
打开脚本文件 /usr/lib64/libc.so
试图打开 /lib64/libc.so.6 成功
/lib64/libc.so.6
试图打开 /usr/lib64/libc_nonshared.a 成功
(/usr/lib64/libc_nonshared.a)elf-init.oS
试图打开 /lib64/ld-linux-x86-64.so.2 成功
/lib64/ld-linux-x86-64.so.2
/lib64/ld-linux-x86-64.so.2
ld-linux-x86-64.so.2 needed by /lib64/libc.so.6
found ld-linux-x86-64.so.2 at /lib64/ld-linux-x86-64.so.2
[root@localhost cs2]#
```